国家科学技术学术著作出版基金资助出版

核电站装备金属材料开发与使用导论

（上册）

石崇哲　石　俊　要玉宏　等 著
高　巍　付晨晖　陈忠兵

科学出版社

北　京

内 容 简 介

《核电站装备金属材料开发与使用导论》从"研究与开发""使用与效能"两个方面，全面深入地研讨和总结国内外学者以及作者对核电站装备金属材料的研究成果。全书分上下册，除第 1 章外，分两篇论述。本书为上册，包含第 1 章和第 1 篇"核电站装备金属材料研究与开发的技术基础"。其中，第 1 章综论中国核电站装备金属材料发展的学科思想、学科体系、学科路线及技术路线；"核电站装备金属材料研究与开发的技术基础"篇包含第 2 章～第 5 章，论述核电站装备金属材料研究与开发学科体系要素元的成分、加工、组织、性能。

本书适合核电站装备领域从事金属材料研究、开发、设计等的工作者阅读，也可供军工、机械、化工、冶金等领域的金属材料研发工作者、教师、研究生参考阅读。

图书在版编目（CIP）数据

核电站装备金属材料开发与使用导论. 上册 / 石崇哲等著. —北京：科学出版社，2023.3
ISBN 978-7-03-075107-2

Ⅰ．①核… Ⅱ．①石… Ⅲ．①核电站-设备-金属材料-研究
Ⅳ．①TM623.4 ②TG14

中国国家版本馆 CIP 数据核字（2023）第 042626 号

责任编辑：牛宇锋 罗 娟 / 责任校对：王萌萌
责任印制：吴兆东 / 封面设计：蓝正设计

科学出版社 出版
北京东黄城根北街 16 号
邮政编码：100717
http://www.sciencep.com

北京中科印刷有限公司印刷
科学出版社发行 各地新华书店经销

*

2023 年 3 月第 一 版 开本：720×1000 1/16
2025 年 1 月第二次印刷 印张：23
字数：461 000
定价：168.00 元
（如有印装质量问题，我社负责调换）

荣誉顾问
束国刚

撰　写
石崇哲　　石俊　　要玉宏
高巍　　付晨晖　　陈忠兵
孙志强　　朱平　　梁振新

校　勘
张筠　　石佼

技术支持
束国刚　赵振业　刘江南　坚增运　惠增哲
王正品　薛飞　陈卫星　柴晓岩　刘庆琭
蒙新明　林磊　王永姣

绘　图
梁宵羽　董芃凡　方利鹏

研究课题指导
石崇哲　束国刚　刘江南　薛飞
王正品　高巍　要玉宏　赵彦芬

研究试验指导
石崇哲　王正品　要玉宏　高巍　上官晓峰
金耀华　张路　余伟炜　姜家旺　王兆希
耿波　遆文新　刘振亭

研究试验的博士生与硕士生
赵玉彬　要玉宏　张路　耿波　王东辉
金耀华　于在松　姜家旺　翟芳婷　王毓小
王毓大　牛迎宾　徐明利　周静　薛钰婷
邓薇　张琳琳　冯红飞　加文哲　王晶

渠静雯　张文　赵阳

段会金　李洁瑶　张娴　张磊

郭威威　刘华强　王静　曹楠

刘瑶　徐悠　寸飞婷　高雨雨

吴莉萍　郑琳　孙彪　张显林

序

西安工业大学与中国广核集团在核电站装备金属材料领域所开展的合作，研究成果丰硕，石崇哲教授主笔的《核电站装备金属材料开发与使用导论》一书就是合作成果的体现，这是大专院校、科研院所、企业公司三方合作的结晶。

我国的核电业高新技术始于 20 世纪 80 年代秦山核电站的自主设计建设。20世纪 90 年代大亚湾二代核电技术的引进建设，之后田湾核电站的建设和岭澳核电站的建设，以及秦山核电站二期、三期的建设，形成了秦山、大亚湾、田湾三大核电基地。进而兴起红沿河、宁德、石岛湾、阳江、三门、海阳、台山等地先进核电站的建设，并且第三代核电 AP1000 和 EPR1000 首先在我国三门、海阳、台山建设。短短三十余年，我国核电站的建设经历了艰辛的国产化到改进创新，更进一步到自主设计创新的飞跃。如今，我国自主设计制造的先进第三代核电技术华龙 1 号已走出国门，核电事业方兴未艾，我国正处在由核电大国迈向核电强国的转型期，核电站装备制造业也同时处在由装备制造大国迈向装备制造强国的转型期。那么，作为核电站装备基石的材料业该如何适应这个发展形势？答案只有一个，那就是在国家核电发展战略和材料发展战略指导下，核电站装备材料业也应同时在国产化后创新发展，由材料大国向材料强国挺进，为我国成为核电强国和核电站装备制造强国奠定坚实的核电站装备材料强国基础。

如何奠定坚实的核电站装备材料强国基础是摆在我国核电人和材料工作者面前的现实问题。首先要明确的就是在国家发展战略指引下的前进思想和方向，铺展在此指导下的体系和路线，并夯实学术理论和应用经验。《核电站装备金属材料开发与使用导论》这部书正是针对该现实问题给出答案，这就是核电站装备材料的"综合与分化交互前进"的科学思想，以及在其指导下的材料研究与开发的"成分-加工-组织-性能"学科体系和材料使用与效能的"性能-老化-安全-寿命"学科体系。科学技术高峰的攀登一定要走对学科路线，该书铺展的学科路线包含贯穿始终的材料开发与使用的"全系统-全过程-全寿命"理念路线和各专题的高新技术路线。该书在学术理论和实践经验上解读了核电站装备材料的学科体系，为学科路线的贯彻拓实了基础。此外，该书还就金属材料的一些学术问题进行了拓展性研究，提出了创新性的观点与理论。

总之，作为一部综合化应用学术专著，该书具有思想性和战略性、前瞻性和基础性、理论性和学术性、先进性和实用性。既有学科总体研究，也有主体篇章详尽深入的学术研讨；既有理论创新，也有大量核电站运行经验的总结，这是难能可贵的。我鼎力向业界推荐这部书。但也应清醒地认识到，该书乃导论性和指南性的综合化应用学术专著，虽开拓了思想、明确了方向、指明了路途、奠定了学术基础，但科学技术实践的道路还很长很艰辛，需要业界同仁的通力合作与共同奋斗。让我们共同携手合力推进中国核电站装备金属材料的进步！

中国广核集团有限公司　副总经理

束国刚

2022 年 2 月

前　　言

核电业和核电站装备制造业是国家发展战略中新能源与现代制造业的重点新兴产业。作为核电站装备制造业基础的金属材料的开发和使用，必须适时地进步和发展，以适应核电站装备制造业的需求。从国产化仿制到技术阶梯转移，再走上自主智能设计制造，是国家发展战略必由之路。这就要及时地总结国内外学术界和工业界在核电站装备金属材料的开发和使用方面的研究思想、学术成就与经验成果，以综合化和整体化的自然科学视角，创新地运用中华文化思维，审视金属材料的开发与使用，确立在国家核电发展战略和材料发展战略指导下的核电站装备金属材料发展的学科思想、学科体系和学科路线，助力核电站装备金属材料的创新发展，建立我国核电站装备金属材料开发与使用之路，为我国迈向核电站装备制造强国和核电强国奠定坚实的金属材料基础，这是本书的目标与灵魂。

本书由西安工业大学石崇哲教授策划、统筹、主笔与统稿。第2章、第8章和第4章大部分由西安工业大学石俊博士撰写。第6章由西安工业大学高巍副教授撰写。第7章由西安工业大学要玉宏副教授撰写。第9章特邀西安现代控制技术研究所付晨晖高级工程师与石俊博士合作撰写。4.3.2节和4.3.3节由苏州热工研究院陈忠兵研究员领衔，朱平高级工程师、梁振新博士、孙志强高级工程师共同撰写和校勘。特邀陆军边海防学院张筠和西安现代控制技术研究所石佼高级工程师校勘全部书稿。

本书是在西安工业大学、苏州热工研究院、大亚湾核电站等科技人员完成的多项国家级研究项目与多项部省级科技项目研究成果的支撑下诞生的，对这些研究做出重要贡献的有石崇哲教授、束国刚教授、刘江南教授、薛飞研究员、王正品教授、要玉宏副教授、高巍副教授、赵彦芬研究员、余伟炜高级工程师、张路高级工程师、金耀华讲师、姜家旺高级工程师、上官晓峰教授、逯文新高级工程师，以及西安工业大学的三十九名历届博士生和硕士生。对本书的问世鼎力相助的有中国工程院赵振业院士，西安工业大学材料与化工学院博士生导师坚增运教授、博士生导师惠增哲教授、博士生导师陈卫星教授。中国广核集团浙江分公司常务副总经理柴晓岩高级工程师和航空界金属材料失效分析专家刘庆瓘研究员也竭诚相助。支撑本书的还有众多先辈和同仁的国内外卓越研究成果，本书继承先辈的成就并站在先辈的肩上参摘了这些成果使本书增辉，在此真挚地感谢先辈和同仁并深致敬意。本书乃是聚大众精诚之力，结大众智慧之果。

　　本书幸得国家科学技术学术著作出版基金的资助，科学出版社的精益求精编审，西安工业大学材料与化工学院的支持与资助。空军军医大学雷伟教授以高超医术保证笔者完成书稿写作，本书才得以问世。在此深致敬意和感谢。

　　笔者永远铭记母校西北工业大学和专业启蒙导师康沫狂教授，铭记位错理论导师南京大学冯端教授和相变理论导师上海交通大学徐祖耀教授。先辈导师的谆谆教导奠定了笔者的金属材料学基础。笔者深情感谢家人所付出的辛劳和对笔者无微不至的关照，使本书得以完成写作，深深地永恒地爱着家人们。

　　笔者在核电站装备金属材料领域学识谫陋、认知浮浅，实难切中要害，难免有不妥之处，敬盼读者和同仁多多赐教指正。更诚盼行内专家广聚智慧，集众之长，合力对本书修订再版，以更高水准促进我国核电站装备制造强国和核电材料强国建设的日新月异。

石崇哲谨奉

2022 年 1 月 14 日草于西安工业大学

目　　录

第1章 核电站装备金属材料开发与使用理念的进步

1.1 中国迈向核电强国时的核电站装备材料

我国核能发电起步于秦山核电站，自第一台核电机组 1985 年 3 月 20 日破土开建，1991 年 12 月 15 日并网发电至今，短短三十余年，我国核电事业取得了长足的进步。据报道，截至 2022 年 6 月，我国在运核电机组 54 台，在建核电机组 23 台，在运在建核电机组总数位列全球第二。初时我国的核电站装备制造与材料以学习和仿制为主。经过三十余年的发展，当今我国开发的世界先进的第三代核电技术华龙 1 号机组已迈出国门走向世界，世界最先进的第四代核电技术高温气冷堆 200MW 机组正在我国建造，海上移动机组也正在我国建造。一切表明，当今我国已发展成为世界核电大国，同时也成为世界核电站装备制造大国，并且正在向世界核电强国和世界核电站装备制造强国蜕变和挺进。在此形势下，我国核电站装备材料的研发必以建设自主体系的材料强国为宗旨。这些发展均是在我国核电发展战略的指导下进行的。

综合展望未来支持我国发展的产业，其一是战略性新兴产业：①新能源；②新材料；③生命工程；④信息技术和移动互联网；⑤节能环保；⑥新能源汽车；⑦人工智能；⑧高端装备制造。其二是生产公共产品的现代制造业：①航天器制造与航空器制造；②高铁装备制造；③核电站装备制造(这是中国新能源的重点，已经完成了三代技术，四代技术正在开发中)；④特高压输变电装备制造；⑤现代船舶制造与海洋装备制造。

核电站装备制造不仅是我国现代制造业的重点，而且是关乎我国战略性新兴产业新能源和高端装备制造的重点，是关乎我国发展的大事。这就是我国核电站装备用金属材料必须要确保核电站装备制造完成历史使命的新任务。在新能源核电和核电站装备制造中，处处需要具有高性能的材料。文明需要材料，材料促进文明，两者相辅相成，相协而进。

1.1.1 构建核电站装备的金属材料

核电站装备多为大尺寸超重量的重型装备，是由大量金属材料特别是钢材构建起来的，这是由金属材料特别是钢材具有良好的力学强度特性以及物理和化学特性所决定的。

1. 金属材料的性能特点

构建一座核电反应堆所需的钢材多达 5 万 t 以上(表 1.1),其中的不锈钢就有上千吨(表 1.2),而且这些金属材料大多都是先进材料和精品。

表 1.1　1000MW 压水堆核电站核岛钢材用量

用途	用量/t	用途	用量/t
钢筋	45000	一回路压力容器用钢	1200
型钢及地脚板材	5000	堆芯组件用钢	115
安全壳用钢	2500	合计	53815

表 1.2　1000MW 压水堆核电站核岛不锈钢和镍合金管材用量

用途	材料	规格/mm	数量/t
堆内结构管	不锈钢	$\phi101.6\sim\phi206.2$	9
控制棒用管	不锈钢	$\phi50.8\sim\phi206.2$	10
辅助热交换器用管	不锈钢	$\phi12.7\sim\phi19.1$	50
主管道用管	不锈钢	$\phi457.2$	86
蒸发器用管	镍合金、不锈钢	$\phi22.2$	200
冷水加热器用管	不锈钢	$\phi15.9\sim\phi19.1$	230
冷却水用管	不锈钢	$\phi6.2\sim\phi406.4$	320
冷却水用管	不锈钢	$\phi6.3\sim\phi457.2$	350
合计			1255

1) 通用性能特点

一座核电站由核岛、汽机岛(常规岛)、输电岛、附属设施等 4 大部分组成。核电站装备用金属材料也因其使用区域的不同而有不同的性能要求。但就总体而言,作为广泛使用的结构材料,必须满足的通用性能要求是:①良好的安全性与可靠性,必须是久经使用、经受得住实践考验的材料;②缓慢的老化速率、良好的环境热适应性和环境化学适应性(耐蚀性),以保证长久的服役寿命;③良好的室温和(或)高温力学性能(强度、塑性、韧性、疲劳、蠕变、磨损等),以满足构件设计的力学要求;④性能和成分杂质控制更严一些,波动范围更小一些,以确保其性能的稳定性;⑤易于加工(熔炼、铸造、压力加工、焊接、热处理、切削加工等)和价格便宜,以及稳定的经过认证的加工方法和加工工艺,以确保材料和装备性能的稳定性。

2) 特殊性能特点

核岛装备用材料的特殊性能要求：①核辐照稳定性好，能耐受核反应中子辐照而不脆化失效；②热中子吸收截面小，尽量少地耗损热中子以维持核的链式反应；③感生放射性小，以便停堆检修时不会严重危害工作人员的安全；④尽可能高的热导率和低的热膨胀系数，从而使核反应的热能被尽多尽快地导出利用。

2. 满足材料性能要求的应对措施

要满足核岛装备用材料的通用性能要求和特殊性能要求，总体而言，钢最为适宜，在一些情况下也使用镍合金及锆合金。钢有高的力学性能、良好的环境化学适应性，易于加工且价格便宜，而且奥氏体不锈钢的核辐照稳定性好，热中子吸收截面小，感生放射性小，还有适宜的热导率和低的热膨胀系数。这就使得钢在核电站的建造材料中成为无可争议的主体。一座 1000MW 压水堆核电站的总用钢量多达 5 万 t 以上，仅核岛反应堆一回路压力容器用钢就有 1200t，堆芯组件用钢量 115t，安全壳用钢更多达 2500t。在核岛的反应堆压力容器、堆内构件、主管道、蒸发器等所用钢材中，近 90% 为奥氏体不锈钢，有 2000t 以上，这还不包括用合金结构钢制造的反应堆压力容器内侧所堆焊的奥氏体不锈钢。奥氏体不锈钢能获得如此大量使用，在于它既能满足核岛装备用材料的通用性能要求，也能满足其特殊性能要求。

1) 热中子吸收截面

作为钢的基本成分的 Fe，其热中子吸收截面为 $2.4 \sim 2.6b(1b=10^{-28}m^2)$；钢中常用的合金元素 C、Zr 以及熔炼脱氧元素 Al 的热中子吸收截面很小，在分位数值及以下；常用的合金元素 Nb、Mo、Cr、Cu、Ni、V、Ti 的热中子吸收截面均处于个位数值，令人满意；而合金元素 Mn、W 的热中子吸收截面则为十位数值，勉强可以接受。这就是说，钢中使用这些元素合金化便能满足热中子吸收截面小的要求。钢中常用的合金元素 B 是不可接受的，偶尔使用的合金元素 Hf 也是不可接受的，它们的热中子吸收截面都在百位数值。因此，核级钢不得使用 B、Hf 作为合金元素，而且还必须严格限制 B、Hf 的残留含量。核级钢中的 B 含量通常限定在不大于 0.0015%。然而，对于核废料的封装材料，却需要高的热中子吸收截面，这时就需要使用高 B 含量的钢来制造。

2) 感生放射性

对合金元素的感生放射性考察(表 1.3)表明，最硬 γ 射线能量处于个位数值及以下，均可接受；而元素 Nb 和 Co 的半衰期是不可接受的。但 ^{59}Fe、^{51}Cr、^{51}Ti、^{58}Co 的半衰期也有数十天，需要引起重视。

表 1.3 钢中合金元素的热中子吸收横截面及感生放射性

元素	热中子吸收截面/b	感生放射性同位素	最硬 γ 射线能量/MeV		半衰期	
Zr	0.18					
Al	0.22~0.24	^{28}Al	1.8			23min
Nb	~1.2	^{94}Nb		0.40	2×10^4a	
Fe	2.4~2.6	^{59}Fe	1.3		45d	
Mo	~2.7	^{99}Mo		0.8	24h	
Cr	~6.1	^{51}Cr		0.3	27d	
Cu	3.6~3.7	^{64}Cu	1.35		12.8h	
Ni	4.5~4.6	^{65}Ni	1.5		2.6h	
V	~5.0	^{52}V	1.5		3.9min	
Ti	~5.8	^{51}Ti		0.9	72d	
Mn	12.6~16.2	^{56}Mn	2.1		2.6h	
W	~19	^{187}W		0.8		
Co	~38	^{60}Co	1.3		5.3a	
		^{58}Co		0.81	71.3d	

按理说，中子的辐照仅限定在核反应压力容器内，其感生放射性的危害不应很大。然而实际是，在一回路系统，虽然与冷却剂(水)接触的管道、容器及泵等全由不锈钢与镍合金制成，它们对冷却剂的耐蚀性是极好的，但腐蚀还是存在，由于一回路系统受腐蚀的面积很大，腐蚀产物 M_3O_4 的总量仍然很可观。一座 1000MW 压水堆核电站的运行检测表明，腐蚀产物 M_3O_4 的年释放总量约达 60kg，它们在冷却剂中的溶解度很小，基本上都是悬浮在一回路冷却剂中，随着冷却剂的流动而遍布一回路系统。当这些悬浮物 M_3O_4 流经堆芯活性区时，便可在中子辐照下产生 Fe 和合金元素 M 的放射性同位素，从而使这些悬浮物 M_3O_4 具有放射性，随着一回路冷却剂的流动充斥整个一回路系统，甚至沉积和附着在整个一回路系统装备的表面。这样，原本在堆芯活性区才存在的感生放射性，便被散布到整个一回路系统的装备中，当对这些装备进行维修时，就会危及工作人员的安全。

因此，核级钢不得使用 Co、Nb 作为合金元素，而且必须严格限制 Co、Nb 的残留含量。又因为元素 Ni 的放射性同位素 ^{58}Ni 易于转化成元素 Co 的放射性同位素 ^{58}Co，所以镍合金也应当尽量少用。核级钢中的 Co 含量通常限定为不大于 0.05%。

3) 核辐照稳定性

中子的辐照会导致铁素体钢的脆化，这对于用合金结构钢制造的反应堆压力容器等装备是极为重要的问题。中子辐照致脆是钢中的点阵原子在受到高能中子的直接撞击及级联碰撞，使大量点阵原子离位，形成大量空位、空位团、填隙原子、填隙原子团、(空位团塌陷或填隙原子团膨起而形成的)位错环、同位素杂质原子等，妨碍和破坏塑性变形的位错滑移机制，导致钢的脆化。铁素体钢由于是体心立方晶体结构，对辐照脆化甚是敏感；而面心立方晶体结构的奥氏体钢则对辐照脆化不敏感，如奥氏体不锈钢，但其价格较合金结构钢高很多，导热性不如合金结构钢好，热膨胀也比合金结构钢大。

为减轻核级合金结构钢的辐照脆化，可采取如下措施。

(1) 钢的成分设计。

① 在保证钢强度的前提下，尽可能降低损害钢塑性和韧性的 C 元素含量。

② Mn 元素在钢中既可提高强度，对塑性的改善也有益，应尽可能提高 Mn 含量。

③ Ni 元素在钢中既可提高强度，又可改善塑性，还可改善可焊性，但 Ni 能促进钢中残留元素 Cu 的辐照脆化，因此 Ni 含量要控制适当。

④ Cr、Mo 元素较多时能细化钢组织中的碳化物，因而在提高钢强度的同时，又可改善钢的塑性和韧性及焊缝韧性，其用量近年来有增多的趋势。

⑤ 杂质元素 P、S 严重损害钢的塑性和韧性，P 和残留元素 Cu 还对辐照脆化很敏感，故 P、S 和 Cu 含量应限制得越低越好，这已成为近年来的发展趋势。

⑥ Co 元素的严格限制是必须的。

(2) 晶粒细化。

晶粒的细化具有同时提高钢强度、塑性及韧性的作用，在阻力增大的同时，可使位错滑移均匀分布；而且晶粒的细化增大了晶界的面积和晶界层的体积，这就使杂质原子在晶界的集聚浓度降低，也就减轻了杂质元素的危害。钢在冶炼时用适量 Al 细化晶粒，以及适当的浇铸、锻压、焊接、热处理等工艺都是细化晶粒重要的措施。

(3) 加工制造。

① 炉外精炼。钢的冶炼必须采用杂质少的精选原料，不仅要进行炉内精炼，用适量 Al 脱氧以细化晶粒，还必须进行炉外精炼，以尽可能地降低有害杂质元素、残留元素和气体元素的含量。

② 降低大型钢锭的杂质偏析。大型钢锭的杂质偏析及凝固缺陷严重，不适宜制造反应堆压力容器，多切掉钢锭头部虽可改善质量，但钢锭收得率太低；若先切掉钢锭头部并挖空锭心再对心部用电渣熔铸填充，又使成本升高，于是开发了空心铸锭浇铸工艺，以较低的成本获得高质量的大型钢锭，确保反应堆压力容器

钢的塑性和韧性。

③ 采用锻压技术。反应堆压力容器筒体的制造，原用 AS533-B 钢的热轧厚钢板焊接而成，其缺点是热轧钢板的横向性能差，且处于堆芯活性区的焊缝常常成为各项性能最脆弱处。于是现在发展了压力容器筒体的锻压技术，用 AS508-3 钢的大型空心钢锭以适当的锻压比整体锻压而成，既消除了热轧钢板横向性能差的缺点，也使压力容器筒体的堆芯活性区没有焊缝，压力容器筒体的强韧性明显提高。

④ 热处理。热处理工艺的改进至关重要，淬火回火热处理应使钢获得精细组织和弥散分布的细小碳化物。

(4) 辐照脆化的样品监控。

在反应堆压力容器内放置适当的样品，以定期检测、监控、评估辐照脆化的程度。

4) 严格的成分、加工和性能控制

美国机械工程师协会(ASME)标准是通用商业标准，它不能满足核电站装备材料的安全要求。对于核电站装备材料有着更严格的要求，以 AS508-3 钢为例列于表 1.4 和表 1.5，表中 RCC-M 指法国压水堆核岛机械设计和建造规则，AFNOR 指法国标准化协会标准。

表 1.4　普通级和核级 AS508-3 钢的化学成分(质量分数)比较　　(单位: %)

元素	普通级 ASME	核级 RCC-M M2111, AFNOR 16MND5		核级三菱建议书实际控制		《ASME 标准讲解》推荐
		浇包分析	制品分析	浇包分析	制品分析	
C	≤0.25	≤0.20	≤0.22	0.16～0.20	0.16～0.22	a.
Mn	1.20～1.50	1.15～1.55	1.15～1.60	1.20～1.55	1.20～1.60	
P	≤0.025	≤0.008	≤0.008	≤0.008	≤0.008	b.
S	≤0.025	≤0.008	≤0.008	≤0.006	≤0.006	b. 0.002～0.008
Si	0.15～0.40	0.10～0.30	0.10～0.30	0.10～0.30	0.10～0.30	
Ni	0.40～1.00	0.50～0.80	0.50～0.80	0.50～0.80	0.50～0.80	
Cr	≤0.25	≤0.25	≤0.25	≤0.15	≤0.15	
Mo	0.45～0.60	0.45～0.55	0.43～0.57	0.45～0.55	0.43～0.57	
V	≤0.05	≤0.01	≤0.01	≤0.01	≤0.01	
Cu		≤0.08	≤0.08	≤0.08	≤0.08	
Al		≤0.04	≤0.04	≤0.04	≤0.04	
Co		≤0.03	≤0.03	≤0.02	≤0.02	

续表

元素	普通级 ASME	核级 RCC-M M2111, AFNOR 16MND5		核级三菱建议书实际控制		《ASME 标准讲解》推荐
		浇包分析	制品分析	浇包分析	制品分析	
B		≤0.0005	≤0.0005			
Sb		≤0.002	≤0.002			
Sn		≤0.010	≤0.010			
As		≤0.01	≤0.01			
Bi						合同中限制
Pb						合同中限制
H						≤0.00015
N						≤0.0060
O						≤0.0040

注: a. 碳含量的控制(《ASME 标准讲解》): 压力容器、稳压器和蒸汽发生器的制造中均需要多段锻件切削等加工后组焊, 需要焊接的钢的碳含量不应超过 0.23%, 这是一般规定, 考虑到其合金元素含量较高, 还应进一步降低碳的最高含量, RCC-M 中此类锻件的碳含量不超过 0.20%。

b. 磷、硫含量的控制(《ASME 标准讲解》): ASME 标准属于通用商业标准, 0.025%以下已经是比较高的要求了, 但是仍然不能满足核电大锻件的质量要求。RCC-M M2111 适用于承受强辐照的反应堆压力容器筒节的可焊 Mn-Ni-Mo 合金钢锻件标准对磷、硫含量的要求是 0.008%以下。RCC-M M2112 适用于不承受强辐照的反应堆压力容器筒节的可焊 Mn-Ni-Mo 合金钢锻件标准对磷、硫含量的要求是 0.012%以下。RCC-M M2113 适用于压水堆压力容器过渡段和法兰用的 Mn-Ni-Mo 合金钢锻件标准对磷、硫含量的要求是 0.012%以下。RCC-M M2114 适用于压水堆压力容器管嘴用的 Mn-Ni-Mo 合金钢锻件标准对磷、硫含量的要求是 0.012%以下。RCC-M M2115 适用于制造压水堆蒸汽发生器管板用的可焊 18MND5 Mn-Ni-Mo 合金钢锻件标准对磷、硫含量的要求是 0.012%以下。RCC-M M2116 适用于制造压水堆蒸汽发生器支撑环用的可焊 18MND5 Mn-Ni-Mo 合金钢锻件标准对磷、硫含量的要求是 0.012%以下。RCC-M M2119 适用于制造压水堆蒸汽发生器用的可焊 18MND5 Mn-Ni-Mo 合金钢锻件标准对磷、硫含量的要求是 0.012%以下。磷含量偏高会使材料的低温性能变得很差, 会大幅度提高材料的 FATT 和 RTNDT 温度(基准无塑性转变温度), 影响系统水压试验的安全。硫含量偏高会破坏材料的高温特性, 使热压力加工困难, 同时也影响材料的力学性能指标。但是硫含量太低会增加焊接的难度(理论上还没有统一), 极低的硫和氢含量母材有可能在焊接中因吸氢而造成局部脆性。现在已经有一些标准规定了硫含量的下限, 通常将硫含量控制在 0.002%~0.008%较为适宜。

表 1.5　普通级和核级 AS508-3 钢的力学性能比较

项目	温度/℃	性能	横向(压力容器筒体轴向)			纵向(压力容器筒体周向)		
			ASME	RCC-M	三菱	ASME	RCC-M	三菱
拉伸	室温	σ_{02}/MPa				≥345	≥400	
		σ_b/MPa				550~725	550~670	
		δ/%				≥18	≥20	
		Ψ/%				≥38		

项目	温度/℃	性能	横向(压力容器筒体轴向)			纵向(压力容器筒体周向)		
			ASME	RCC-M	三菱	ASME	RCC-M	三菱
拉伸	350	$\sigma_{0.2}$/MPa					≥300	
		σ_b/MPa					≥497	
		δ/%						
		Ψ/%						
夏比冲击	室温	K_V/J		允许1个样≥104			允许1个样≥104	筒体段≥150 其他段≥104
	4.4					3样平均≥20 允许1个样≥14		
	0			3样平均≥56 允许1个样≥40			3样平均≥80 允许1个样≥60	
	−20			3样平均≥40 允许1个样≥28			3样平均≥56 允许1个样≥40	

不仅如此，在加工工艺和制品质量控制上，RCC-M 也较 ASME 更为严格，如制品质量控制的超声波检测，ASME 规定的制品缺口缺陷最深不得超过截面公称厚度的3%，若以反应堆压力容器壁厚200mm 计，则3%为6mm，这样的缺陷过大；RCC-M 则严格为1.5mm；我国 GB/T 5310—2017《高压锅炉用无缝钢管》和 GB/T 5777—2019《无缝和焊接(埋弧焊除外)钢管纵向和/或横向缺欠的全圆周自动超声检测》更严格，为1mm。

材料成分和杂质的严格控制、加工方法和工艺的严格控制，控制了材料性能的波动范围，提高了材料性能的稳定性，这必然改善制品服役的安全性、可靠性与寿命。

3. 典型金属材料概要

1) 核燃料包壳材料

核燃料包壳材料是屏蔽核泄漏的第一道屏障，必须能经受住核辐照的损伤，在服役寿期内完整无损；同时它也必须不妨碍链式核裂变反应的正常进行。这样，包壳材料就必须对中子的吸收尽可能少，既可经受住核辐照的损伤，又不妨碍链式核裂变反应的正常进行。Be、C、Mg、Zr、Al 能满足这样的要求，在要求不太严格的场合 Fe、Cu、Ni 也是可用的。再综合考虑耐腐蚀性、耐热性和力学性能，动力堆中广泛使用锆合金作为核燃料的包壳材料就是必然的选择。

2) 不锈钢的使用

(1) 服役环境要求耐电化学腐蚀。

核电站装备服役的腐蚀环境较之化工行业相对较轻，它没有化工行业中的强酸和强碱，腐蚀环境主要是高温高压水与水蒸气、含硼水、海水(Cl⁻ 是较难应对的腐蚀剂)等，核岛内的装备由于检修不便而有长寿命的要求，还会受到核辐射的作用，且由于核辐射的防护和核安全而必须对材料有更大的安全裕度要求。这就是说，核岛材料的服役环境为：核辐射+腐蚀介质+高温+高压+不可或不易修理。

考虑到高温和高压下的强度、韧性与加工及经济成本，钢是最为廉价可用的。

考虑到腐蚀介质和长寿命要求，应使用不锈钢或镍基合金。

考虑到核辐射，所用材料必须中子吸收截面小，不锈钢可用。所用材料必须具有辐照稳定性而较少脆化，面心立方晶体结构的奥氏体不锈钢可以满足。所用材料必须具有少的感生放射性，因而必须严格限制钢中 Co、B 等元素的残留含量。

考虑到核安全，钢所受腐蚀类型应当是均匀腐蚀而不是局部腐蚀。均匀腐蚀易被发现和评估，发生灾难性突然破断事故的概率要小；而局部腐蚀则不易被发现和评估，发生灾难性突然破断事故的概率要大得多。所以防范腐蚀的重点是晶间腐蚀和局部腐蚀(点腐蚀、缝隙腐蚀)。

因此，不锈钢，特别是奥氏体不锈钢，在核电站装备中的用量极大，品种也极多。统计显示，一座 1000MW 核电站的核岛装备中所用的不锈钢便多达 2000t，更何况汽机岛也要使用大量的不锈钢。

不锈钢是在弱酸弱碱介质中工作的，该介质是电解质溶液。金属在受电解质溶液作用时，不同材质的相邻部位形成电化学电池而遭受电化学腐蚀。提高钢耐电化学腐蚀性的合金化和加工途径有：①使钢在腐蚀介质中具有高的电极电位，以降低原电池的电动势；②使钢能出现稳定钝化区的阳极极化曲线；③最好使钢成为单相组织，以减少微电池的数量；④使钢能形成表面致密保护膜，进一步提高抗电化学腐蚀性能，同时也具有高的抗高温氧化性能。

(2) 不锈钢选用。

① 不锈钢的进步。普通传统的奥氏体不锈钢 1Cr18Ni9(302)、0Cr18Ni9(304)、0Cr18Ni10，其抗氧化介质的腐蚀性能良好，由于杂质和 C 元素较多，其有晶间腐蚀的危险，现在这种传统奥氏体不锈钢在核电站装备的用量已经很少，仅用在无晶间腐蚀危险等不重要的场合，并且在逐渐被淘汰。

对传统的奥氏体不锈钢以 Ti、Nb 合金化改进的 1Cr18Ni9Ti(321H)、0Cr18Ni9Ti(321)、0Cr18Ni11Nb(347)钢，仍属于普通不锈钢。尽管改善了晶间腐蚀，减少了晶间腐蚀的危险，但 Ti 和 Nb 元素的加入却给钢的熔铸等加工带来麻烦，也使钢的纯净度降低，因而人们对它们的使用越来越少，并且仅用于抗氧化介质腐蚀和抗一般晶间腐蚀等不重要的场合。

优质不锈钢是随着熔炼技术的进步而诞生的，采用良好的脱碳脱硫去氢去氧技术，在经典的 304 钢基础上，既改善晶间腐蚀又改善钢纯净度的优质 00Cr19Ni10 (304L)钢开发成功，但由于该钢缺失了 C 元素的固溶强化作用而使钢的强度降低，因而其应用仍颇为有限。

熔炼技术的进步使得在良好脱碳的基础上又实现了用 N 元素合金化的控氮和增氮技术。N 元素不会像 C 元素那样与 Cr 元素结合成化合物在晶界析出而使晶界带区贫 Cr 造成晶间腐蚀，而且 N 在钢中的固溶强化既弥补了 C 缺失带来的强度损失，又提高了钢抗晶间腐蚀能力和抗局部腐蚀(点腐蚀和缝隙腐蚀)能力，这就在 304L 的基础上形成了控制氮含量为通常标准成分上限的控氮 00Cr19Ni10(304NG)钢和进一步提高氮含量的 00Cr18Ni10N(304NL)钢。脱碳和增氮技术的进步大大开拓了经典 304 钢的性能改进和应用范围，00Cr19Ni10NG(304NG)钢和 00Cr18Ni10N(304NL)钢在核电站装备上得到广泛使用。然而，00Cr19Ni10NG(304NG)钢和 00Cr18Ni10N (304NL)钢虽在强度、抗晶间腐蚀、抗局部腐蚀(点腐蚀和缝隙腐蚀)方面表现良好，却难以抗御还原介质的腐蚀。

为抗御还原介质的腐蚀，早先人们在 304 钢的基础上加入 Mo 元素，并调整 Cr 当量与 Ni 当量的平衡而成功研制 0Cr17Ni12Mo2(316)钢。在脱碳、控氮和增氮技术出现后，又在 316 钢的基础上形成了 00Cr17Ni14Mo2(316L)钢和控氮 00Cr17Ni12Mo2 (316NG)钢，不仅能抗御还原介质的腐蚀，还获得了抗晶间腐蚀、抗局部腐蚀(点腐蚀和缝隙腐蚀)的性能，并提高了钢的强度，这就使 316NG 钢在核电站装备制造中获得更为广泛的应用。

当奥氏体不锈钢采用铸造的加工方法制造装备时，钢常常不是单一的奥氏体组织，而是在奥氏体基体上分布有 5%～20%δ 铁素体岛的双相组织。δ 铁素体的出现是由于钢液在凝固时先形成δ铁素体，然后在冷却过程中δ铁素体会转变成奥氏体，但这种扩散性固态相转变的速率较慢，而铸件冷却的速率常常快于固态相转变的速率，δ铁素体便部分保留，形成了以奥氏体为主的双相组织。人们发现，奥氏体不锈钢中少量铁素体的出现，不仅提高了钢的强度，还改善了钢抗晶间腐蚀、抗局部腐蚀(点腐蚀和缝隙腐蚀)、抗应力腐蚀的性能。例如，核岛中的一回路冷却剂管道就是使用这种组织的钢，它含有约 20%Cr 和约 10%Ni。

人们研制成功了γ和α各约等量的奥氏体+铁素体双相不锈钢，有高的强度和良好的抗局部腐蚀和应力腐蚀性能，但韧性较差。核电站装备中大量使用这种钢，如泵体。

② 核级奥氏体不锈钢。严格控制奥氏体不锈钢中的 Co、B 元素残留量及杂

质元素含量，奥氏体不锈钢或以奥氏体为主的不锈钢便能满足核级钢的需要，因此核级系统几乎充满了奥氏体不锈钢或以奥氏体为主的不锈钢。

当今奥氏体不锈钢在核级系统的使用上有两条路线，一条是中国和俄罗斯等使用的 0X18H10T(即 0Cr18Ni10Ti)，另一条是中国、法国、德国、美国等使用的 304NG(即控氮 0Cr18Ni10)和 316NG(即控氮 00Cr18Ni12Mo2)。这两条路线使用的奥氏体不锈钢都可满足核电站装备应具有优良抗晶间腐蚀能力的需求。0X18H10T 抗晶间腐蚀是加入少量 Ti 以 TiC 的形式固化元素 C，使其不在晶界析出 $(Cr, Fe)_{23}C_6$、Cr_7C_3 等碳化物而使晶界贫 Cr，从而避免贫 Cr 导致的晶间腐蚀，但加 Ti 所引入的 TiN 夹杂物对钢的力学性能是有害的。304NG 和 316NG 抗晶间腐蚀是依靠高超的冶炼技术，使钢中的 C 元素含量降至 0.03%以下，从而避免在晶界析出 $(Cr, Fe)_{23}C_6$、Cr_7C_3 等碳化物而实现的；但碳含量的大幅度降低损害了钢的强度，为弥补钢的强度损失，便适当加入微量的 N 元素，使氮含量控制在标准许可范围的上限，利用 N 元素的固溶强化以提高强度。

304NG 和 316NG 的抗晶间腐蚀、抗点蚀、抗氯化物应力腐蚀的能力均优于 0X18H10T。

③ 超级不锈钢。随着技术的进步和工业技术参数的提高，四大类优质不锈钢在一些苛刻条件下已难以满足服役要求。例如，马氏体不锈热强钢具有高强度、高硬度、高耐磨的优点，但耐蚀性不能令人满意，焊接加工性就更差得几乎不能焊接。铁素体不锈钢抗应力腐蚀性好，抗氧化性好，因节约 Ni 而价廉，但它的韧性不足，特别是焊缝的脆性、耐点蚀性和耐应力腐蚀性均差。奥氏体不锈钢塑性和韧性好，易于深拉深加工，易焊接，耐氯离子腐蚀，耐还原性酸腐蚀，耐有机酸腐蚀，无低温脆性、顺磁性，但耐应力腐蚀、耐点蚀、耐缝隙腐蚀和耐晶间腐蚀能力不佳，抗高温蠕变性能也差。奥氏体-铁素体不锈钢兼具奥氏体不锈钢和铁素体不锈钢的优点，但塑性和韧性仍显不足，特别是在铸造生产中，大型铸件常会开裂。面对新的高参数工业技术和苛刻服役环境的紧迫需求及四大类优质不锈钢的缺点，人们在四大类优质不锈钢奠定的良好基础上，对四大类优质不锈钢进行了保优增优和减缺去缺的改进，发展成现今的超级不锈钢。超低碳超纯净高合金含量的超级不锈钢在先进熔铸技术的支撑下大量研制成功，更加提高了不锈钢的耐蚀性和强韧性，延长了恶劣腐蚀环境中钢的服役寿命。然而，超级不锈钢的成本毕竟是很高的，因此只有在恶劣腐蚀环境中优质不锈钢不能满足时才使用超级不锈钢。这里的成本不能只计算材料的单项成本，而应考虑从材料至装备乃至运行寿命的总成本。

(3) 使用要点。

① 使用范围。奥氏体不锈钢材料具有良好的耐腐蚀性能，所以广泛应用于制造核电站中与一回路冷却剂接触的压力容器、部件、管道等的锻件(如一回路辅助

管道、锻造阀体、压力容器壳体等)和铸件(如一回路主管道、主泵泵壳、阀体等)，也广泛应用于核安全系统、核辅助系统等。

奥氏体不锈钢管道多为无缝管，仅少量使用有缝管。采用的材料标准主要有 ASME 或 ASTM[①]、RCC-M 等，典型的 ASME 或 ASTM 材料如下。a. 反应堆冷却剂系统和辅助系统管道：TP304、TP304L、TP304NG、TP316、TP316L、TP316NG、TP347NG、CF8A、CF8M、CPF3M；b.主泵泵壳：CF8、CF8A、CF8M；c. 阀体和附件：TP304、TP304L、TP304NG、TP316、TP316L、TP316NG、CF8A、CF8M；d. 辅助系统水箱和热交换器的壳体、封头、锻件：TP304、TP304L、TP316、TP316L；e. 厂用水系统管道：TP304、TP304L、TP316、TP316L、AL-6-XN。

② 考虑因素。在选用不锈钢材料时要考虑如下因素。

奥氏体不锈钢材料在 427～871℃温度区间容易发生应力腐蚀开裂(stress corrosion cracking，SCC)敏化现象，并且在此温度区间停留时间越长、钢中 C 元素含量越高时，越易于发生应力腐蚀开裂敏化现象。

在含 Cl 元素的环境中，奥氏体不锈钢材料易于发生应力腐蚀开裂现象，当应力、温度、溶解氧含量和 Cl 元素浓度增加时更易于发生应力腐蚀开裂现象，所以在运行、维修过程中要尽量少用含 Cl 元素的物品。

奥氏体不锈钢铸件和焊缝中均含有除奥氏体相之外的铁素体相，随着服役时间的延长，铁素体相易发生热老化现象，在采用新铸件时要限制铁素体相和 Mo 元素的含量。

与常用的 TP304、TP316 不锈钢相比，含 6%Mo 的 AL-6-XN 不锈钢具有更好的耐海水和生水环境中点腐蚀、缝隙腐蚀、微生物腐蚀的能力。

③ 重点关注。因为 B 元素对材料的可焊性不利，奥氏体不锈钢中不应添加 B 元素，所以对于进行焊接的部件，要求其浇包分析或成品分析中 B 元素的含量不能超过 0.0018%。即使采购技术规范中未指明，也要在化学成分分析报告中给出 B 元素的残留含量。

④ 服役经验。典型的服役经验如下。

在氧含量低的压水反应堆(pressurized water reactor，PWR)冷却剂环境中，奥氏体不锈钢耐晶间应力腐蚀开裂(intergranular stress corrosion cracking，IGSCC)性能较好；相反，在沸水反应堆(boiling water reactor，BWR)冷却剂中氧含量较高，IGSCC 问题较严重。

在 PWR 机组中已发生疲劳失效问题(机械疲劳、热疲劳)和局部静态介质环境恶化所导致的腐蚀问题。

铸造奥氏体不锈钢随着服役时间的延长，材料的韧性下降(发生热老化现象)，

---

① ASTM 指美国材料与试验协会。

可影响到机组的安全性，影响因素主要包括服役时间和温度、铁素体含量、Mo元素含量、铸造方法(离心、静态)等。

在厂用水系统中也用到奥氏体不锈钢，已发现有些管道会发生点腐蚀或缝隙腐蚀问题。

(4) 传热管用不锈钢。

核岛的蒸汽发生器中将一回路流体中的热能转换给二回路产生蒸汽的换热管，要求其能承受高温高压，耐腐蚀，辐照稳定性好而不脆化，中子吸收截面小，感生放射性小，热导率高，使用寿命长。综合满足这些条件的以面心立方晶体结构的镍合金为优。

汽机岛加热器中的换热管则不存在承受辐射的问题，因而以热导率高和耐腐蚀为重要条件。满足该要求的以铁素体不锈钢为优，因而以采用热导率高的 TP439钢为上选。

用作传热管的不锈钢主要为奥氏体不锈钢和铁素体不锈钢。奥氏体不锈钢耐蚀性好且易于加工。铁素体不锈钢导热性好但加工性稍差。

① 使用范围。奥氏体不锈钢传热管广泛应用于生水冷却水系统、凝结水-给水系统，整体性能表现较好，但该类材料易于在海水、生水系统中发生点腐蚀或缝隙腐蚀，尤其是在有沉积物的部位。AL-6XN 和 904L 等较 TP304、TP316 具有更好的耐海水点腐蚀与缝隙腐蚀的能力。

铁素体不锈钢(特别是 TP439)广泛应用于汽水分离再热器中，性能表现良好，几乎没有失效的报道。也有少量给水加热器中采用此类不锈钢。

有缝焊接不锈钢传热管价格较低，所以有缝不锈钢传热管的用量大于无缝不锈钢传热管的用量。采用的材料标准主要有 ASME/ASTM、RCC-M 等，典型的ASME/ASTM 材料如下。a. 凝汽器、厂用水热交换器传热管：TP304、TP304L、TP316、TP316L、AL-6X、AL-6XN；b. 给水加热器传热管：TP304、TP316、TP439；c. 汽水分离再热器传热管：绝大部分为 TP439，少量采用 TP409。

② 考虑因素。在选用不锈钢传热管材料时要考虑如下因素：a. 奥氏体不锈钢传热管易于发生点腐蚀或缝隙腐蚀问题，所以 TP304 和 TP316 不锈钢不适合用于含海水、生水的介质中，可用 AL-6XN、904L 等材料替换；b. 奥氏体不锈钢(特别是 TP304、TP316)对 Cl 元素敏感，在高应力部位极易发生应力腐蚀开裂问题，而铁素体不锈钢在含 Cl 元素环境中表现较好；c. 不锈钢(特别是奥氏体不锈钢)传热管中若存在含杂质的残留水，在蒸干过程中极易使杂质局部富集导致点腐蚀和应力腐蚀开裂问题，需通过严格有效控制，以避免杂质的局部富集；d. 有缝焊接传热管虽然价格低廉，但引入如下两个潜在问题：在焊接过程中可能产生焊接缺陷，焊接可能引起材料组织结构变化，从而增加腐蚀(如点腐蚀)的风险。

③ 重点关注。相对于铁素体不锈钢，奥氏体不锈钢热膨胀系数较大、热导率

较低，若在设计时考虑不周全，可能引入热膨胀应力而导致器件开裂或变形，低的热导率也要求增加热交换面积。

3) 压力容器用奥-结融合钢

核反应堆压力容器包容装有核燃料的核反应堆堆芯，盛装冷却剂，还通过管道与蒸汽发生器和稳压器及主泵相连，并因强辐射而在寿期内不可修理与更换。因而核反应堆压力容器是在强辐照、高温、高压、腐蚀的环境中长期服役的，这就要求材料能够抗辐照，具有良好的高温强度、高热稳定性和耐腐蚀性。然而，核反应堆压力容器是特大型重型机件，尺寸庞大，重量超常，其加工制造非常不易，这些材料的工艺性和加工制造装备的可适性都是必须谨慎考虑的。

就目前而言，比较各种材料仍然选取钢来制造核反应堆压力容器较为适当，但由于尺寸过于庞大，重量也过重，难于整体制造，通常需要分割成数块，再将其牢固密实连接，钢的铸造、锻压、焊接、热处理、切削加工等加工工艺性尚能满足分割制造的要求。

考虑到钢应具备良好的高温强度、高热稳定性和耐腐蚀性，显然选用奥氏体不锈钢最为适宜，但材料价格高昂。于是，人们想到了阶梯复合/融合的原理，外层用合金结构钢或合金热强钢以降低成本和获得高强度，内层用奥氏体不锈钢以满足耐腐蚀性。实现复合或融合的加工方法原则上有同时整体复合或融合和逐步局部复合或融合两种，同时整体复合或融合的加工制造技术目前无力实现，当前采用的技术为逐步局部融合法，也就是外层用合金结构钢分段锻造再组合焊接以降低成本，内层堆焊奥氏体不锈钢层以满足耐腐蚀性，这就是现今核反应堆压力容器选用的奥氏体不锈钢-合金结构钢融合钢，简称奥-结融合钢。

(1) 材料选用。

因为合金结构钢材料的采购成本较低，厚壁制品力学性能、焊接性能、抗应力腐蚀开裂性能良好，并且合金结构钢还具有较低的中子辐照脆化速率，所以轻水反应堆(light water reactor，LWR)核岛装备重大容器本体选用了这类材料，如反应堆压力容器(reactor pressure vessel，RPV)、蒸汽发生器(steam generator，SG)、稳压器等。另外，为了使其具有更好的耐腐蚀性，通常在这些容器的内表面堆焊一层耐腐蚀性能好的奥氏体不锈钢。

合金结构钢压力容器多为锻轧件，极少量的部件采用铸件。采用的材料标准主要有 ASME/ASTM、RCC-M 等，典型的 ASME/ASTM 材料如下。

反应堆压力容器钢板：ASME SA-533 B 型 1 等。

反应堆压力容器锻件：ASME SA-508 2 级 1 等(以前为 2 等)或 3 级 1 等(以前为 3 等)。

蒸汽发生器本体钢板：ASME SA-533 A 型 1 等或 2 等。

蒸汽发生器管板：ASME SA-508 2 级 1 等(以前为 2 等)或 2 等(以前为 2a 等)。

蒸汽发生器底封头：ASME SA-216 WCC 级。

稳压器本体：ASME SA-516 70 级或 ASME SA-533 B 型 1 等。

(2) 考虑因素。

在选用合金结构钢时要考虑如下因素：反应堆压力容器本体堆芯环带区材料及焊缝的中子辐照脆化与材料的化学成分有关，应严格控制 Cu、P、Ni 等元素的含量。

(3) 重点关注。

合金结构钢压力容器内表面在进行奥氏体不锈钢堆焊的建造期间，经常发现焊层接合处有开裂现象，主要为热裂纹、再热裂纹、冷(氢)裂纹等，可采用如下预防措施：①采用更加抗热裂纹、再热裂纹的材料(如用 ASME SA-508 3 级 1 等代替 ASME SA-508 2 级 1 等)；②采用低热量输入堆焊工艺；③采用较高的预热温度、焊后热处理温度，并且对每一焊道进行保温。

(4) 服役经验。

从服役经验看，此类材料整体表现较好。典型的服役经验有：①反应堆压力容器本体堆芯环带区，环带区材料受到堆芯中子的辐照可能导致材料脆化，对于轻水反应堆机组反应堆压力容器本体材料，中子辐照脆化不是一个严重问题，但是位于该环带区内的焊缝易于受到中子辐照而脆化，并且这也是确定在役核电站能否继续运行的一个重要判据，如美国的 Yankee Rowe 核电站就因此问题而被迫关闭；②蒸汽发生器本体锥形段环焊缝，早期在压水反应堆机组蒸汽发生器壳体锥形段环焊缝处发现过裂纹，裂纹的产生与焊缝、热应力循环、氧化条件的偶然出现等有关。自 1991 年执行严格的水化学控制措施后再未发现此类裂纹。

4) 一回路冷却剂管道钢

核岛内的一回路冷却剂管道材料必须具有良好的抗辐照、耐腐蚀和抗热老化的性能，并且还要有良好的焊接加工性。现今的一回路冷却剂管道便是采用奥氏体不锈钢以离心铸造的加工方法制造的，因而在其组织中常常存在不多的铁素体相。

然而，一回路冷却剂管道尺寸庞大，用材量多，成本昂贵，若将来采用外壁为低合金热强钢而内壁为奥氏体不锈钢的融合体离心铸造技术制造，实为良好的选材与加工方案。

5) 镍基合金

镍基合金有着比不锈钢更好的耐腐蚀性和耐热性，但却比不锈钢更为昂贵，因此在不锈钢的耐腐蚀性不能满足要求时才使用镍基合金。

(1) 材料选用。

常用的镍基合金材料主要有 Alloy 600 和 Alloy 690。Alloy 600 适用的焊接金属为 Alloy 82 和 Alloy 182，Alloy 690 适用的焊接金属为 Alloy 52 和 Alloy 152。

(2) 使用要点。

① 使用范围。用于压力容器的部件和管道，如沸水反应堆机组中反应堆压力容器管嘴安全端、堆芯支撑结构等，压水反应堆机组反应堆压力容器顶封头控制棒驱动机构和控制元件驱动机构管嘴、反应堆压力容器底封头仪表贯穿件、稳压器和一回路管道上的仪表管嘴等。

采用 Alloy 600 和 Alloy 690 的核岛压力边界部件为锻件。材料标准主要有 ASME/ASTM、AWS[①]、RCC-M 等，典型的 ASME/ASTM 材料如下。

早期沸水反应堆电厂反应堆压力容器管嘴安全端：ASME SB-166 Alloy 600。

压水反应堆电厂贯穿件、管嘴：ASME SB-166、Alloy 167，退火状态或热加工状态。

蒸汽发生器分隔板：ASME SB-168，退火状态。

热套管：ASME SB-167，冷拉和退火状态。

② 考虑因素。在选用镍基合金材料时要考虑如下因素：

在沸水反应堆一回路冷却剂系统中，Alloy 600 和 Alloy 182 易于在缝隙处发生 IGSCC 问题，Alloy 690 和 Alloy 82 更耐 IGSCC。

在压水反应堆一回路冷却剂系统中，Alloy 600 和 Alloy 182、Alloy 82 易于在湿表面处(应力超过 207MPa)发生压水反应堆一次侧应力腐蚀开裂问题，所以这种条件下宜用 Alloy 690 代替 Alloy 600。

③ 重点关注。试验表明，Alloy 690 和 Alloy 52、Alloy 82 处于含氢的低温(低于 150℃)水中时，易于发生低温开裂现象，而 Alloy 600 对低温开裂不敏感。

④ 服役经验。典型的服役经验如下。

在沸水反应堆电厂中，Alloy 600 已发生过 IGSCC 问题，主要发生在焊缝处，与焊缝处的残余应力密切相关。

在压水反应堆电厂中，Alloy 600 贯穿件和管嘴随着机组服役时间的延长，发生一次侧应力腐蚀开裂问题也越来越多。

自 2000 年起，压水反应堆电厂中的 Alloy 600 焊接金属(如顶封头控制棒驱动机构管嘴和反应堆压力容器顶封头焊缝)已发生多起一次侧应力腐蚀开裂问题。

(3) 传热管用镍基合金。

核电站装备中镍基合金传热管用量最大的是蒸汽发生器传热管。早期，由于 Alloy 600 较不锈钢具有更好的耐应力腐蚀开裂(含 Cl 元素)性能，蒸汽发生器传热管材料选用了 Alloy 600。之后不久，更高 Cr 含量、更低 Ni 含量的 Alloy 800 被开发出来，当报道 Alloy 600 在水中有开裂问题后，Alloy 600 便被 Alloy 800 代替，并且进一步开发出了更稳定的核级 Alloy 800NG(进一步降低 C 元素，并添加少量

---

① AWS 指美国焊接协会。

Ti 元素)。后来,为进一步改善 Alloy 800 性能,更高 Cr 含量、更高 Ni 含量的 Alloy 690 被开发出来。1989 年 Alloy 690 首次应用于蒸汽发生器传热管。现在,绝大部分蒸汽发生器传热管材料已选用 Alloy 690TT。

6) 传热管用钛合金

钛合金传热管在核电站服役已超过 20 年,钛具有优秀的耐腐蚀性和高热传输速率,钛传热管用于铜合金和不锈钢不能满足耐腐蚀性能要求的热交换器,如凝汽器、氢气冷却器。钛传热管一般由商业纯级的有缝钛管焊接而成。虽然钛传热管有良好的耐腐蚀性能,但因其价格昂贵而未能获得广泛应用。

1.1.2　金属材料选用原则

由上述核岛装备金属材料的使用概况,大致可以总结出核电站装备金属材料在选用时应注意的问题。

1. 选用思想

材料因性能而被使用。人类使用的一切物件都在或大或小地承受力的作用,材料的力学性能对制成物件的使用功能至关重要。因此,对材料的使用,以其承受力的特性为首要。为了材料能够承受更大的力,人们不断地努力提高材料的强度、塑性和韧性。但是,有时力学性能却不是第一重要的,热、电、磁、光、核辐射、化学侵害、老化与损耗等也可能成为最重要的要求。热、电、磁、光、核辐射与力一样无处不在。材料制成的物件,在承力的同时,也必然处在热、电、磁、光、核辐射的环境中,承受着热、电、磁、光、核辐射的作用。因此,材料热、电、磁、光、核辐射的性能同属重要和必不可少的要求。正由于此,人们需要耐热钢,需要导电铜,需要无磁钢等。

不仅力的作用,热、电、磁、光、核辐射的作用也会使其所制物件在服役中发生老化与耗损,而且它不可能脱离环境中其他物质的化学作用而孤立服役,化学物质的作用更是造成物件在服役中发生老化与耗损的主要因素,这就是腐蚀。耐腐蚀同样是人们对材料性能关注的焦点之一,这就是不锈钢诞生的理由。

于是,材料使用的两条基本思路是:各尽所长和复合或融合为优。

核反应堆压力容器采用合金结构钢内衬堆焊奥氏体不锈钢则是复合与融合为优的典范。核反应堆压力容器外层是合金结构钢,由锻造并热处理及焊接等加工制成,具有良好的强度、塑性和韧性,良好的加工性和淬透性,以及经济性;内层为奥氏体不锈钢,以抵御腐蚀、辐射且耐热,由堆焊加工制成,内外层之间以熔池的成分融合形成融合接合。

尽管人们使用的是材料的性能,但性能不是孤立存在的,性能取决于组织,组织则要用限定成分的材料经适宜的方法加工才能得到,并且要在适当的环境条件和经济条件下才能充分发挥其长处，这就必须为材料性能的完善发挥，确立适当的材料选用原则。对于不同的用途，也必定要建立不同的材料选用原则。

核电站装备首先要考虑的是核安全，其服役必须安全性和可靠性优良。核电站装备的主要特点是：①设计寿命 60 年必须确保，许多装备是在核辐射的环境下服役的，易于老化，保养维护修理困难，有些装备根本就不允许维修；②大多为尺寸和重量很大的重型机件，材料必须有良好的加工性(如良好的热压力加工变形性和可焊接性，以及足够的热处理淬透性)，才能赋予机件满意的力学性能；③多在腐蚀和热环境中服役，因而材料老化问题备受关注。

2. 选用原则

本书的性能考虑与以往的不同，在这里人们不能只看材料测试的性能数据，而必须将材料测试的性能数据与装备的尺寸因素及装备服役的功能状态进行匹配，匹配的度量就是设计的安全可靠概率，不仅在装备服役之初，而且在材料老化寿终之前的整个寿期，这个设计的安全可靠概率值都必须达到。

1) 安全可靠与寿命

对核电站装备来说，材料的服役必须安全可靠，这是第一位的。材料在服役过程中的老化和耗损是必然的规律，我们的原则是，老化和耗损的许可时限不得短于装备的设计寿期。评判的标准就是在整个寿期内满足设计的安全可靠概率。

2) 适应环境

材料的使用必须使材料和环境相适、相合、共存、共赢，这是第二位的。材料完成人所赋予装备的功能，环境无干扰地按自己的自然规律正常运转，两者缺一不可。如果材料的使用造成了环境的恶化，或是环境摧毁了材料，那都是不许可的。自然环境的恶化危及人类的生存时一切将不复存在；材料被环境摧毁而丧失其功能时人类也将一事无成而难以生存。

材料的服役环境首先考虑特殊的核辐射、电磁辐射等高危环境对材料提出适应环境的特殊要求。例如，核岛装备所用材料必须具备热中子吸收截面小和感生放射性小，以及核辐射稳定性好的特性。汽机岛装备的汽轮机叶片材料则要求内耗大，以吸收高频振动。而高寒地带的装备所用材料必须没有冷脆性。

其次是力学环境。对力的分析往往是复杂的，它不仅与力的大小、分布和方向密切相关，也与力作用的时间(静态的或动态的)以及力作用的变化规律(持续的或交变的)密切相关，还和制品的形状与尺寸密切相关。因此，正确分析制品中的应力状态和应力分布，不仅特别重要，而且特别困难。但无论如何，要尽最大努力地去做好。

再次是化学环境和电、磁、热、光等物理环境。核电站装备的腐蚀环境严酷，再加上不便检修和服役寿期长，应特别关注。正由于这样，核电站装备大量使用不锈钢来制造。应当鉴别各种不同的腐蚀环境和腐蚀类别，以正确选择适当的不锈钢来应对。

当这些核辐射环境、特殊的高危环境、力学环境、化学环境或物理环境等多个环境因素共同作用于材料时，将由于交互作用而加剧材料的老化和耗损，使材料的承载能力降低。

3) 满足性能

材料的性能必须能够在制成制品后，在执行设计功能时，适应制品服役的核辐射环境、特殊的高危环境、力学环境、物理环境和化学环境。

人们通常以小尺寸的标准试样的测试结果作为材料性能的标志，然而，这里忽略了尺寸因素。尺寸大小不同时，材料性能的测试结果是不同的。通常的规律是，随着尺寸的增大，性能劣化。由于核电站装备多为重型机件，尺寸因素显得尤为突出。

常被忽略的还有冶金因素与加工因素，这些因素的波动，不仅可能造成材料性能的波动，而且会造成制品材料各处性能的不均匀。

因此必须控制尺寸因素、冶金因素与加工因素。尽可能在制品上取样测试性能(在特别重要的场合还要用实际制品做台架试验)可以减小尺寸因素的影响。提高材料的冶金质量特别是实施精炼以减少杂质和铸锭成分偏析，可减小冶金因素的影响。而采用经过鉴定的规范化的铸、锻、焊、热处理、表面处理及切削加工工艺，则是减小加工因素波动的重要措施。所有这些控制尺寸因素、冶金因素与加工因素的举措都会显著提高材料对服役环境的适应性、安全性与可靠性。

4) 加工制造

冶炼、铸造、热压力加工与冷压力加工、焊接、热处理、表面处理、切削加工、特种加工等的加工工艺性和加工费用在装备制造中占有重要份额。这里有两个问题，一是加工工艺实现加工目标的可行性(能否实现)和加工质量的可控性(经过鉴定的规范化的加工工艺)；二是加工费用的可接受性(虽然贵点但可接受)与经济性(最低成本)。两者的平衡和协调常常是选材考虑的重要因素。

加工获得组织，从而决定性能。例如，对于结构材料，获得强韧性的加工方法的选择是重要的，材料与加工方法的适当配合通常能获得良好的效果。

5) 经济成本

先进材料是技术进步与经济繁荣的支柱，但材料的使用不可一味追求优上之优，正好满足并有适当安全储量就是最佳的。性能成本比是使用材料必须要考虑的，以刚好满足性能的最低成本并使性能适当富裕以保证安全性和可靠性为最佳选择。

6) 价值工程

满足同一性能的材料常常有数种，这时选择哪一种都是可取的，但仍然是性能成本比高者为好。没有必要规定非要采用某一种材料不可,这就是价值工程所考虑的原则。在特别的场合,采用具有同价值或近价值的材料互相替代也实为可取。

然而,在特别重要的场合,从保证稳定的安全性与可靠性考虑,还是规定采用某一种材料为好。因为材料生产和加工的工艺稳定性及可控性(经过鉴定的规范化的加工工艺)对安全性与可靠性是重要的保障。材料和工艺的频繁更换对安全性与可靠性的保障是不利的。

1.2　材料科学与工程的重大责任

作为现代化支柱之一的材料科学与工程,在新能源核电和核电站装备制造中,处处需要制造具有特殊性能的材料。材料科学与工程深入到原子和电子的超微观世界,又将物质的凝聚态和材料功能与使用的宏观世界联系起来,使其为社会文明而服务,同时使自身发展到更高的境界。

核材料科学与工程是在材料科学与工程的基础上发展的一个重要分支,核材料科学与工程是以材料科学与工程为基础,渗入了核能材料及核能装备的特点,如放射性等问题而形成的,核电站装备材料就是其中之一。本书在此论述材料科学与工程并不严格将其区分。

1.2.1　关乎核安全的金属材料开发与使用

在核电站,先进金属材料大量使用。核电站装备是在有核辐射的特定环境中服役的,对所用金属材料有其特定的性能要求,开发新的适用于核电站装备的金属材料势所必然。对这些材料的合理与高效使用同样具有重大意义,它关乎国家的核安全与生态安全和社会稳定,以及能源安全和能源政策,关乎国计民生。在压水堆(这是我国核电站的基本堆型)核电站的主要运行事故中,装备的材料破裂导致的事故占总事故量的 70%以上,研究认为这些事故发生的一个重要原因在于材料在使用中的老化。因此,关于核电站装备中材料的使用研究便特别受到重视,这也就使其材料使用的研究与实践处于科研优先行列。但我国的这些研究与实践因起步较晚而缺乏现代理念与思想和学术体系的指导。为推进我国核电金属材料使用的现代理念与思想和学术体系的研究及实践,建立我国核电金属材料开发与使用的思想体系和学术体系实属必要。这对我国核电事业的发展具有重要意义。

我国核电科技与工程在核电发展战略和路线的指引下飞速发展,已使我国成为核电大国,并且当今正在向世界核电强国挺进。在这种由核电大国迈向核电强国的蓬勃发展形势下,核电站装备用金属材料的发展必须适应形势所需,由完成国产化的材料大国逐步向创新引领的材料强国迈进,为核电站装备制造提供适用的金属材料,为核电强国和核电站装备制造强国奠定坚实的材料基础。

为核电站高端装备开发的金属材料具有高端的技术要求，如更严格和更纯净的成分、更规范和先进的加工、更精细和均一的组织结构、更优异的性能等。这些先进金属材料的优异性能，承载着人们对高端装备能够安全可靠地实现相应功能和延长寿命的期望。只有优异的材料性能和合理高效的使用，才能有安全可靠的高端装备。要保障高端装备安全可靠，必须首先保证先进材料的优异性能与其合理高效的使用。这就是核材料科学与工程所研讨的课题，必须清晰地认识到核材料科学与工程的发展现状和发展方向与指导思想。这就为核材料科学与工程提出了一系列新的命题。核材料科学与工程应该如何发展？核材料科学与工程应该以怎样的学科思想和学科体系，走怎样的技术路线，才能开发出适于使用的金属材料以支撑建成核电强国和核电站装备制造强国？

从我国工业实际和中华文化思想出发，以自然科学视角和中华文化精髓的融合共进思维入手，对阶段研究进行总结，总结世界发达国家核材料科学与工程的发展成就，总结我国 30 年来核材料科学与工程的发展业绩，总结作者核材料科学与工程研究的思想与经验，以升华和建立我国的核材料科学与工程的核电站装备金属材料(核结构金属材料)开发与使用的学科思想、学科体系、学科路线与技术路线，就成为当今我国核材料科学与工程所必须解决的根本问题，这就是本书的任务所在。

1.2.2 国际学者论材料科学与工程

1. 学科思想

麻省理工学院教授 Morris Cohen 是当代材料科学与工程著名学者，他在为美国密歇根州立大学的 Lawrence H.Van Vlack 所著《材料科学与材料工程基础》一书所作的序 "人类事务中的材料" 中回顾了材料科学与材料工程的发展历程，研究了发展现状，指出了发展方向。本书作者理解他的基本思维有五个方面，他写道："我们周围到处都是材料，它们不仅存在于我们的现实生活中，而且也扎根于我们的文化和思想领域……材料……在国家的昌盛和安全中也起着举足轻重的作用。"这是 Morris Cohen 提出的第一个思维，"材料文化"概念，正由于有此基本思维，这位材料界泰斗才能正确地把握住材料科学与材料工程的现今和未来。

Morris Cohen 提出的第二个思维是"材料循环"概念，他写道："人类使用的材料可以看作流动在一个巨大的材料循环(一个全球性的、自始至终的循环系统)之中……材料循环概念的一个重要方面是它揭示了材料、能源和环境之间的许多强烈的交互作用，而且这三者都必须被纳入国家计划和技术规范内。"

Morris Cohen 提出的第三个思维为"综合理念"概念："材料科学与材料工程

之间的区别主要在于着眼点的不同或者说是各自强调的中心不同；它们当中并没有一条明确的分界线。我们为其采用一个复合名词——材料科学与材料工程(简称材料科学与工程)，这一命名已日益显示出它的合理性。"

Morris Cohen 提出的第四个思维是材料科学与材料工程的"跨学科性"概念，他写道："材料科学与材料工程是一门跨学科的科学，它包含(但并不代替)某些学科(如冶金学和陶瓷学)，以及某些学科分支(如固体物理和聚合物化学)，并与一些工程学科相重叠。"

Morris Cohen 提出的第五个思维是材料科学与材料工程的"共同献身"概念，指出材料科学与材料工程是诸多学科人员共同献身的成果，他写道："根据政府资料分析，在所有非本专业的工程师所完成的每六个小时的业务工作中，就有一个小时的工作是与材料及材料的使用直接相关的。对化学家和物理学家来说，这个比例还要高一些。"

2. 学科体系

Morris Cohen 提出材料科学与材料工程的学科体系概念，他写道："材料科学与材料工程是研究有关材料的成分、结构和制造工艺与其性能和使用之间相互关系的知识；研究这些知识的由来和应用。有一个中间枢纽，把材料的结构、性能、工艺、功能和使用联系在一起，而材料科学与材料工程的作用就像一条传导知识的带子，它从基础知识和基本研究一直延伸到社会需要和实践经验。科学知识和经验知识从两个不同的方向分别流入材料科学与材料工程，并在其中非常协调地结合起来。"这就是 Morris Cohen 教授的材料科学与材料工程的五要素体系"成分-结构-工艺-性能-使用"。

关于材料科学与材料工程的完整学科体系，除 Morris Cohen 教授的五要素体系之外，尚有美国《材料科学与材料工程百科全书》的"结构与成分-合成与制备-性质-效能"四要素体系说，以及美国国家研究委员会的"成分与结构-制备加工-性能-服役行为"四要素体系说，也有学者提出"成分与结构-合成加工-性质-服役行为"四要素体系说等。之所以众说纷纭，乃因材料科学与材料工程是一门正在高速发展的学科，它不像数学、物理学、化学已经有一个很成熟的体系，材料科学与材料工程学科尚需在发展中不断充实和完善。然而，无论哪种说法，其含义是大体相近的，这是大家的共识。

综合各家之说，材料科学与工程的学科内含要素可概括为成分、结构、制备、加工、性质、性能、使用、效能，并可将其归并为四要素：成分与结构、制备与加工、性质与性能、使用与效能。于是，本书将这些各家对材料科学与工程的学科体系之说归结为"成分与结构-制备与加工-性质与性能-使用与效能"。

1.3 论材料科学与工程

在国际学者研究成果的基础上，吸收其精华，结合我国的实际，使其中国化并发展之，是最为重要的，这也就是本书要做的。学科的发展必定要自然科学的思想先行，有了正确明晰的学科思想，才能产生学科体系，并由此诞生学科路线和技术路线。

1.3.1 学科思想——综合与分化交互相协前进

事物的发展处在综合与分化的交互前进循环运动中。现代科学技术发展的特征，一方面表现在分化和专门化，这是探索奥秘高度深入的需要；另一方面而且是起到更重要的主导作用的则是综合和整体化，这是人和自然动态平衡的必然。这两者相辅相成不可分割，表征着知识的深化和广博发展过程。分化和专门化是综合和整体化最重要的前提条件和不可分割的方面，综合和整体化则是分化和专门化更高层次的发展。高度分化促进了科学技术整体化，而科学技术整体化又指导和支撑各学科进一步分化，其结果又反过来完善整体化。综合的发展促进了科学方法的发展，促进了各学科更深层次研究与现实各领域的联系，促进了各不同领域间的基本关系和联系，促进了学科间内在基础的综合理论迅速发展。科学与技术的进步以及两者之间的强力相互交融，如今已经综合成总体的科学技术的进步，核能的利用就是典型的例子，核电站是高能物理学和技术科学与工程技术的整体化产物。科学技术就是这样在进步中，材料科学与材料工程也是这样在进步中，它分化成开发材料的材料科学与使用材料的材料工程。材料科学注重的是材料的结构和性能，材料工程注重的则是加工和使用，但它们又相互关联而不可孤立，这就是综合一体化，从而形成材料科学与材料工程的学科体系。随着材料科学与材料工程的发展，其学科体系必将在综合与分化的交互循环运动中继续分化与综合地不断进步。

材料科学与材料工程就是这样一门关于材料一体化的综合性学科，它研究有关材料的成分与结构、制备与加工、性质与性能、使用与效能及其之间的相互关系，以及其由来和应用。现在由于材料科学与材料工程关于物质的物理结构理论的深化和试验技术与加工技术的进步，材料的开发方法也发生了根本性的变革，人们有可能在先有需要的情况下，研制出满足各种需要的材料。过去，材料的研制大多是先由试验研究开发出来，再考虑其用途；而现在则是首先确定需要和目的，然后再来研究开发所需的材料，计算材料学也正是在这种形势下诞生的。

人类使用的是材料的性能，而性能却是由组织结构决定的，组织结构是由加工赋予的，加工又受材料成分的保障和限定。为核电站装备开发新的先进材料是核材料科学的重要任务，没有性能优异的先进材料便不会有满足要求的核电站装备。然而，材料在使用中会发生性能衰退的老化继而危及安全和寿命，若不能合理高效又安全可靠地使用这些优异的材料，再好的材料也不能发挥其功用。因此，不能孤立地研究材料开发，同时也不能孤立地研究材料使用。只有真正深刻理解了材料的性能及与性能紧密关联的组织、加工、成分的现代理念，才能领悟材料使用的真谛。也只有真正深刻理解了材料在使用中的性能、老化、安全可靠、寿命等现代理念，才能领悟材料开发的真谛。这就是说，研究材料工程问题离不开材料科学；同样，研究材料科学问题也离不开材料工程。材料科学与材料工程本是一家，彼此不可孤立，只是偏重不同。因此，材料科学完整的材料开发的现代理念与思想和学术体系，必定要与材料工程完整的材料使用的现代理念与思想和学术体系相联结与融合。

当代的世界经济科技和我国经济科技，造就了材料科学与材料工程新的综合一体化发展方向，它表现为各类材料(金属、陶瓷、聚合物、复合材料、半导体等)的综合、各个环节(结构与组织-制备与加工-性质与性能-使用与环境)的综合、科学(基础理论)与工程(工艺技术)的综合，以及相关各界(大学-工业界-国家实验室)的通力合作。

这就是材料科学与工程的学科思想：综合与分化交互相协前进。

人们在专业化分工的驱使下，对专门化是熟悉的，而对综合化却显得生疏。当今专门化已相当普遍和超前，而综合化相对迟滞，强调综合化正当其时，因为综合化是以专门化的知识积淀为基础的更高层次。

1.3.2　学科体系

本书已将国际学者就材料科学与工程学科体系的观点归纳为"成分与结构-制备与加工-性质与性能-使用与效能"四要素元学科体系。本书理解这四要素元的含义，成分是以单质表述材料的组成。结构是材料各个组成单元之间的排列或搭配形式的空间关联与时间关联，各不同性质原子之间的协调、融合、化合、转变等集合成的组织形态。先进材料的多样性是由于人们对如何获得新的材料内部结构和组织有了科学认识，这种结构和组织展示出新的性能，并导致使用特性改变。制备是材料成形的方法和技术。加工则泛指使材料成形并制造成制品的具体技术和工艺，如钢的冶炼、铸造、锻压、焊接、热处理、表面处理、切削、增材制造等。加工的具体参量则称为工艺，为改善现有材料及制备出新材料所做努力的主要促进因素，是社会和经济与市场对具有新型使用特性材料的迫切需要，然而使用特性的改进常取决于富有革新精神的加工技术与方法的发展，用这些方法能获得具有新性能的新颖组织。应当明确，决定物质性质的是结构。性质是不同物质间相互区别的本质属性。性能是用这种物质制成需要的制品时，对制品设计和使用要求所能满足的程度。显然，性质与制品无关，而性能不仅取决于物质的性质，还取决于制造制品的制备与加工过程、制品的形状和尺寸及其服役状态，因而就取决于受制备与加工过程影响的结构，并且和制品的使用条件与使用环境密切相关。使用与效能是制备加工材料的终极目的，材料制成制品以满足制品功能的实现称为使用，而制品功能实现的程度与寿命则是效能。

材料科学的关键作用就是把材料的外在性质与性能和其内部结构联系起来。人们发现材料具有一系列不同数量级的内部结构，这种结构的复杂程度可以解释为什么观察到的材料性质与性能和使用特性会有那么大的差异。这一认识也意味着，通过深入研究某一特定材料的内部结构就可以预测其性质与性能和使用特性，也就是材料的性质与性能取决于其组织与结构及其运动。材料学科的从事者，无论是科学家还是工程师或者教授，都是研究各种不同成分材料的组织结构、性质与性能、使用特性之间的关系，以及制备与加工过程会给这些相互关系带来哪些改变。成分与结构、性质与性能及使用与效能通过制备与加工联系在一起，制备与加工可以对内部组织结构进行控制或改变，来获得所需要的性质与性能和使用与效能。材料科学家主要研究成分与结构、性质与性能以及两者之间的关系。材料工程师则集中研究性质与性能、使用与效能以及能够改善使用与效能的制备与加工技术。现在市场的趋势使得科学家也更加关注制备与加工和使用与效能，科学家对制备与加工和使用与效能的影响也在日益增大；而工程师为了更好地发挥材料的使用与效能，也必须更多地注重成分与结构。这就使得科学家与工程师的分工越来越综合，越来越融为一体。因此，材料的不同成分与结构、性质与性能和使用与效能特性，通过制备与加工联系在一起，制备与加工可以对内部组织结构进行控制或改变，来获得所需要的性质与性能和使用与效能特性。材料的性质与性能满足人们使用的期望与要求，性能同时还受到装备设计和制备与加工工艺的强烈影响，以及环境的制约。因此，虽然使用的是材料的性能，但要从"成分与结构-制备与加工-性质与性能-使用与效能"的要素元环链做全面综合考察。四要素元浑然一体，环环相扣，牵一发而动全身。而使用与效能则是其他三元的核心与归宿，是最终目的。研究、创制、生产、合成、加工材料的目的都在于使用它，使用它的性能来创建人类的文明和繁荣。

然而，在本书依据国际学者的观点所归结的材料科学与工程的学科体系"成分与结构-制备与加工-性质与性能-使用与效能"中，成分与结构共同归为一个要素元实欠妥当，使用与效能要素元也过于笼统。这两个问题都需要随着科学与技术的发展进行进一步的解析。

1. 材料开发的学科体系——成分-加工-组织-性能

随着科学与工程分化、综合的发展规律，人们认识到材料科学的要素元"成分与结构"是由成分原子结构、晶体结构(有序的与无序的)、相结构、组织结构这四者构成的。随着电子显微技术的进步和位错及界面理论的建立,组织结构的重要性更为人们所认识。这就使成分与结构概念的差异更加显著,并已经形成将要素元"成分与结构"分割为成分和组织两个独立要素元新概念的趋势,本书将其总结为"组成与成分"和"组织与结构"两个独立要素元新概念,以进一步探索其规律。在这里,组成表述为材料的不同构成要素,而成分则是以材料的单一化学元素构成来表述的。组织已被广大科技工作者理解为金相显微镜下的相形态,而结构则被理解为更微观的电子组态和原子组态及电子显微镜下晶体的无序状态,如位错组态与晶界和相界组态等。空位、填隙原子、位错、晶界、相界等有序中的无序群搭建了金属材料强度和相变的深奥迷宫,这就使科学的目标由发现有序化的时间结构和空间结构转化成了发现有序化的时间结构和空间结构中的无序群结构。

在材料研究与开发阶段,涉及"使用与效能"的机会是少的,通常以材料的"性质与性能"指标作为标的。于是材料研究与开发的学科体系便可规范为"组成与成分-制备与加工-组织与结构-性质与性能",简记为"成分-加工-组织-性能"。本书以下将采用这个四元环链的学科体系提法。

材料研究与开发的四元环链学科体系,四要素元是相互联结而不可分割的统一体,可看作由四要素元之每一要素元居其一隅顶角的正四面体。性能元受组织元的支撑和支配,成分为组织的保障和基础,加工以实现组织。组织则决定了性能,以完成材料的研究与开发。

在材料研究与开发学科体系的"成分-加工-组织-性能"四要素元中,最为关键的要素元便是组织元。只要人们掌控好材料的组织,便可容易地掌控材料的研究与开发。当对材料进行综合化的研究与开发时,如综合合金化的采用、综(复)合强化的使用、综合加工的推行等,也同样是提组织这个纲而动该四元环链的全链,可谓"举一纲而万目张"。

2. 材料使用的学科体系——性能-老化-安全-寿命

人类使用材料制成装备或工具以实现需要的功能,这是由于材料具有适当的性能可以满足制造装备或工具的使用要求。因此,人类使用材料是用其性能和形体。初期对材料的使用思想是简单的,只要能用就行了。现今已进步为材料使用的效能,包括安全性、可靠性、老化、寿命和经济性。尽管材料使用的历史已有数千年,使用材料的现代理念雏形也支离形成,但仍未出现完整的材料使用的现代理念,建立材料使用的现代理念便是本书的标的之一。

1) 老化与寿命

核电站有数目众多的系统、构筑物与装备和部件,在核电站运行中执行不同的功能，同时对核电站的安全、可靠运行也有着不同程度的作用。核电站运行经验表明，在考察材料的使用时发现，尽管初设计时材料的性能是良好的和满足要求的，但核电站建成后随着运行时间的流逝，材料便面临力学的、物理学的及化学的过程而使核电站所有装备或材料都有不同程度的性能减弱，也就是说，材料也毫不例外地演绎了了万物的演化规律——老化。老化导致装备的功能下降，使其安全性与可靠性弱化的问题日渐突出。国际原子能机构(International Atomic Energy Agency，IAEA)定义老化为：材料在正常服役工况下随着使用时间推移而发生的持续性能劣化过程。这里的正常服役工况不包含事故。

系统、构筑物、装备和部件的失效与故障会由于性能劣化(老化)而发生，老化严重影响了系统、构筑物、装备和部件的执行功能的能力，对核电站的安全性与可靠性造成极大的威胁。在核电发展的历程中，据1993年4月3日国际先驱论坛报的报道，美国有15座核反应堆的压力容器因辐照而脆化。这种与老化相关的失效与故障可能会大大降低核电站的安全性与可靠性，因为它们会损害由纵深防御概念建立起来的多重保护中的某一层或几层。老化可能导致物理屏障和冗余系统、构筑物、装备和部件的大范围性能劣化，由此增加共模故障的概率。这种性能劣化有可能不在正常运行和试验中暴露出来，而在运行扰动或事故产生的特定载荷或环境应力下造成失效，甚至是冗余系统、构筑物、装备和部件的多重共模失效。

材料老化是运行条件通过力学的、物理学的和化学的过程作用，以及其他影响安全的因素导致的。老化的主要影响是材料性能的衰退。核电站装备金属材料老化机理产生的缘由主要集中于三点：环境化学因素、环境物理因素以及机械力学因素。

(1) 环境化学因素：①常规腐蚀；②硼酸加速腐蚀；③流体加速腐蚀；④缝隙腐蚀；⑤点腐蚀；⑥电偶腐蚀；⑦应力腐蚀开裂；⑧微生物诱发腐蚀。

(2) 环境物理因素：①热老化；②辐照脆化；③辐照蠕变。

(3) 机械力学因素：①持久与蠕变；②疲劳；③表面磨损。

核电站部件的老化如果得不到缓解，会降低设计给出的安全裕度，从而对公众健康和安全造成风险。在广泛意义上用到的"安全裕度"的术语，表示非能动的和能动的核电站部件超出其正常运行要求的安全状态。安全状态可以通过测量和评价部件的具体功能参数和状况指标来加以检测。例如，一回路管道Z3CN20-09M钢铸造样品在400℃热老化试验后，断裂韧度J积分试验所得结果为：老化前378kJ/m^2，经3000h老化降为291kJ/m^2，经10000h老化更降为234kJ/m^2。

为维持核电站的安全性，应探测系统、构筑物、装备和部件的老化效应，确定与老化有关的安全裕度的降低，并在核电站完整性或功能丧失之前采取纠正行动。

核电站装备的老化使得装备失效概率增加，降低装备和系统的可靠性，引起核电站纵深防御降级，增加核电站安全风险。应当对核电站的安全重要系统、构筑物、装备和部件，开展主动的老化管理，核电站老化管理是指通过一系列技术的和行政的手段来监视、控制核电站系统、构筑物、装备和部件的老化，防止它们发生由老化引起的失效，从而提高核电站的可靠性、安全性和经济性。当今的老化管理应当对老化有预见性和针对性地预防和缓解，以区别于早先被动的修理和劣化部件更换。老化管理应贯穿核电站的整个寿期，包括设计、装备制造、电站建造、调试、运行(包括延寿运行和长期停堆)及退役等各个阶段。老化管理的核心是检查和评估运行条件导致的缺陷，并指导防护措施的应用以预防和减轻缺陷。其关键是决定核电站系统和装备在其寿期和服役条件下是否能完成其安全功能。这点可以通过适当地选择系统和装备，使其服役受到长期的老化检查程序监督，能够对其收集的数据和潜在的老化影响进行评估，由此确保核电站具有足够的安全性和可靠性。

在设计中应做到：设计基准充分考虑服役寿命终止时所需的安全裕度、可能的老化机理(设计寿期内可能影响其安全功能的老化机理包括辐照脆化、热老化、腐蚀、应力腐蚀开裂、蠕变、疲劳以及磨损等)，评价并考虑相关的经验(包括核电站建造、调试、运行和退役阶段的经验等)和研究成果，考虑采用抗老化性能更强的先进材料，考虑监测材料的老化，考虑在线预警信息(尤其是对老化将导致系统、构筑物、装备和部件失效或失效将造成严重安全后果的部位)等。

在运行中应建立系统的老化管理方法，在充分认知和准确预测老化的基础上采取主动的老化管理方法，减缓老化速率。

2) 性能-老化-安全-寿命

人们在材料使用的实践中发现，使用并不是简单地用性能合格的材料制成制品使其简单地完成设计功能即可。人们发现材料在使用中会发生老化，即使是钢铁也会老化。人们还发现，材料使用中的老化和使用寿命，不仅与使用的材料有关，而且与使用环境密切相关，同时与使用中人们对使用条件及使用环境的管理与控制密切相关。人们又进一步发现，所有这些都危及人们对原设计功能完成的可靠性与安全性。于是对学科体系中的"使用与效能"这个要素元不能看成单一的，它包含多项子要素，应将其分解后再予以研究。

在高新尖端装备，如核电站装备等的运行实践中，人们逐渐认识到材料科学与材料工程的"使用与效能"要素元的内涵，应当包含老化、监控、评估、安全、可靠、寿命、管理等要素，本书适时地将这些国内外的研究与核电站运行经验总结为"老化与评估""安全与可靠""寿命与管理"要素元，其基础便是"性质与性能"要素元，从而形成"使用与效能"拓展的"性质与性能-老化与评估-安全与可靠-寿命与管理"四要素元环链学科体系，简记为"性能-老化-安全-寿命"。这就是人们对要素元"使用与效能"的理解所产生的飞跃进步，即本书在总结经验的基础上建立的材料"使用与效能"的学科体系。本书以下将采用这个四元环链的学科体系提法。

与材料研究与开发的"成分-加工-组织-性能"学科体系相似，材料使用与效能的"性能-老化-安全-寿命"学科体系相应地理解为：这个四元环链的四要素元是相互联结而不可分割的统一体，可看成由四要素元之每一要素元居其一隅顶角的正四面体。对于这个统一体，寿命受老化的支撑和支配，而安全受老化所制约，老化危及寿命，性能抵御老化以完成材料的使用和效能。

在材料使用与效能学科体系的"性能-老化-安全-寿命"四要素元中，最为关键的要素元便是老化元。只有人们掌控好了老化，才可较为容易地掌控材料的使用与效能。在材料使用的综合化研究中，老化是这个四元环链的纲，提此纲而动全链。例如，辐照老化、热老化、腐蚀老化、疲劳与蠕变老化等是常见且危害严重的老化形式，特别在数种因素共同作用时其危害更大，如应力存在时的腐蚀。因此，综合因素作用下的老化和其监控与评估应引起核电站运行的特别关注。

3. 材料开发与使用的学科体系——双四要素元综合一体化

只有明确超前的思想和路线，才能不走弯路，不白费功夫，且事半功倍。材料从研究开始，到制成装备，再到安全与可靠服役，直至寿命结束的整个过程中，始终贯穿着材料的"成分-加工-组织-性能"研究与开发四要素元环链学科体系，以及材料的"性能-老化-安全-寿命"使用与效能四要素元环链学科体系。并且两者以性能要素元紧密联结，综合进化成了由本书总结和发展的材料科学与工程的"成分-加工-组织-性能-老化-安全-寿命"两个四面体相连的双四元环链学科体系，这里的性能要素元为双四元环链学科体系的节点。本书以下也将推荐和采用这个双四元环链学科体系的提法。

在我国核电工业 30 余年的蓬勃高速发展中，在国家核电发展的"百万千瓦级先进压水堆"核电技术路线和"热中子反应堆(压水堆)→快中子反应堆→受控核聚变堆"三步走战略的指导下，在核电站装备制造用金属材料的"研究与开发"和"使用与效能"领域的研究与实践中，及时地总结国际、国内和作者的研究成果与实践经验，创建适合我国核电站装备材料科学与材料工程结构材料的双四要素元环链学科体系，以期能为支持和促进我国核电业的战略发展和能源结构改革在材料科学与材料工程领域奠定良好基础。

1.3.3　学科路线

综合与分化交互相协前进的材料科学与材料工程的学科思想，是材料开发与材料使用的学科路线的指导思想，以综合为指导，以分化为前锋，两者并重，相协相成。在专业化分工精细的今天，人们从事的工作范围有限，也基本是专门化的工作。本书以偏重综合化的思想，研讨材料科学与材料工程的进步，提出学科路线和技术路线来贯穿本书。

1. 理念路线——全系统-全过程-全寿命

人的精力是有限的，常常从事的是分化的专门化的工作，例如，从事材料科学的研究、改进、开发；或从事材料工程的制造、加工；或从事材料工程的使用。但只有认识到自己所从事专门化工作的另一面——综合，才能做好专门化的工作。只有处理好分化与综合的关系，才能有更大的进步。材料科学与材料工程体系的环链要素元是相互关联、相互制约、环环相扣、浑然一体的，可谓牵一发而动全身。因此，本书对核电金属材料的研究，必须从材料的开发到材料的使用综合地认识。例如，在安全与可靠问题上，安全与可靠文化、安全与可靠体制、安全与可靠科学技术、安全与可靠工程应用、安全与可靠管理规范及安全与可靠督导规范等必须融为一体才能得以实现，这就是说，安全与可靠必须综合性地推行才能有良好绩效。只有综合一体化地充分认识金属材料的"成分-加工-组织-性能"和"性能-老化-安全-寿命"这个核心问题，明晰基本概念，掌握组织和老化这两个核心规律，才能不断提高金属材料的性能、老化、安全、可靠与寿命。

当代综合一体地研究、加工、制造材料，以及安全可靠地使用材料的材料科学与材料工程综合一体化的思想体系，就必须是"全系统-全过程-全寿命"的，只取局部、只限一隅是做不好事的。这就是当今材料科学与材料工程的特点，是"全系统-全过程-全寿命"地综合与分化地开发与使用材料。全系统就是全方位与全范围，包含大系统的所有事项；全过程是从研究开始直至寿终的每一环节与方法和结果；全寿命是将寿命前的谋划、寿命中的绩效及寿命终止后的善后均包含在内。

也就是说，材料科学研究和材料应用研究，两者是相互关联的，不能孤立的，必须有"全系统-全过程-全寿命"的理念，以推进材料科学与材料工程的现代化，推进核电技术、核电高端装备、核电材料的进步与现代化。

2. 基础路线——材料数据库

新材料的开发、现有材料的改进及现有材料的使用，都必须以现有材料的开发与使用经验为基础，这些经验以数据和图片的形式简洁地记录在数据库中。这些数据的收集和积累是个艰难的日积月累的长期工作，必须早做安排，届时才会有数据可用。

现今和不远的未来，新材料的开发和现有材料的改进，已经不再是传统炒菜试验式的，而是逐步践行计算材料学之路，这就离不开大量数据的支持。例如，新材料性质的机器学习算法，就是依靠美国国家标准技术局(National Institute of Standards and Technology，NIST)无机晶体结构数据库中将近6万种特殊材料的数据开发出来的。

这些元素与合金的数据，包含组成成分参量、结构组织参量、热力学参量、物理性质参量、力学性质参量、化学性质参量等。其结构参量更是小至电子态，大到宏观体。这样的数据库自当是浩瀚的，这就需要多家数据库的分工与合作，联网与共享。

现今和不远的未来，材料的使用也已经不再是传统的救火维修式的，而是走上了系统控制之路。当今材料使用的数据状况是极为零散、无序、无规，并且由于误差与统计分析的欠缺而可靠性较难估算。还由于这些数据多偏重材料性能的工程检验，而极少有材料老化与可靠性及寿命的数据，物理学与化学的数据更少。材料在服役中的老化使材料性能平均值降低和标准误差增大，这就使材料性能散布的正态分布曲线左移、散宽以及峰值降低，从而减小了材料服役的安全可靠概率，缩短了服役寿命。

随着检测技术的进步和电子数字检测设备的日新月异，例如，各种类型的电子显微技术与设备的应用，材料的组织结构图像越来越受到人们的重视，这是过去的材料数据手册中可能欠缺的。组织结构图像在材料数据库的建设中应受到重视与关注。

材料数据库的建立应当本着"全系统-全过程-全寿命"的理念，以"成分-加工-组织-性能"和"性能-老化-安全-寿命"为核心问题，建立适应科技发展的新型材料数据库，而不是通行的材料手册的翻版与重复。

在材料的各项数据积累中，最需要提高的是数据的误差值与误差分析，数据的记录也必须详尽。例如，在材料性能档案中应将每个试样的各项测试值都一一列出，以方便积累数据，方便准确掌控材料的性能期望值和标准误差值。影响材料性能期望值和标准误差值的因素太多，如化学成分的波动，各种加工方法的不同，加工参数的波动，加工装备与加工精度的波动，加工环境条件的波动等。

在建立材料数据库的同时，还应建立装备状态数据库，因为材料是要用来制造装备的，装备的不同状态要选用不同的材料来制造。

1.3.4　技术路线

1. 材料研究开发——计算材料学为引领，现有材料改进为基础

现代科学技术发展的特征，是分化和专门化与综合和整体化两者相辅相成、交互前进、不断深化、向更高层次发展的过程。它涉及科学与技术的整个体系，促进大量的边缘学科和交叉学科的迅速发展，促进科学与技术整体化过程的加快。

数学、计算技术、系统论、控制论等这种揭示各领域共同规律性和结构的学科，在科学技术分化和专门化与综合和整体化过程中起着重要的作用。它们挺进到其他学科，实现其他学科的数学化、计算技术化、系统论化、控制论化，能够

将这些学科的科学方法、研究方式和学科知识统一并加以扩展，更清晰地在特殊中揭示一般规律，不断发现与其他学科交叉的新领域。

材料学科最初是以经验为基础的传统试验式的开发模式。在数字化、计算技术化、系统论化、控制论化的深刻交融中，材料学科的发展经历四个阶段：初级阶段的数学算学化，使材料学进入对经验知识的半经验量化研究，出现了诸如试验误差与统计分析、相图与组织图等。中级阶段的数学模型化，建立被研究对象的数学模型，如 Hall-Petch 公式、正交设计、均匀设计等。高级阶段的数学方法论。这时电子计算机与数字计算方法的应用使材料学科飞跃到一个更高的发展阶段，这时的数字化以记号的逻辑形式出现，使材料学科从经验知识中脱离出来，以新的概念通过模型化表述材料学科的基本现象和过程，借助高度抽象的数学结构记号的逻辑演算对材料学科理论进行推论，同时辅助以材料学科的固有方法，解释数学演算的结果。该方法论在材料学相变、结构、性能关系设计中已取得了重要成果，并进一步形成了材料科学的一个新分支：计算材料学。遵循计算材料学的原理与技术，在材料学技术难以解决的问题上，引入计算模拟和计算设计技术，以低成本(省人省时省钱省能源)获得满足高性能要求的精细结构的特征参量，然后用材料学的制备加工技术实现这些特征参量，便会快速地取得良好的效果，开发出具有高性能、精细结构的先进材料。

诸如材料基因组技术，美国在 2011 年提出了材料基因组计划，以期加快材料的研发过程。材料的成分、结构、性能、使用的关系即为材料基因，运用高通量试验+高性能计算+深度数据分析的研究方式，计算模拟就能够以最低成本、最短时间找到那些最合适的新的高端材料，其研究的关键是实现材料研发的高通量，即并发式完成一批而非一个材料样品的计算模拟、制备和表征，实现系统地筛选和优化材料，从而加快材料从发现到应用的过程。

北卡罗来纳大学(the University of North Carolina，UNC)和杜克大学的科学家开发出一种机器学习算法，这种算法能在理论层面上预测包括金属、陶瓷和其他晶体在内的新材料性质，并为现有材料找到新的用途。他们开发了名为 Properties Labeled Materials Fragments(PLMF)的算法工具。利用机器学习、分析和模拟已有晶体结构，预测科学家提出的新材料的性能，甚至还能够填充数据库中缺少的且从未被测试出来的材料数据。PLMF 的原理是，首先创建包含小单元构成的晶体结构的指纹信息，来表述包括陶瓷、金属和合金在内的无机材料。然后，把这些信息与机器学习结合起来，由此得到该晶体的精确模型，进而就能够准确地预测 8个关键的电学和热学及力学性能，即可实现某个特定性能所对应的一个范围里合适的材料。

因结构无序而获得高性能合金材料的非晶合金是又一个应用成果，传统探索新材料的方法主要是通过改变和调制化学成分、调制结构及物相、调制结构无序来获得新材料。而非晶材料则是通过调制材料的"序"或者"熵"来获得新的材料。近年来开发出的非晶合金材料在强度、硬度、韧性、超塑性成型、软磁、耐磨、耐腐蚀、抗辐照等方面具有显著优于常规金属材料的特质,在高技术、国防、信息和能源领域等方面有重要的应用前景。非晶材料已经发展为航天、航空、信息等高技术争相选用的先进材料。特别是兼有玻璃、金属、固体和液体特性的新型金属材料——金属玻璃的发明,创造了金属材料的很多纪录,非晶合金是迄今为止发现的最强的穿甲材料、最容易加工成型的金属材料、最耐腐蚀的金属材料、最理想的微米和纳米加工材料之一。此外,非晶合金还具有遗传、记忆、软磁、大磁熵等特性。

沿着多元综合合金化的道路开发的高熵合金具有超常的结构与组织和超常的性质与性能,应用前景广阔。高熵纳米孪晶材料也可能是核燃料包壳管与堆内构件以及蒸汽发生器热交换管材料的未来,但其微观结构的演变和机制均离不开计算热力学数据库的支撑。极端环境材料的研发可望具有承受强辐照和强腐蚀的优异特性。热能管理材料也将引发现行核电站组成的大变革。所有这些都将在计算材料学的推行中逐步出现。

然而,这些计算材料学技术由于涉及元素的原子与电子的相互作用特性和复杂的数字计算技术,实践考验更需时日,这在核电站装备工程界是难以普及使用的。因此,当今核电工程界更为适用的基础技术是对现有材料的改进。例如,美国橡树岭国家实验室(Oak Ridge National Laboratory,ORNL)和燃料工程公司在 9Cr-1Mo(P9)钢的基础上,降低 C 含量,加入少量 V、Nb,并控制 N 的微合金化,为未来的核反应堆压力容器成功发展了改良型 9Cr-1Mo(即 P91)钢。突出优点是高温持久强度和蠕变强度以及热稳定性优异,而且热强性好(达到了奥氏体钢的水平)、强韧性高、淬透性好、可焊性优良、热导率高、线胀系数小,耐蚀性和价格居于 T22 或 P22 和 T304H 或 P304H 之间,可在空气淬火回火的马氏体状态使用。该钢以其优良性能很快引起火电厂和石油化工厂商的认可和广泛移植使用,效果优良。又如,对 304 不锈钢的改进获得了 304L 和 304NG 等耐蚀性显著提高的钢种。还有超级不锈钢的发展也是在使用多年不锈钢基础上的改进。这种改进,由于原钢种已经历过数十年使用的考验和实践经验的积累,不仅改进的成功率和使用效能高,而且开发周期短,更重要的是保证了装备服役的安全性和可靠性。

因此,本书在研讨材料的组成成分、制备加工、组织结构与材料性质性能的关联时,特别注重它们之间的定量关系,以推进计算材料学为引领、以现有材料改进为基础的技术路线的研究与普及。

常用数字计算与数据处理及绘图软件有:Atoms 是绘制晶体结构的软件;ChemDraw 是化学结构绘制软件;CorelDraw 是图形设计软件;CrystaOMaker 是晶体和分子结构可视化软件;Diamond 是绘制晶体结构球棍模型图软件;

Hyperchem 是分子模拟软件；Materials Explorer 是多功能分子动力学软件；Materials Studio 是材料计算软件；Origin 是数据分析和绘图软件；Shape 是绘制准晶体和晶体外观形态软件。

自然科学的数学是自然科学技术的灯塔，自然科学的哲理是自然科学思想的灯塔。材料学科的数学化、计算技术化、系统论化、控制论化的综合化发展的更高阶段，可能是自然科学的哲学方法论，这个阶段也许会在不久的将来为人们所认识。

2. 材料配用——概率适配

材料是因性能而被使用的，系统和装备也是以其完成功能的能力参量——状态来评价的。用材料制成的装备和由装备组成的系统，其功能实现的能力和所用材料的性能紧密相关。在系统和装备实现其功能时，所发生的意外危险事故或非危险故障这种安全性与可靠性问题，也就成为系统和装备的状态与材料性能两者相互配合的重要问题，两者配合适当，便是安全的或可靠的；两者配合不当，则是不安全的或不可靠的。

材料安全可靠的概率理念是基于概率论与数理统计学所形成的《实验数学》。从理论上讲，是不可能有 100%安全可靠的，只可以将不安全、不可靠的概率降低到事实上不会出现的程度，如安全可靠的概率为 0.999999，则不安全可靠的概率仅为 0.000001，这种不安全可靠的事故与故障实际上将几乎不会(极少)出现。零件安全可靠的概率设计的基本准则是安全可靠性概率指标的满足，也就是选用的材料其性能指标 p(为随机变量)对零件状态 s(为随机变量)设计安全可靠的概率要求的满足程度。

安全可靠的概率设计，需先定出安全可靠的概率指标要求 R，也就是事故故障隐患为 $1-R$。同时，还需要知道零件状态分布的均值与标准误差。由此便可选择所用材料的性能分布均值与标准误差。

概率设计的计算需要知道零件状态分布的密度函数和材料性能分布的密度函数，并计算积分，在许多情况下，零件的状态 s 分布和材料的性能 p 分布是正态分布，两随机变量 p 和 s 产生重叠，其 $p-s=z$ 也为随机变量，且服从正态分布。随机变量 z 表征了材料此时的安全可靠度 R。

s、p、z 三个随机变量由联结方程(1.1)联系起来(将在 9.1.1 节详述)：

$$u = \frac{\mu_p - \mu_s}{\sqrt{\sigma_p{}^2 + \sigma_s{}^2}} \tag{1.1}$$

式中，u 为联结系数或安全可靠度系数；$\mu_z = \mu_p - \mu_s$；$\sigma_z = \left(\sigma_p^2 + \sigma_s^2\right)^{1/2}$；$u = -\mu_z / \sigma_z$。

联结方程中：①当 $p>s$ 时，分母越小，安全可靠度系数 u 越大，安全可靠度

R 越大。②当 $p>s$ 时，若 $z>0$，安全可靠度 $R>0.5$；若 $z=0$，安全可靠度 $R=0.5$；若 $z<0$，安全可靠度 $R<0.5$。③当 $p=s$ 时，安全可靠度 $R=0.5$，与标准误差无关。④当 $p<s$ 时，安全可靠度 $R<0.5$。

在已知安全可靠度系数 u 值时，便可以利用单侧分位数的正态分布表查得材料的安全可靠度 R，或由给出的 R 值在正态分布表上查得 u 值。由联结方程(1.1)在 p、s、u 中知其二便可求得另一或 p 或 s 或 u 的值。

在联结方程中，μ_p、μ_s、σ_p^2、σ_s^2 均为无限母体正态分布的期望值和方差(方差的均方根便是标准偏差，或称标准误差)，为事物的真值，实际上是不可知的，通常均以有限样本的算术平均值和方差作为其真值的无偏估计。因此，联结方程中的 u 值就为以有限样本的算术平均值和方差作为其无限母体正态分布的期望值和方差真值的无偏估计。这样，安全可靠度 R 也就必定是样本的特征值，因而也就存在样本数 n、置信区间 $R_L \sim R_U$、置信水平 ξ。对于安全可靠度 R 的置信区间 $R_L \sim R_U$，人们关心的是置信区间的下界 R_L，即安全可靠度 R 的最小值。

联结方程中的状态函数变量，可以是应力、温度、压力、时间等，以及它们的动态变化等一切可以导致不安全、不可靠的因素。联结方程中的性能函数变量，则是强度、塑性、刚性、耐磨性、导热性、耐蚀性等一切可以维护安全可靠的因素。状态函数变量与性能函数变量可以是一元随机函数，也可以是多元随机函数，而且常常是多元随机函数。这样，联结系数函数或安全可靠度系数函数，也就随之对应地成为一元随机函数或多元随机函数。对于多元随机函数的求解是困难的，需借助计算机。

材料安全可靠概率设计的关键，在于安全可靠概率的合理确定与制品(零件)状态函数的准确获取及材料性能函数(平均值和标准误差)的获取。金属材料的成分是在标准规定的范围内变化的，各种不同的加工方法(冶炼、铸造、锻压、焊接、热处理、表面处理、切削加工等)及工艺参数波动，各种不同的环境因素(温度、湿度、介质、沙尘等)及参数波动，以及未估因素等，所有这些都使金属材料性能的正态分布状况被展宽，而不是实验室某一状况取样所得性能的狭窄分布。通常情况下，可以视金属材料性能参量(μ_p，σ_p^2)中 σ_p 约为 μ_p 的 10%来估算另一参量。

安全可靠概率设计的另一重要准则，是不可忽视材料在服役中的老化，老化使材料性能平均值降低和标准误差增大，这就使材料性能散布的正态分布曲线散宽、左移、降低，也就减小了材料服役的安全可靠概率，缩短了服役寿命，这在初始设计时是应当充分考虑的。

系统或整机安全性与可靠性是支系统或部件与零件安全性及可靠性的集合，也就是说，系统或整机的安全可靠概率为组成系统的支系统或机器的部件与零件的安全可靠概率的串联和并联的组合。

由此建立起材料安全可靠概率的新概念，概率值恰当地表示了系统、装备状态与材料性能参量配合关系的安全可靠程度。材料的安全可靠程度在于材料性能参量与装备状态参量两者正态分布密度函数的重叠量，也就是说，材料的安全可靠程度在于材料性能参量与装备状态参量两者正态分布非重叠区的概率，而重叠区的概率便是不安全不可靠程度。绝对的安全可靠是不存在的，而实际上不发生安全事故与故障是可以实现的，只需使安全可靠概率足够大即可。

3. 材料强韧化——成分纯净化与组织结构无序化

结构材料的强化和韧化与材料成分的纯净度紧密相关，去除有害杂质，降低其在晶界的平衡集聚浓度，就能减弱或消除晶界脆化。夹杂物也常常是裂纹萌生而使材料提早破断的根源。随着杂质含量的增多，钢的韧脆转变温度升高。

不锈钢改进耐蚀性而形成超级不锈钢的重要措施之一就是钢成分的净化，C与 S、P 等杂质严重危及钢的耐蚀性。不锈钢不仅要求耐蚀性好，同时也要求韧性高。不锈钢的强韧性与其成分的洁净及组织结构的精细和均匀性密切相关，耐蚀性更是如此，甚至还明显危及可焊性。获得更好耐蚀性、强韧性、可焊性，更精细和均匀的成分、组织、性能，尤其是更均匀与更低的 C 含量($\leqslant 0.03\%$)与超净杂质洁净度，对不锈钢来说是至关重要的。

组织结构的精细化和均匀化使钢在承载时应力分布更趋均匀，从而减小局部应力集中诱发裂纹的机会。细小均匀的组织结构具有更好的塑性与韧性及更高的强度，这是众所周知的。依据本书作者石崇哲和石俊关于结构与性质关系的"无序结构强化论"和"滑移自由程软化论"观点，组织结构的无序化是提升材料强度的根本途径，获取无序结构与滑移自由程在质、量、尺寸、形态等结构的适当组合，即可使材料获得甚佳的强度、塑性与韧性的良好协调配合。

在核电材料中，典型的例子是包裹核燃料的锆合金包壳管，它利用形变并再结晶使晶粒细化到 13 级晶粒度，还以沉淀相微粒和析出相粒子的微粒弥散强化，以及固溶强化与位错强化等，共同协调的复合强化方法实现了核燃料锆合金包壳管强度、塑性和韧性的良好配合。

再如，控制轧制与控制冷却技术就是组织结构精细化的复合强韧化加工技术，利用该技术可获得精细的组织结构，组织结构越细小越好。但是，组织结构精细化的单一强韧化举措逊色于复合强韧化举措。

在核电站装备中，重型机件众多，要想使这些重型机件获得复合强韧化的精细组织结构，将是甚为棘手的，"无序结构强化论"的普及应用任重道远。一些构件还需要同时具备耐热、耐蚀、抗辐照和高强韧性的特性，这都是材料工作者研究的重点。可以想象，核岛的压力容器等重型机件的加工制造采用先进的综合技术，实现复合强韧化的超精细组织结构，重型机件将会减重，安全性、可靠性和寿命将会更好,这是多么重大的任务。

在当今的核电站装备制造中,对结构材料组织结构的要求甚少且不具体,这应引起重视并纳入标准。组织结构是"成分-加工-组织-性能"四元环链学科体系中的核心元。

4. 装备抗疲劳——完整表面无应力集中设计与无缺陷加工

无应力集中抗疲劳和完整表面无缺陷加工技术路线,是针对以疲劳失效为主的装备构件提出的,以提高装备构件的使用安全性、可靠性和寿命。装备构件的破断失效,大多是由应力集中引发的,而且寿命前的破断失效大多处于疲劳状态。抗疲劳制造以提高疲劳强度,延长疲劳寿命为重要指标。遵从无应力集中的抗疲劳概念,通过化学、物理、机械等方法,控制工件表面完整性,最终得到无应力集中的长寿命结构件。抗疲劳制造技术体系(赵振业,2015)分为材料技术体系(材料成分净化、组织细化和均匀化)、抗疲劳加工技术体系(表面完整无缺陷加工、表层组织再造改性和表面完整复合防护)、抗疲劳细节设计技术体系(低应力集中细节设计)三大方面。无应力集中的抗疲劳制造技术,可通过控制表面完整性和表面变质层来保证疲劳强度,抑制应力集中敏感,使材料的抗疲劳性能发挥到极致,延长构件寿命,使其安全性与可靠性更高,结构质量更轻。它与传统制造技术的根本区别在于后者以成本、时间、空间为技术依据,以满足形位、表面粗糙度等设计图纸规定要求为己任。抗疲劳制造则除满足设计图纸各项规定要求外,还要保证构件性能与设计相一致。抗疲劳制造技术适应先进设计,抑制疲劳强度应力集中敏感,是使用高强度合金的基础和前提,是实现设计的保障,能将材料性能用到极致,使构件的寿命大幅提升。

5. 装备加工制造——以增材制造为引领,传统制造为主体

《中国制造 2025》是我国实施制造强国战略的第一个十年行动纲领,制造业是国民经济的主体,是立国之本、兴国之器、强国之基。打造具有国际竞争力的制造业,是我国提升综合国力、保障国家安全、建设世界强国的必由之路。在五大工程的制造业创新中心(工业技术研究基地)建设工程中明确提出智能制造和增材制造,在高端装备创新工程中明确提出核电站装备。这关乎我国实现制造强国的战略目标。

在以钢铁材料为主体的机器制造领域,传统制造的加工技术方法多是专门化的,各加工技术方法之间常常是各自分立、互不关联的。这样的专门化加工所消耗的能量和时间以及材料常常过多,总体效率较低。当人们将熔炼、铸造、焊接、压力加工、热处理、切削等数个相关加工技术相互交联融合并施以数字智能控制时,便形成了节能、快速、连续的综合一体化加工技术,显著地提高加工效率和

产品质量，同时节能、省材并省时，还改善对环境造成的干扰和污染，并获得精细和均匀的组织结构，以及高强度和高韧性的制件性能。这是科学技术发展规律专门化与综合化交相辉映、互为促进的典型体现。这就是传统制造加工技术的综合化道路。

增材制造是精准完整的智能制造方法，是增材技术与智能技术的综合，是数字向物理的转换，引领着设计和制造的大变革。世界经济论坛把它列为五大颠覆性技术之一，美国把它视为智能制造的重点推进技术，我国必须登上这个先进制造业顶峰。

增材制造在我国制造业中的地位与融合尚在起步，其先进性毋庸置疑，它引领设计思维的变革与制造思维的变革。但其局限性也很显著，特别是在以钢铁材料为主体的机器制造领域，增材制造多以激光和电子束为能源，以粉材为原料，以真空为加工环境，这就注定了增材制造难以实现大范围普及，也难以适应大批量生产(增材制造原本就以分散性为特点)，更难以应对大尺寸重型机件的制造。我国有学者采用电弧为能源，以焊丝为原料，这是一个良好开端，但却未能摆脱成为变相堆焊的困局，也并不一定比铸造技术更优越，从而难以获得制品的精细组织和良好强韧性。

以钢铁材料为主体的机器制造领域，增材制造在我国的发展出路可考虑两条，一为保持激光和电子束能源、粉材原料、真空加工环境，与传统制造相互补充、相互促进；二为用新型能源(如特种电弧)和新型原料(如特种丝材)及普通加工环境(如大气中或保护气中)，并与传统制造技术相结合与融合，创新性地应用"无序结构强化论"和"滑移自由程软化论"的概念和技术，获得制品的超精细组织和良好强韧性，沿着综合化的道路前进，以更适应核电站装备大尺寸重型机件的制造，创建增材制造的中国发展模式。核电站装备的大型重型构件甚多，传统制造困难诸多，新型中国式的增材制造将可能是我国增材制造技术蜕变的方向。以中国式增材制造为引领，以综合化和专门化的传统制造为主体，引领者的创新性和先进性必会激发主体的飞速进步，形成引领与主体两者结合和齐头并进的良好局面，推动我国由制造大国向制造强国的转型。

6. 装备安全可靠使用——以老化研究为引领，监控、评估、管理为基础

装备是在环境中服役的，因而制造装备的材料存在服役的环境适应性问题。环境的化学因素引发材料被腐蚀从而使材料性能劣化，环境的物理因素引发材料组织结构的改变从而使材料性能劣化，服役的力学因素引发材料的组织结构损伤和性能劣化，核辐射环境更引发材料的性能脆化。所有这些环境因素引发材料的性能劣化定义为材料老化。材料老化是渐进式的，随着服役时间的延续，老化更加严重，这对装备的安全可靠运行构成严重的威胁，特别是当材料性能劣化到可用底线水平时更为危险。显而易见，老化是材料服役中的关键问题，老化前期和中期激发材料的随机事故与故障，而老化后期则是材料性能劣化中的非随机事故与故障。不要被故障率的浴盆曲线所迷惑，大多数失效与故障是不遵守该曲线规律的。因此，"以老化研究为引领，监控、评估、管理为基础"的这条装备安全可靠使用的技术路线也就是材料合理高效使用的技术路线。

老化研究的重点是老化机制、老化动力学，以及老化缓解与控制技术。

随机事故与故障是随时可能发生的，因此必须对服役中的装备材料进行实时监控，观测材料受腐蚀的状况和程度，观测材料组织结构变化的状况和程度，观测材料性能劣化的状况和程度(例如，观测材料力学损伤的状况和程度，观测核辐射使材料脆化的状况和程度)，对这些量化数据进行分化与综合处理，即可做出材料性能的综合性预测与评估，实施状态维修，确保装备运行服役的安全性与可靠性。

实时监控将会从当前有规律的间歇性作业走向未来不间断的连续作业。必须有健全的材料老化监控与评估管理规程和管理制度。同时，不可能对所有装备的所有构件和所有材料都进行老化监控与评估，而是选择关键装备、关键构件、关键材料及关键性能指标，进行重点的、有规律的老化监控与评估。

对材料老化的监控与评估，常常需要提取观测样品。观测样品的提取必须对装备和构件是安全无损伤的，这时可考虑三种方法：其一是运行随样，检测随样的损伤；其二是无损观测，这有赖于技术和设备的不断进步；其三是装备和构件的设计更新，预留微型试样取样部位，并且研发微型试样和性能试验方法。

第1篇 核电站装备金属材料研究与开发的技术基础

本篇内容包含第2章～第5章金属材料研究与开发的"成分-加工-组织-性能"四元环链学科体系。其四要素元是相互联结且不可分割的统一体。在此四要素元中，最为关键的是组织要素元。只有掌控好材料的组织，才可较为容易地掌控材料的研究与开发。然而，对于工程界的工业实践来说，组织和性能均取决于加工技术，因此无论怎样强调加工技术的重要性都不为过。

铸造加工是金属成型最基本的技术之一，优点诸多。最大的缺点是制品因铸造缺陷和晶粒粗大而难以满足结构件的高强韧性要求。焊接加工其实是微型铸造，焊接使各局部相连而构成制品，但焊缝往往是制品结构最薄弱的地方。压力加工能改善铸造缺陷和获得较精细的组织结构。热处理加工则利用金属的相转变和组织转变而使组织结构较多地无序化以得到精细的组织结构。然而，单一加工技术对获得制品的成型和无序化组织结构与高强韧性的能力是有限的。本书推崇多种加工技术联合作业的综合化联动加工技术，不仅提高加工效率和节约能源及降低成本，还可以获得组织结构无序化和高强韧性。

需要强调的是综合的思想与路线，成分的设计应考虑为获得综合化的组织奠定基础，为采用综合化的加工技术提供保障，这样才能获得综合强韧化的材料性能。牢记"成分-加工-组织-性能"四要素元是综合统一体，特别是综合化的组织设计和综合化的加工实践，而成分则是其基础保障和演变灵魂，性能便是所要达到的目的。

第2章 材料靠性能满足使用

2.1 材料强度、塑性与韧性度量的进步

金属力学是由固体力学和金属学综合渗透而形成的交叉学科，其内涵一是从力学角度研究和设计金属材料的变形和破断行为；二是从金属材料学角度研究和应用金属材料的力学判据与指标，如金属材料的力学性能。

核电站装备材料是制造成结构体构件而被使用的，它们总是要承受载荷力，材料承受力作用的能力——力学性能便是对材料性能的基本要求。主要的力学性能是材料的硬度、强度、塑性、韧性、疲劳、蠕变、应力弛豫等。

材料因其性能而被使用，又因性能合乎功能要求而安全可靠，并因此而达到寿命期望。金属力学的强度、塑性与韧性是制品的首要性能，也是制品对其制造材料性能的首要要求。对结构材料来说，人们希望强度、塑性、韧性三者均高，但这往往难以兼得。

制品的强度、塑性与韧性及可靠性与寿命由制品的台架试验和装备的试运行确定，材料的性质则大多用材料实验室的拉伸试验和冲击试验测定。材料实验室的拉伸试验和冲击试验测定所得的哪些性质指标更适宜于表征制品的强度、塑性与韧性的性能特性呢？本书对此有新的建议。

2.1.1 适用的拉伸试验指标

强度和塑性指标是用圆柱形试样进行拉伸试验而得到的。随着科技的进步，人们对拉伸试验的认识也在提高，本书对传统的拉伸性能指标提出异议，以适应科技发展的需要。

1. 强度、塑性与韧性

强度常用的参量是屈服强度(非比例伸长应力)σ_y(泛指一般)或$\sigma_{0.2}$(专指伸长为0.2%时)或σ_s和抗拉强度σ_b。屈服强度可作为工程设计确定许用应力的依据。抗拉强度表征材料的应力裕度上限，表征设计应力至材料溃变(局集塑性变形)前的应力储备或安全裕度。当受力状态达到抗拉强度时材料便会失稳而溃断，因而抗拉强度对材料的安全使用至关重要。

　　塑性常用的参量是断后伸长率 δ(试样长径比为 5)及断面收缩率 Ψ。进一步考察这两个指标，它们没有反映出材料设计和使用中的塑性状态，工程意义含混。

　　拉伸试样自承力至破断的整个过程是弹性变形→均匀塑性变形→颈缩→局集塑性变形→裂纹萌生→裂纹生长→裂纹扩展→剪切断开。试验证实试样拉伸的破断过程，裂纹并不是形成于许多学者所想象的颈缩开始发生时，即最大力时，也即力-位移曲线的最高处，而是萌生于大量颈缩变形后临近破断之前。对马氏体热强钢 P91 拉伸试样的一系列纵向轴线解剖证实，在 $\Psi=70\%$ 时裂纹还尚未萌生，而在 $\Psi=73\%$ 时便破断了，裂纹的萌芽、生长、扩展至剪切解体的破断整个过程，仅局限在 Ψ 值为 70%～73%的狭小范围。

　　显然，金属材料拉伸试验通常提供的塑性指标断后伸长率 δ 及断面收缩率 Ψ 较少告诉人们有用的工程设计信息，但有防脆断的缓解作用。具有实际工程设计意义的塑性指标，不仅能表征变形的塑性状态，还可提供设计时的塑性安全裕度，也能表征使用中的塑性可靠程度。这种塑性指标就是最大力非比例伸长率 δ_g，也就是俗称的均匀伸长率 δ_b 或均匀面缩率 Ψ_b。它们是材料在均匀塑性变形阶段变形的最大量，是应力达到抗拉强度时的变形量，表征了工程设计和材料使用的塑性应变至材料溃变(局集塑性变形)前的应变储备，表征材料安全使用时塑性应变的安全裕度，在工程上有重要价值。

　　材料在静拉伸试验时自塑性变形直至破断所吸收的能量称为静韧度 D，其值为应力-应变(S-ε)曲线下的面积，也就是 S-ε 本构的积分方程 $D=\int_{\varepsilon_0}^{\varepsilon_k} Sd\varepsilon$。静韧度 D 表征材料抗脆性破断的缓解能力。而均匀静韧度 D_g 表征试样溃变前的应力和应变的安全裕度，即韧度储备。D_g 对于保障材料的运行安全裕度极为重要。

　　抗拉强度 σ_b 是强度储备，最大力时的非比例伸长率(均匀伸长率) δ_b 与均匀面缩率 Ψ_b 是塑性储备，均匀静韧度 D_g 是韧性(能量)储备，这三种指标是试样溃变前的应力和应变及韧度的安全裕度，这就是材料的安全性储备指标。

　　断后伸长率 δ 和断面收缩率 Ψ 及静韧度 D，表征材料在载荷超越 δ_b、Ψ_b、D_g 后不易灾难性脆断解体的缓解能力。

　　因此建议，工程界材料的拉伸试验指标应当看重屈服强度 $\sigma_{0.2}$、抗拉强度 σ_b、最大力非比例伸长率(均匀伸长率) δ_b、断后伸长率 δ、均匀静韧度 D_g、静韧度 D 这六大指标作为标准的法定指标。屈服强度 $\sigma_{0.2}$ 供工程设计参照，抗拉强度 σ_b、均匀伸长率 δ_b、均匀静韧度 D_g 供工程评估材料的安全裕度使用，断后伸长率 δ、静韧度 D 供工程评估材料抗脆性破断的缓解能力使用。

2. 破断与断口

破断过程分为四个阶段：裂纹萌芽、裂纹生长、裂纹扩展、剪切解体，而不是广为流传的三个阶段：裂纹萌芽、裂纹扩展、剪切解体。

光滑圆棒试样拉伸时，宏观总体上看，塑性材料拉伸断口在正常情况下为杯锥形(图 2.1 和图 2.2)。塑性材料拉伸时在足够量的颈缩状态时 I 型(拉开型)裂纹萌生于三向应力状态最严重的颈缩中心，断口心部出现裂纹萌生的印记；随后是位于中心的 I 型裂纹沿径向生长成圆盘形域的启裂生长区；裂纹生长至临界尺寸后便处于不稳定状态，塑性材料出现 II 型(滑开型)或 III 型(扭开或撕开型)裂纹主导的沿径向快速剪切扩展破断，形成圆环片状环锥形剪切破断域的扩展区，即剪切唇区(图 2.1 和图 2.2)。当裂纹扩展至试样断面上仅有很薄的一层环形域相连时，应力状态便发生了很大改变，出现最后的塑性撕拉解体，在断口上留下剪切唇的最外沿极薄撕拉层，这常被人们忽略。

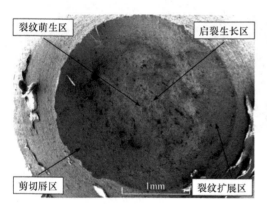

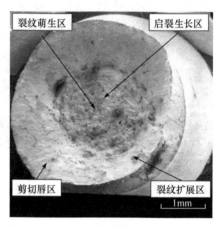

图 2.1　P265GH 钢的杯锥形拉伸断口的 SEM 像　图 2.2　P91 钢的杯锥形拉伸断口的 SEM 像

塑性好的材料在裂纹生长区出现正拉凹窝形断口面(图 2.3)，在环锥形剪切唇靠内处形成斜的凹窝图像(图 2.4)；而靠外处塑性撕裂所形成的凹窝图像是抛物线形的，此时的凹窝口径小而深度深(图 2.5)。塑性较差的材料断口面出现准解理纹(图 2.6)。材料失去塑性时呈现解理面(图 2.7)。图 2.8 为核电站装备用型材 P265GH 钢的铁素体+珠光体组织的宏观拉伸断口，由于试样拉伸中心轴线的略微偏斜而出现了宏观太极型拉伸断口；图 2.1 则为同状态正常的拉伸断口。由图 2.1 和图 2.2 可见，拉伸断口的宏观形态几乎与其组织类型无相关性，却密切相关于组织的塑性和均匀性，以及试样的受力状态。图 2.9 是不良热处理使 P91 钢塑性不同程度变差的宏观径向放射型拉伸断口。

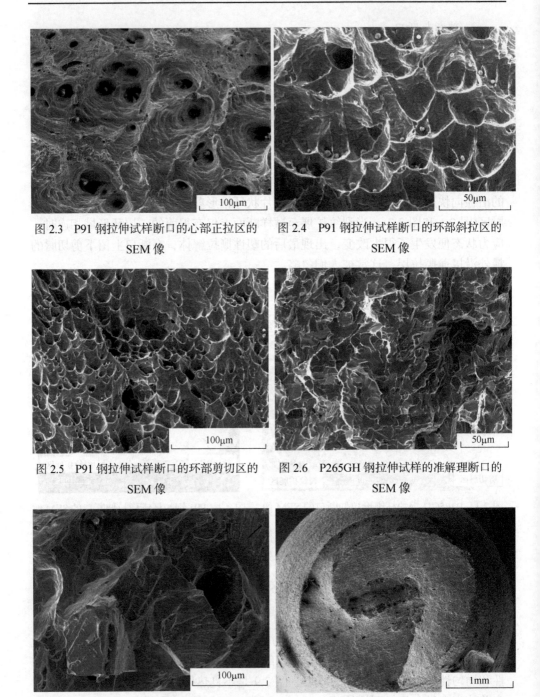

图 2.3　P91 钢拉伸试样断口的心部正拉区的
　　　　SEM 像

图 2.4　P91 钢拉伸试样断口的环部斜拉区的
　　　　SEM 像

图 2.5　P91 钢拉伸试样断口的环部剪切区的
　　　　SEM 像

图 2.6　P265GH 钢拉伸试样的准解理断口的
　　　　SEM 像

图 2.7　P91 钢拉伸试样的解理断口的 SEM 像

图 2.8　P265GH 钢拉伸试样的太极型断口的
　　　　SEM 像

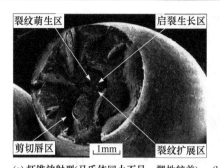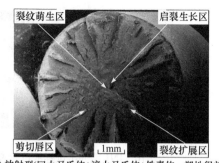

(a) 杯锥放射型(马氏体回火不足，塑性较差)　(b) 放射型(回火马氏体+淬火马氏体+铁素体，塑性很差)

图 2.9　P91 钢不良热处理的放射型拉伸断口的 SEM 像

2.1.2　重新认识摆锤冲击试验时钢试样的破断

韧性是与强度和塑性同样重要并受广泛关注的性能，是动态能量的概念，常用的参量是冲击能量 W 和冲击韧度 w。本节观察研究核电站装备中板条马氏体组织和固溶体组织的材料受冲击力作用时的韧性及破断。

1. 冲击试样破断过程

1) 试样受力状态特点

摆锤冲击试验时夏比 V 型缺口试样的受力状态是简支梁三点弯曲，缺口面受拉伸应力，摆锤打击面受压缩应力，其间存在零应力层。距零应力层越远，所受拉伸或压缩应力便越大。V 型缺口尖端因应力集中而成为拉伸应力最大处，并且有缺口效应：应力集中、多轴应力状态、应变集中、应变速率增大等。这样，在摆锤冲击试验过程中，裂纹便会较早在 V 型缺口尖端萌生(这明显与光棒试样的拉伸不同)，随着裂纹的萌生、生长和扩展，零应力层不断退向摆锤打击面，直至试样最终的摆锤打击面成为薄层而被拉伸应力拉延解体。这些均与简单光棒试样的拉伸试验迥然不同。

2) 板条马氏体组织的试样破断过程观察

观察了核电站装备材料中常见的板条马氏体组织的冲击破断过程，试样取自P91 钢锻轧并热处理的成品厚壁管，夏比 V 型缺口试样摆锤冲击试验的破断过程如图 2.10～图 2.12 所示。

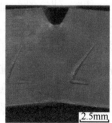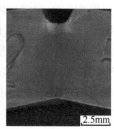

W=17.13J　　　　W=33.49J　　　　W=57.40J

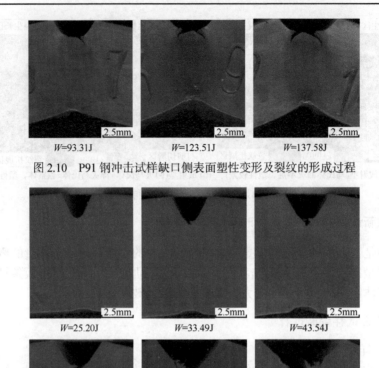

图 2.10　P91 钢冲击试样缺口侧表面塑性变形及裂纹的形成过程

图 2.11　P91 钢冲击试样中心纵剖面处裂纹的形成、生长与扩展过程

3) 板条马氏体组织的破断动力学

进一步观测 P91 钢夏比 V 型缺口试样摆锤冲击试验破断过程的动力学特征，可获得裂纹深度和试样吸收冲击能量的关系(图 2.13，3 个试样平均值)。为了方便考察破断过程的动力学特征，本书引入裂纹能量速率的概念，裂纹能量速率为每单位冲击能量所引发的裂纹破断深度。建立裂纹能量速率与试样吸收冲击能量的关系(图 2.14，3 个试样平均值)。由图 2.13 和图 2.14 可见，裂纹自萌生后，在约 90J 前裂纹深度的增长与冲击能量接近线性关系，而裂纹能量速率却是锯齿形的忽快忽慢。90～120J 裂纹深度增长减缓，裂纹能量速率也降至很低。自约 120J 开始，裂纹深度急剧增长，此时的裂纹能量速率也急剧增快；至约 160J，裂纹深度的增长又趋缓，裂纹能量速率也达到最大值。此后裂纹能量速率减慢，直至 187.71J 试样完全断开。

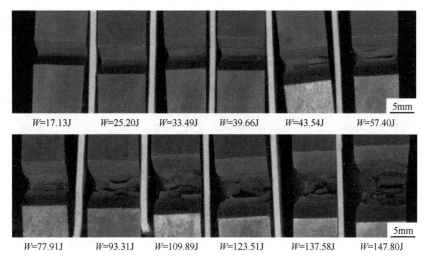

$W=17.13J$　　$W=25.20J$　　$W=33.49J$　　$W=39.66J$　　$W=43.54J$　　$W=57.40J$

$W=77.91J$　　$W=93.31J$　　$W=109.89J$　　$W=123.51J$　　$W=137.58J$　　$W=147.80J$

图 2.12　P91 钢冲击试样缺口顶视边沿与中心裂纹的形成过程

每个试样左侧为侧表面边沿，右侧为中心剖面沿

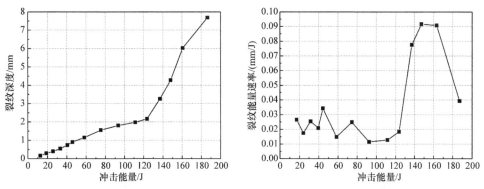

图 2.13　P91 钢裂纹深度与冲击能量的关系曲线　　图 2.14　P91 钢裂纹生长与扩展的裂纹能量速率曲线

4) 板条马氏体组织的冲击力-位移曲线

测量了 P91 钢试样冲击过程中几个阶段点的冲击能量与冲击力-位移曲线的对应关系，如图 2.15 所示。冲击力-位移曲线下的面积表征了冲击能量。

于是可见，对于板条马氏体组织的 P91 钢，在裂纹萌生后其生长过程是缓慢的，约 90J 前是裂纹的波动生长，90～120J 是裂纹的缓慢生长。裂纹生长至临界尺寸后，其失稳扩展则是快速的，120～160J 是裂纹的高速扩展；约 160J 以后裂纹的扩展速率有所减缓。可见，裂纹生长至临界尺寸消耗了总冲击能量的 66%(含裂纹萌生的能量)，裂纹扩展(至破断)能量仅占总冲击能量的 34%。

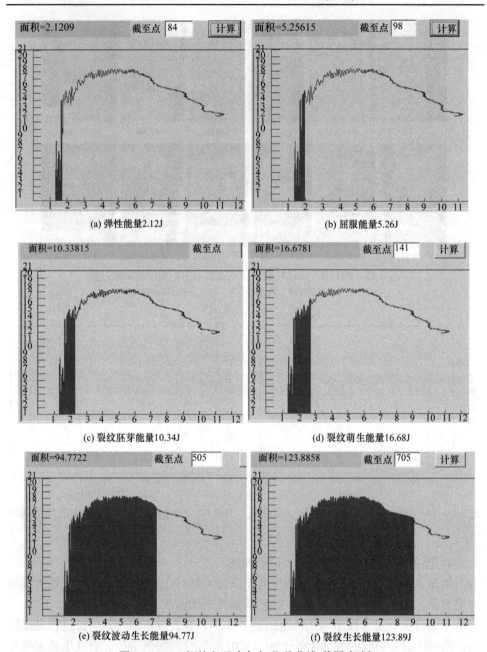

图 2.15　P91 钢的室温冲击力-位移曲线(截尾)解析

裂纹萌生于冲击力-位移曲线的屈服峰后的第 2 个峰位，裂纹扩展开始于冲击力-位移曲线的明显下降坎处

　　P91 钢裂纹的生长可分为前期与后期,裂纹在前期(裂纹深度自萌芽至 1.5mm)以 0.023mm/J±0.005mm/J(3 个试样，置信水平 0.6826)的较低速率生长，并且生长

速率有明显波动(波动范围为 0.015～0.034mm/J)。而在后期(裂纹深度 1.5～2.0mm),裂纹的生长速率减缓为 0.011mm/J。当裂纹生长至临界深度 2.0mm 时,生长阶段结束。

随后则是裂纹的失稳扩展阶段,在前扩展期裂纹以 0.077～0.091mm/J 的高速率失稳扩展,后扩展期裂纹的失稳扩展速率迅速下降,这是由冲击弯曲试样的受力状态改变造成的。

试样完全破断前的拉延唇则是破断前裂纹的拉延撕裂,其速率已低至 0.039mm/J 以下。

5) 固溶体组织的冲击力-位移曲线

奥氏体-铁素体不锈钢 Z3CN20-09M 的冲击破断研究结果与板条马氏体组织的 P91 钢类似,V 型缺口室温冲击所得各参量列于表 2.1,阶梯能量冲击的结果列于表 2.2。

表 2.1　Z3CN20-09M 钢铸态一回路厚壁管的室温冲击性能均值 x 及标准误差 s (12 个试样的平均值)

屈服力 F_{gy}/kN		最大力 F_m/kN		屈服能量 W_{gy}/J		最大力能量 W_m/J		裂纹形成能量 W_{iu}/J		总破断能量 W_t/J	
x	s	x	s	x	s	x	s	x	s	x	s
11.38	0.35	15.46	0.18	5.80	0.31	104.65	6.16	207.97	5.55	265.82	16.40

表 2.2　Z3CN20-09M 钢摆锤预扬角与冲击能量和裂纹深度的对应

摆锤预扬角 θ/(°)	20	25	30	35	40	45	50
冲击能量 W/J	7.63	12.87	19.06	26.98	36.7	45.78	58.75
裂纹深度 a/mm	0	0.08	0.14	0.20	0.30	0.46	0.60
摆锤预扬角 θ/(°)	55	60	65	70	75	80	85
冲击能量 W/J	68.92	84.21	96.98	111.53	125.97	142.42	158.47
裂纹深度 a/mm	0.80	1.00	1.10	1.36	1.59	1.86	2.00
摆锤预扬角 θ/(°)	90	95	100	105	110	115	120
冲击能量 W/J	169.38	181.93	195.36	209.28	229.27	241.48	256.87
裂纹深度 a/mm	2.10	2.30	2.48	3.40	5.20	6.10	6.80

最大力时的平均能量达到总破断能量的 39%,而裂纹生长能量(裂纹失稳扩展前)则平均占总破断能量的 78%,可见该钢的韧性储备甚好,安全裕量大。破断动力学如图 2.16 所示。裂纹形成于约 20J 冲击能量时,在约 150J 以下裂纹深度随

冲击能量的增加近似呈线性增大，150～195J 裂纹深度增加减慢，约 195J 时裂纹深度的增加增快，230J 之前裂纹深度的增加较快，230J 以后裂纹深度的增加减慢。图 2.17 为 Z3CN20-09M 钢的室温冲击力-位移曲线(截尾)解析。

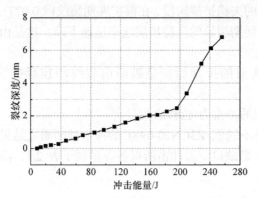

图 2.16　Z3CN20-09M 钢裂纹深度与冲击能量的关系

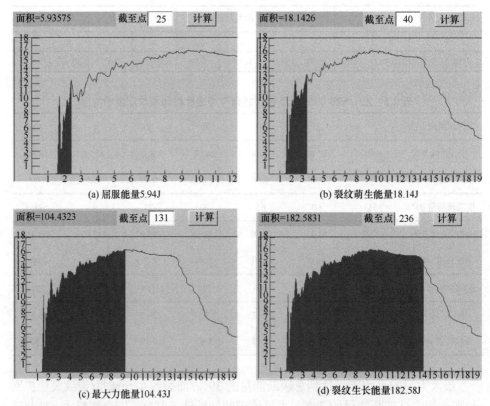

(a) 屈服能量5.94J

(b) 裂纹萌生能量18.14J

(c) 最大力能量104.43J

(d) 裂纹生长能量182.58J

图 2.17　Z3CN20-09M 钢一回路厚壁管铸态奥氏体-铁素体组织的室温冲击力-位移曲线
(截尾)解析

6) 板条马氏体组织的裂纹萌生

观察了冲击试样表面和解剖样磨面的裂纹状况。在冲击弯曲载荷作用下，缺口根部因应力集中而使应力超过屈服强度，并产生强烈塑性变形和形变强化。剪应力作用下位错的滑移台阶引起应力的进一步局部集中，并在扩大的滑移台阶处孕育出Ⅱ型裂纹胚芽。由图 2.18(a)可见，Ⅱ型裂纹胚芽在 W =13.02J 时便已在滑移台阶处形成，这个裂纹胚芽是裂纹萌生的芽床，但并未张开而形成裂纹。当裂纹胚芽张开而成为微小的裂纹时，便是裂纹萌生。也就是说，裂纹萌生于试样缺口根部屈服后的表面。图 2.18(b)中 W =17.13J 时裂纹胚芽张开，形成了长约0.08mm 的Ⅱ型裂纹。Ⅱ型裂纹胚芽通常位于缺口根部的中心线附近稍许偏离的位置。萌生的Ⅱ型裂纹则自裂纹胚芽裂向缺口根部中心线 45°方向。

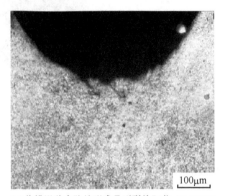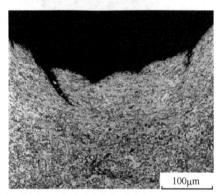

(a) 位错滑移台阶处形成Ⅱ型裂纹胚芽，W=13.02J　　　(b) 胚芽张开，Ⅱ型裂纹萌生，裂纹长0.1mm，W=17.13J

图 2.18　Ⅱ型裂纹在试样缺口尖端中心表面层屈服后由滑移台阶萌生(P91 钢，试样 W_t=187.71J)

7) 板条马氏体组织的裂纹生长

裂纹的生长形成断口上的启裂生长区。裂纹前沿存在强烈的塑性变形和形变强化区，由裂纹前沿塑性变形区形态和纤维组织可判断前沿的滑移线场。萌生的Ⅱ型裂纹在剪应力作用下，裂纹尖端沿剪应力方向顺滑移线场穿晶纵深剪切生长(图 2.19(a))，越过缺口根部中心线至应力降低而不能生长为止，并在裂纹尖端因强烈的塑性变形而发生内部颈缩和尖端钝化，以及应力峰值的钝化，剪切生长停止。

Ⅱ型裂纹尖端颈缩钝化后即转化为Ⅰ型裂纹，并进入内颈缩生长(图 2.19(b))。这时裂纹前沿的塑性变形区在强烈的形变强化后出现微空洞(空洞通常因位错作用在夹杂粒子和基体之间的相界面生成，但只有尺寸大于 0.02μm 的夹杂粒子才能满足空洞形核所需的能量，钢中的碳化物大多满足这个条件)，相邻的数个微空洞因内部颈缩和聚集合并而出现空洞长大。裂纹前沿和相邻近的空洞之间便以各自的内颈缩聚合相连生长。

(a) Ⅱ型裂纹, 剪切生长, W=33.49J

(b) Ⅱ型裂纹尖端钝化, W=57.40J

(c) Ⅱ型裂纹前出现形变孔洞, W=60.08J

(d) 内颈缩使裂纹与孔洞相连接, W=77.91J

图 2.19　P91 钢冲击试样裂纹波动生长时Ⅱ型裂纹的剪切生长与Ⅰ型裂纹的内颈缩生长

(W_t=187.71J)

　　显然，Ⅰ型裂纹的内颈缩生长较之Ⅱ型裂纹的剪切生长缓慢得多，生长量也小得多。当因强烈塑性变形而钝化的裂纹前沿应力峰值增长积累达足够高度后，又会形成新的Ⅱ型裂纹并剪切生长。但这个Ⅱ型裂纹则是向内旋转 90°方向生长，并再次穿越中心线。随后又是Ⅱ型裂纹尖端的内颈缩钝化，Ⅱ型裂纹再次转化为Ⅰ型裂纹，并内颈缩生长。如此交替，构成了启裂生长区裂纹类型的Ⅱ型-Ⅰ型和裂纹生长的剪切-内颈缩交替式前进，这便是裂纹的波动生长。

　　当裂纹波动生长至足够尺寸后，裂纹尖端的受力状态由于试样零应力层随裂纹尖端的前进而后退，试样的受弯曲层减薄，裂纹尖端的应力"软"化(三向应力状态减弱)，Ⅱ型裂纹也随之减弱，并转化成Ⅰ型裂纹，进行拉应力作用下的缓慢生长(图 2.20)，直到长至裂纹的临界尺寸。Ⅰ型裂纹缓慢生长的量是很有限的。显然较快的生长速率对应于Ⅱ型裂纹的剪切生长，较慢的生长速率对应于Ⅰ型裂纹的颈缩生长。Ⅱ型裂纹与Ⅰ型裂纹相间交替，因而裂纹生长速率出现快、慢波动。

　　由于Ⅱ型裂纹较长，而且Ⅱ型裂纹的方向与试样在弯曲载荷作用下的拉应力成 45°角；Ⅰ型裂纹很短且与拉应力正交；故裂纹生长路径呈现大幅转折的之字形，故启裂生长区的断口形貌为横断岭形，岭的斜面由Ⅱ型裂纹形成，岭的峰顶

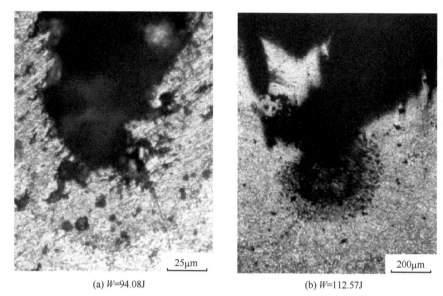

(a) W=94.08J　　　　　　　　(b) W=112.57J

图 2.20　P91 钢冲击试样裂纹缓慢生长时 I 型裂纹的颈缩生长(W_t=187.71J)

和谷底由 I 型裂纹形成。

8) 板条马氏体组织的裂纹扩展

裂纹生长至临界尺寸后，便处于临界的失稳状态，此时便会发生快速的裂纹失稳扩展。裂纹扩展形成断口上的扩展区。

扩展时裂纹的类型不再像生长时那样出现 II 型-I 型类型的交替转换，而是单一的 I 型。但此时 I 型裂纹的扩展形式常会出现三种情况：一是有强烈塑性变形和拉延的内颈缩-聚合扩展(图 2.21)。这就是微孔聚合的韧性破断，这时，I 型裂

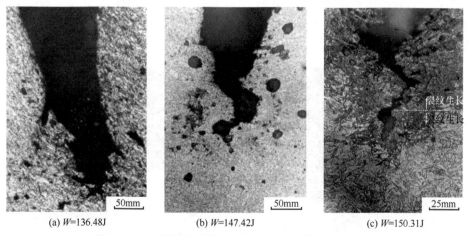

(a) W=136.48J　　　　　(b) W=147.42J　　　　　(c) W=150.31J

图 2.21　I 型裂纹的颈缩扩展(P91 钢，试样 W_t=187.71J)

纹与拉应力正交，且裂纹扩展路径还取决于裂纹前沿空洞的位置与大小，因而扩展路径仍然是不规整的，但转折幅度已明显较启裂生长区裂纹生长的之字形路径转折幅度小得多，故形成纤维状断口。二是小解理面间的解理-内颈缩扩展。这就是准解理的脆性破断，形成准解理脆性断口，断口上明显可见显示裂纹扩展方向的放射纹。三是扩展前期为小解理面间的拉延撕裂扩展。扩展后期为有强烈塑性变形和拉延的内颈缩扩展，形成前扩展区为准解理脆性破断和后扩展区为微孔聚合韧性破断的脆-韧混合破断断口。

在Ⅰ型裂纹失稳扩展阶段，前扩展期裂纹以 0.077～0.091mm/J 高速率失稳扩展，后扩展期Ⅰ型裂纹的失稳扩展速率迅速下降，这是由冲击弯曲试样的受力状态改变造成的。

工程构件中，可能由于制作工艺、材料缺陷、环境侵袭等原因而出现裂纹胚芽或裂纹萌生，但只要这个裂纹的尺寸小于临界尺寸，构件便是准安全的。P91钢在冲击力作用下，夏比Ⅴ型缺口试样的裂纹临界尺寸约为 2mm，并且为达到这个临界尺寸，经历了缓慢的生长过程，耗费了总冲击能量 66% 的份额。所幸的是裂纹缓慢的生长过程，为运行监控和评估时发现裂纹的存在提供了充裕的时间和可能。

9) 固溶体组织的裂纹萌生、生长、扩展过程

图 2.22 是塑性很好的奥氏体-铁素体双相不锈钢 Z3CN20-09M 在冲击试验时裂纹的萌生、生长、失稳扩展过程的图像，得到与 P91 钢相类似的结果，只是高塑性使裂纹极易钝化。

这样看到的是，夏比Ⅴ型缺口摆锤冲击试验过程中，裂纹经历了萌生、生长、扩展过程，直至完全解体破断。裂纹在剪应力作用下以Ⅱ型裂纹萌生于缺口根部的位错滑移台阶处。裂纹在剪应力或拉应力作用下以Ⅱ型裂纹与Ⅰ型裂纹相间交替生长，较快的生长速率对应于Ⅱ型裂纹的剪切生长，较慢的生长速率对应于Ⅰ型裂纹的颈缩生长，致使裂纹生长速率出现快、慢波动。裂纹生长至临界状态后便高速扩展至破断解体。

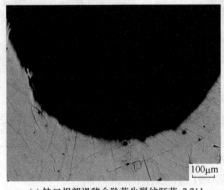
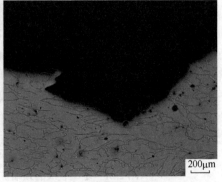

(a) 缺口根部滑移台阶萌生裂纹胚芽, 7.71J　　　　　(b) 裂纹生长中被塑性变形钝化, 159.47J

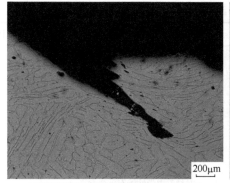
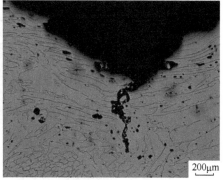

(c) 滑开(剪切)裂纹失稳扩展起始, 195.00J　　　　(d) 拉开裂纹失稳扩展起始, 209.00J

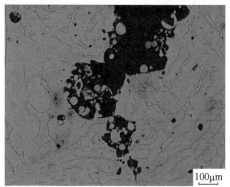

(e) 裂纹失稳扩展中, 260.49J

图 2.22　Z3CN20-09M 钢裂纹萌生与生长及失稳扩展的各阶段形态

2. 冲击力-位移曲线的解析

1) 特征点解析

图 2.23 和表 2.3 为本书作者修正后的冲击力-位移曲线和冲击力-位移曲线上特征点与冲击能量及断口区域的对应关系。

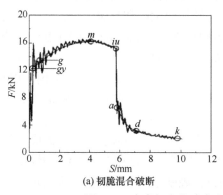
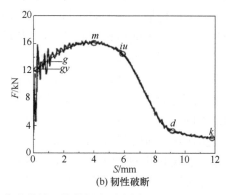

(a) 韧脆混合破断　　　　　　　　　　(b) 韧性破断

图 2.23　本书标定的冲击力-位移曲线上的特征点示意图

表 2.3　冲击能量与冲击力-位移曲线上特征点及断口区域的对应关系

冲击能量	力-位移曲线特征点意义	冲击能量之间的关系及意义	对应断口区
屈服能量 W_{gy}	gy 点前的冲击能量	对工程设计有重要意义	
裂纹萌生能量 W_g	g 点前的冲击能量	对材料安全运行有重要工程意义	
最大力能量 W_m	m 点前的冲击能量	对保障材料运行的安全裕度有重要工程意义	
裂纹形成能量 W_{iu}	iu 点前的冲击能量	对材料力学性能有重要意义	
裂纹生长能量 W_{g-iu}	$g \sim iu$ 点的冲击能量	$W_{g-iu} = W_{iu} - W_g$，对材料力学性能有重要意义	启裂生长区
裂纹快速失稳扩展能量 W_{iu-a}	$iu \sim a$ 点的冲击能量	$W_{iu-a} = W_a - W_{iu}$	前扩展区
裂纹慢速失稳扩展能量 W_{a-d}	$a \sim d$ 点的冲击能量	$W_{a-d} = W_d - W_a$	后扩展区
裂纹扩展能量 W_{iu-d}	$iu \sim d$ 点的冲击能量	$W_{iu-d} = W_d - W_{iu}$	扩展区
裂纹剪拉撕裂能量 W_{d-k}	$d \sim k$ 点的冲击能量	$W_{d-k} = W_k - W_d$	剪拉撕裂唇
总冲击能量 W_t	k 点之前的冲击能量	$W_t = W_k = W_g + W_{g-iu} + W_{iu-a} + W_{a-d} + W_{d-k}$	

缺口效应表现在：①发生了应力集中，使缺口根部的拉伸应力显著增大，成为拉伸应力最大处。②出现了多轴应力状态，缺口根部中心处于三向的立体应力状态，侧表面则几乎是两向的平面应力状态。③导致了应变集中，在缺口根部的拉伸力达到屈服力 F_{gy} 时，便发生局部的缺口根部的塑性变形，逐渐侧向传播，继而局部出现颈缩，塑性变形引起的强化又导致应力增大；摆锤刀打击面处因压缩出现膨胀。④随着应变速率的增大，在难以自由应变的缺口根部中心的三向应力状态处首先达到破断力 F_g 水平。

于是在缺口尖端表面出现因滑移台阶而形成的Ⅱ型裂纹萌生，这就是图 2.23 曲线上的 g 点。此后在摆锤刀冲击力和弯曲程度增大的继续作用下，拉应力处颈缩不断向内传播，Ⅱ型裂纹与Ⅰ型裂纹交替转换向侧向和纵深生长，零应力层也同时向摆锤打击面退移，而膨胀却向相反方向推进(图 2.23 曲线上的 g 点至 iu 点)。当裂纹生长至临界尺寸(图 2.23 曲线上的 iu 点)时，便发生Ⅰ型裂纹的快速扩展。脆性解理的快速扩展，这就是图 2.23(a)曲线上的 iu 点至 a 点(此时曲线下降很陡)。a 点之后试样的三向应力状态变"软"，Ⅰ型裂纹的扩展速率减慢，这就是图 2.23(a)曲线上的 a 点至 d 点。韧性韧窝的快速扩展，这就是图 2.23(b)曲线上的 iu 点至 d 点(此时曲线下降稍陡)。最后破断发生在摆锤打击面处的薄层金属平面应力状态被Ⅰ型裂纹和Ⅱ型裂纹撕裂剪拉破断(图 2.23 曲线上的 d 点至 k 点)。塑性变形出现颈缩和膨胀之后，应力状态的改变，使试样破断过程中在试样两边由Ⅲ型裂纹形成剪切唇。

(1) 裂纹萌生于冲击力-位移曲线上屈服点(gy)后的第二峰 g 点。

屈服发生于力-位移曲线上的缺口根部屈服点 gy 点，裂纹萌生于 gy 点后的第二峰 g 点(gy 点后的第一峰形成裂纹胚芽，第二峰为胚芽张开成为裂纹)，而不是广为流传的颈缩开始的最大力时。裂纹萌生后即开始生长，m 点是曲线的最高点，iu 点为裂纹生长终止点和裂纹不稳定扩展开始点，a 点为裂纹不稳定扩展阶段点，裂纹不稳定扩展终止于 d 点，d 点也同时开始了最后完全破断前的撕裂，至 k 点便完全断开了。本书作者早前的研究和试验也已证实，摆锤冲击试验试样的裂纹孕育萌芽于力-位移曲线屈服点(图 2.23 的 gy 点)之后第一个力的峰值跌落处，裂纹形成于屈服点之后第二个力的峰值跌落处(图 2.23 的 g 点)，当有严格要求时也可将屈服点之后第一个力的峰值跌落处(图 2.23 的 gy 点)定义为裂纹形成，这取决于对裂纹概念的尺寸定义和装备的需要。同时应注意，拉伸试验时试样破断的裂纹产生于大量颈缩变形后接近破断之时，而不是流传的颈缩开始的最大力时。

(2) 裂纹生长阶段对应于冲击力-位移曲线上 g~iu 点的高台段。

该段对应于断口上的启裂生长区，通常由 II 型裂纹和 I 型裂纹交替形成。

(3) 裂纹扩展阶段对应于冲击力-位移曲线上的 iu~d 点的快速下降段。

裂纹扩展阶段对应于断口上的扩展区，通常由 I 型裂纹形成；裂纹扩展可以是脆性破断的不稳定扩展(图 2.23(a)的 iu~a 段)，对应于断口上的前扩展区(放射扩展区)，也可以是韧性破断的不稳定扩展(图 2.23(a)的 a~d 段)，对应于断口上的后扩展区(纤维扩展区)；或整个扩展都是韧性破断的不稳定扩展(图 2.23(b)的 iu~d 段)，对应于断口上的整个扩展区(纤维扩展区)。

(4) 剪切解体阶段对应于冲击力-位移曲线上 d~k 点的末端段。

图 2.23 的 d~k 段则是最后破断解体前的剪拉撕裂，对应于断口上的剪拉撕裂唇。

力-位移曲线最高点 m 点前的冲击能量称为最大力能量 W_m。力-位移曲线 iu 点前的冲击能量称为裂纹形成能量 W_{iu}，它包括裂纹萌生能量 W_g (g 点前的冲击能量)和裂纹生长能量 $W_{g\sim iu} = W_{iu} - W_g$ (g 点至 iu 点之间的冲击能量)。iu 点至 a 点的冲击能量为裂纹前扩展能量 $W_{iu\sim a} = W_a - W_{iu}$，a 点至 d 点的冲击能量称为裂纹后扩展能量 $W_{a\sim d} = W_d - W_a$，两者之和即 iu 点至 d 点之间的冲击能量为裂纹扩展能量 $W_{iu\sim d} = W_d - W_{iu}$。d 点至 k 点的冲击能量为裂纹剪拉撕裂能量 $W_{d\sim k} = W_k - W_d$。总冲击能量为 $W_t = W_k = W_g + W_{g\sim iu} + W_{iu\sim a} + W_{a\sim d} + W_{d\sim k}$。

2) 建议冲击六大性能指标 F_{gy}、W_{gy}、F_m、W_m、W_{iu}、W_t 法定化

在夏比 V 型缺口摆锤冲击试验所得特征点的性能指标中，屈服力 F_{gy} 和屈服力时的能量 W_{gy} 是构件承受冲击力的设计基准依据；工程上另一组重要的特征值

是最大力 F_m 和最大力时的能量 W_m，它们表征构件承受冲击力的安全裕量。同时，由 F_{gy} 和 F_m 能够知晓试样缺口尖端的应力集中最大应力值，这对设计和安全评估是重要的。而不稳定裂纹扩展起始力 F_{iu}、不稳定裂纹扩展终止力 F_a 以及不稳定裂纹扩展终止能量 W_a 虽然在材料科学上有价值，但在工程上并无多大实用意义。

显然，材料冲击试验具有工程意义的六大指标应当为：屈服力 F_{gy} 和屈服力时的能量 W_{gy} 供工程设计参照，最大力 F_m 和最大力时的能量 W_m 供工程评估材料的安全裕度参照，不稳定裂纹扩展起始能量 W_{iu}(即裂缝形成能量)和总冲击能量 W_t 供工程评估材料在载荷超越 W_m 时制件不易灾难性脆性破断解体的缓解作用。因此建议，工程界材料的冲击试验指标应以屈服力 F_{gy} 和屈服力时的能量 W_{gy}、最大力 F_m 和最大力时的能量 W_m、不稳定裂纹扩展起始能量 W_{iu}，以及总冲击能量 W_t 六大指标作为标准的法定指标。

3. 冲击断口解析

本书对冲击断口的解析与通常流行的概念不同，冲击破断后的常见断口分为六个区域：紧邻缺口尖端的裂纹萌芽与生长为启裂生长区，该区呈现横断岭形貌，因而也可称为启裂岭区；断口中部为裂纹扩展区，该区通常又因形貌和特征不同而分成前、后两个小区；前裂纹扩展区裂纹扩展速率快，对于韧性不良的钢，该区常有裂纹快速扩展的放射纹形貌，故此时也可称为放射扩展区；后裂纹扩展区裂纹扩展速率减慢，常为纤维状形貌，因而此时也可称为后扩展区或纤维扩展区；后部边缘为剪拉撕裂唇；两侧各有一个剪切唇。

常规冲击破断断口的启裂生长区和扩展区究其破断机制和断口形貌，最常见的为三种破断：①剪切破断，这是韧性破断；②微孔聚合破断，其微观形貌为韧窝状，宏观形貌为大量塑性变形的纤维状，是韧性破断；③准解理破断，其微观形貌为撕裂岭(棱)相连的小块解理面，宏观形貌为微量塑性变形的微晶瓷状，是脆性破断。

裂纹生长对应于断口上的启裂生长区。裂纹萌生于试样缺口尖端表面的滑移台阶处，萌生的裂纹是Ⅱ型裂纹。启裂生长区是由Ⅱ型裂纹和Ⅰ型裂纹相互交替转换生长形成的；图 2.24(b)为Ⅱ型裂纹形成的剪切破断面(横断岭的斜侧面)；图 2.24(c)为Ⅰ型裂纹形成的微孔聚合破断面(横断岭的正断面)。启裂生长区的纵深尺寸是断口定量分析的一个重要参量，冲击力-位移曲线自 g 至 iu 的裂纹萌生和生长过程就发生在这里，消耗了大部分冲击能量。显然，启裂生长区越深，钢的韧性便越好。

裂纹扩展区的脆性面积是衡量钢脆断危险性的指标。P91 钢前扩展区无放射纹，前、后扩展区在形貌上无明显区别，宏观形貌均为纤维状，微观形貌均为韧窝状，破断机制均为微孔聚合(图 2.24(d))。靠摆锤打击面是剪拉撕裂唇。两边的剪切唇较宽(图 2.24(a))，由Ⅲ型裂纹形成。但是，P91 钢不良的热处理，或者焊接接头处，则在扩展区有放射纹(图 2.25(a))，其破断机制为准解理(图 2.25(b))。断口的总塑性变形量也较小。

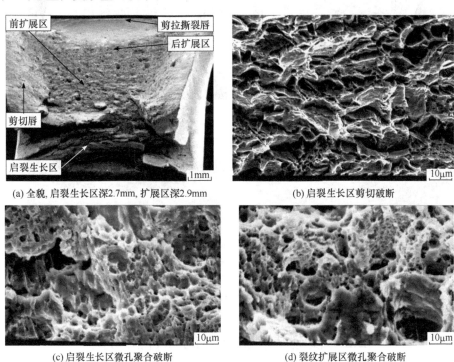

(a) 全貌, 启裂生长区深2.7mm, 扩展区深2.9mm

(b) 启裂生长区剪切破断

(c) 启裂生长区微孔聚合破断

(d) 裂纹扩展区微孔聚合破断

图 2.24　P91 钢的室温冲击断口的 SEM 像

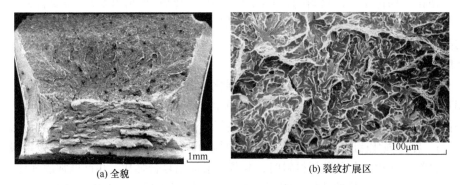

(a) 全貌

(b) 裂纹扩展区

图 2.25　P91 钢不良热处理的室温冲击断口的 SEM 像

Z3CN20-09M 钢的室温冲击断口为以微孔聚合的韧窝为主与少量微区条形准

解理的混合断口，奥氏体相产生微孔聚合韧窝破断，铁素体相出现准解理破断。290℃时塑性改善，为微孔聚合韧窝破断，如图2.26所示。

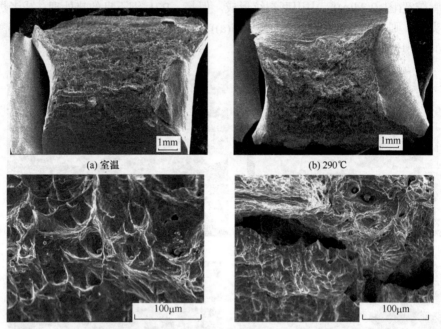

(a) 室温　　　　　　　　　　　　　　　　(b) 290℃

(c) 室温，裂纹扩展区韧窝中的碳化物和夹杂　　(d) 室温，裂纹扩展区铁素体相引发准解理破断和二次裂口

图2.26　Z3CN20-09M钢的冲击断口

2.2　核电站装备材料的综合强韧化

强化与韧化是结构材料的核心问题。强度、塑性和韧性取决于金属合金的组织与结构，而加工又会改变这些组织与结构。对使用来说，就是要根据制件性能的需要，选择合适的材料，通过适当加工，实现期望的组织与结构，从而满足对强度、塑性和韧性的需要。

材料的强度大多并不来源于单一的强化机制，而是数种强化机制共同作用的相互关联和交互作用的复合强化。大规模生产条件时的实用难题，便是如何稳定获得具有高强度性能的显微组织结构。在复合强化中，固溶强化、位错强化(形变强化)、界面强化(细晶强化)是金属合金中最为普遍的强化类型，而强化效果最优的当属弥散强化。在开发新材料时，本书主张采用复合强化，并首推弥散强化等。当今人们对复合强化的认知还需不断提高，如何用数学解析表述复合强化更是人们所关心的。以下讨论核电站装备材料的强化和韧化以及脆性问题，盼望以此促进核电站装备材料开发的进步。

2.2.1　一回路管道钢的综合强韧化

压水反应堆中由核裂变反应转换而来的热能，由一回路冷却系统中的冷却剂(有放射性)承载，通过管道将此热能携出，送至一回路与二回路交互的蒸汽发生器中，在二回路系统中转换成无放射性的高温高压水蒸气，将此水蒸气由二回路蒸汽管道输送至汽轮机而转换为机械能，再由汽轮机带动发电机转换为电能，构成核能→热能→机械能→电能的转换系统。剩余的二回路蒸汽被回收为水后又由管道送至初始以进行二回路循环。一回路的冷却剂失去热能后由一回路管道送回初始进行一回路循环。

显然，在核电站中随处可见的是各种管道系统：冷却剂管道、蒸汽管道和给水及回水管道等。这些管道在工作时承受高温度、高压力、腐蚀以及辐射(仅一回路)的环境条件，还要具备长寿命与可靠性的运行要求。

由于核反应堆使用的是带有放射性的核燃料，一旦发生核泄漏，会严重恶化该地域的生态环境，因此核电站对核岛的安全要求最高。核电站使用的管材，其安全等级分为核级和非核级；核级材料又分为核一级、核二级和核三级。此外，在生产制造过程中也有严格的质保要求。核岛一回路冷却系统的所有承压边界装备和管道均属核一级材料，部分蒸汽输送管道为核二级和核三级材料。

对核一级的一回路冷却剂管道钢的性能要求，是在确保足够强度和塑性的同时，要有良好的耐腐蚀性和抗应力腐蚀破断的能力。奥氏体不锈钢虽耐腐蚀性良好，但是它的强度显得不足，耐晶间腐蚀和抗应力腐蚀破断的能力也较为欠缺。于是以奥氏体-铁素体不锈钢为佳，它有比奥氏体不锈钢更高的强度，足够保持奥氏体不锈钢的优良塑性和良好的可焊接性，以及较低的韧脆转变温度，同时又有优越于奥氏体不锈钢的耐晶间腐蚀和抗应力腐蚀破断的能力。然而，当铁素体相的量较多时，铁素体相会恶化钢的热塑性和热压力加工性，更会由于铁素体相的调幅分解等原因而降低钢的塑性，因此核一级的一回路冷却剂管道钢以选择铁素体 α 相的体积分数保持在 15%~20% 为最佳。于是研发了法国牌号的 Z3CN20-09M 钢为核一级的一回路冷却剂管道钢，并采用铸造法成型管道。美国的 CF3 钢与此类似。以下便以该钢为例来研讨其综合强化原理。

Z3CN20-09M 管道钢的力学性能标准要求：在横向取样时的室温拉伸性能为 $\sigma_b \geqslant 480\text{MPa}$ 、 $\sigma_{0.2} \geqslant 210\text{MPa}$ 、 $\delta \geqslant 35\%$ ；350℃拉伸性能为 $\sigma_b \geqslant 320\text{MPa}$ 、 $\sigma_{0.2} \geqslant 125\text{MPa}$ ；室温冲击韧性最小平均值大于等于 100J。显然，该钢的强度优于通常的奥氏体不锈钢，其原因便在于铁素体相强化、相界面强化、位错强化与固溶强化。

1. 铁素体相强化

通常第二相的形态有团状、无规片状、规则片状、无规条状、规则条状、针状、粒状、微粒状等。Z3CN20-09M 钢中的第二相为铁素体相，形态为无规片状，该钢的金相组织如图 2.27 所示，在二维的金相照片中，其基体为奥氏体相，塑性优良；铁素体相为无规片状或条状分布于奥氏体相中，其强度高于奥氏体相。利用铁素体相对奥氏体相的分割和受力时的不等变形来使 Z3CN20-09M 钢获得强化。

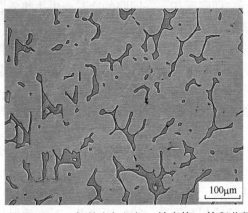

图 2.27　Z3CN20-09M 钢的金相组织，铁素体(F)体积分数约 15%

1) 铁素体相的量与分布形态

金相组织中的铁素体相，在基体奥氏体相中呈现连续或不连续的片或条或孤岛状分布。RCC-M M3406 规范要求 Z3CN20-09M 中铁素体体积分数 $v(F)$ 为 12%～25%，推荐体积分数 $v(F)$ 为 15%～20%。RCC-M MC 1290 中规定，对于铸造奥氏体-铁素体双相不锈钢，当铁素体体积分数 $v(F)$ 在 10%～25%时，在已知化学成分的前提下，可依 IAEA(1987～2003)推荐的 Schaeffler 方程计算铁素体的体积分数(下标 eq 为元素当量，符号 w 为质量分数):

$$R = (Cr_{eq} - 4.75)/(Ni_{eq} + 2.64) \tag{2.1}$$

$$Cr_{eq} = w(Cr) + w(Mo) + 1.5w(Si) + 0.5w(Nb) \tag{2.2}$$

$$Ni_{eq} = w(Ni) + 30w(C) + 0.5w(Mn) \tag{2.3}$$

$$v(F) = (149.11R^3 - 550.34R^2 + 701.94R - 297.25)R \tag{2.4}$$

2) 钢的强度和塑性

在 Z3CN20-09M 钢铸态一回路厚壁管上取径向样、纵向内壁样、纵向中壁样和纵向外壁样，得拉伸试验的强度和塑性，结果列于表 2.4。

表 2.4　Z3CN20-09M 钢铸态—回路厚壁管的强度和塑性均值 x 及标准误差 s (3 个试样平均值)

取样部位	温度/℃	$\sigma_{0.2}$ /MPa		σ_b /MPa		δ/%		Ψ /%	
		x	s	x	s	x	s	x	s
径向	20	234.11	8.87	529.97	22.94	53.22	7.18	79.77	1.42
	290	181.08	14.21	367.11	17.56	31.81	1.59	70.44	4.37
纵向内壁	20	246.22	2.24	554.13	4.44	64.56	2.32	80.61	1.09
	290	210.12	1.83	414.59	1.48	43.2	3.03	68.17	3.74
纵向中壁	20	240.40	2.48	535.26	13.06	54.37	4.39	77.41	0.32
	290	200.55	6.02	382.98	11.7	31.85	0.72	68.11	5.38
纵向外壁	20	251.15	4.46	548.99	13.09	55.4	6.08	79.25	1.15
	290	221.36	4.52	405.69	10.87	33.77	0.72	71.28	0.94

　　对表 2.4 结果的 t 检验表明，强度和塑性明显受取样位置的影响，内壁性能较优而径向稍差。强度同时还受取样方向的影响，但取样方向对塑性的影响较小。290℃时强度和塑性均较室温时降低。颈缩时钢的均匀面缩率 Ψ_b 在室温时为27.90%，290℃时为20.88%，相对应的均匀伸长率 δ_b 室温为38.70%，290℃时为26.39%。钢的均匀塑性很好。温度的升高使钢的均匀塑性减小。

　　3) 钢的塑性变形特点

　　该钢组织中的无规片状或条状或孤岛状分布的 15%～20%(体积分数)铁素体相割裂了奥氏体基体，铁素体相的强度高于奥氏体相，并且体心立方结构的铁素体相的滑移系少，且为粗滑移；而面心立方结构的奥氏体相滑移系多，且为细滑移，因此塑性变形时必定是奥氏体相先于铁素体相而滑移。正是铁素体片或条对奥氏体基体的割裂作用，致使塑性变形时先于铁素体相变形的奥氏体相的滑移出现局部性阻断，顺铁素体片或条的区域可以大量滑移变形，而横铁素体片或条的区域则很难滑移变形，使变形严重不均匀，从而使拉伸(或冲击)试样表面呈现出凹凸不平的形貌，拉伸曲线上也因此而出现锯齿形。随着变形量的增大，奥氏体相滑移出现局部性阻断的概率增大，拉伸曲线上锯齿形的密度也增大，如图 2.28 所示。

　　进一步在显微镜下观察试样表面的滑移状况，如图 2.29 所示。当滑移方向与铁素体片或条一致时，奥氏体相的滑移可以无阻挡地大量进行；而铁素体片或条横着滑移方向时，奥氏体相的滑移变形便难以进行，此时，只有当塑性变形量较大时，奥氏体相的滑移变形才会传递给铁素体相，如图 2.30 和图 2.31 所示。

　　这种塑性变形的严重不均匀，造成钢试样塑性变形表面凹凸不平的形貌。当滑移自奥氏体相中传递至铁素体相时，拉伸曲线出现锯齿形跌落(图 2.28(a))，形变量越大，参与滑移的铁素体相便越多越频繁，拉伸曲线的锯齿形跌落也就越多越频繁。多系滑移加重了变形的不均匀和表面的凹凸不平(图 2.32)。这种变形规律也同样在冲击试样中显现(图 2.33)。

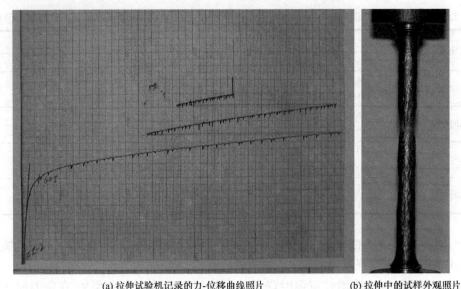

(a) 拉伸试验机记录的力-位移曲线照片   (b) 拉伸中的试样外观照片

图 2.28　Z3CN20-09M 钢拉伸试验的力-位移曲线与试样外观照片

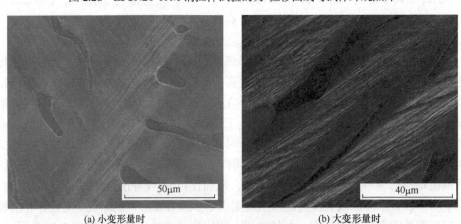

(a) 小变形量时   (b) 大变形量时

图 2.29　横铁素体条区的奥氏体变形困难和顺铁素体条区的奥氏体大量变形的
表面滑移线的 SEM 像

4) 钢的形变强化

钢拉伸塑性变形时的形变强化特性用 Hollomon 方程 $S=k\varepsilon^n$ 或 $\lg S=\lg k+n\lg\varepsilon$ 描述，测定了 Z3CN20-09M 钢的形变强化指数 n 和形变强化系数 k，其观测结果见表 2.5 和图 2.34。由表 2.5 和图 2.34 可见，该钢在颈缩前均匀塑性变形阶段的形变强化指数按以下三个阶段分类：屈服与小量塑性变形阶段、前均匀塑性变形阶段及后均匀塑性变形阶段。形变强化指数 n 随形变量的增大而增大；290℃的温度使钢的颈缩提前，同时形变强化指数 n 增大。

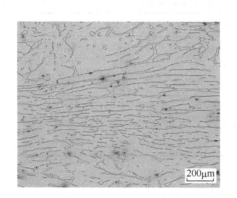

图 2.30　Z3CN20-09M 钢大量拉伸变形时铁素体随之被拉长的金相照片

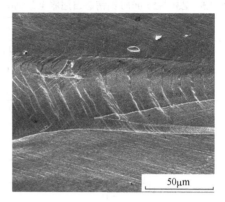

图 2.31　Z3CN20-09M 钢大量拉伸变形时铁素体中的粗滑移和奥氏体中的细滑移的 SEM 像

图 2.32　Z3CN20-09M 钢拉伸塑性变形不均匀和表面凹凸不平的 SEM 像

图 2.33　Z3CN20-09M 钢冲击试样塑性变形不均匀和表面凹凸不平的 SEM 像

5) 钢的拉伸破断与断口

裂纹起源于奥氏体-铁素体相界面的开裂(图 2.35)，或脆性夹杂物和碳化物粗粒子的破碎(图 2.36)，而后者既可发生于奥氏体-铁素体相界面，亦可发生于奥氏体晶界面。

由于基体奥氏体的塑性优良，钢的室温断口为微孔聚合的韧性断口，但塑性变形的极不均匀造成杯锥断口的极不规则(图 2.37)，断口中也偶见铁素体相的条形准解理面。

表2.5　Z3CN20-09M钢铸态自屈服至颈缩的形变强化指数n和标准误差s(12个试样的平均值)

温度	参量	屈服与小量塑性变形 n_0	前均匀塑性变形 n_1	后均匀塑性变形 n_2
室温	n/s	0.108/0.011	0.230/0.010	0.381/0.011
	应变 ε/%	0~2.518	2.518~8.328	8.238~32.85
	塑性 Ψ/%	0~2.513	2.513~8.060	8.060~27.90
290℃	n/s	0.091/0.007	0.261/0.006	0.431/0.014
	应变 ε/%	0~1.713	1.713~5.643	5.643~23.43
	塑性 Ψ/%	0~1.698	1.698~5.485	5.485~20.88

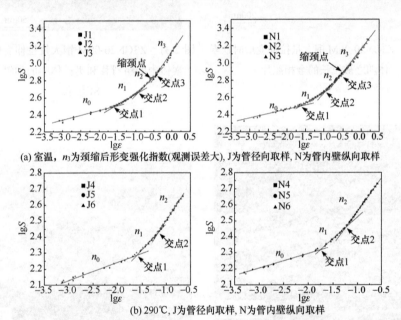

(a) 室温，n_3为颈缩后形变强化指数(观测误差大)，J为管径向取样，N为管内壁纵向取样

(b) 290℃，J为管径向取样，N为管内壁纵向取样

图2.34　Z3CN20-09M钢铸态一回路厚壁管自屈服至颈缩的形变强化指数n(每曲线3个试样)
J取样，N取样，以及图中未列出的管中壁纵向取样和管外壁纵向取样，共四种取样之间经t检验n值无明显差异

2. 奥氏体-铁素体相界面强化

晶粒界面和亚晶粒界面以及相界面是位错的特殊组态结构形式，它是塑性变形时位错滑移的障碍，界面与位错的相互作用效果是产生界面强化。

对 Z3CN20-09M 奥氏体-铁素体双相不锈钢来说，其屈强比低，形变强化能力很强，冷变形成型的工艺性好，特别适于制作冷变形成型的高强度制件。此时，不仅奥氏体晶界有重要的强化作用，奥氏体-铁素体相界面的强化作用更为重要，图2.38示出了这两种界面上位错滑移的强化作用。界面强化是其力学效应，而这种界面强化作用皆源于滑移位错与界面的相互作用。在图2.38中，奥氏体中的滑

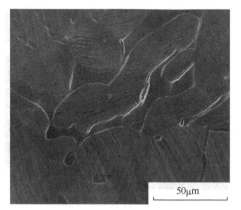
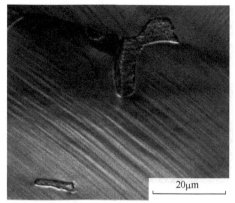

图 2.35　拉伸时裂纹萌生的相界开裂机制的 SEM 像

Z3CN20-09M 钢，奥氏体与铁素体相界开裂形成裂纹。奥氏体较之铁素体为软相，已产生大量滑移，而铁素体较硬，尚未滑移，在与奥氏体滑移线 45°或接近 45°的奥氏体与铁素体相界面出现了分离

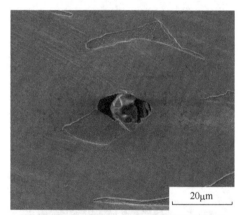
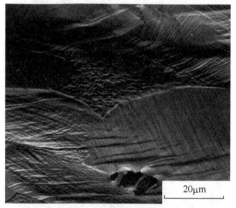

(a) 碳化物粒子的破裂与微空洞及位错环滑移痕迹　　　　(b) 奥氏体晶界上的碳化物粒子的破裂与微空洞

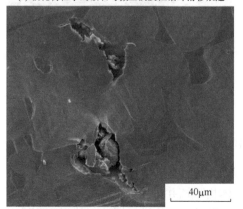
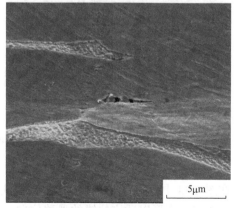

(c) 相界夹杂物破碎发展成的奥氏体与铁素体相界裂纹　　(d) 晶界碳化物微空洞发展成的奥氏体晶界裂纹

图 2.36　Z3CN20-09M 钢拉伸时碳化物粒子的破裂与微空洞机制的 SEM 像

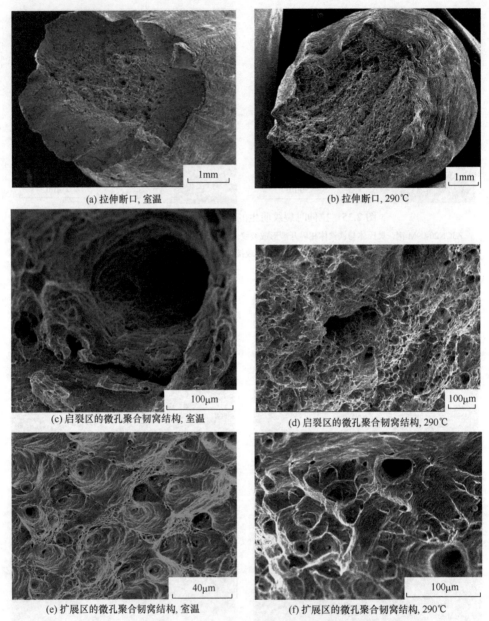

(a) 拉伸断口, 室温

(b) 拉伸断口, 290℃

(c) 启裂区的微孔聚合韧窝结构, 室温

(d) 启裂区的微孔聚合韧窝结构, 290℃

(e) 扩展区的微孔聚合韧窝结构, 室温

(f) 扩展区的微孔聚合韧窝结构, 290℃

图 2.37　Z3CN20-09M 钢的拉伸断口和微孔聚合韧窝结构的 SEM 像

移位错在晶界地带产生了协调位错(几何必须位错)而消耗能量，此即晶界强化。在图 2.38 中，奥氏体中的滑移位错受铁素体相阻挡并排斥，使滑移系受到约束而发生孪晶变形以适应位错的滑移位向，同时又以协调位错相缓冲，使界面不致破裂且滑移得以继续。

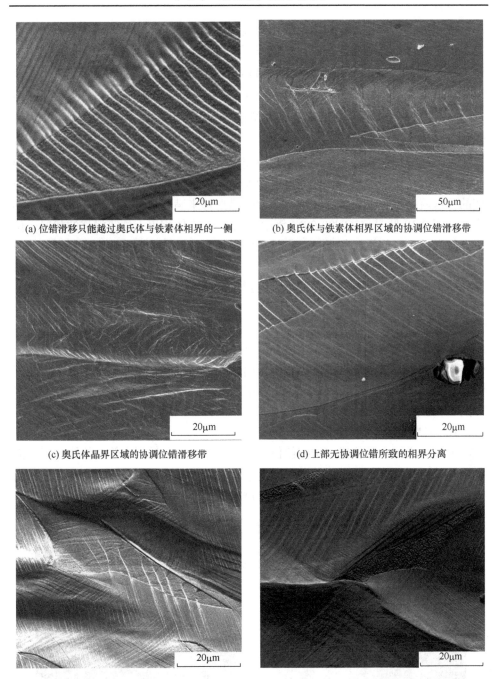

(a) 位错滑移只能越过奥氏体与铁素体相界的一侧

(b) 奥氏体与铁素体相界区域的协调位错滑移带

(c) 奥氏体晶界区域的协调位错滑移带

(d) 上部无协调位错所致的相界分离

(e) 相界区域的滑移与孪晶间的协调位错滑移带, 注意左图上左侧相界区域无协调位错而致相界分离

图 2.38　奥氏体-铁素体不锈钢 Z3CN20-09M 中的表面滑移带的 SEM 像

滑移带表面台阶显示出滑移位错越过奥氏体与铁素体下沿 fcc/bcc 位向关系结构的相界面, 该相界面具有 K-S 位向

关系: $\langle 110 \rangle_{\gamma} /\!/ \langle 111 \rangle_{\alpha}$, $\{111\}_{\gamma} /\!/ \{110\}_{\alpha}$, 界面失配度位错 $b = (1/2) \langle 110 \rangle_{fcc}$

位错滑移能否越过相界面是双相合金塑性变形的一个重要问题。对于大角相界，由于晶体点阵的不连续，位错在一相中滑移至相界时，另一相晶体位向的大幅度改变阻挡了位错越过相界继续滑移，因而位错的滑移不能越过大角相界。对于位向关系相界，例如，γ-α(奥氏体-铁素体)之间的 K-S 位向关系为 $\langle 110 \rangle_\gamma$ // $\langle 111 \rangle_\alpha$、$\{111\}_\gamma$ // $\{110\}_\alpha$，界面失配度位错 $b=(1/2)\langle 110 \rangle_{fcc}$，位错能够越过相界并在另一相中继续滑移(图 2.38)。

大角相界区域塑性变形的应力与应变协调是双相合金塑性变形的另一个重要问题。在大角相界区域，塑性变形也像大角晶界区域那样，必须是等应力和等应变的，这就必定在大角相界区域有协调位错滑移来满足晶粒之间或相之间的变形协调。图 2.38 便是 Z3CN20-09M 钢中奥氏体-铁素体相界上位错滑移的状况，位错在位向关系一侧滑过相界，而在另一侧则依靠协调位错的滑移来保持相界上应力和应变的协调关系，也可以以晶体的扭折来保持相界上应力和应变的协调关系，甚至还会以孪生进行协调。当变形量大到难以协调时便可能在相界上出现破裂。

3. 位错强化

位错强化的实质是线型无序对金属晶体有序结构的扰乱所引发的能量升高，位错强化的机制极为复杂，至今虽已提出十数种理论模型，但尚难给出清晰的完整图像。在一回路管道钢 Z3CN20-09M 中所观察到的主要位错交互作用如图 2.39 和图 2.40 所示。

1) 位错相互作用使金属强化

①形变或相变时位错的增殖使位错密度增大，对于低到中等的位错密度，流变应力 τ 与位错密度 $\rho^{1/2}$ 之间有线性关系：$\tau = \tau_0 + \alpha Gb\rho^{1/2}$。②运动位错之间的交截产生割阶使位错滑移受阻。③林位错对滑移位错的阻碍。④Lomer 位错的形

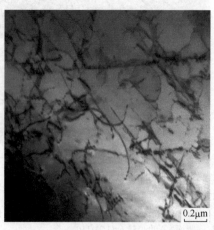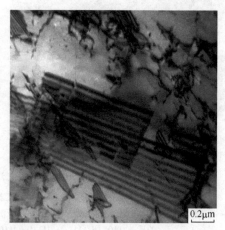

(a) 位错塞积与缠结

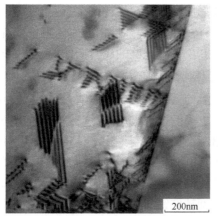
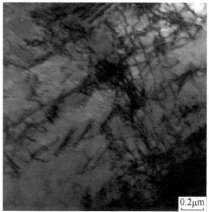

(b) 位错在相界的塞积(左)与缠结(右)

(c) 位错割阶与L-C锁

图 2.39　Z3CN20-09M 钢奥氏体中的位错塞积、缠结、割阶及 L-C 锁的 TEM 像

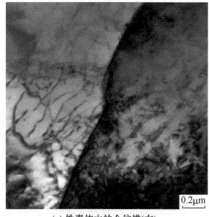
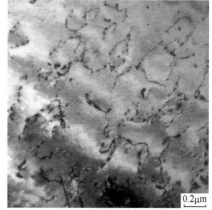

(a) 铁素体中的全位错(左)　　　　　　　　(b) 铁素体中位错上的沉淀相

图 2.40　Z3CN20-09M 钢铁素体中的位错及位错上沉淀相的 TEM 像

成，这是个不滑刃型位错。⑤压杆位错的形成，这是在 Lomer-Cottrell 位错反应中形成的不滑不全位错。⑥固定位错对滑移位错的长程弹性相互作用阻止其滑移。⑦滑移位错的滑移受阻形成位错塞积群。⑧位错塞积群的应力场使位错源制动。⑨位错间的相互作用和钉扎，导致高密度位错缠结胞形成，其位错缠结胞直径 d^{-1} 与屈服的流变应力 τ 的关系为 $\tau = \tau_0 + kGbd^{-1}$，式中，$\tau_0$ 为派-纳力；该式适用于直径 d 足够小的自纳米级至数十微米甚至更大的微米级尺寸；这种胞壁较为松散，从胞壁向外弓弯出去的一段位错即是位错源；当胞壁变得狭窄且轮廓分明时即为位错墙结构的亚晶界，其流变应力将遵从 Hall-Petch 关系，这将归之于界面强化。⑩螺型位错的交滑移和双交滑移使一些锁死的位错源被激活而重新开动。⑪螺型位错的交滑移所引发的滑移螺型位错和螺型林位错的交截形成割阶。⑫由于位错源重新开动所放出的位错环中的刃型分量不能交滑移而驻留在晶体中，使位错密度仍在增加。⑬滑移与孪生区域间的自协调。⑭沉淀相微粒在位错上沉淀。

2) 位错相互作用使金属软化

使金属软化的位错相互作用有：①螺型位错的交滑移，交滑移的难易主要取决于层错能；②螺型位错双交滑移后出现的一些异号螺型位错互毁；③刃型位错偶相消；④高密度位错缠结网转化成能量较低的形变位错胞组态；⑤低能的位错网络形成。

4. 固溶强化

固溶强化的实质是点无序对金属有序晶体结构原子键合的扰乱，合金中固溶的合金元素原子，其体积、弹性模量、键合强度、电子组态特性等皆与固溶体的基体金属不同，当合金元素原子与基体金属原子以金属键键合而形成固溶体时，必然引起固溶体中原子间排序组态、弹性模量、键合强度、电子组态特性等的变化，并引发弹性应力场，这些均对合金在塑性变形时位错的滑移造成干扰和障碍，溶质原子对位错运动所产生的原子尺寸级的障碍而引起流变应力的增加。位错与溶质原子之间的各种相互作用机制主要有弹性应力场相互作用、弹性模量相互作用、溶质原子的短程有序相互作用、静电相互作用、固溶原子对位错的钉扎(填隙的 Cottrell 气团与 Snoek 气团、代位原子的层错偏聚气团)等。这就是固溶强化。Z3CN20-09M 钢中含有的主要合金元素为 19.00%～21.00%Cr、8.00%～11.00%Ni，这样含量的合金元素的溶入必然对钢造成显著的固溶强化。

2.2.2　核燃料包壳锆合金的综合强韧化

在堆芯的结构材料中，以核燃料包壳材料的工况最为苛刻，它内受核燃料元件肿胀与裂变辐照，外受冷却剂的冲刷、振动、腐蚀，以及温度差引发的冷热应力、热循环(开、停堆)应力和压力的作用。为保证燃料元件在堆芯内成功运行，包壳材料应具备下列性能：①热中子吸收截面小，感生放射性小，半衰期短；②强度高，塑韧性好，抗腐蚀性强，耐晶间腐蚀和应力腐蚀，对吸氢不敏感；③热强性与热稳定性好，抗辐照性能好；④热导率高，热膨胀系数小，与核燃料元件和冷却剂相容性好；⑤易加工，易焊接，成本可以承受。

　　锆合金满足上述要求，其中以 M5 合金较为优良，是中国压水堆核电站使用最多的核燃料包壳材料。图 2.41 和图 2.42 为 M5 合金的组织，其晶粒细小，且晶粒内有微小的微粒析出物和沉淀物，以及位错。图中，CM5 为中国产 M5，FM5 为法国产 M5，N18 合金为中国研制品。

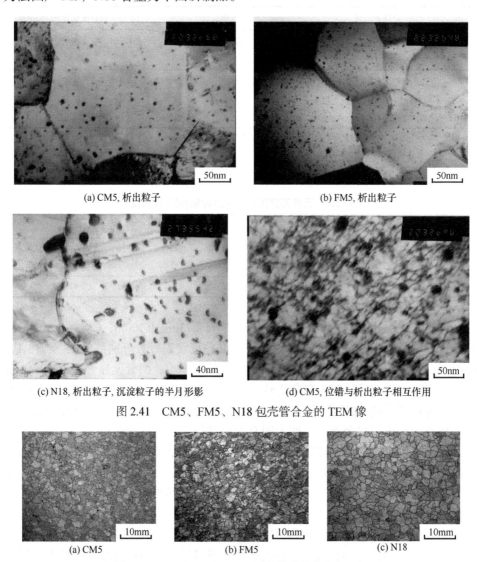

(a) CM5, 析出粒子　　　　　　　　　　(b) FM5, 析出粒子

(c) N18, 析出粒子, 沉淀粒子的半月形影　　　(d) CM5, 位错与析出粒子相互作用

图 2.41　CM5、FM5、N18 包壳管合金的 TEM 像

(a) CM5　　　　　　(b) FM5　　　　　　(c) N18

图 2.42　CM5、FM5、N18 包壳管的晶粒金相组织

1. M5 的细晶粒强化

细晶粒强化的实质是晶界或相界这种面型无序对金属晶体有序结构的切割与扰乱，锆合金 M5 细晶粒的形成是冷轧-再结晶退火多次重复的结果。

采用同心圆截点法观测 CM5、FM5、N18 三种包壳管的晶粒尺寸，列于表 2.6。其95%置信度的精确度评估列于表 2.7。

表 2.6　CM5、FM5、N18 包壳管的晶粒尺寸

牌号	直线截点法			同心圆截点法			晶粒度软件法		
	晶粒弦长 L_g/μm	晶粒度号数	晶粒直径 d/μm	晶粒弦长 L_g/μm	晶粒度号数	晶粒直径 d/μm	晶粒弦长 L_g/μm	晶粒度号数	晶粒直径 d/μm
FM5	3.64	12.8	4.11	3.31	13.1	3.73	3.69	12.8	4.16
CM5	3.10	13.3	3.50	3.23	13.2	3.64	2.05	14.5	2.31
N18	5.32	11.7	6.00	4.76	12.1	5.37	8.19	10.5	9.24

注：① 晶粒弦长 L_g 和晶粒度号数 ASTM 之间按 ASTM $=-3.346-6.636 \lg L_g$（L_g 的单位为 mm）换算；② 晶粒弦长 L_g 和体视晶粒直径 d 之间按 $d=1.128 L_g$ 换算。

表 2.7　三种方法的精确度 δ 评估(95%置信度)

牌号	FM5			CM5			N18		
方法	直线截点法	同心圆截点法	晶粒度软件法	直线截点法	同心圆截点法	晶粒度软件法	直线截点法	同心圆截点法	晶粒度软件法
δ/%	11.1	5.65	27.56	12.7	13.0	6.98	6.39	2.91	29.89

置信度 95%的体视晶粒直径平均值 FM5 为 3.73μm±0.30μm，CM5 为 3.64μm±0.68μm，N18 为 5.37μm±0.23μm。换算成晶粒度级别号数分别是 FM5 为 13.1，CM5 为 13.2，N18 为 12.1。FM5 和 CM5 的晶粒细小，两者无显著差异；N18 的晶粒稍大，与 FM5 和 CM5 有高度显著差异。FM5 和 N18 晶粒均匀度良好，CM5 较差。并以置信度 90%确认，CM5 有混晶存在(若在晶粒尺寸无显著差异的前提下，标准误差出现显著差异，便表明有两种晶粒度的混同存在)。

研究试验了中国产 CM5、法国产 FM5 的 $\phi9.5mm×0.57mm$ 包壳管的拉伸力学性能。室温和高温 400℃的轴向和周向拉伸结果均显示，CM5 包壳管和 FM5 包壳管的强度和塑性良好，其置信度 95%的室温轴向拉伸性能 t 统计检验表明，两者无显著差异。

不同温度的拉伸结果(图 2.43)表明，高温使包壳管拉伸的强度性能降低，颈缩提前，均匀塑性变形量减小，局集塑性变形量增大，总塑性变形量增大。温度越高，其影响越大，400℃时强度性能降低了约 50%。

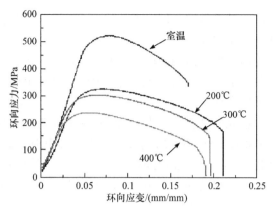

图 2.43 CM5 包壳管不同温度周向拉伸的应力-应变曲线

室温和高温的轴向和周向拉伸断口，微观上都是微孔聚合型韧窝断口，宏观上都是灰色纤维状断口，断口都有大量的塑性变形，破断类型为韧性破断。

对 CM5 不同温度周向拉伸的强度特性进行拟合，可得强度 σ 对温度 T 的回归方程：

$$\sigma_{0.2} = 0.0017T^2 - 1.3936T + 518.64, \quad R^2 = 0.9863 \tag{2.5}$$

$$\sigma_b = 0.0015T^2 - 1.3429T + 547.51, \quad R^2 = 0.9828 \tag{2.6}$$

据此可对其他温度的强度做出预测，例如，$T=375℃$时，$\sigma_{0.2}=235.10\text{MPa}$，$\sigma_b = 254.86\text{MPa}$ 等。

包壳管锆合金 M5 的晶粒细化程度是一般合金所不具备的，其强化主要依赖晶界和亚晶界对滑移位错的作用。晶粒尺寸细小，不仅提高合金强度，而且改善塑性。

位错滑移越过大角晶界的传播机制可以是晶界前位错的塞积引发另一侧位错的接力滑移，也可以是晶界中的坎在相当低的应力作用下(远没有达到位错塞积时应力集中的程度)便可作为位错源而放出位错进行滑移接力，这一晶界位错机制与晶界上坎的密度有关，也与使坎稳定的杂质原子在晶界平衡集聚或非平衡偏聚的量有关。

晶界在常温下能阻塞滑移中的位错，各晶粒的位向不同引发各晶粒滑移系的差异而使位错滑移阻力增大，以及位错滑移中交互作用形成的形变强化，使多晶体金属合金的强度提高(界面强化)。晶界将晶体的割裂使变形在显微尺度上较为均匀，位错滑移在晶界前的塞积位错数目减少，塞积位错数目细晶粒者少于粗晶粒者，因而细晶粒者延缓了裂纹的萌生。由于细晶粒者较之粗晶粒者其晶界面积增大，而使平衡集聚或非平衡偏聚在晶界上的有害元素浓度降低，从而提高金属合金的塑性和韧性(界面韧化)。晶粒越细小，位错滑移的自由程越短，位错塞积群越小，位错开动的滑移系越多，位错滑移的方向越分散，位错滑移的分布越均匀，其强化与韧化的效果也就越好。

但在高温下晶界由于发生滑动而产生形变，又由于高温下晶界原子的扩散而出现扩散性蠕变，使金属承载能力降低(界面弱化)。晶界上还是容易聚集杂质原子而使其受污染，此时金属制品的破裂常常沿晶界发生(界面脆化)。

反应堆中核燃料包壳管锆合金，为了安全必须有足够的塑性，因而采用退火状态。但同时还要保证有足够的强度，除采用固溶强化和弥散微粒沉淀强化之外，还采用了细晶粒强化，使锆合金经冷轧成管并再结晶退火后得到 13 级左右的细晶粒组织。细晶粒强化不仅提高强度，还同时改善塑性，这是难能可贵的，是其他强化方法所难以比拟的独特优点。

2. M5 的位错强化

亚晶界和晶界强化的蜕变在尺寸 $d \approx 0.4\mu m$。当 $d < 0.4\mu m$ 时亚晶界(位错胞界)的强化效果高于晶界。而在 $d > 0.4\mu m$ 时则反之，晶界强化效果较高。

金属塑性变形使位错大量增殖形成位错胞结构。胞壁中的位错多为螺型位错，而刃型位错较少，螺型位错使胞壁产生围绕胞体的转动应力场，为平衡转动应力场而使整体结构处于低能状态，在位错胞形成时相邻的位错胞的转动应力场相互反向，使交替排列的左螺型位错与右螺型位错的转动应力场能够部分抵消，此即反旋结构。胞与胞之间的晶体位向差是小的，一般不超过 10°，也就是说位错胞等同于亚晶粒，而胞壁为亚晶界。

锆合金包壳管经历了多次冷轧-退火加工，位错强化也是其重要的强化方式。图 2.41(d)的电子显微衍衬像清晰可见位错已形成了胞结构，其尺寸为 0.1～0.3μm。显然 M5 合金中位错胞的强化效果相当可观。由图 2.41(d)还可见位错与弥散微粒的相互作用，弥散微粒钉扎住了胞壁结构。

3. M5 的弥散微粒强化

弥散微粒强化的实质是团状无序结构在点型无序结构扰乱金属晶体有序结构基础上又进一步地再扰乱，也是面型无序结构进一步空间收缩的形态，即等同于晶粒细化至纳米尺度以下的结果。固溶体软基体中弥散分布的微小尺寸第二相硬微粒引起的强化效果非常令人注目，常常强于晶粒细化的晶界强化效应。图 2.41 的电子显微衍衬像清晰可见，锆合金 M5 中析出的弥散第二相硬微粒和弥散的沉淀相微粒。它们可以由金属合金内部的相变形成(溶质偏聚、沉淀、析出等)，也可以由外部人为地混入，锆合金 M5 中弥散微粒的成因便是前者。

关于固溶体基体中弥散分布的第二相微粒强化问题，有一种流行的错误观点是，当基体位错滑移遇到微粒时，若微粒子尺寸很小，位错力能够切过，位错便会将微粒子切开而滑移前进，并使微粒子被切开的两半错位。若微粒子尺寸足够大，强度足够高，位错力不能够切过它，位错便会绕过微粒子而滑移前进，并留下一个包围微粒的位错环。

对位错与弥散微粒之间的相互作用，正确的理解应当是，位错切过微粒子或绕过微粒子，主要取决于微粒子弥散密度(粒子之间的间距)、微粒子与基体的界面结构、微粒子的晶体结构及晶体位向，与微粒子的大小和性质无关。

1) 弥散微粒强化类别

弥散微粒强化是位错-微粒相互作用的结果，位错对微粒的作用有四类：①位错超越溶质偏聚团强化(偏聚强化)；②位错切过微粒强化(沉淀强化，图 2.41(c))；③位错绕过微粒强化(析出强化)；④位错被弥散微粒钉扎强化(弥散强化，图 2.41(d)和图 2.44)，此时弥散微粒的弹性应力场与位错的弹性应力场相互吸引使组态能量降低。这四种弥散微粒强化统称为弥散强化，但一般总是忽略偏聚强化，而关注后三者。

(a) 孪晶马氏体及位错　　　　　　　　(b) 孪晶马氏体中的位错被弥散相粒子钉扎

图 2.44　M5 锆合金的孪晶马氏体组织及孪晶马氏体中的位错被弥散相粒子钉扎的 TEM 像

沉淀强化、析出强化和弥散强化三者不同，在于它们的微粒尺度 λ(微粒密度即微粒间距)、微粒与基体之间的界面、微粒晶体结构和位向结构，以及微粒的热力学状态等各不相同：①沉淀微粒与基体为共格或准共格界面，更重要的是沉淀微粒晶体与基体晶体之间保持位向关系；当位错滑移穿过共格或准共格相界面后，位错还能够在沉淀微粒晶体中滑移。②析出微粒与基体之间若为晶体位向关系界面，析出微粒晶体与基体晶体之间保持位向关系，使得位错滑移越过相界面后还能够在析出微粒晶体中滑移；析出微粒与基体之间若无晶体位向关系而是任意角度的大角界面，位错不仅越过此相界面甚为困难，而且位错越过此相界面后也难以在析出粒晶体中滑移。③弥散微粒与基体为任意角度的大角界面，弥散微粒晶体与基体晶体之间键合类型、晶体类型与位向关系均差异较大，位错不仅越过此相界面极为困难，而且即使位错能越过此相界面，其后也不能在弥散微粒晶体中滑移。

2) 弥散微粒强化机制

(1) 位错超越溶质偏聚团强化。

当弥散微粒子尚处于形成初期的溶质原子偏聚团(如 GP 区、调幅结构等)时，溶质偏聚团密集且间距甚小，此时溶质原子偏聚团间距 λ(偏聚团应力场波长)远小于位错可能弓出的曲率半径 ρ，溶质原子偏聚团应力场不足以使位错围绕每个原子偏聚团弯曲，位错部分超越原子偏聚团应力场而以大尺寸弓出滑移，此时的偏聚强化效果较弱，位错滑移的临界剪应力与溶质浓度成正比。

(2) 沉淀强化。

当微粒为共格或半共格沉淀相时，微粒间距 λ 通常约为 10nm，有数十个 b 值之大，微粒间距与位错可能弓出的曲率半径 ρ 值为同一量级时，滑移位错与沉淀微粒的交互作用，滑移不能以大弓出方式穿越微粒阵，而是不仅以摧毁沉淀相的共格弹性势能场而前进，而且还切开位错所遇到的沉淀微粒，此时有两种作用：一为位错切过沉淀微粒的远程作用对位错的滑移产生阻碍，这种远程作用是共格沉淀微粒的界面共格弹性应力场与位错弹性应力场间的弹性相互作用，这种界面共格弹性应力场可由点阵的尺寸差异或弹性模量差异或其他因素导致；二为位错切过沉淀微粒的近程作用对位错的滑移产生阻碍，这种近程作用有位错切过沉淀微粒要产生新界面(普通的或错位的或有序的)，扩展位错要收缩或束集，基体与沉淀微粒滑移面不在同一平面时界面上要产生割阶，基体和沉淀微粒点阵参数不同时要在失配区产生准共格界面中的位错，沉淀微粒被切面的位错滑移特性(粗滑移或细滑移，波纹滑移或平面滑移)不相同时要相互协调，沉淀微粒被切面的层错特性不相同时也要相互协调等。所有这些远程作用与近程作用都是位错切过沉淀微粒的障碍，位错为此而付出的能量使位错滑移的临界剪应力增大，这就是过饱和固溶体脱溶沉淀产生的沉淀强化。位错切过弥散微粒的沉淀强化效果是最大的，并且与 λ 无关。

当位错切过弥散的沉淀微粒时，切过的通常不是一个位错，而是一列，该路径成为位错的集中滑移带，形成集中的粗滑移而导致应变局部集中，这易于造成裂纹在应变局集区的萌生而使材料的塑性降低，但此时材料的强度较高。

(3) 析出强化。

当沉淀微粒发生长大和熟化，或过饱和固溶体直接析出微粒脱溶相时，形成较大尺寸的弥散微粒，微粒尺寸增大，数目减少，微粒间距增大，弥散微粒波长 λ 大于位错弓出曲率半径 ρ，弥散微粒间距不能阻挡位错弓出，位错在剪应力作用下于弥散微粒之间弓出，以致围绕弥散微粒的位错在越过弥散微粒时留下位错环，后续滑移位错在滑移与交滑移越过弥散微粒时，必受到弥散微粒周围的几何必须位错的阻碍和近程相互作用，以及与位错环交滑移相互作用形成蜷线位错，引发棱柱位错和蜷线位错的大量增殖与阻塞，而不只是留下少量位错环，从而造成高的形变强化速率。几何必须位错是当合金基体变形时弥散微粒不变形，为避免弥散微粒与基体之间界面的破裂分离，基体自会在弥散微粒与基体之间的基体侧产生几何必须位错来协调变形。几何必须位错为位错环，有两种类型，一种是 Orowan 环(剪切环，伯格斯矢量在环面上)，另一种是棱柱环(间隙环和空位环，伯格斯矢量垂直于环面)。这种位错绕过弥散微粒的析出强化效果较位错切过弥散微粒的沉淀强化效果减弱。这时位错滑移的临界剪应力 τ 是将位错弯至半径 $\lambda/2$ 时的值。

当位错不能切过弥散微粒时，位错难以在该滑移路径形成集中滑移带，继续应变需依靠位错在新路径的滑移，这就使滑移分散而形成细滑移。如此可使应变均匀，从而改善材料的塑性，但其强度却较粗滑移低些。

(4) 弥散强化。

弥散微粒可以由合金中的化学反应生成，也可以在合金凝固时人为地从合金外部加入，这时弥散微粒与基体为大角任意界面，弥散微粒晶体与基体晶体之间键合类型、晶体类型与位向关系均差异较大，这时弥散强化的机制与沉淀强化和析出强化不同，沉淀强化机制为位错切过沉淀微粒而做功；析出强化机制为位错可切过析出微粒做功，也可绕过(包括螺型位错的交滑移)弥散微粒而留下位错环和蜷线位错，使位错增殖；弥散强化机制则为位错绕过弥散微粒留下位错环和蜷线位错而使位错增殖做功。

3) 弥散强化与固溶强化间的交互作用

在计算不同强化机制的强化作用效果时，对于溶质浓度不很高的稀固溶体，通常固溶体基体的位错滑移特性不随溶质浓度的改变而发生明显变化，这时弥散强化与固溶强化两者无交互作用或交互作用甚小，可以认为两者是线性相加关系。但是对于有选择性聚集的有性溶质会产生溶质浓度分布的不均匀，并对固溶体基体的滑移形变特性产生重要影响，这就会改变弥散微粒与位错相互作用的应力，从而改变位错切过或绕过弥散微粒的强化机制，这时弥散强化与固溶强化两者就有交互作用，两者强化的线性相加关系就不成立。

一般情况下，弥散微粒尺寸显著小于位错胞尺寸，两者的强化相互干扰甚少，弥散强化与位错强化可以线性相加。但是当位错胞尺寸与弥散微粒尺寸相当时，两者之间便有交互作用而不可线性相加了。

4) 屈服强度与弥散微粒间距之间服从 Hall-Petch 关系

屈服强度与晶粒直径间服从 Hall-Petch 关系，考察弥散强化的规律发现，屈服强度与弥散微粒间距之间也服从 Hall-Petch 关系，并且和屈服强度与晶粒直径的关系在同一 Hall-Petch 关系的直线上。

于是，可广义地将微粒间距和晶粒直径都看作位错滑移的自由程，也就是说屈服强度和位错滑移自由程服从 Hall-Petch 关系。由于微粒间距远小于晶粒直径，弥散强化相当于晶粒细化强化，显然弥散强化效果远高于晶粒细化强化。

再广而论之，当再结晶与脱溶发生相互干扰和交互作用，两者的相互干扰使弥散微粒析出成为再结晶中多边化亚晶长大的阻碍时，弥散微粒成为决定亚晶粒尺寸的因素。当脱溶与再结晶同时发生时，两者发生相互干扰和交互作用，再结晶前沿也是脱溶前沿，再结晶前沿扫过之处，也同时发生了脱溶，成分和点阵以再结晶前沿为界发生突变，此时的再结晶称为不连续再结晶，脱溶称为不连续脱溶。而当先发生脱溶时，脱溶弥散微粒的密集分布阻止了再结晶发生，只有在继续脱溶使弥散微粒聚集长大，粒子间距增大，位错密度降低，亚晶形成并长大时，才能发生无再结晶前沿界面移动的再结晶，该再结晶称为连续再结晶或原位再结晶，其脱溶称为连续脱溶。于是，弥散微粒间距 L 与弥散微粒参量 $rf^{1/2}$ 之间呈线性关系。也就是说，弥散微粒间距控制亚晶粒直径，从而屈服强度和亚晶粒直径之间也服从 Hall-Petch 关系。

进而可知，马氏体片内的孪晶强化，其孪晶间距也服从 Hall-Petch 关系。

2.2.3　马氏体不锈热强钢的综合强化

核电站装备中采用马氏体强化钢的制件甚多，常见的如制造反应堆压力容器内压紧弹簧的不锈热强钢 Z12CN13、制造蒸汽轮机叶片的不锈热强钢 Z12C13、2Cr13、1Cr13、Z5CND13-04M、00Cr13Ni5Mo 等，均服役在高温高压环境中，具有足够的高强韧性和热强性。制造蒸汽管道的铁素体热强钢 P91、T91、TB12 等也采用马氏体强化，一并讨论。

1. 位错马氏体强化以获得高强韧性

位错马氏体强化是典型的综合强化，它同时包含界面(细晶)强化、弥散强化、位错强化、固溶强化四种最基本的强化机制，所以位错马氏体强化的效果也特别强烈，这就是钢的淬火热处理获得最广泛应用的原因。位错马氏体的强度有以下来源：①板条马氏体界面引起的界面强化；②回火时沉淀或析出微粒相的沉淀强化；③由相变应变引起的位错密度强化；④拉伸试验时的形变强化，实质上就是位错密度强化；⑤淬火时碳重新排列造成偏聚和位错钉扎；⑥合金元素 Cr、C 等原子的固溶强化。

马氏体不锈热强钢的组织结构如图 2.45 和图 2.46 所示。图 2.46 中弥散小粒为 MC，大粒为 $M_{23}C_6$。表 2.8 和表 2.9 给出了 P91 钢的强度、塑性及韧性的性能值。

位错马氏体中各种强化的程度可以大致做出估计：处于首位的应当是界面强化，马氏体的晶体条片很小，界面很大。弥散强化应当排在第二，位错强化紧随其后，这是高密度位错和位错网的作用，而固溶强化的贡献相对较弱。

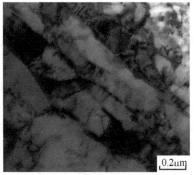
(a) 不锈热强钢Z12CN13

(b) 铁素体热强钢P91

图 2.45　不锈热强钢的位错马氏体结构的 TEM 像
淬火后回火使位错马氏体板条碎化成亚晶块

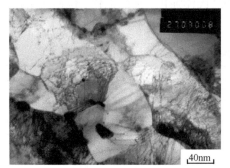
(a) 马氏体板条中的位错

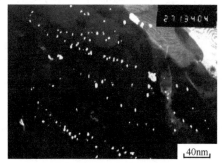
(b) 马氏体板条中的碳化物MC弥散沉淀的暗场像

图 2.46　P91 钢的位错马氏体结构及沉淀相的 TEM 像

表 2.8　P91 钢管拉伸强度/标准误差和拉伸塑性/标准误差(试样数各 12)

钢管	室温				566℃			
	$\sigma_{0.2}$/MPa	σ_b/MPa	δ/%	Ψ/%	$\sigma_{0.2}$/MPa	σ_b/MPa	δ/%	Ψ/%
管 1	531.76/7.93	687.80/5.68	25.56/0.74	71.86/0.76	374.36/6.01	412.05/3.94	21.23/1.04	83.08/1.13
管 2	506.64/3.76	674.30/4.87	26.25/0.92	72.73/0.47	358.55/3.29	399.16/2.66	23.52/1.01	84.16/0.16

表 2.9　P91 钢管冲击强度/标准误差和冲击能量/标准误差(试样数各 12)

钢管	室温				566℃			
	F_{gy}/kN	F_m/kN	W_m/J	W_t/J	F_{gy}/kN	F_m/kN	W_m/J	W_t/J
管 1	15.0/0.3	18.1/0.3	31.7/0.8	187/11	9.3/0.4	10.7/0.4	20.2/1.4	175/7.3
管 2	14.5/0.2	17.9/0.3	31.5/0.4	189/7.1	8.9/0.3	10.3/0.4	19.6/0.9	179/6.6

2. 固溶强化以获得热强性

压紧弹簧和蒸汽轮机叶片及蒸汽管道，都要长期经受高温、高压的过热水蒸气冲刷，要求其钢必须要有热强性，也就是钢的再结晶温度要高。升高钢再结晶温度的因素首推增强合金元素原子与 Fe 原子间的结合力，这以升高钢的熔点温度为表征。主要依靠提高再结晶温度的合金元素的固溶强化来提高钢的热强性。合金元素固溶强化提高钢的热强性和热稳定性的总效应在于，提高原子间的键合强度，提高 α-Fe 的自扩散激活能，从而提高钢的再结晶温度(表 2.10)。它们的熔点高于 Fe 熔点(1535℃)的程度也依该顺序递减。这也可由这些合金元素对 650℃时铁素体抗拉强度 σ_b 的强化效应给予证明。显然。采用合金元素升高再结晶温度时W、Mo、V、Cr 是最佳选择。

利用组织因素阻滞再结晶的发生，如马氏体强化、弥散强化、位错网络强化、多相强化等。

表 2.10　固溶合金元素提高铁素体的再结晶温度(冷轧 90%形变量)

再结晶温度	W	Mo	V	Cr	Si	Al	Ni	Fe
每 1%原子分数使 Fe 再结晶温度升高/℃	240	115	50	45	40	20	20	
开始的再结晶温度/℃	680	680	580	650	580	580	550	530

2.2.4　马氏体沉淀强化不锈热强钢的综合强化

知名的马氏体沉淀强化不锈热强钢 17-4PH 用于制造核岛的泵轴和叶轮，是核岛反应堆冷却剂核Ⅰ级泵用材料，该泵是一回路主系统中唯一高速旋转的装备。该钢的中国牌号为 0Cr17Ni4Cu4Nb，法国牌号为 Z6CNU17-04。由于0Cr17Ni4Cu4Nb 低碳、高铬且含铜，故其耐蚀性较 Cr13 型、1Cr17Ni2 马氏体钢为好。该钢也是汽轮机末级叶片的首选材料，还可用于反应堆控制棒驱动机构的高强度制件。

0Cr17Ni4Cu4Nb 钢的组织为均匀细密的位错马氏体及马氏体板条上弥散均匀分布的沉淀强化金属间化合物相微粒，以及富铜弥散强化相微粒。钢经马氏体相变和时效热处理，以低碳位错马氏体和沉淀强化相为主要强化手段，该钢强化的类型有细晶马氏体强化，以及沉淀强化、位错强化、固溶强化等的综合。

该钢的室温拉伸性能范围：σ_b 为 890～1314MPa、$\sigma_{0.2}$ 为 755～1177MPa、δ 为 10%～16%、Ψ 为 40%～55%，可由热处理工艺调整来达到所需要的性能。

类似 17-4PH 强化类型的钢种除常见的 0Cr17Ni4Cu4Nb 和 Z6CNU17-04 之外，还有 X6CrNiCuMo15-04、X6CrNiCu17-04 等钢种。

2.2.5　反应堆压力容器的梯度强化

梯度强化材料是指沿材料尺度连续改变材料的组成和成分及组织结构而不出现明显分界面的融合材料，其性能则相应发生沿材料尺度的连续变化。这种强化方法常常能使均质材料相互矛盾的性能在梯度材料上获得统一。例如，对均质材料来说，高硬度、高强度和高耐磨性常常与高韧性不能兼得，但在梯度材料中则可以兼得，最常见的例子是已有多年应用历史的钢制品表面的渗碳热处理，使表层获得高硬度、高强度和高耐磨性，而内部则具有高韧性，并且这时成分、组织、性能是连续变化的。

在核电站的核岛中，封装原子核可控链式裂变反应的压力容器就是用这种梯度强化的融合材料制成的，压力容器的器壁用合金结构钢制造，它有足够的强度和塑性，并且价廉；器壁的内表层则用奥氏体不锈钢制造，它有优良的抗腐蚀性和抗辐照能力。这层不锈钢是用焊接方法熔融到器壁内表层上的，合金结构钢层和不锈钢层之间是熔融连续过渡的。这样，既保证了压力容器的高强度和良好塑性及价廉的要求，又满足了压力容器内抗辐照和抗腐蚀的要求。可望将来使用增材制造法一次成型材料成分沿壁厚变化的压力容器。

2.2.6　蒸汽轮机叶片的综合强化

在核电站装备中，振动最为剧烈的装备当数蒸汽轮机及叶片。蒸汽冲动轮机叶片使轮机旋转并带动发电机转子发电。这种机器的剧烈振动不仅会发出噪声污染环境，而且会损害机器正常工作精度，缩短机器寿命，甚至引发灾难性事故，尽管外加载荷应力小到仅仅在弹性范围。因此，减振问题已越来越受到人们的重视。轮机叶片的复合强化措施是至关重要的，轮机的减振也是必需的。

1. 汽轮机叶片的马氏体强化

汽轮机叶片的材料使用 1Cr12 型合金热强钢，或者使用 1Cr13 及 2Cr13 型马氏体不锈钢已成为公认的传统。为了获得足够的强度，该类钢实施了位错马氏体强化。前已述及位错马氏体强化是综合性的强化，它包含细晶界面强化、弥散沉淀析出微粒强化、位错网络强化、固溶强化等多种强化类型。这就使得叶片钢具有良好的热强度特性以承载高应力、高温度的服役条件。

2. 汽轮机叶片的内耗减振强化

物体的宏观振动导致物体内部结构的微观振动，从而消耗了物体的宏观振动能并使其转变为热能，结果是使物体的宏观振动衰减，通俗地说这就是内耗。汽轮机叶片的振动会引起过早疲劳破断，就要求制造叶片的材料减振性能好，也就是材料的内耗要大，从而衰减振动，保证使用的安全性、可靠性和使用寿命。

金属材料的内部结构为原子排布的长程有序与短程无序的统一体，因而具有弹性应变对载荷应力的弹性滞后(滞弹性)，滞弹性将振动的机械能转换为热能而形成内耗。弹性滞后回线面积越大，弹性应变能的损耗(内耗)就越大。这就是金属材料的组织结构性内耗。

金属的内耗机制主要有：①填隙原子应力感生有序内耗；②钉扎位错弦阻尼共振内耗；③非共格界面滑动内耗；④共格界面应力感生运动内耗；⑤应力感生热流内耗(热弹性内耗)；⑥磁弹性内耗。

1) Cr12 与 Cr13 型钢的磁弹性内耗减振

Cr12 与 Cr13 型钢的减振性能、力学性能和耐腐蚀性能皆好，适用于各类机器作减振结构材料；用作汽轮机叶片时由于减振性好而显著地提高了叶片的疲劳寿命；用作钻头杆和刀杆时可有效衰减切削加工时的振动，加工精度提高，切削速度增加，刀具寿命延长。

曾有人为降低成本做过 Cr12、Cr13 型钢的代用材料试验，结果失败了。原因在于代用材料承受不了蒸汽导致的叶片振动所造成的振动疲劳破断。1Cr12 合金热强钢或 1Cr13 和 2Cr13 马氏体不锈钢在具有热强性能的同时，还具有良好的内耗减振性能，这就是它抗振动疲劳性能好的原因。其内耗减振机制主要是磁弹性内耗等，在于它的内耗峰与叶片振动峰的适应。该类钢除具有显著的磁弹性内耗之外，还具有顺磁性材料的各种内耗。

2) 其他的内耗减振合金

此外，还有几种常见的内耗减振合金，它们也有重要的用途。

(1) 复相型减振合金。

该类合金的显微组织是多相的，一般是在强度较高的固溶体基体中分布较软的第二相，减振机制是非共格相界面滑动内耗。最有代表性的合金是灰口铸铁，由基体相与片状石墨相之间相界面的滑动内耗减振，并且有良好的减摩性，所以是机械机座的良好材料，在核电站装备中常会以机座的形式获得广泛应用。石墨化钢也具有这种减震特性，且塑性和韧性较灰口铸铁好。

(2) 位错型减振合金。

镁合金具有钉扎位错弦阻尼共振内耗的特征，这种合金很轻，美国用在火箭内精密仪器(陀螺仪)的保持机构，以减小火箭发射时的剧烈振动。一些铝合金也具有这种减振特性。它们适用于各种车辆、机器、磁场内工作的零部件、电子器械的活动零部件、家用器具、建筑物等。

(3) 孪晶型减振合金。

反铁磁性的锰铜合金是这类合金的典型代表，为孪晶马氏体组织，具有共格界面应力感性内耗，制作噪声源部件(如潜水艇和鱼雷的螺旋桨等)是其典型的用途，不仅降低了噪声，还提高了机件的抗应力腐蚀开裂能力。其他一些铜合金也具有这种减振特性。

(4) 其他减振合金。

对于普通的减振构件，现今使用的多是由金属的加工制造因素构造的制品。例如，金属合金夹层复合减振钢板、树脂夹层复合减振钢板、多孔泡沫金属、表面处理减振不锈钢。高熵合金和非晶合金的研究开发，有望将来获得高减振、高强度、高耐热、高耐疲劳于一体的减振材料。

2.3 警惕钢的脆化

核电站装备材料的脆断是威胁核电站安全的高危事故，材料的脆性是威胁核电站安全的潜在高危因素，必须认真对待。经常出现的脆性类型有钢的辐照脆，不锈钢的 475℃脆、σ 相脆、调幅结构脆、晶界沉淀脆，焊接的热脆和冷脆、氢脆、氮脆等。钢制件常见的脆性还有高强度合金钢的氢脆、合金结构钢的低温回火脆及高温回火脆、钢及过渡元素 bcc 金属合金的冷脆、低碳钢的蓝脆、铸钢加铝量过多引起的冰糖块断口脆等。在发展钢和金属合金更高强度的同时，一定要重视脆性的危害。

2.3.1 不锈钢的脆化

不锈钢的脆化常见的有 475℃脆、σ 相脆、调幅结构脆、晶界沉淀脆等。

1. 铁素体不锈钢的脆化

铁素体不锈钢的优点是耐酸蚀性和抗氧化性较好、抗应力腐蚀性较好、抗晶间腐蚀性较好、屈服强度高于奥氏体不锈钢、导热性能也优于奥氏体不锈钢。在核电站装备的热交换设备中常常使用铁素体不锈钢，如高压加热器换热管用的 Cr17 型铁素体不锈钢 TP439。核岛环吊也采用 0Cr13(410S)等价廉的铁素体不锈钢制造。

高 Cr 型铁素体不锈钢的 Cr 含量通常高达 16%～30%，其组织为铁素体基体中散布的少量碳化物粒子，无铁素体和奥氏体之间的相转变。

铁素体不锈钢不能用固态相变进行淬火强化或退火细化晶粒。因此，铁素体不锈钢的缺点是脆性较大，且难补偿。其脆化的原因在于晶粒粗大、σ 相脆、GP 分解、调幅分解等。

1) 粗晶粒脆

晶粒粗大不仅使钢在室温下脆化，也使钢的冷脆倾向增大，韧脆转变温度较高。钢铸造凝固后的组织晶粒通常总是粗大的，铁素体不锈钢也不例外，但铁素体不锈钢的铸态粗大晶粒不能用退火来细化，而只能用压力加工后的再结晶退火来细化。然而，有些制品只能用铸造来生产，便无法细化晶粒；有些制品虽然可以采用压力加工，但其再结晶特性却不甚好，再结晶退火温度必须控制在 800℃以下才能获得细晶粒；若温度达到约 900℃，晶粒就会显著粗化，这时钢也就变脆了。因此，工程铁素体不锈钢的热轧终止温度和热锻终止温度上总是严格控制在不高于 750℃，以便获得较细的晶粒组织。

此外，向钢中加入不低于 5 倍 C 含量的 Ti 也可以获得较细的晶粒组织。

2) 晶界碳化物脆(高温脆)

含有 C、N 元素的铁素体不锈钢从 950℃以上的高温区冷却时，高 Cr 的碳化物和氮化物沿铁素体晶界或位错析出，从而使钢呈现严重的脆性，并丧失耐腐蚀性而出现晶间腐蚀。这是由于 C、N 自填隙原子在 bcc 结构的铁素体中固溶量甚微，并随着温度的降低使固溶量急剧减小，导致脱溶沉淀与析出。钢在高温加热后冷却时才形成这种脆性，故常将此脆性称为高温脆。高温脆的危害很大，常出现在铸造、焊接、热处理等加工作业之后。采用超低 C、N 含量的铁素体不锈钢是摆脱此脆性的途径，向钢中加入不低于 5 倍 C 含量的 Ti 以固化 C 和 N，同时可以获得较细晶粒组织，也是消除脆性的重要途径。

3) 晶界 σ 相脆(中温脆)

由 Fe-Cr 相图可知，Cr 含量超过 23%的铁素体不锈钢，在 820℃以下的中温区便会有 σ 相析出，但铁素体不锈钢不是纯的 Fe-Cr 合金，它通常还含有 C、Si、Mn、Mo、Ti 等合金元素。实际上，大多数合金元素，如大量固溶入铁素体扩大 γ 相区的 Mn 元素和扩大 α 相区的 Si、Nb、Ti、Mo 等元素，都促进 σ 相的析出，仅 Ni、C、N 元素抑制 σ 相的析出，因此所有的铁素体不锈钢中都会有 σ 相析出。

σ 相是过渡族金属元素之间形成的拓扑密堆型金属化合物，为金属键键合，具有复杂的正方点阵，配位数为 12、14、15 的混合。铁素体不锈钢中常见的 σ 相有 FeCr、FeMo 等，FeCr 中的 Cr 含量在 42%～51%(原子分数)变化。σ 相的性能特点是硬、脆。

铁素体不锈钢中的 σ 相常以粒状析出于铁素体的晶粒边界上，这不仅使钢变脆，还会导致晶间腐蚀。由 Fe-Cr 相图可见，σ 相析出的最高温度为 820℃，因此只需在 850℃加热 0.5h 即可使 σ 相固溶，并恢复钢的韧性。

σ 相不仅见于铁素体不锈钢中，也可见于奥氏体-铁素体不锈钢中，以及奥氏体不锈钢中，因为它们都有高含量的 Cr 元素。

4) 475℃脆(GP 分解脆，低温脆)

Cr 含量大于 15%的铁素体在 400～550℃的低温区热环境中滞留，会发生上调幅分解形成调幅结构而使钢变脆，尤以 475℃为甚。475℃脆的实质就是铁素体中固溶的 C、N、Cr 原子以碳氮铬铁的富 Cr 偏聚态在{111}面与位错上的片状偏聚(温度较低时)并有核片状析出(温度较高时)，阻止了位错的滑移，这就使合金在形变时较难滑移而较易孪生。众所周知，孪晶界面是易于形成裂纹核心的地方，这就使合金脆化，韧脆转变温度升高。

体心立方铁素体中的 Cr 原子在 400~550℃有明显的扩散速率，C、N 原子的扩散更是很快，它们偏聚形成 C、N、Cr 原子的高浓度起伏微区，因而碳氮铬铁复合偏聚态的偏聚速率较快并出现碳氮铬铁复合相的析出，这就是 475℃脆形成动力学速率较快的根源。

2. 奥氏体不锈钢的晶间脆

奥氏体不锈钢具有优良的塑性、高温强度、耐腐蚀性等，被大量地用在核电站装备中，特别是在核岛装备中大量使用各种类型的奥氏体不锈钢。但奥氏体不锈钢也有发生脆化的危险，如 σ 相脆、晶间腐蚀脆、蠕变脆等。

1) σ 相脆

奥氏体不锈钢也有出现 σ 相脆的危险，图 2.47 所示为奥氏体不锈钢 301S 的 σ 相析出，这是高含量的 Cr 元素与 Fe 元素相互作用而生成的。

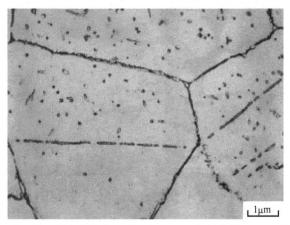

图 2.47 奥氏体不锈钢晶界析出的 σ 相(FeCr)(杨桂应等，1988)的 OM 像
析出相白色为 σ 相(粒状或条状)，黑色为碳化物相

2) 在腐蚀液环境中发生的晶间腐蚀脆

工程上著名的例子是 18-8 奥氏体不锈钢在腐蚀液中沿晶界区域所发生的电化学腐蚀，如图 2.48 所示。同时也应注意，晶间腐蚀脆也是危害其他金属材料的重要问题，如黄铜的季裂老化、锌合金的脆断老化等。

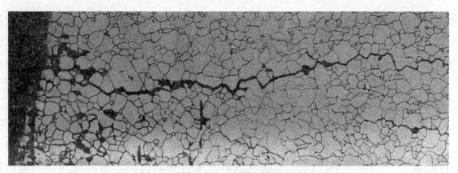

图 2.48　奥氏体不锈钢在腐蚀液中的晶间腐蚀

3) 蠕变脆

这是奥氏体不锈钢在高温长时间服役中出现的晶界脆，产生的原因可能是晶界上碳化物的沉淀与析出，导致晶界地带碳化物形成元素(如 Cr)的贫化，使晶界地带固溶强化减弱，甚或在蠕变中也出现晶界显微空洞与聚合(图 2.49)。这种脆化也会出现在低合金热强钢中，如图 2.50 所示的 10CrMo 钢，这时晶界脆化元素(ⅣA 族：C、Si、Ge、Sn、Pb；ⅤA 族：N、P、As、Sb、Bi；ⅥA 族：O、S、Se、Te、Po)在晶界平衡集聚，也会有碳化物在晶界的沉淀与析出等。

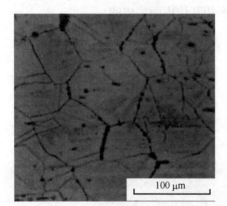

图 2.49　17Cr-14Ni-Ti-B 钢 650℃、130MPa、
　　　　429h 蠕变在晶界的显微空洞

图 2.50　10CrMo 钢位错蠕变晶间空洞
　　　　(皮克林，1999)

3. 奥氏体-铁素体不锈钢的铸件冷却脆

图 2.51 是核电站装备中的重要大型铸件，由优良的超级奥氏体-铁素体不锈钢 00Cr25Ni7Mo4N(简称 2507)砂型铸造成型。该大型铸件常在浇注成型的凝固冷却后开箱清砂时发现破裂，为经向破裂或纬向破裂。

(a) 经向破裂

(b) 纬向破裂

图 2.51　00Cr25Ni7Mo4N 钢大型铸件在开箱时的经向破裂和纬向破裂

超级奥氏体-铁素体不锈钢 00Cr25Ni7Mo4N 的化学成分中 C 含量极低，但 Cr、Mo、N 含量较高。2507 钢平衡凝固过程中的相转变过程为：钢自约 1440℃ 开始以铁素体相凝固，约 1350℃ 液相开始凝固成奥氏体相，1340℃ 凝固结束，凝固完成后为铁素体相和奥氏体相共存。在约 930℃ 铁素体相开始析出 σ 相，850℃ 开始析出 χ 相等。此后铁素体相因析出 σ 相和 χ 相使铁素体相成分中减少了 Cr 元素，Cr 元素的减少引发铁素体相转变为奥氏体相，但这个 F→A 的转变却因温度较低和 F 与 A 相界面区域原子势垒的局部平衡而极为缓慢(Cr、Ni 等替代原子扩散缓慢)，在工程状态几乎是难以进行的。因此，工程中 2507 钢铸态的凝固组织中铁素体相常常是多于奥氏体相的。

前已述及，铁素体不锈钢有发生粗晶粒脆、高温脆、中温脆和低温脆的可能危险。2507 钢中铁素体相含量较高，铁素体相之间常常是连通的，这是该钢发生脆化的基础。大型铸件砂型铸造时的凝固冷却是缓慢的，这就使铁素体相发生四种脆化的条件全都具备：①凝固成粗晶粒而出现粗晶粒脆；②N 元素和 Cr 元素形成脆性相氮化物并沿铁素体晶界或在位错上析出而发生高温脆；③高 Cr 铁素体析出脆性 σ 相(元素 Mo 又促进 σ 相的析出)而出现中温脆；④N 在铁素体中的固溶量随温度的降低而急剧减少也使碳氮铬铁的富 Cr 复合化合物脆性相析出，使 475℃ 脆的低温脆条件具备。

由于奥氏体的存在，若上述四种脆化中只有单独某一种脆化作用，尚难使铸件发生图 2.51 所示的开裂。只有数种脆化交联作用，且凝固应力足够大以致奥氏体难以释放足量的凝固应力时，图 2.51 所示的大铸件开裂才能出现。也就是说，该钢大型铸件的开裂除上述四种脆化因素有数种同时存在的条件之外，还必须具备产生足够大的凝固应力的铸型条件。

可以考虑的解决办法有：①冶炼时采用 Zn、Zr、Y、Mg 及 Ba-Ca 等变质剂对钢进行变质处理；试验表明，变质剂对提高钢液流动性、改善铸造性能、抑制晶粒长大、细化组织、提高力学性能均有良好效果；变质后的材料在具备良好塑性(A=19%)时，σ_b 和 σ_s 分别提高了 16.1% 和 41.2%。②防止铁素体高温脆、中温脆、低温脆的有效办法是自 950℃ 开始加快铸件的凝固冷却速率，以抑制脆化的深度进展。③采用热溃性良好的铸型,这不仅要砂型热溃性良好,还要型芯热溃性良好,更要砂型骨和型芯骨两者同时热溃性良好,而后者是较难做到的,需要有良好的铸型设计技术和经验。④采用底注式浇注,以适应不甚坚固的铸型。

4. 核反应堆中的氢脆与氦脆

1) 氢化物氢脆——核反应堆中锆合金的氢安全问题

位于元素周期表左侧的元素,如 Zr、Ti 等,化学性质活泼,易于和 H 化合形成氢化物。锆合金在核反应堆内服役时,H 的来源主要是水。当锆合金在高温受水(或水蒸气)的腐蚀时,腐蚀反应过程中在锆合金制品表面生成氧化锆的同时,会释放出 H,原子态 H 首先固溶入金属 Zr 中,固溶过饱和的 H 便与 Zr 化合形成氢化锆 $ZrH_{1.66}$。合金元素 Fe、Cr、Sb 等降低锆合金的吸 H 量,而 Ni 则增大吸 H 量。升高温度会加速腐蚀,也同时增大吸 H 量。反应堆中的中子辐照加速腐蚀,也同时加大吸 H 量。

H 在 α-Zr 中的固溶度上限为 550℃时的 0.07%,随着温度的降低 α-Zr 中 H 的固溶度减小,400℃为 0.02%,300℃为 0.008%,室温则极少。浓度超过固溶度限的 H,在温度降低的慢冷过程中,过饱和的 H 以稳定的氢化物 δ 相($ZrH_{1.66}$)析出。氢化锆可沿晶界析出,也可在晶内沿惯习面 $\{10\bar{1}0\}$ 以片(条)状析出。氢化物在150℃以下呈现脆性,故氢化物的析出使锆合金在 150℃以下发生氢脆、氢蚀和氢泡。与 H 在 α-Zr 中的情况相似,H 在 α-Ti 中的固溶度也很小,常以氢化物析出而使 α-Ti 出现脆性。

氢化物氢脆的敏感性随温度的降低而减小,仅在冲击载荷等高速应变时才显示脆性而低速应变却无脆性。脆性随应力集中的增大(如缺口等)而增大。脆性还与氢化物的析出形态与分布关系密切。氢化物与基体之间的相界是脆弱的,特别是氢化物与晶界之间的界面更为脆弱,裂纹通常便萌生于该相界或晶界上的氢化物处。显然,细化晶粒对减小脆性是有益的。

2) 氦脆——核反应堆中钢的氦安全问题

在核岛的装备中,受核反应释放 He 的作用,当钢吸收 He 达到约 4×10^{-5}%(原子分数)时,钢便会出现塑性下降,这是 He 气泡使钢晶界产生晶间裂纹的结果。铁素体不锈钢 405(Cr17 型)在 550～750℃的伸长率下降即为氦脆,奥氏体不锈钢316 的持久强度和伸长率下降也是如此。

2.3.2 铁素体钢的氢脆

核电站装备中大量使用各种类型的铁素体钢,这种钢对氢致脆性是敏感的。氢脆是核电站装备用钢安全性的严重威胁。应特别注意的是,当钢的氢脆与应力双重叠加作用时是极为危险的。

1. 随形变速率的增大而增大的氢脆

该类氢脆是在施加应力之前金属内部已经存在因 H 而致裂的破断源, 应力的作用只是加快了裂纹的形成、生长与扩展, 从而破断, 如钢中的白点、氢蚀、氢化物氢脆等。该类氢脆的氢处于单质或化合物的分子状态, 如 H_2 、CH_4 、$ZrH_{1.66}$ 等。

1) 白点氢脆

大锻件, 如汽轮机转子、发电机转子、反应堆压力容器、反应堆压力容器中的压紧弹簧等, 是核电站极受人们关注的制件。同时, 这些大锻件中的白点, 以及焊接件或大铸件的氢致开裂(白点)等, 也是最受人们关注的钢的氢脆问题。这类氢脆问题 H 的来源, 与应力腐蚀开裂时 H 由服役环境进入钢中不同, H 是钢在冶炼作业或焊接作业时通过原料或作业辅料进入钢中的。

白点实际上就是大锻件内部的宏观裂纹, 是锻件在锻后冷却过程中因内应力引发位错滑移输 H 而产生的氢致裂纹。白点这种脆性裂纹具有极大的危害性, 是马氏体钢和珠光体钢中十分危险的缺陷。

防止白点的对策主要是: ①钢冶炼时降低钢中 H 含量是首要技术措施, 大锻件钢中的 H 含量达到 3×10^{-6} 以上时, 就有产生白点的危险而导致钢成为废品; ②钢锭锻后热态去氢退火和消除内应力退火也是重要措施, 合金钢大锻件去氢退火的时间通常需要上百小时。

2) 氢蚀氢脆

当钢处在高温高压含 H 的环境中时, H 便可能与钢中的 C(由渗碳体相 Fe_3C 分解而来) 化合而生成 CH_4, 这是一个由共价键结合的化合物。CH_4 易聚集于晶界而形成高压气泡, 使晶界产生显微裂纹而氢蚀脆化。

钢板制品表面的鼓泡也是氢蚀, 是带状组织的珠光体带中的 C 与 H 形成 CH_4 高压气泡的结果。

降低钢的 C 含量, 并使用 Ti、V 等强碳化物形成元素以稳定 C, 便可以减少 C 的供应而防止或减缓氢蚀。清洁晶界以减少 CH_4 气泡在晶界形核的机会也可防止或减缓氢蚀, 如不用 Al 脱氧, 因为 Al 脱氧易于在晶界形成许多显微夹杂物而有利于 CH_4 气泡在晶界形核。将钢热处理使碳化物球化也是减少碳化物分解而减缓氢蚀的措施。

2. 随形变速率的增大而减小的氢脆

该类氢脆的 H 以固溶于基体点阵的 H 原子状态存在。H 原子的来源可以是氢分子 H_2 吸附在金属表面发生分解而形成活性的 H 原子, 可以是水化质子(H_3O^+)在金属表面与电子复合而形成 H 原子, 也可以是含 H 物质的分子与金属或金属氧化物在金属表面发生化学反应而放出 H 原子。这些活性的 H 原子溶入金属表层并向内部输送，其输送的途径是滑移中的位错、晶界、相界等。

1) 氢脆特征

(1) 温度范围。

钢的这种氢脆主要出现在室温附近−100～100℃的温度范围，温度过低或过高则不发生。温度过低时 H 原子的扩散跟不上位错的滑移，这便失去了位错滑移对 H 原子的输送；反之，当温度过高时又使 H 原子的跃迁能力过大，使 H 原子不能与位错结合，同样失去位错滑移对 H 原子的输送，使其不能聚集。在氢脆敏感的温度范围内，随着温度的变化氢脆的敏感程度有一中间峰值温区。就某一恒温过程而言，氢致裂纹的生长速率像蠕变曲线那样具有减速段和恒速段以及裂纹扩展的加速段，直至破断。

(2) 应力作用时间。

氢脆与应力的作用时间有关，在较长时间作用下发生氢脆，而短时则不发生氢脆，这就是延迟破裂。显然，较长的时间有利于 H 原子的输送和聚集。

(3) 应变速率。

氢脆敏感于低应变速率(如拉伸)，而迟钝于高应变速率(如冲击)。应变速率表征了位错滑移的速率，在低的应变速率下位错携带并输送 H 原子使其聚集。而在高的应变速率下 H 原子跟不上位错的滑移，也就失去输送载体而难以聚集。因此工程上常常见到静载构件的氢脆破断，而在动载时却是韧性的。

(4) 金属强度。

金属的强度越高，氢脆敏感性越大。但氢脆对屈服强度和抗拉强度的影响小于对断面收缩率(Ψ)的影响。断面收缩率是比总延伸率更为基本的塑性度量，断面收缩率易于转换为真破断应变 $\varepsilon_f = \ln[1/(1-\Psi)]$。塑性损失的指标以 $\Psi_{损失}$ 表征，$\Psi_{损失} = (\Psi-\Psi_a)/\Psi$，式中，$\Psi$ 为拉伸试验时惰性介质中的断面收缩率，Ψ_a 为活性介质(如氢)中的断面收缩率。

(5) 氢浓度。

氢浓度越高，越容易出现氢脆。氢气介质中金属氢致裂纹的生长速率与金属中溶氢的浓度成正比，即 $da/dt = kw(H)^{1/2}$，随氢含量的增加氢脆的敏感程度增大。

(6) 破断形式。

低应力慢应变速率的氢脆多为沿晶断裂，这和晶界结合强度低、位错塞积、H 浓度富集、杂质富集等因素有关。

2) 氢脆机制(热跃迁输氢机制与位错滑移输氢机制)

氢脆的发生实质是钢中固溶的 H 原子迁移并聚集，导致聚集处的点阵应变和硬化，在应力(外加的或内存的)作用下引发应变而萌生裂纹所致。固溶 H 原子体积很小，能在大多数金属点阵中(特别是在体心立方点阵中)以间隙方式较快地迁移；更会以位错为载体而随位错滑移以很快的速率迁移。也就是说，固溶 H 原子的迁移机制一为热跃迁(扩散)输氢机制，二为 H 原子云集于位错的拉应力区与位错相结合而形成 Cottrell 气团，在位错滑移时以位错为载体而输送 H 原子使其聚集，后者的输氢效率远高于前者。因此，氢脆的出现与含 H 金属中位错的滑移(塑性变形)密不可分，位错滑移时携 H 原子并输送使其聚集于位错滑移受阻的晶界、相界、空洞、夹杂物等位错塞积处，这些地方正是 H 原子的陷阱，并因 H 原子的聚集而使系统能量降低。H 原子在晶界、相界、空洞、夹杂物等处的聚集引发点阵应变，使 H 原子聚集处位错滑移困难，金属的塑性降低和强度升高，易于生成显微裂纹。裂纹尖端区域位错携氢(Cottrell 气团)的滑移才使得该微区域出现塑性的提升(软化)；而裂纹尖端更是滑移位错塞积处，位错塞积又使裂纹尖端微区域失去塑性而硬化，显微裂纹生长，直至扩展和破断。

氢脆破断的裂纹通常萌生于制品内部的晶界、相界或夹杂物等缺陷处，破断形式多为沿晶界的晶间脆断，也有穿晶的解理或准解理脆断。

3) 氢致裂纹生长速率

氢致裂纹的生长不是连续的，而是跳跃式的。裂纹前沿是位错滑移并输氢而强化脆化的微区，该强化脆化微区的前沿则是因位错塞积和氢富集而形成应力集中的强化脆化薄弱地带，此地带因氢致脆而萌生微小裂纹(大多是沿晶界的微小裂纹)，原氢致裂纹与这些前沿地带微小裂纹的连接即构成氢致裂纹的跳跃式生长。氢致裂纹生长速率受控于裂纹前沿微小裂纹的形成速率，而微小裂纹的形成速率则取决于氢的传输速率和积聚浓度。

4) 氢脆类型

(1) 酸洗氢脆。

氢脆的一个常见类型是钢在加工或服役环境中的氢渗入，如酸洗、电镀、含氢介质中服役等，这时钢会因氢的渗入而显著脆化，特别是对于高强度和超高强度钢。令人意外的是，奥氏体不锈钢 304L 也有氢脆倾向，低层错能的扩展位错的平面滑移是氢传输的重要通途，而 Cr、Ni 含量更多的 310 钢却没有。

(2) 应力腐蚀氢脆。

工程中由氢过程和化学-电化学过程同时发生的双重过程导致的氢脆破断通常远多于纯粹的氢过程引发的氢脆破断。在电介质溶液与应力的联合作用下，位错的滑移在钢制品表面形成滑移台阶，破坏了表面保护膜的完整，并在此发生金属电化学过程的阳极溶解，进而形成显微裂纹。接着发生氢的传输，在裂纹尖端处位错塞积，这里的氢气团浓度最高，氢致脆最为严重，这就是应力腐蚀与氢脆联合作用的应力腐蚀开裂。这是应力-腐蚀-氢三者联合作用的危险结果。裂纹萌生于制品表面，可产生沿晶或穿晶破断。钢在电化学腐蚀时碳化物为阴极，而碳化物周边的铁素体为阳极并溶解，其电化学反应为氢的聚集创造了条件。钢的碳含量越高则碳化物越多，这就使钢的氢脆更为突出。因此，钢的碳含量越高其氢脆就越严重。

2.3.3　金属辐照脆

高能中子的轰击使金属(如核燃料包覆金属和核岛中的结构件金属)中一群群原子脱离点阵中的正常位置而窜动，从而形成自填隙原子和空位，自填隙原子聚集形成位错环，空位则聚集但却并不崩塌，而是形成空洞，空洞随辐照的增加而长大，而且往往排列成立方的空洞点阵，当空洞半径达 30nm 时能使金属体积膨胀超过 10%。高温辐照损伤还在产生α粒子时放出氦，氦在晶界和位错处聚集形成氦气泡。

材料受中子辐照后所产生的贫原子区、微空洞、层错四面体和位错环等损伤行为，统称为辐照损伤。这些辐照损伤效应的总趋势是使材料强度升高，塑性和韧性下降，尤其是屈服强度升高较快，延伸率下降较大，从而导致金属的严重脆化，即辐照脆化。主要脆化机制是辐照产生的上述损伤，以及辐照产生的富 Cu 沉淀和磷沉淀。

此外，中子的轰击还会使材料发生蜕变而可能产生次生放射性，这对设备的维修和环境保护都是不利的。

2.3.4　其他常见脆化问题

1. 回火脆及热脆

核电站装备中大锻件，如汽轮机转子、发电机转子等在淬火和索氏体回火状态下使用，对大锻件而言，避免回火脆是极为重要的。

以 P、Sn、Sb 为代表的杂质元素在晶界的集聚是致脆的原因，使钢沿晶界破裂。这种杂质等溶质原子在晶界的平衡集聚是一个非常重要的界面效应。

晶界上溶质原子的浓度 C_g 取决于本书作者所建立的诸参量：溶质原子的点阵浓度 C_L、晶粒直径 d、溶质原子与晶界的结合能 E 及温度 T，它们之间的关系为

$$C_g = KC_L d\exp(E/RT), \quad d = 2/s, \quad s = 8(2^{N-1})^{1/2} \tag{2.7}$$

式中，K 为常数；s 为晶界面积密度；N 为晶粒度。这是容易理解的，平衡集聚本来就是发生在晶界上的现象，所以晶粒越细，晶界杂质元素浓度便越低。本书作者推导出结构硼钢中 B 平衡集聚的 $K = 431\text{mm}^{-1}$，$E = 40\text{kJ/mol}$。

与晶界脆有关的杂质元素是周期表ⅣA～ⅥA 族的元素，这些元素包括：ⅣA 族 C、Si、Ge、Sn、Pb；ⅤA 族 N、P、As、Sb、Bi；ⅥA 族 O、S、Se、Te、Po。然而，只有杂质平衡集聚于晶界上，才能发生晶界脆。这就不仅与杂质本身有关，

更重要的是要有促进这些杂质向晶界平衡集聚的因素。这个因素就是钢中的合金元素溶质原子，ⅥA 族杂质虽然极易聚集于晶界，但却容易与钢中固溶的 Cr、Mn 溶质原子结合而减少它们在晶界的聚集浓度，故致脆并不严重。而ⅣA 和ⅤA 族杂质虽然界面活性较ⅥA 族差，但却在钢中固溶的 Ni、Cr、Mn 溶质原子的作用下，强烈地增强这些杂质原子在晶界的平衡集聚，并常常出现 Ni-P 和 Ni-Sb 共同向晶界集聚，所以合金钢的晶界脆化问题(回火脆)比纯铁和碳钢严重得多。钢中固溶的 Mo、V、W 溶质原子与杂质 P 等相互有较强的吸引，使杂质 P 等以化合物形式在基体内析出，从而减少杂质原子在晶界的平衡集聚，减弱杂质引起的晶界脆。Ti 和 Zr 溶质原子与杂质原子间有极强的相互吸引作用，因此 Ti 和 Zr 具有与杂质形成析出物的强烈倾向，这种扫除杂质的作用减轻了杂质在晶界的平衡集聚，晶界脆几乎完全消失。但要注意的是，Ti 与 C 的强烈相互作用形成的 TiC 会促进脆性解理破断。由式(2.7)可知，晶粒越细，晶界上杂质的平衡集聚浓度越低，所以晶粒细化可以减弱晶界脆。晶界形态同样与晶界脆有关，弯曲的或锯齿状的晶界其晶界脆程度小，这不仅因为同样晶粒大小时弯曲或锯齿晶界的面积大，可降低杂质在晶界的浓度 c_g，而且由于破断时裂纹沿弯曲或锯齿晶界的进展较平直晶界困难，这是因为发生回火脆时的晶间破断总是沿淬火加热高温时平直的原来的奥氏体晶界，而不沿回火后当前的弯曲的铁素体基体晶界。亚温淬火(加热至奥氏体 + 铁素体双相区的淬火)能够有效地消除回火脆，即使上述脆性元素的含量很高，也能有效地降低淬火后回火时脆性元素在晶界的集聚。例如，脆性杂质 Sn 含量高到令人吃惊的 0.32%～0.39%的合金结构钢，于 1100℃淬火 650℃回火炉冷后用俄歇谱检测原(淬火加热时)奥氏体晶界集聚的 Sn 含量竟然高达约 20%，断口为沿原奥氏体晶界的冰糖样脆断；而 740℃亚温淬火(铁素体含量约 25%体积分数)650℃回火炉冷后晶界集聚的 Sn 含量降低为约 2%，断口为微孔聚合纤维样韧断。需要指明的是，亚温淬火能使 Sn 大量固溶于铁素体中，这就显著减弱了回火加热时集聚于原奥氏体晶界的 Sn 含量。

晶界脆也与强度有关，随着强度的升高晶界脆趋于严重。就显微组织而论，晶界的脆化按铁素体→贝氏体→马氏体的次序增加。

2. 其他应注意的脆化问题

1) 铁素体钢的冷脆

核电站装备用钢大多是铁素体钢，这种体心立方结构的金属滑移系较少，塑性变形时位错的滑移常常集中在较少的滑移面上(称为粗滑移，与此相对的滑移系多的面心立方金属的滑移称为细滑移)，这时的位错塞积是多见的，而螺型位错的交滑移在低温下很难进行，这就是体心立方金属的塑性较面心立方金属差的原因，但却仅仅是铁素体钢冷脆的原因之一。

体心立方金属冷脆的原因还在于位错反应形成的不滑位错。其一是刃型 a[001]位错,它的伯格斯矢量垂直于解理面,n 个 a[001]位错塞积的 nb 强度使(001)面破裂而萌生裂纹。但裂纹的生长却由于位错极易塞积而产生应力集中,裂纹便迅速沿{001}面开裂,这时在裂纹长大时没有可觉察的塑性变形,这就是脆性的沿{100}面的解理破裂。另一体心立方金属冷脆的原因是螺型位错 $\frac{a}{2}${111}在三个{110}面上的扩展分解的位错是不可滑移的,导致沿{110}面的解理破裂。还有,螺型位错 $\frac{a}{2}${111}在{112}面上的扩展分解虽是可滑移的,但并不会直接致脆,但当孪生发生之后,可能会引起裂纹在孪晶交叉处或孪晶界面处萌生,引起沿孪生面{112}的解理破裂,众所周知的孪晶舌状花样断口便是这样形成的。

解理破裂时裂纹的发展速率极快,又发生在低温时,故称为低温脆性或冷脆,在 A_{KV}-T 曲线上出现 A_{KV} 的突然降低,断口上出现50%脆性破断面积时的温度 T_K 即为韧脆转变温度,冲击能量 A_{KV} 随试验温度 T 的降低而在某一温度区间突然减小。体心立方钢均有这种冷脆现象。这种破断常造成无预兆的灾难性事故。

已经知道合金元素 Ni 和 Mn 能缓解铁素体钢的冷脆,Co 无影响,而其他大多数元素都是促进铁素体钢冷脆的。

面心立方金属合金滑移系多,并且是细滑移,不存在低温脆性问题。因此,低温用钢应用奥氏体钢。

在北方寒冷地区的核电站,应考虑核电站装备用铁素体钢的冷脆问题。

2) 孪晶脆

核电站装备中奥氏体-铁素体双相不锈钢塑性变形时,相界面区域出现的适应性孪生变形的产物孪晶,可以是相界面破裂的裂纹萌生地。核燃料包壳材料 Zr 合金和 Mg 合金就是密排六方(hcp)结构,需注意防止孪晶脆。孪生形成的孪晶是厚度远小于长度的片状物,由母体金属晶体切变而成,并且呈镜面对称。孪晶界虽为共格界面,但因大角度的镜面对称,位错的滑移运动却不能切过这种形变孪晶,于是位错会在孪晶界塞积,从而萌生裂纹而引发脆性的解理破断,这就是孪晶脆。

3) 静态应变时效脆

这是低碳钢在冷塑性变形如冷轧、冷冲压成型后,于室温搁置较长时间,或在 100~300℃受热后,C、N 原子集聚在位错上形成气团及碳化物和氮化物沉淀前的 GP 区,从而导致强度升高和塑性与韧性降低的脆化现象。工程上利用此现象将冷拉高强度钢丝冷绕弹簧于 260℃加热,即可提高弹簧的弹性和疲劳强度。薄钢板制件冷冲压成型后也用低温加热提高其抗凹痕能力。

4) 动态应变时效脆(蓝脆)

低碳钢在 250℃以 10^{-3} m/ms 的应变速率进行拉伸试验时,应力-应变曲线也呈现出锯齿形态，并且显示出高的抗拉强度和低的伸长率的脆性状态，此即动态应变时效脆。

低碳钢动态应变时效发生的条件是，温度(200～300℃，此时钢制品表面被空气氧化呈现蓝色)与应变速率(约10^{-3}m/ms)的恰当配合，使 C、N 原子的扩散速率(m/s)等于位错的移动速率(m/s)。此时固溶于铁素体中的 C、N 原子活动能力增强，致使位错从 Cottrell 气团中解脱而滑移时，C、N 原子可以再迅速向位错中心集聚，跟随位错一起运动。而这时又有 Snoek 气团形成，阻滞位错滑移。这样，Cottrell 气团和 Snoek 气团的叠加作用，使位错滑移困难。此时，变形过程中的形变强化和应变时效使低碳钢的σ_s显著增大，韧性降低。这便出现了屈服强度升高和韧性降低的蓝脆。工程上常利用蓝脆截断钢料。

若应变速率高或温度低，C、N 原子扩散能力不足，不能跟随位错的滑移富集在滑移位错处形成云团，动态应变时效便不能发生。若应变速率低或温度高，C、N 原子的活跃能力过强，虽然很容易跟随位错滑移，但却难以形成 Cottrell 气团，通常便会发生变形，而不出现动态应变时效。

2.4 钢 的 韧 化

钢的性能要合理使用，扬长避短。然而，当钢的韧性不足，有脆断危险时则应补足塑性和韧性，减少裂纹萌生的机会和阻滞裂纹生长的速率。对于钢的韧化，也应采用综合法以提高效果。

2.4.1 成分韧化

1. 净化韧化

去除有害杂质，降低其在晶界的平衡集聚浓度，就能减小或消除晶界脆化，降低钢的韧脆转变温度。不锈钢改进成为超级不锈钢的重要措施之一就是钢冶炼的成分净化，既提高了抗腐蚀性，还减小了脆性，改善了焊接性。不断进步中的净化精炼新技术为钢的净化提供了技术保障。

有些杂质如 Sn 是极难用精炼新技术去除的，因为 Sn 的化学活性比 Fe 弱，这时精选冶炼原料和辅料就显得尤为重要。

2. 合金化韧化

1) 适当控制无序化

依据本书作者的 "无序结构强化论"，组织结构的无序化是提升材料强化的根本途径，无序化程度越高其强度也就越高，获取无序结构与有序结构在质、量、尺寸、形态等结构上的适当组合，即可使材料获得强度、塑性与韧性俱佳的良好协调配合。

2) 尽可能采用代位固溶强化

代位固溶强化时首选的合金元素是 Ni，它在使钢强化的同时，也使钢韧化，但在强辐照环境中应慎用。Mn 也是可选元素，合金结构钢中的 Mn 元素在 3%的用量下甚至表现出极好的塑性和韧性。代位固溶和填隙固溶其实质都是原子级的无序结构问题。

3) 尽可能减少填隙固溶强化

元素 C 是填隙固溶强化的合金元素，强化作用强烈，但同时也严重损害钢的韧性。因此，尽可能降低钢中元素 C 的含量，是使钢韧化的重要途径之一。核电站装备用不锈钢更是以尽可能干净地去除 C 元素为优，C 元素的存在会因碳化物相的脱溶沉淀析出而引起钢的脆化和耐腐蚀性降低，因此新研发的不锈钢多将钢中的 C 元素含量限制在 0.02%以下，而用 N 元素来固溶强化。对合金结构钢来说，降低 C 元素的含量也是趋势所在。

4) 加入能补偿有害元素的少量有益元素

能与有害杂质元素形成稳定化合物的有益元素起着清扫有害杂质元素的间接作用，如 Ti、Zr、Mo、V、W 等元素与有害杂质元素化学亲和力强，形成比较稳定的化合物沉淀在基体上，降低了有害杂质元素在晶界的平衡集聚浓度。典型的广泛应用 0.3%Mo 能有效地减小合金结构钢回火时的晶界脆化。这些有益元素的加入也细化了钢的晶粒。

2.4.2　钢的炉外 Zn 处理与精炼

1. 炉外微量 Zn 处理

作者 1963～1965 年研究了微量 Zn 对钢的韧化、低碳高强韧性高淬透性空冷贝氏体钢、厚壁长管重型机件的制造方法，形成发明专利(石崇哲，1993)。钢中加入微量 Zn，能使钢的韧性和均匀塑性显著提高。这是一个炼钢时对钢液用 Zn 元素精炼变质的技术，Ga 也有此作用。0.09%～0.14%C、1.15%～1.50%Si、2.36%～3.12%Mn、0.32%～0.40%Mo 贝氏体钢 12SiMn3Mo 制造的厚壁长管重型机件的应用，取得了优异的成效。钢中微量 Zn 的含量为 0.06%±0.03%。如下是含 Zn 钢和无 Zn 钢的对比试验结果。

1) 微量 Zn 使钢韧化

微量 Zn 韧化，可实现：

(1) 提高铸钢淬火回火态(900℃油冷，600℃回火水冷)的冲击韧度 68.6%。

(2) 提高铸钢空冷态(925℃空冷 23.6℃/min，300℃回火空冷)的冲击韧度

27.9%。

(3) 提高锻钢淬火回火态(900℃油冷，600℃回火水冷)的冲击韧度 35.5%。

(4) 提高锻钢空冷态(925℃空冷 1.7～18.4℃/min，300℃回火空冷)的冲击韧度 19%～210%，提高幅度与冷速有关。

图 2.52 是同炉同成分的高淬透性空冷贝氏体钢 12SiMn3Mo，经加 Zn 处理和未经加 Zn 时的夏比 V 型缺口摆锤冲击试验所得试验机显示的力-位移曲线(锯齿曲线经拟合)对比。

微量 Zn 使总冲击能量 W_t、最大力时的能量 W_m、不稳定裂纹扩展起始能量 W_{iu}、不稳定裂纹扩展能量 $W_t - W_{iu}$ 等均有增幅效应。例如，W_t 增幅 159.5%，W_m 增幅 34.2%，$W_t - W_m$ 增幅 807.7%，$W_t - W_{iu}$ 增幅 558.8%；总冲击能量 W_t 增幅分配给 W_m 为 18%，分配给 $W_t - W_m$ 为 82%；使最大力时的位移 S_m 增幅 33.3%，总位移 S_t 增幅 517.5%；使总破断时间 t_t 延长了 590.5%；使裂纹生长至临界尺寸的能量 W_{iu} 增幅达 112.2%，不稳定裂纹扩展能量 $W_t - W_{iu}$ 增幅达 558.8%。含微量 Zn 钢的断口启裂区深约 2.4mm，无 Zn 钢的启裂区深约 0.8mm。可供比较的韧性优秀的 P91 钢断口启裂区深约为 2.0mm。

冲击试验时，裂纹萌生(力-位移曲线屈服后第 2 个峰值 g 点)、生长(g 点至 iu 点)、扩展(iu 点至 k 点)的时间估计列于表 2.11。由断口可估计，含 Zn 钢的裂纹生长速率均值约为 4.29m/s，裂纹扩展速率均值约为 2.69m/s；而与此相比较的无 Zn 钢的裂纹生长速率均值约为 4.71m/s，裂纹扩展速率均值约为 120m/s。微量 Zn 的加入，极大地减慢了裂纹扩展速率。对图 2.52 裂纹扩展时的力-位移曲线段进行微分，可求得裂纹扩展速率的最大值，无 Zn 钢为 120m/s；含 Zn 钢为 4.80m/s。

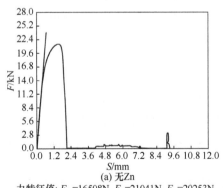
(a) 无Zn
力特征值: F_{gv}=16508N, F_m=21041N, F_{iu}=20253N,
冲击能量特征值: W_t=32.10J, W_m=26.90J,
$W_t - W_{iu}$=3.40J,
位移特征值: S_t=2.12mm, S_m=1.74mm,
时间特征值: t_t=0.42ms

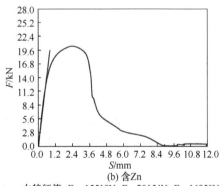
(b) 含Zn
力特征值: F_{gv}=15519N, F_m=20154N, F_{iu}=16850N,
冲击能量特征值: W_t=83.30J, W_m=36.10J,
$W_t - W_{iu}$=22.40J,
位移特征值: S_t=13.09mm, S_m=2.32mm,
时间特征值: t_t=2.90ms

图 2.52　加 Zn 钢与无 Zn 钢夏比 V 型缺口摆锤冲击试验的力-位移曲线
锻钢，925℃空冷(925℃～300℃平均冷速 9.9℃/min)至室温，300℃回火空冷

微量 Zn 的加入，极大地减慢了裂纹扩展速率，包括扩展速率的最大值在内。

表 2.11　无 Zn 钢与加 Zn 钢裂纹生长速率与扩展速率的对比

钢别	裂纹萌生		裂纹萌生生长至临界尺寸		裂纹扩展至破断		裂纹生长速率均值/(m/s)	裂纹扩展速率均值/(m/s)
	位移点/mm	时间点/ms	生长量/mm	花费时间/ms	扩展量/mm	花费时间/ms		
无 Zn	0.98	0.19	0.8	0.17	7.2	0.06	4.71	120
加 Zn	1.18	0.26	2.4	0.56	5.6	2.08	4.29	2.69

2) 微量 Zn 使钢强化

微量 Zn 的加入提高锻钢空冷态(925℃空冷，1.7～18.4℃/min，300℃空冷)的抗拉强度 σ_b 值 4%～8%，提高抗拉强度真应力 S_b 值 6%～10%。提高颈缩前的均匀塑性 Ψ_b 和 δ_b 达 12%～45%。提高颈缩前的均匀静力韧度 D_b 值 19%～52%。提高颈缩前的均匀形变强化指数 n 和均匀形变强化系数 k 分别达到 12%～26%和 6%～13%。提高颈缩后的局集形变强化指数 n 和局集形变强化系数 k 分别达 19%～42%和 8%～42%。降低了颈缩后的局集面缩率 Ψ_n 6%～23%，从而使总断面收缩率 Ψ 减小 0%～13%。

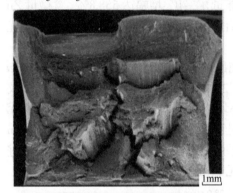

图 2.53　含 Zn 钢的拉延舌状断口的 SEM 像

微量 Zn 使钢韧化和强化，提高了钢基体相的滑移拉延能力，使钢在破断时的拉延撕裂特征变得特别突出，从而形成拉延舌状冲击断口(图 2.53)，这是比纤维状断口更韧的韧性断口。

2. 炉外精炼与重熔精炼

炉外精炼与重熔精炼是改善钢的组织、降低偏析、减少夹杂物含量、改性夹杂物的良好方法，对提高钢的塑性、冲击韧性、破断韧性、耐疲劳性、耐腐蚀性和热压力加工性及综合性能意义重大。随着熔炼技术的进步，钢的纯净度和质量会不断地提高。

除炉内脱 O 和脱 H 之外，常用的诸多炉外精炼技术有吹 Ar、吹 Ar-O、真空、真空氧、真空氧吹 Ar、真空氧吹 Ar 电极加热、真空氧吹 Ar 感应加热、等离子、喂线、喷粉、变质、渣洗、搅拌、调温、过滤等。

常用的重熔精炼技术有电渣重熔、真空电弧重熔、真空感应冶炼等。

2.4.3 组织结构韧化

1. 细晶粒界面韧化

细化晶粒和细化组织结构用以提高钢的强度、塑性。细化晶粒降低了有害杂质在晶界的平衡集聚浓度；细化晶粒和细化组织结构还使裂纹生长和扩展路径曲折，这就使金属合金得以韧化。组织细化的典型例子有核燃料包壳 M5 合金的细晶粒、高温高压蒸汽管道钢的位错马氏体，以及压力容器内的压紧弹簧不锈热强钢的位错马氏体等。

2. 马氏体的塑性相韧化

马氏体的塑性相韧化是弛豫裂纹尖端应力使之钝化、减慢裂纹生长与扩展速率、曲折裂纹生长和扩展路径的有效方法。

1) 残余奥氏体相韧化

钢淬火成位错马氏体后，尚残留少量奥氏体。薄膜透射电子显微分析表明，这些残余奥氏体以膜片状存在于马氏体的板条之间，这就能有效地阻挡裂纹的生长与扩展。钢的超高温淬火提高韧性的原因也在于位错马氏体板条周围被残余奥氏体膜片所包围，并且孪晶消失，孪晶界面是裂纹成核之地。

2) 铁素体相韧化

通常的淬火是将钢加热到奥氏体状态，然后快冷获得马氏体，并随后回火。但是另一种称为亚温淬火或临界区淬火的方法，是将钢加热到奥氏体和铁素体两相状态，然后快冷，奥氏体转变成马氏体，而铁素体则保留下来，然后回火，获得位错马氏体和铁素体双相组织。这种组织中的细晶粒铁素体塑性相，也能有效地阻挡裂纹的生长与扩展。这种双相组织还具有细化晶粒和细化组织的特征。而更值得注意的是，这种组织能消除有害杂质在原奥氏体晶界的平衡集聚，使这些有害杂质以固溶态富集到铁素体塑性相中。本书作者研究了含0.39%Sn的含 B 钢，正常淬火回火发生严重的脆性破断，俄歇电子谱分析证明 Sn 在奥氏体晶界大量富集，扫描电子显微镜观察断口为沿晶脆性破断。但是，当采用 740℃亚温淬火时，Sn 存在于铁素体内，断口也变为微孔聚合的凹窝形韧性破断。

3. 可滑位错的细滑移韧化

位错滑移产生塑性变形，无钉扎可滑位错使塑性增加。板条马氏体的亚结构为位错，片状马氏体的亚结构为孪晶，板条马氏体的塑性和韧性高于片状马氏体。马氏体中的高密度无钉扎位错易于滑移，并使裂纹尖端的应力得以弛豫而减慢裂纹生长与扩展速率；孪生变形却促进了裂纹形核。

特别应引起重视的是，当位错的滑移路径由集中的粗滑移改变为分散的细滑移时，应变的均匀与分散，可使塑性和韧性获得明显改善。这就是一些固溶时效合金通常总是采用稍有过时效状态的原因。当合金处于时效峰值时，合金的强度是最高的，但位错切过弥散微粒而形成应变集中的粗滑移，使合金的塑性和韧性受损，也对疲劳贡献甚小；若使合金有少量过时效，位错以各种方式绕过弥散微粒，成为应变分散均匀的细滑移，虽然使合金强度稍有损失，却获得了良好的塑性和韧性，同时也使疲劳性能显著增强。

2.4.4 热处理韧化

1. 消除脆化相变的热处理韧化

钢脆化的发生，许多情况下是在某致脆温度区间缓慢冷却或长时间滞留，致使发生了某种致脆相变或析出了某种致脆相的结果。这种脆化的消除，常常可以采用将已脆化的钢，重新加热至致脆相变温度或比致脆相析出的温度区间上限高出 10~150℃，使致脆相固溶，再以快于致脆冷速的冷却速率冷至致脆温度区间以下。这样，致脆相变或致脆相析出便不能发生，脆化也就消除了。

铁素体不锈钢中的σ相常以粒状析出于铁素体的晶界上，不仅使钢变脆，还会导致晶间腐蚀。但σ相的析出速率较慢，析出的最高温度为 820℃，因此只需在 850℃加热 0.5h 即可使σ相消溶，并恢复钢的韧性。

GP 分解脆化(475℃脆性)发生在 400~550℃区间的缓冷过程中，可以采用 600℃加热 0.5h，使 C、N、Cr、Fe 复合化合物的有核析出相固溶，然后快冷，韧性即可恢复。

富 Cr 铁素体热老化的调幅分解脆化发生在 300~400℃的长时间滞留中，可以采用中温短时(550℃×1h)退火热处理将调幅结构消除。

钢淬火后的高温回火脆(索氏体回火脆)，是在索氏体回火慢冷中，有害杂质元素 P 等在晶界平衡集聚造成的，可以进行二次索氏体回火加热，使晶界平衡集聚的元素回归晶粒内部，并快速冷却以抑制有害杂质元素的晶界平衡集聚，索氏体回火脆即可消除。

然而，上述重熔热处理消脆，理论虽如此，工程上能否实施却另当别论，对于实际的装备制件，不推荐使用这一方法，因为现场应用这一方法会碰到很多实际不可预知的问题，甚至得不偿失。

亚温淬火(加热至奥氏体＋铁素体双相区的淬火)能够有效地消除回火脆，即使脆性元素 Ge、Sn、Pb、P、As、Sb、Bi、Se、Te、Po 的含量高，也能有效地降低淬火后回火时脆性元素在晶界的集聚。例如，脆性杂质 Sn 高达令人吃惊的 0.32%~0.39%的含 B 钢(B 含量 0.0015%)，1100℃淬火 650℃回火炉冷后用俄歇电子谱检测原奥氏体(淬火加热时)晶界集聚的 Sn 含量高达约 20%，断口为沿原奥氏体晶界的冰糖样脆断。而 740℃亚温淬火(铁素体量约 25%)650℃回火炉冷后能使 Sn 大量固溶于铁素体中，晶界集聚的 Sn 含量降低为约 2%，断口为微孔聚合纤维样韧断。

2. 马氏体的适当回火韧化

适当的回火是马氏体韧化的必需作业。对蒸汽管道钢 T91 和 P91 与压紧弹簧钢 Z12CN13 的马氏体研究表明，采用中温或高温回复回火能使马氏体获得最好的韧化效果，此时马氏体板条碎化为细小的亚晶块，位错组态改变成亚晶界和位错胞及位错网络，碳化物 $M_{23}C_6$ 的长条有所收缩但并未显著熟化，碳化物 MC 微粒弥散沉淀，相变应力消除，断口的启裂区深且扩展区全为微孔聚合型的韧性纤维状，所有这一切造就了中温或高温回复回火马氏体的良好强韧化。

若为低温回复的欠回火，马氏体板条碎化不足，位错网络结构不良，碳化物片条熟化收缩不足，相变应力消除不足，则马氏体的塑性欠佳和韧性不良，断口出现准解理。

若是过高温回复的过回火，马氏体板条亚晶块长大，位错密度降低，碳化物过度熟化，断口虽为微孔聚合型的韧性纤维状，但强度和韧性均降低。

若过回火处在过高温回复和再结晶的初始，尽管仅有少量铁素体出现，钢的强度和韧性也会受到严重损害，断口成为准解理。

2.5　破断与断口面

2.5.1　破断过程

金属的破断过程可分为裂纹萌生、裂纹生长、裂纹扩展、剪切解体四个阶段，并由裂纹生长阶段所控制，而不是普遍流行的裂纹萌生、裂纹扩展、剪切解体三阶段的观点。有关论述已在 2.1 节讨论过。

裂纹一经形成，只有它能生长时，才有可能为制品破断埋下隐患。而裂纹生长时，所需的能量远较裂纹形成时大，且大 2～3 个数量级。在通常的工程实践中，金属材料或大或小总是有一定塑性，裂纹生长时的尖端区域正是位错滑移使裂纹尖端的应力集中弛豫。处于生长阶段的裂纹虽为制品的毁灭性破断埋下了隐患，但也仅仅是隐患，在裂纹生长至临界尺寸之前制品仍然能准安全地服役。

1. 裂纹的萌生机制

金属体内通常并无裂纹，裂纹是在塑性变形的过程中因位错的滑移受到干扰而萌生的，其机制主要如下。

1) 晶界空位聚合与微空洞连接机制

这种机制发生在高温下，在拉应力的作用下，晶界空位产生空位流，空位由垂直拉应力方向的晶界流向顺拉应力方向的晶界，从而引起原子的反向流动，使制品在拉应力方向发生蠕变伸长。垂直拉应力方向的晶界上空位数少于热力学平衡数，便会产生新的空位，继续进行空位与原子在垂直拉应力方向的晶界和顺拉应力方向的晶界之间的反向流动。随着时间的推移，在顺拉应力方向的晶界上空位数会越来越多，空位数超出热力学平衡数，便会发生空位的聚合，从而在顺拉应力方向的晶界上形成微空洞(图 2.49 和图 2.50)。微空洞的连接便形成沿晶界裂纹。

2) 位错塞积机制

位错塞积形成胚芽，胚芽张开至一定长度即为裂纹萌生。

3) 位错反应机制

位错反应后聚合，较大的伯格斯矢量使得位错劈开而成为裂纹胚芽。

4) 位错滑移带表面露头台阶剪切机制

位错滑移带在制品表面露头，形成台阶和凹陷，凹陷在剪应力作用下即可形成裂纹胚芽，摆锤冲击试验中试样缺口根部裂纹的萌生，以及循环应力作用下的应变疲劳裂纹萌生就是这种剪切机制形成的。

5) 相界开裂机制

多相组织在塑性变形时由于各相的强度和塑性不同，软相和硬相之间的相界面在单向拉伸力的作用下可发生分离而开裂成裂纹胚芽(图 2.35、图 2.54)。

6) 亚晶界切变机制

成列位错滑移在亚晶界受阻，引起亚晶界两段位错滑移切变而形成裂纹胚芽(图 2.55)。

图 2.54 Z3CN20-09M 钢奥氏体与铁素体相界面在拉应力作用下的破裂的 SEM 像　　图 2.55 蒸汽管道钢 P24 裂纹萌生的位错滑移亚晶界切变机制的 SEM 像

7) 碳化物和基体相的界面微空洞机制

钢中的碳化物粒子通常分布在铁素体基体内、奥氏体基体内、铁素体晶界上、奥氏体晶界上、奥氏体与铁素体相界上等处，它们均可以在碳化物和基体的相界上形成微空洞。

图 2.56(b)是 Z3CN20-09M 钢中碳化物粒子周边在单向拉伸力作用下开裂所形成的微空洞 SEM 像。图 2.56(b)的碳化物粒子位于奥氏体与铁素体相界区适应性孪生变形处的奥氏体晶界面上。这种碳化物两边的微空洞沿相界或晶界被拉长，可形成相界裂纹或晶界裂纹。

碳化物与基体界面上微空洞的形成机制为：在外加应力作用下，碳化物粒子周边应力场中不同性质棱柱位错环产生和运动(图 2.56(a))，在碳化物粒子所受的压应力集中区产生填隙棱柱位错环，而在拉应力集中区产生空位棱柱位错环；当空位棱柱位错环区的局部应力集中达到一定值，空位棱柱位错环在应力下累积至足够数量时，会在该区的相界面上使空位汇聚成微空洞。

目前认识的碳化物等弥散硬粒子与其基体相界面处空洞的形成规律是：①空洞形成前必定发生一定量的应变，称为空洞萌生应变量，相界面结合力越大所需的空洞萌生应变量越大；②弥散微粒的尺寸越大，空洞萌生应变量越小；③空洞萌生应变量随温度的降低而减小；④空洞萌生应变量与弥散微粒的形状和晶体位向密切相关；⑤空洞萌生应变量与弥散微粒的体积分数无关。

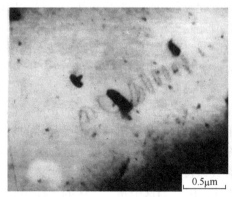

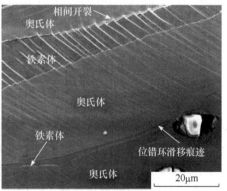

(a) 碳化物粒子处的空位棱柱位错环发射 (b) Z3CN20.09M钢中碳化物粒子的开裂与微空洞的SEM像

图 2.56　钢中碳化物粒子处的空位棱柱位错环发射与碳化物粒子处的微空洞

2. 层片状珠光体的破断

碳钢和合金结构钢在退火与正火状态具有铁素体+珠光体组织，在核电站装备中大量使用。组织中的珠光体是塑性的铁素体与硬脆的渗碳体的层片状复合物，该组织中珠光体的变形和破断有其特有规律。在拉伸应力作用下，由于铁素体片被渗碳体片所携持，铁素体片中位错滑移的自由程短在前后渗碳体片的双向阻挡下产生双向塞积，塞积前沿的应力集中引发渗碳体片中位错的滑移启动，渗碳体片在前后铁素体片的挤压应力不足时难以承受较多的位错滑移而使滑移带处萌生裂纹导致开裂，渗碳体片的开裂引发铁素体片沿滑移带剪切开裂，这就造成珠光体的破断。显而易见，珠光体的破断源自铁素体片中滑移带上的滑移位错在相界的双向塞积，开裂首先发生于渗碳体片，接着是铁素体片被剪断，从而酿成珠光体破断。渗碳体片和铁素体片越厚，片间距越大，相界位错塞积群越大，塞积群前沿的应力集中越大，开裂所需的拉伸应力就越小，珠光体就显得越脆。

采用热处理形变的索氏体等温处理成细层片珠光体(片间距小于 1μm)的钢条，经多道次冷拉拔制造超超高强度钢丝的技术，不仅在于珠光体片层细，变形时相界位错塞积群小，渗碳体薄片能够承受较多的非拉伸和剪切变形，而且更为重要的在于拉拔的模具锥形小孔赋予了被拉拔钢丝的横向压缩应力，这就使珠光体表现出相当好的塑性而被拉拔成超超高强度钢丝。

2.5.2 断口面

破断形成的新表面断口记录了材料塑性变形、裂纹萌生、裂纹生长、裂纹扩展直至材料最后解体的整个过程，同时还记录了位错运动和断口表面形成的诸多机制与信息。

裂纹生长阶段位错滑移与应力应变的变化及裂纹形态的变化使裂纹尺寸增长缓慢，在断口上形成启裂生长区，制品此时还是安全的。

裂纹生长至临界尺寸时制品便处于危险状态的边缘。随后裂纹便转入快速增长的扩展阶段，在断口上形成扩展区，并常常留下裂纹快速扩展方向的放射状条纹。

最后的解体往往由于应力状态的软化而在破断的最后边缘出现拉延剪切。

金属的破断可以是穿晶断，也可以是沿晶断，这既取决于金属的塑性，也与应力状态和组织结构有关。微量塑性变形时的晶粒内位错滑移大多受晶界的阻挡而塞积于晶界，诸多滑移系位错塞积的牵制使晶界塑性显著降低。此时裂纹的萌生与生长及扩展有下述几种情况：①若裂纹以位错塞积机制在晶界萌生，裂纹生长时尖端区域的位错滑移形成了(屈服)塑性微区，当这个塑性微区的半径相对于晶粒直径很小(约小于1/3)时，裂纹便会沿塑性低的晶界几乎无塑性生长与扩展，以致酿成最后的沿晶脆性破断；②若裂纹以位错塞积、反应等机制在晶粒内萌生，且裂纹生长时的尖端塑性微区半径仍相对于晶粒直径很小(约小于1/3)，此时该裂纹的生长与扩展便是穿晶的和几乎无塑性的，最后形成穿晶解理脆断；③但当晶界萌生的裂纹尖端塑性微区的半径相对于晶粒直径很大(约大于晶粒直径的 1 倍及以上)时，这个塑性微区可以覆盖整个晶粒，裂纹的生长和扩展便是穿晶且塑性的，最后的破断则是微孔聚合的韧窝形的穿晶塑断；④若晶界萌生的裂纹在生长与扩展时裂纹尖端塑性微区的半径尺寸大于晶粒直径的 1/3 又小于晶粒直径的 1 倍时，裂纹尖端塑性微区的覆盖面较大但却不能覆盖整个晶粒，裂纹的生长或扩展便多是穿晶的解理与少量塑性变形的混合，这时的断口多为准解理的穿晶破断。显然，晶粒细化是抗破断的重要措施。

　　疲劳破断时也会形成穿晶断与沿晶断。这与温度、应力、应力幅、组织结构等有关。疲劳裂纹的扩展通常是穿晶的，但当温度高到 $0.5T_m$ 及以上时沿晶断将成为主要方式。组织结构因素造成晶界弱化，以及应力水平提高，均是沿晶断的促成因素。疲劳断口也存在裂纹启裂源、裂纹生长区、裂纹失稳扩展区、剪拉撕裂唇四个阶段和区域(图 2.57)。其中内涵最为丰富的是裂纹生长区，它的疲劳条纹与裂纹生长方向、应力强度因子等诸多因素有关，该区域的断口分析可为人们提供诸多疲劳信息，这将在第 8 章疲劳问题中研讨。

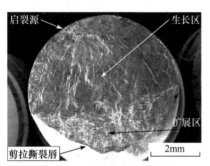
(a) 疲劳断口, 裂纹生长区有放射状
沿裂纹生长方向的纹理

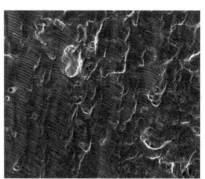
(b) 疲劳裂纹生长区的疲劳条纹,
1 条纹对应载荷循环 1 周

图 2.57　疲劳断口宏观形貌的 SEM 像

2.6　重型机件力学性能的尺寸效应

　　核电站装备大多是数吨至数十吨重的大尺寸厚重机件。用标准试样测得的金属力学性能并不能表征该材料在任何尺寸构件中皆具有这些性能，而只是表征在与标准试样尺寸相近的构件中所具有的材料性能。当构件尺寸显著地大或小时，材料的力学性能便会与标准试样观测结果有显著差异，这就是尺寸效应。通常大尺寸的性能会显著降低，而小尺寸的性能则显著升高。普遍认为这与不同尺寸的材料中所包含的可引发裂纹的缺陷数量以及不同尺寸构件的应力状态的显著差异有关(如大尺寸构件多为平面应变状态，而小尺寸构件多为平面应力状态)。

　　因此，针对大尺寸构件的材料性能，人们设计了断裂韧性试验，而对小尺寸构件的材料性能便采用微型拉伸或微型扭转(如细丝)或微型杯突(如薄板)试验。

当然，通常标准试样的力学性能检测是基础，它表征材料冶金加工的状态和质量。

2.6.1　断裂韧性准则

断裂韧性是基于弹性-弹塑性理论的材料破断力学。破断力学是大尺寸厚重机件尺寸效应必须考察的问题，这对核电站装备的设计与材料选用至关重要。

大尺寸重型机件的力学性能应当用线弹性平面应变破断力学或弹塑性平面应力破断力学进行处理。当用高强度材料制备的大重型机件存在 I 型裂纹引发的低应力脆性破断危险时，按线弹性理论，以实际制品的应力强度因子 K_I 必须小于其线弹性断裂韧度 K_{IC} 为设计准则。但对于塑性较好的中强度和低强度材料制备的大重型机件，I 型裂纹引发的破断可能为少量塑性变形掺混的韧-脆混合破断，这时便应当按弹塑性理论处理，以裂纹尖端弹塑性应力-应变场强度因子 J_I 小于弹塑性临界强度因子 J_{IC} 为设计准则。

2.6.2　微型试样实时在线监控检测

核电站装备大尺寸重型机件的在线性能监控是难以实现的，不可能对机件进行部分更换割取来制样检测，也不可能在役在线损伤割取制样检测。于是，本书研究团队研究了微型试样检测技术——微型杯突试验法，既实现了在役在线检测，又不损伤重型机件。

微型杯突试验法是传统薄板材料杯突工艺性能试验的微缩、移植、发展。试样尺寸为直径 3～10mm，厚 0.2～0.5mm 的小圆片，由微型杯突法获得小圆片试样变形至破断的力-位移参量作为力学性能指标。

微型杯突试验法应用在无法制取常规标准力学性能试验用试样的地方，显示出它极大的优越性，如焊缝(特别是小焊缝)各区的力学性能检测、核岛中辐射对压力容器材料的塑性损伤评估、高温高压管道(特别是大管道)在线无损力学性能检测监控(以替代割管检测评估)等。设备运行或检修中在线检测监控时，只需在容器管道表面或端头对服役无损害位置切取微型样品即可。可用 Mo 丝线切割法(大流量冷却液充分冷却)切取试样。

从微型杯突试验所得的力-位移曲线上可获得强度与能量性能指标，如比屈服、比强度、比破断能等，也能够采集塑性指标。

比屈服 $p_y = P_y / t_0^2$，为屈服载荷 P_y 与试样名义厚度 t_0 平方之比，单位 MPa。

比强度 $p_u = P_u / t_0^2$，为最大载荷 P_u 与试样名义厚度 t_0 平方之比，单位 MPa。

比破断能 $e_{sp} = E_f / t_0$，为破断能与试样名义厚度 t_0 之比(力-位移曲线积分面积之单位厚度值)，单位 mJ/mm。

1. 焊缝的微型杯突性能

用微型杯突试验法研究了 15Cr1Mo1V 钢厚壁蒸汽管道的焊缝性能。

1) 力-位移曲线

沿平行于焊缝熔合线位向切取试样,试验所得焊缝各处性能的力-位移曲线如图 2.58 所示。

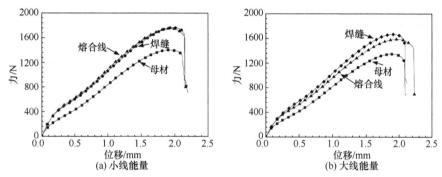

图 2.58　15Cr1Mo1V 钢蒸汽管道焊缝微型杯突试验的力-位移曲线

2) 大线能量 15Cr1Mo1V 焊缝的性能分布

大线能量施焊时焊缝的性能分布示于图 2.59。焊缝区的比屈服 p_y 约为 1200MPa,比强度 p_u 约为 6550MPa,比破断能 e_{sp} 约为 4600mJ/mm。

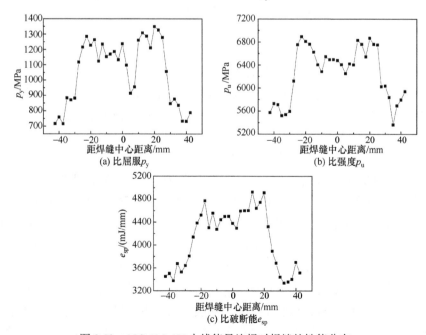

图 2.59　15Cr1Mo1V 大线能量施焊时焊缝的性能分布

3) 小线能量 15Cr1Mo1V 焊缝的性能分布

小线能量施焊时焊缝的性能分布示于图 2.60。焊缝区的比屈服 p_y 约为 1500MPa，比强度 p_u 约为 6900MPa，比破断能 e_{sp} 约为 4700mJ/mm。

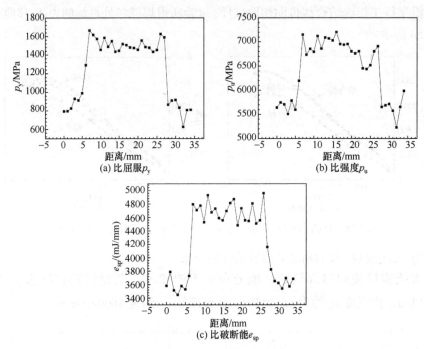

图 2.60　15Cr1Mo1V 小线能量焊缝的性能分布

4) 小线能量与大线能量施焊焊缝性能的比较

比较小线能量与大线能量施焊的焊缝性能，小线能量施焊的焊缝性能指标比大线能量者比屈服 p_y 高约 25%，比强度 p_u 高约 5%，比破断能 e_{sp} 高约 2%。

2. 焊缝服役老化的微型杯突性能

用微型杯突试验研究了 15Cr1Mo1V 钢蒸汽管道焊缝的服役老化。服役运行 70000h 后，焊缝的比屈服 p_y 由约 2000MPa 降低至约 1200MPa，降低了约 40%；而热影响区则仅略微降低。焊缝的比强度 p_u 由约 7500MPa 降低至约 6000MPa，降低了约 20%；热影响区也仅有略微降低。焊缝的比破断能 e_{sp} 由约 4800mJ/mm 降低至约 3700MPa，降低了约 23%；热影响区的降低量则小得多(图 2.61)。

从尺寸的视角来看，大型重型机件与微型杯突试样是从一个极端走向了另一个极端，通用的标准材料试验结果既不能表征大型重型机件的性能，也不能表征微型杯突试样的性能。因此，微型杯突试样的试验结果并不能表征核电站装备的

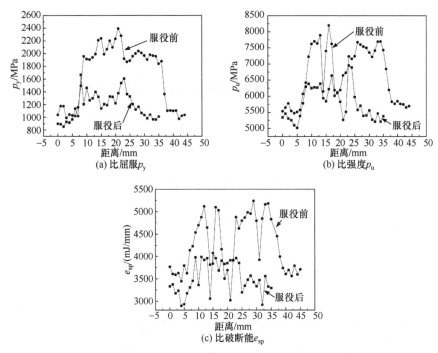

图 2.61 15Cr1Mo1V 钢蒸汽管道服役运行 70000h 前后焊缝性能值的变化

实际材料性能，微型杯突试样的试验结果所表征材料不同状态的性能变化仅是相对的。

这就提出了一个重要的工程技术问题，寻求标准材料性能试验结果与大型重型机件材料性能的对应关系，寻求标准材料性能试验结果与微型杯突试样试验结果的对应关系，寻求微型杯突试样试验结果与大型重型机件材料性能的对应关系。该工程问题重要的原因还在于核电站装备大型重型机件的尺寸多种多样，受力状态多种多样，服役环境多种多样，材料种类和特性多种多样，这就必须要寻求它们之间的内在关系规律，这是一个繁重的材料学与力学紧密相关的工程技术和科学问题。

目前所能做到的是针对具体的核电站装备、具体的服役环境、具体的材料和状态，以一系列的试验数据，寻求其概率统计结果。因此，图 2.58～图 2.61 的试验结果将有可能与具体的核电站装备、具体的服役环境、具体的材料和状态相关联，这些试验结果也就摆脱了自身的相对意义而具有表征核电站装备在线性能监控的实用意义。同时，微型杯突试验还有更重要的工作要做，建立国家标准所规范的力学性能与微型杯突试验性能的换算关系也有重大意义。

第3章 材料由组织决定性能

3.1 结构与组织

组织结构是材料研究与开发"成分-加工-组织-性能"学科体系四元环链中最关键、最重要的要素，组织结构决定了性质性能。本章重点在于为工程界寻求金属材料成分、加工、组织结构与性质性能间的数字计算关系，以推进现有材料的改进和新材料研发的数字计算技术，这正是我国材料工作所欠缺的。

3.1.1 金属结构的有序与无序统一

满足需要的性质和性能必须从与其紧密相关的组织和结构入手以期深入理解。关于材料结构的概念，长期以来流行一种扭曲的传统理念，认为金属的结构是晶体的长程有序点阵，而位错、晶界、相界、空位、间隙原子、溶质原子、扩散原子、原子振动等这些短程无序组态扰乱了晶体的长程有序点阵结构，因而它们是晶体缺陷。

如果说在近代自然科学兴起的数百年内，在科学家的脑子里是重元素(组元)轻结构的，那么近百年来，随着现代自然科学的形成和发展，人们的思维方式和科学研究的方向已经发生了根本性转变，现代全部科学的目标是发现有序化的时间结构和空间结构，已经把结构研究放在了突出的位置上。然而，当代自然科学的目标是发现有序化的时间结构和空间结构中的无序群结构及其属性和运动规律，并为科学研究的实践应用打开一片新天地。金属材料结构中的空位、位错、界面、间隙原子、代位原子等就是结构的形式，是有序化的空间结构和时间结构中的无序群结构，是当今材料组织结构研究中的主要内容，是金属晶体长程有序结构中的短程无序结构，并不是缺陷。金属晶体是长程有序结构与短程无序结构的统一体。更进一步，当代先进自然科学的目标是发现超微观结构的普适运动规律，如非晶合金、拓扑合金、高熵合金、超导合金等的出现正是遵循了这一运动规律。

毫不夸张地说，金属材料的相转变、力学性能，甚至物理性能和化学性能均取决于其位错与界面的结构和运动行为。相转变的形核和生长是依靠晶界、相界和位错及空位与间隙原子的，强度因位错的锁定、晶界与相界的增多而升高，塑性因位错的滑移而实现，热和电的传导是电子结构的运动并因晶界、相界和位错及空位与间隙原子而受干扰，腐蚀也由于晶界、相界和位错及空位与间隙原子而加快。高熵合金结构更搅乱了传统的有序与缺陷的概念。如此种种，不胜枚举。总之，晶界、相界和位错及空位与间隙原子是金属晶体最重要的结构，是金属晶体中有规律的无序结构，其重要性绝不亚于金属晶体的长程有序结构。金属是晶体长程有序结构与短程无序群结构的统一体，两者相辅相成，缺一不可。短程无序群结构只有在长程有序结构中才能显现其特质，而长程有序结构如果抛弃了短程无序群结构也就变得无所凭恃了。金属材料千变万化的性能就是由晶界、相界、位错及空位、间隙、代位原子的短程无序结构存在于长程有序晶体点阵中而演绎的。世界万物没有孤立存在的，都是处于普遍联系的自然之网中。当代先进自然科学的目标是发现有序化的时间结构和空间结构中的无序群结构及其属性和运动规律，如相变中的位错运动、原子集合体的电子能态运动等。

1. 结构的概念

材料具有结构与组织。结构与组织的概念不同，结构是物质的构成单元之间相互按规则的连接、排列、搭配和运动形态，是物质的本质属性，如物质原子之间的连接规律。而组织则是各组成单元集团间的组合形态，组织既取决于结构，又受控于制成物质的制造方法和过程。结构是物理概念，与加工制造无关。而组织是工程概念，表征的是材料中的结构集团(谓之相)受控于加工所表现的形态，如显微镜下所显示的形态。

然而，结构和组织必须适应运动，千差万别的结构和组织由不同的运动形式所致。空位使金属中原子的迁移得以实现，位错使金属材料的锻轧等塑性变形加工和加工硬化得以实现，晶界参与热处理利用相转变来改变金属材料的性能、细化晶粒，以改善强度、塑性与韧性，使弥散强化得以实现等。显而易见，这些空位、位错、界面等无序结构具有巨大贡献。考虑到工程习语，本书就不再严格区分结构与组织的概念，将其笼统地称为组织结构，或简称组织。

金属材料能广泛使用，与其说是晶体有序结构的伟绩，实不如坦诚地承认是晶界、相界、位错、空位这些无序群结构的丰功。将丰功的创造者视为晶体"缺陷"，实属违背自然哲理，故应当正视晶界、相界、位错、空位为晶体有序结构中的无序结构群。

以上这些表明，空位、间隙原子、替代原子、位错、晶界、相界等是结构，是金属晶体长程有序结构中的短程无序结构，不是缺陷，它们本应就是结构的形式，是有序化的空间结构和时间结构中的无序群结构，有序化的空间结构和时间结构与其中的无序群结构是融为一体的综合统一体。金属的晶体结构，有长程有序的一面，也有短程无序的另一面，金属原子空间点阵的规则排列是长程有序的，位错、晶界、相界、空位、间隙原子、替代原子是短程无序的，金属晶体是长程有序结构与短程无序结构的统一体。世界万物都是正反两面的和谐统一体。应当正确树立结构统一体的理念。金属合金中最为重要的无序结构是位错和界面，脱离此便不能认知结构和组织。

2. 位错结构

位错是金属晶体点阵有序结构中点阵排列的错位边界，因而电子衍衬像为线形。图3.1～图3.4为核电站装备金属材料中常见的电子衍衬像，图3.1中的全位错为$\frac{a}{2}\langle110\rangle$，Shockley不全位错为$\frac{a}{6}\langle112\rangle$，Frank不全位错为$\frac{a}{3}\langle111\rangle$。图3.2中的全位错主要是$\frac{a}{3}\langle11\bar{2}0\rangle$，Shockley不全位错为$\frac{a}{3}\langle\bar{1}100\rangle$，Frank不全位错为$\frac{a}{2}\langle0001\rangle$。图3.3和图3.4中的全位错是$\frac{a}{2}\langle111\rangle$，Shockley不全位错为$\frac{1}{6}\langle111\rangle$，Frank不全位错为$\frac{1}{3}\langle111\rangle$。

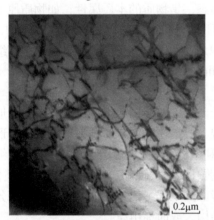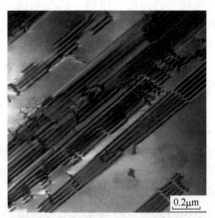

图 3.1　Z3CN20-09M 奥氏体-铁素体不锈钢奥氏体中位错和层错的 TEM 像

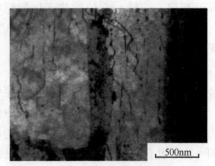

(a) 退火态α-Zr(Nb)　　　　　　　　　　　(b) 淬火回火态孪晶马氏体

图 3.2　M5 锆合金包壳管中的位错的 TEM 像

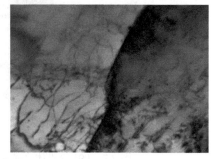

图 3.3　P91 钢马氏体中的位错的 TEM 像　　　图 3.4　Z3CN20-09M 钢铁素体(左)中位错的
　　　　　　　　　　　　　　　　　　　　　　　　　　　　TEM 像

　　位错滑移运动的速率可快可慢，最快速率为弹性波传播速率。运动中位错相遇可以发生各种相互作用，甚至融为一体，以使其能量降低为原则。

　　3. 晶界结构与亚晶界结构

　　晶界是晶体中不同位向区域之间的局部位向失配界面。晶界具有一定的晶体学位向规律，如小平面化结构，重合位置结构也是。

　　晶粒的尺寸一般自数微米至百微米，而亚晶粒的尺寸一般不超过数微米。图 3.5 是核电站装备材料双相不锈钢奥氏体(面心立方结构)中的亚晶界图像。对于体心立方结构的铁和钢，滑移面(011)上的位错为 $\frac{a}{2}\langle 111\rangle$。图 3.6 为录自 Hull D 等所著 *Introduction to Dislocation*(Oxford：Pergamon Press，1965)(经 Dadain 许可)的 bcc 结构 α-Fe 的网络亚晶界，其位错为 $\frac{a}{2}\langle 111\rangle$。图 3.7 则表示在 P91 铁素体热强钢中观察到的亚晶界图像。

图 3.5　Z3CN20-09M 钢奥氏体中的亚晶界面　　　图 3.6　α-Fe 中{011}面上的六角形位错网络
　　　　　　的 TEM 像　　　　　　　　　　　　　　　　　　　扭转亚晶界的 TEM 像

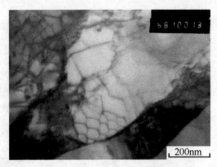

图 3.7　P91 铁素体热强钢马氏体板条中亚晶界的 TEM 像

3.1.2　结构决定性质与组织决定性能

1. 物质的性质与制品的性能

决定物质性质的不是组成物质的电子和原子，而是这些电子和原子的空间结构与时间结构，这就是结构决定性质。性质是不同物质间相互区别的本质属性。例如，实验室用标准试样测得物质的硬度、强度、密度等即为性质。

在工程上，材料性能的表征是由其组织决定的，必须指出，工程术语的性能与物理学和化学中性质的概念不同。性能是用这种物质制成需要的制品时它对制品设计要求和使用效能所能满足的程度。例如，用物质(材料)制成制品的环境台架试验数据的强度、塑性、韧性等即为性能。显然，性质与制品无关，而性能不仅取决于物质的性质，还取决于制品的设计，取决于制造制品的加工过程，因而也就取决于加工过程造就的组织，并且和制品的使用条件与使用环境密切相关。

考虑到工程习语，不再严格区分性质与性能的概念，将笼统地称其为性质性能，或简称性能。

2. 探寻组织与性能的定量关系

金属材料工程领域的研究，为既定性能目标设计合金成分是其最重要的方向，在计算技术的帮助下诞生了计算材料学，为此便必须建立成分和显微组织结构与其性能之间的定量关系。钢的显微组织结构与其性能定量关系的建立，便是数十年来钢显微组织结构与力学性能研究最重要的进展，如铁素体屈服强度与晶粒尺寸的函数关系，晶粒尺寸对铁素体韧脆转变温度的定量影响，珠光体强度与其片间距的函数关系，铁素体固溶强化的量值方程等。这表明对金属材料的研究和使用已经由定性认识走到定量计算，现正迈向数字智能计算。本章大量引入成分、加工、组织、性能间的定量计算方程以推进计算材料学在工程界的推广应用。

就力学性能而言，与显微组织结构已经建立起定量关系的指标大致有屈服强度 σ_y、流变应力 σ_f、破断真应力 σ_{fr}、形变强化率 $d\sigma/d\varepsilon$、形变强化指数 n、薄

钢板成型指数 γ、均匀应变量 ε_u、破断真应变 ε_t、韧脆转变温度(DBTT)T、V 型缺口夏比冲击上平台能 C_v 等。例如，对屈服强度 σ_y 可建立起加和方程(皮克林，1999)：

$$\sigma_y = \sigma_i + \sigma_s + \sigma_p + \sigma_d + \sigma_{ss} + \sigma_t + k_y d^{-1/2} \tag{3.1}$$

式中，σ_i 是抵制位错滑移的晶体内摩擦应力(包括派-纳力、空位和间隙原子、空位群和间隙原子群、调幅 GP 区等)；σ_s 是固溶强化；σ_p 是沉淀强化；σ_d 是林位错强化；σ_{ss} 是亚结构或亚晶粒度强化；σ_t 是晶体学织构强化；k_y 是位错被开动(位错锁闭)的常数；d 是基体组织的晶粒直径。通常多数强化项可以省去或合并，便得到 Hall-Petch 关系：

$$\sigma_y = \sigma_0 + k d^{-1/2} \tag{3.2}$$

应注意，函数 kd^{-n} 是重要的基本关系模型，其指数 n 可在 0.25～1.0 变化而与大量数据在统计学上相吻合。例如，韧脆转变温度(T)也具有类似形式(皮克林，1999)：

$$T = T_0 + K d^{-1/2} \tag{3.3}$$

式中，T_0 是 σ_s、σ_p、σ_d、σ_t 的合并项函数；K 是常数。提示：韧脆转变温度的 50%断口形貌转变温度记为 FATT，抗脆性解理破断转变温度记为 ITT。

　　然而，关于断裂韧性参数 K_{IC} 与显微组织结构的关系尚较分散，这是由于破断类型不同。韧性破断受控于弥散强化的粒子，而脆性解理破断则受控于晶粒尺寸。在诸多显微组织结构的强化机制中，只有界面强化(细化晶粒)可以强度与韧性两者兼得，其他强化机制只能有益于强度而多多少少会损害韧性。

　　在本章会看到，单一组织的材料强度是低的，这通常是单一的固溶体相，如奥氏体不锈钢或铁素体不锈钢。复合组织的强度较高，这通常是以固溶体相为主体与另一固溶体相、化合物相或某种结构相组成的复合组织，如奥氏体-铁素体双相不锈钢、铁素体-马氏体双相结构钢等。这种复合组织的组分和结构越复杂，其强度也就越高。同时也会看到，复合组织越是精细和均匀，强度也就越高，如马氏体时效不锈钢。因此在新合金设计时，除特别必须外(如抗腐蚀性、深冲拉伸性等)，应遵循复杂精细均匀的复合组织原则，以获得在高强度的同时保有足够的塑性。

　　探寻组织与性能的定量关系是目前组织结构研究的首要课题之一，这也正是本章的主题。但是在将方程(3.1)的思路付诸实践时必须切记，方程右端的各参数元必须是相互无交互作用时方存在加和关系，例如，C 元素与合金元素含量不多的钢其各合金元素对性能参数元的影响便可加和。同时切记，方程(3.1)仅是一种经验关系的思路。

3.1.3 无序结构强化论

1.3.4 节的"无序结构强化论"与"滑移自由程软化论"的基本要点是,材料的强度与其无序结构的体密度成正比,对一定的材料而言,其强度随该材料熵值的增大而增大;塑性则与位错滑移自由程成正比。这两者的质、量、尺寸、形态的适当组合,即可使材料获得俱佳的强度、塑性与韧性的良好协调配合。组织与性能的定量关系皆表征了材料的强度和塑性与其无序结构之间的密切关系。

3.2　固溶体的组织与性能

核电站装备大量地使用奥氏体不锈钢和铁素体不锈钢,它们多为固溶体单相组织,固溶了较多的 Cr、Ni 及 Mo 等合金元素。所用奥氏体不锈钢钢种主要有:耐氧化性介质的 1Cr18Ni9(AISI 302)、0Cr18Ni9(AISI304)、Z6CN18-10(0Cr18Ni10)、Z5CN18-10(0Cr18Ni10);抗晶间腐蚀的 1Cr18Ni9Ti(AISI 321H)、0Cr18Ni10Ti(AISI 321)、Z6CNNb18-11(AISI 347,0Cr18Ni11Nb)、00Cr19Ni10(AISI304L)、Z2CN18-10 (304L,00Cr19Ni10);耐局部腐蚀的 0Cr19Ni9N(304N)、Z3CN18-10NS、00Cr18Ni10N (AISI304LN)、Z2CN19-10NS(AISI 304NG、控氮 00Cr19Ni10);耐还原性介质的 Z8CNDNb18-12、Z6CND17-12、Z5CND17-12、Z2CND17-12、0Cr17Ni12Mo2(AISI 316)、00Cr17Ni14Mo2(AISI 316L)、Z2CND18-12N(316NG、控氮 00Cr17Ni12Mo2)。铁素体不锈钢主要有:Cr17 型,如 1Cr17 等;Cr25 型,如 Cr25、Cr28 等。

3.2.1　不锈钢的固溶体单相组织

1. 组织形态

图 3.8 为超低碳奥氏体不锈钢的单相奥氏体多晶粒组织,以及超低碳的铁素体不锈钢的单相铁素体多晶粒组织。奥氏体晶粒形成温度高,此时 Fe 原子扩散

　　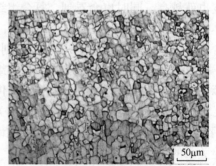

(a) 00Cr17Ni12Mo2钢的奥氏体固溶体晶粒　　　(b) TP439钢的铁素体固溶体晶粒

图 3.8　不锈钢的单相固溶体多边形晶粒的 OM 像

较快，从而易于发生晶界的重排平整以减少晶界面积而降低晶界能量，因而奥氏体晶粒的晶界呈现平直状态。铁素体晶粒由于形成温度较低，这时 Fe 原子扩散较慢，从而较少发生晶界的重排平整，因而铁素体晶粒的晶界呈现弯曲形态。奥氏体晶粒组织随处可见平直的孪晶，这就是面心立方晶体对称性高、密排面易于发生排列错位的特点。铁素体晶粒很少出现孪晶，除非经受塑性变形。

2. 固溶强化

代位(置换)固溶体的固溶强化机制与溶剂金属的点阵结构有关。例如，体心立方结构的铁素体，固溶强化主要取决于溶质原子与 Fe 原子弹性模量的错配度，并与溶质原子和位错交互作用能的平方成正比，因而其屈服强度增加量与溶质的原子浓度成正比。而面心立方结构的奥氏体，固溶强化主要取决于溶质原子与 Fe 原子的原子尺寸错配度，并与溶质原子和位错交互作用能的 $\frac{4}{3}$ 幂指数成正比，因而其屈服强度增加量与溶质的原子浓度的 1.5 次方成正比。

固溶体中溶质原子的固溶强化速率(单位溶质浓度引起的屈服强度增量)取决于溶质原子在溶剂中的固溶类型。例如，体心立方结构铁素体中的 C、N 间隙固溶可造成最大限度的固溶强化，其固溶强化速率约为 3 倍切变弹性模量的量级。而面心立方结构的奥氏体中代位原子固溶时，固溶强化速率仅有 10%切变弹性模量的量级。

3.2.2 不锈钢的固溶体性能

1. 奥氏体不锈钢

1) 屈服强度

具有单相奥氏体组织的奥氏体不锈钢是 Cr 含量相对在 21%以内时，钢的强度来源主要是 Cr 的固溶强化，晶粒尺寸对屈服强度的贡献为次，随着 Cr 含量的增多屈服强度会因固溶强化而略有升高。

当 Cr 含量相对高达 21%以上时，可能会出现少量的 δ 铁素体孤岛，此时，δ 铁素体孤岛不仅起到细化奥氏体晶粒的作用使屈服强度显著升高，而且 δ 铁素体的屈服强度明显高于奥氏体，两者的联合作用能使钢的屈服强度成倍升高。其实这时单相奥氏体组织已经演变成奥氏体+少量 δ 铁素体岛的复相组织。奥氏体中的孪晶对屈服强度不产生影响，因为它不影响少量塑性变形时的位错启动滑移。

单相奥氏体的 0.2%屈服强度 σ_y 取决于奥氏体晶粒尺寸 d，大致有式(3.4)所示的关系(皮克林，1999)。

$$\sigma_y = 65 + 7.1d^{-1/2} \tag{3.4}$$

奥氏体中的位错不像铁素体中的位错那样容易被锁住，因此奥氏体组织的屈服强度通常总是低于铁素体的屈服强度。

间隙溶质 C 和 N 的固溶强化效果对奥氏体的屈服强度也是非常显著的，当钢中的 N 含量由 0.02%增至 0.27%时，$d^{-1/2}$ 的系数增加约 2.5 倍。N 这个作用的可能原因是，N 降低层错能使孪晶增多而阻止了位错的滑移，并使更多的位错交截锁住，或是 N 的间隙固溶强化锁住更多位错。Norstrom 提出了用 N 含量、奥氏体晶粒尺寸 d、温度 T(热力学温度)等描述奥氏体钢屈服强度的定量关系式(皮克林，1999)：

$$\sigma_y = 15 + (33000 / T) + 65[(1600 - T) / T]w(N)^{-1/2} + [7 + 78w(N)^{-1/2}]d^{-1/2} \tag{3.5}$$

关于溶质元素的固溶强化对屈服强度的影响，依 N、C、B、W、Mo、V、Si、Cu、Mn、Co、Ni 的顺序递减，并且屈服强度随溶质元素固溶量的增大呈线性增大。显然，间隙溶质的固溶强化作用显著强于代位溶质。对代位溶质来说，与溶剂的原子半径差异越大，固溶时的晶体畸变应变与畸变应力也就越大，也就是说溶质固溶于奥氏体中时引起奥氏体点阵常数的改变量越大，固溶强化作用便越强。

2) 抗拉强度

抗拉强度 σ_b 是大量塑性变形的抗力(此时真应变 $\varepsilon \approx 0.4$)，奥氏体不锈钢的层错能低，因而奥氏体组织中有大量孪晶，奥氏体中的孪晶分割了奥氏体晶粒。孪晶界实为层错，层错能越低孪晶便会越多，孪晶之间的间距 t 便越小，孪晶成为大量位错滑移的阻挡物，引起高的形变强化速率 $d\sigma / d\varepsilon$，这正是奥氏体不锈钢的屈服强度低和形变强化速率高的原因。因此，孪晶间距 t 是控制单相奥氏体组织抗拉强度 σ_b 的主要因素，而不是奥氏体晶粒尺寸(皮克林，1999)：

$$\sigma_b = 447 + 12.6t^{-1/2} \tag{3.6}$$

3) 韧性

稳定的奥氏体不发生解理破断，因而当温度降低到零下低温时也不发生韧脆转变，只是 C_v 值随温度下降而缓慢降低，即使在零下低温也具有良好的韧性，这就是该钢还常常用于低温环境服役的缘由。这是面心立方晶体的力学特征。

然而，如果在低温下发生了部分奥氏体→马氏体转变，即使这种转变是少量发生的，也可能会出现马氏体的解理破断，从而发生韧脆转变，韧性就会显著下降。

4) 塑性与可成型性

好的冷成型性必须具备低的条件屈服强度 σ_y、较低的流变应力 σ_f、高的颈缩前均匀塑性真应变 ε_b、高的破断真应变 ε_t 这四个条件。

要满足低的屈服强度 σ_y 和较低的流变应力 σ_f 条件，奥氏体不锈钢通常应当具有良好的退火组织，不得有 δ 铁素体。还应有最低的固溶强化 σ_s(最少的固溶合金点阵常数差)、较低的形变强化率 $d\sigma/d\varepsilon$ (尽可能高的层错能)、稳定的奥氏体(不发生形变诱发马氏体)、尽量少的 TiC 与 NbC,以及尽量少的非金属夹杂物。晶粒直径 d 的影响较之上述各因素要小得多。

高的颈缩前均匀塑性真应变 ε_b 条件的满足,必须有高的流变应力 σ_f 和高的形变强化率 $d\sigma/d\varepsilon$,以使形变时有迅速增加的 σ_f 和 $d\sigma/d\varepsilon$ 而使形变均匀和延迟颈缩。这样奥氏体就不能太稳定,应有适量的形变诱发马氏体发生,这就与钢形变诱发马氏体的上限温度 M_d 有关,并且钢应有足够高的 M_d 温度,同时钢的层错能应当较低。晶粒直径 d 的影响通常较小。

高的破断真应变 ε_t 有利于提高可成型性,还未建立起 ε_t 与可成型性的定量关系,但有拉伸试验的断面收缩率 Ψ 关系式(皮克林,1999):

$$\Psi = 77 + 0.81w(\mathrm{Si}) + 0.94w(\mathrm{Mo}) + 1.3w(\mathrm{Cu}) + 1.6w(\mathrm{Al})$$
$$-0.20w(\mathrm{Ni}) - 6.6w(\mathrm{Nb}) + 0.99\,t^{-1/2} - 1.0\,d^{-1/2} \tag{3.7}$$

可见晶粒直径 d 的影响也是小的。

显然,对奥氏体不锈钢的可冷成型性而言,晶粒直径 d 的影响较小,而良好的退火是重要的,与钢成分的关系密切。这就是"成分-加工-组织-性能"的四元环链关系,环环相扣,密不可分。

要获得最好的可冷成型性,有些因素甚至是矛盾的。要想成型力小,就应使 σ_f 和 $d\sigma/d\varepsilon$ 低,层错能高,奥氏体稳定性好而不发生形变诱发马氏体。但这却使 ε_b 和 ε_t 降低,使制品难以成型。为了使制品易于成型,便必定要层错能低,成型过程中奥氏体能发生适量的形变诱发马氏体而使 ε_b 和 ε_t 增大,钢的强化又增大了成型力。在成型力与成型性的矛盾中,应当依据制品需要,权衡协调各因素,以取得最佳效果。对 17%Cr 而言,当 Ni 含量低于 10%时便可发生形变诱发马氏体,Ni 越少其形变诱发的马氏体量就越多。形变诱发马氏体可能会降低 18%Cr+8%Ni 钢的深冲性。

2. 铁素体不锈钢

具有单相铁素体组织的铁素体不锈钢含 17%～25%Cr 元素以实现不锈和稳定铁素体,并且铁素体晶粒内总是存在多边化亚晶粒,只有再结晶较完善时铁素体晶粒内的多边化亚晶粒才会很少。大量 Cr 元素在铁素体中的固溶会引起脆化,而且还会形成一些析出相,例如,σ 相析出于铁素体晶界而给钢带来严重的脆性。

1) 屈服强度

当 17%～25%Cr 铁素体不锈钢经过充分再结晶后,铁素体晶粒内不含亚晶粒,其屈服强度 σ_y 有关系式(皮克林,1999):

$$\sigma_y = 36 + 8.5w(\mathrm{Cr}) + 58w(\mathrm{Mo}) - 107w(\mathrm{Ti}) + 15.9d^{-1/2} \tag{3.8}$$

Cr 和 Mo 的固溶强化显著提高屈服强度，这可能与 C、N 间隙溶质原子和 Cr、Mo 代位溶质原子间的某种静电作用的云集，使 Cr 和 Mo 的固溶强化作用受到加强有关。而 Ti 由于形成 TiC 或 TiN 把间隙溶质 C 和 N 从铁素体中移除，消除了一些间隙溶质的强化作用，从而降低屈服强度。TiC 或 TiN 还能使铁素体晶粒细化。

对于铁素体晶粒内含有亚晶粒的铁素体不锈钢，屈服强度取决于铁素体晶粒内的亚晶粒尺寸。但亚晶粒并不影响韧脆转变温度。

2) 韧性

铁素体晶粒细化降低韧脆转变温度 $T(℃)$ 而使钢韧化(皮克林，1999)，见式(3.9)。然而，铁素体晶粒内的亚晶粒虽可增高屈服强度，但却不影响韧脆转变温度 T，这是因为亚晶界是小角晶界，不能阻止解理裂纹的生长和扩展。

$$T = 80 - 11.5\, d^{-1/2} \tag{3.9}$$

Cr 及许多代位溶质均能引起铁素体的脆化而使韧脆转变温度 T 升高，式(3.9)中常数项 80 显著高于低碳钢同类关系式的常数项，这就是代位溶质 Cr 引起的固溶脆化。但是 Ni 元素却是例外，Ni 可改善韧性而降低韧脆转变温度 T。

间隙溶质 C+N 浓度升高韧脆转变温度 T，每增加 0.01%(C+N)，韧脆转变温度 T 升高 80～100℃，C 与 N 的作用相似。但 Ti 与 Nb 的加入则导致不同的表现，Ti 与 Nb 和 C 与 N 结合成碳化物和氮化物，使 C 与 N 从铁素体中脱出而降低韧脆转变温度 T，碳化物和氮化物也使铁素体晶粒细化而降低韧脆转变温度 T。然而，过多的 Ti 与 Nb 则表现出使铁素体脆化而升高韧脆转变温度 T 的有害影响。

3) 可成型性

细化晶粒升高铁素体的形变强化(加工硬化)速率，代位溶质也有此作用，形变强化成就了铁素体的可成型性，对形变强化建立有关系式(皮克林，1999)：

$$\mathrm{d}\sigma / \mathrm{d}\varepsilon_{(\varepsilon=0.1)} = 862 + 111 w(\mathrm{Mo}) + 29.5 d^{-1/2} \tag{3.10}$$

晶体学织构及冷拉深成型指数 γ 值对钢板的成型性是重要的。薄钢板的冷拉深成型以指数 $\gamma = \varepsilon_\mathrm{w}/\varepsilon_\mathrm{t}$ 表征，ε_w 是宽度(薄钢板的横轧制方向)破断真应变，ε_t 是厚度破断真应变。γ 值越大，成型性越好。薄钢板的塑性异向性越小，γ 值越大。

指数 γ 受控于晶粒尺寸，晶粒越粗成型性越好。γ 值还随立方织构{111}强度的增加而增大(皮克林，1999)：

$$\gamma = 0.77 + 0.36 \log[I_{(111)}/I_{(100)}] \tag{3.11}$$

式中，I 是织构强度，$I_{(111)}$ 与 $I_{(100)}$ 分别是(111)与(100)在薄钢板平面织构分量的强度。

3. 铁素体+马氏体岛的组织与性能

铁素体不锈钢在高温固溶化处理时有时也会出现奥氏体，此奥氏体冷却下来就转变成马氏体，或回火马氏体，这会使铁素体晶粒细化。铁素体晶粒尺寸 $d^{-1/2}(\mathrm{mm}^{-1/2})$ 与马氏体体积分数 $v(\mathrm{M})$ 呈线性关系(皮克林，1999)：

$$d^{-1/2} = 4.8 + 8.4v(\mathrm{M}) \tag{3.12}$$

并因此而降低韧脆转变温度 T，奥氏体细化铁素体晶粒对韧脆转变温度 T 的这种影响程度通常可达 70%。

3.3 以固溶体为主的复相组织与性能

以固溶体为主的复相组织指的是，在固溶体基体上存在的体积分数较少且尺寸比固溶体晶粒明显要小一些的孤立的另一相或组织团。这种复相组织的屈服强度基本取决于固溶体基体，而另一相或组织团只在大量塑性变形时才参与强化作用。这种组织和性能特性对于工程上的冷成型加工具有特别的重要意义。

以固溶体为主的复相组织的核电站装备用钢主要有：奥氏体+少量 δ 铁素体岛组织的奥氏体不锈钢(奥氏体不锈钢在高温加热时可能会有少量 δ 铁素体相出现)、奥氏体+少量 δ 铁素体岛组织的奥氏体-铁素体铸造双相不锈钢、马氏体量较少的铁素体-马氏体双相钢、贝氏体量较少的铁素体-贝氏体双相钢、低合金高强度钢、一些合金结构钢、低碳钢等。

钢的复相组织类别多种多样，钢中最常见的是奥氏体、铁素体及碳化物。复相组织的性能不仅与固溶体和金属化合物的类别有关，也与它们的形态、分布、体积分数等密切相关。面心立方结构的奥氏体相与体心立方结构的铁素体相之间的相界面是最常见的相界面，例如，双相不锈钢中就处处由奥氏体-铁素体相界面网络构成。奥氏体-铁素体相界面为准共格结构的平直小平面和界面台阶，并存在失配度位错。奥氏体-铁素体相界面普遍存在 Курдюмов-Sachs(K-S)位向关系，界面位向是 $\{111\}_{\mathrm{fcc}}//\{110\}_{\mathrm{bcc}}$ 和 $\langle 0\bar{1}1\rangle_{\mathrm{fcc}}//\langle 1\bar{1}1\rangle_{\mathrm{bcc}}$，点阵常数比为 $a_{\mathrm{fcc}}/a_{\mathrm{bcc}} = 1.2\sim1.3$，失配度 $\delta\approx0.025$，界面位错多为 $\boldsymbol{b} = \frac{1}{2}\langle 110\rangle_{\mathrm{fcc}}$，相应的 $b\approx0.2\mathrm{nm}$。奥氏体-铁素体相界面的另一位向关系是 Nishiyama-Wasserman(N-W)关系：$\{111\}_{\mathrm{fcc}}//\{110\}_{\mathrm{bcc}}$ 和 $\langle \bar{1}01\rangle_{\mathrm{fcc}}//\langle 001\rangle_{\mathrm{bcc}}$。

3.3.1 以奥氏体为主的不锈钢复相组织与性能

1. 奥氏体-少量铁素体的不锈钢复相组织

以固溶体为主的复相组织中的少量组分相，其形态往往无规则，一回路主管道用奥氏体-铁素体不锈钢 Z3CN20-09M 主要化学成分为：≤0.040%C、19.00%～21.00%Cr、8.00%～11.00%Ni，组织中铁素体相的体积分数 f 为 10%～20%，为无规的条带状分布(图 3.9)，是在不锈钢凝固时形成的。钢在刚凝固完成的 1460℃处于单相铁素体高温固态，随温度的降低部分铁素体转变成奥氏体，大约在 1400℃铁素体全部转变为奥氏体，温度再降低至约 600℃时又有部分奥氏体开始转变为铁素体。若是极慢地冷却使转变达到平衡，则在 300℃以下钢的平衡组织应全部是铁素体。随温度降低的相转变，有两个特点应引起注意，一是元素在铁素体中的扩散速率远高于在奥氏体中，二是奥氏体富 Ni 且扩散缓慢而比较稳定。基于这两个特点，600℃以下奥氏体向铁素体的转变，由于过冷度的温度梯度较小和过饱和度的浓度差较小，代位原子在铁素体-奥氏体相界面上只能进行有限的浓度重新分配，此时相界面铁素体侧稳定奥氏体的代位原子流入奥氏体侧，而奥氏体侧的稳定铁素体的代位原子则流入铁素体侧，从而形成了铁素体-奥氏体相界面区域的局部热力学平衡，但在远离相界面区域的地方却仍不平衡。在这种相界面区域的局部热力学平衡时，铁素体析出的相转变速率便受控于扩散缓慢的代位原子的扩散速率，而在温度低于 600℃的此区段，Cr 和 Ni 代位原子的扩散速率是缓慢的，铁素体析出的相转变速率也就是缓慢的。同时应当指出的是，铁素体-奥氏体相界面区域代位原子的聚集会使相界面区域代位原子浓度升高，高浓度的代位原子势垒会对铁素体-奥氏体相界面的移动产生溶质拖曳，从而更加阻滞和减慢铁素体自奥氏体中的析出速率。再考虑奥氏体的稳定性以及冷却速率不会很慢，仅只能使奥氏体

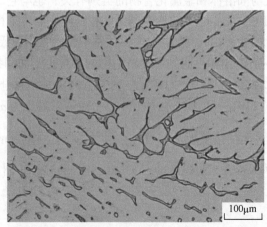

100μm

图 3.9　铸造双相不锈钢 Z3CN20-09M 中奥氏体基体上分布的少量无规条带形铁素体

中析出少量的铁素体，从而形成图 3.9 所示的少量无规条带状铁素体形态。这就使高温固溶体奥氏体相冷却时发生不连续脱溶(准)平衡析出少量另一固溶体铁素体相。

2. 奥氏体-少量铁素体的不锈钢强度

当奥氏体中出现少量 δ 铁素体岛时，相界面强化和铁素体的较高强度以及晶粒细化诸因素引发组织的屈服强度升高，奥氏体+少量 δ 铁素体岛复相组织的屈服强度与 δ 铁素体岛体积分数的关系见式(3.13)和式(3.14)(皮克林，1999)。

$$\sigma_y = 65 + 250v(\delta) + 7.1\,d^{-1/2} \tag{3.13}$$

$$\sigma_b = 447 + 220v(\delta) + 12.6\,t^{-1/2} \tag{3.14}$$

式中，$v(\delta)$ 为 δ 铁素体岛体积分数；d 为奥氏体晶粒尺寸；t 为退火孪晶间距。

3. 奥氏体-少量铁素体的不锈钢低温脆性

由于 Z3CN20-09M 钢中少量无规条状铁素体相的存在，给钢带来了低温脆性与韧脆转变，这是要引起足够注意的。钢 50%脆断面积的韧脆转变温度约为−90℃。断口如图 3.10 所示，断口上可见铁素体相的条形准解理面。该钢的低温系列冲击曲线如图 3.11 所示，铁素体相的冷脆特性使低温下的最大冲击力 F_m 升高而韧性降低。

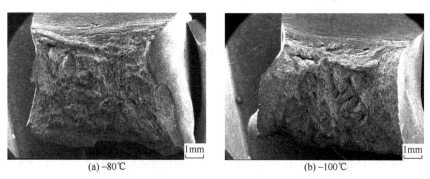

(a) −80℃　　　　　　　　　　　　(b) −100℃

图 3.10　Z3CN20-09M 钢低温冲击断口的 SEM 像

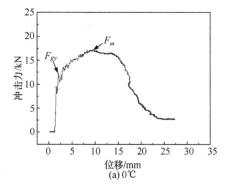

(a) 0℃

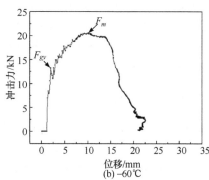

(b) −60℃

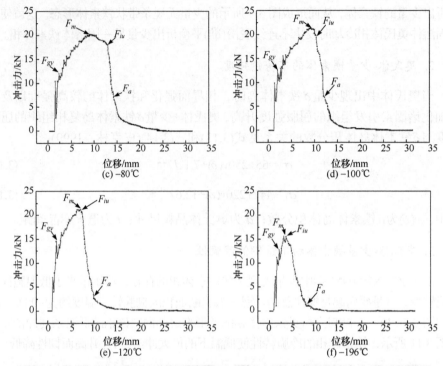

图 3.11　Z3CN20-09M 钢铸态一回路厚壁管在不同温度下的冲击力-位移曲线

3.3.2　以铁素体为主的结构钢复相组织与性能

以铁素体为主的结构钢复相组织，最常见的是铁素体+珠光体团的复相组织，低碳钢、低合金高强度钢和合金结构钢即属此列，合金元素的加入改变钢的组织结构，可显著提高钢的强度，还容易对钢施以淬火回火等热处理以进一步提高钢的强度，如核电站装备中常用的结构件与连接件用钢 20MnMo、20CrMnMo，锻轧件用钢 25CrNi1MoV、WB36，反应堆压力容器用钢 A533-B(SA508-2)、SA508-3、16MND5、18MND5，铸件用钢 20MN5M、WCB、WCC、20MN5M、20M5M、ZG230-450、ZG270-500 等。核电站装备使用的球墨铸铁的铁素体+石墨球组织也属此列。使用在核电站装备上的板材等型材最常见的有低碳钢、微合金化的低合金高强度钢等，如钢板和钢管用钢 16MnR、19Mn6、SA516(Gr.55、Gr.60、Gr.65、Gr.70)、P280GH 等。

1. 铁素体+珠光体团的结构钢复相组织与性能

本节所讨论的铁素体+珠光体团的复相组织与性能适用于含 0.2%～0.4%C 的钢。在核电站装备中，中碳钢和低合金钢的使用是很多的，通常在正火或退火状态的组织为铁素体+珠光体团。其中的珠光体由硬脆的渗碳体(Fe_3C)薄片和软的铁素体(α-Fe)片相间组成。热力学平衡态珠光体中铁素体相约占 89%，渗碳体相约占 11%，两者的密度相近，珠光体中铁素体层片厚度约是渗碳体层片厚度的 8 倍。当两相呈层片状相间分布时，只要有一相塑性好而无论另一相是否硬脆，组织都能够承受相当大的塑性变形，特别是当层片很薄时，可以良好的强度和适当的塑性。珠光体的强度显著高于铁素体，这是层片双相强化的典型范例。具有铁素体+珠光体团组织的碳钢的性能，是塑性较好的铁素体与强度较高的珠光体两者的综合。

在研讨铁素体+珠光体团状复相组织的组织与性能关系之前，先分别认识其组织组成物铁素体及珠光体的组织与性能的关系。

1) 铁素体的组织与性能关系概要

铁素体的下屈服强度取决于位错滑移的摩擦应力 σ_0、溶质的固溶强化应力(i 溶质固溶强化系数 k_i 与溶质浓度 c_i 之积的和)、晶粒尺寸的平均线截距(mm)的 Hall-Petch 关系、沉淀强化对下屈服应力的贡献(增量)等诸因素之和：

$$\sigma_y = \sigma_0 + \sum_0^i k_i c_i + k_y d^{-1/2} + \Delta Y \tag{3.15}$$

式中，当晶粒尺寸用平均线截距观测时 $k_y \approx 17\text{MPa} \cdot \text{mm}^{1/2}$。$\Delta Y$ 用 Ashby-Orowan (皮克林，1999)公式描述：

$$\Delta Y = [(5.9 f^{1/2}) / \delta] \cdot \ln[\delta / (5 \times 10^{-4})] \tag{3.16}$$

式中，f 为弥散沉淀物体积分数；δ 为沉淀物尺寸，μm。

铁素体的 FATT_F(℃)由 i 溶质的脆化系数 h_i、i 溶质浓度 c_i、铁素体晶粒尺寸系数 k_1、晶粒尺寸 d、沉淀强化导致的韧脆转变温度的变化量ΔFATT 表征：

$$\text{FATT}_\text{F} = I_0 + \sum_0^i h_i c_i - k_1 d^{-1/2} + \Delta\text{FATT} \tag{3.17}$$

式中，I_0 为常数。可见，晶粒细化使屈服强度升高和韧脆转变温度降低，屈服强度每升高 1MPa 可使韧脆转变温度降低 0.7℃，即 $k_1 / k_y \approx -0.7$℃。沉淀强化升高屈服强度，但同时也升高韧脆转变温度，即降低韧性：$\Delta\text{FATT}/\Delta Y \approx 0.4$℃/MPa。

可以用合金元素固溶强化铁素体，方程(3.1)中铁素体的固溶强化 σ_s 项与铁素体中合金元素 M 的原子浓度 a(M)平方根相关联，低浓度时它与质量浓度有近似线性关联：

$$\sigma_s = Aa(\text{M}) \tag{3.18}$$

表 3.1(皮克林，1999)给出了一些合金元素的固溶强化系数 A 值。A 值随溶质与溶剂间原子半径差的增大而增加。

表 3.1　一些元素的铁素体固溶强化系数 A 值

合金元素	固溶强化系数 A 值	合金元素	固溶强化系数 A 值
Mn	37	Cu	38
Si	83	Mo	11
Ni	33	Sn	120
Cr	30	C 与 N	5000
P	680		

2) 珠光体的组织与性能关系概要

珠光体中的铁素体与渗碳体相界面保持低能的共格位向关系。电子衍射技术证明，当珠光体在奥氏体晶界形核时铁素体与渗碳体间的位向关系为

$$(001)_{Fe_3C}//(521)_\alpha, \qquad [100]_{Fe_3C} 偏 [131]_\alpha 2.6°, \qquad [010]_{Fe_3C} 偏 [113]_\alpha 2.6°$$

而珠光体在先共析渗碳体上形核时位向关系为

$$(001)_{Fe_3C}//(211)_\alpha, \quad [100]_{Fe_3C}//[011]_\alpha, \quad [010]_{Fe_3C}//[111]_\alpha$$

珠光体组织的重要参数有片层间距、珠光体团尺寸等。珠光体片层间距越小，即片层越细，珠光体的屈服强度越高，硬度也越高。屈服强度 σ_y(MPa) 与片层的铁素体厚度 δ(μm) 的半对数呈线性关系。当铁素体厚度 δ 由约 0.2μm 半对数增大至约 1μm 时，屈服强度 σ_y 由约 1700MPa 线性地降至约 800MPa。布氏硬度(HB)与珠光体的铁素体和渗碳体相界面积密度 S 呈线性关系。当相界面积密度 S 由约 $2\times10^3 mm^2/mm^3$ 增加至约 $7\times10^3 mm^2/mm^3$ 时，布氏硬度由约 180HB 线性地增至约 360HB。破断强度 S_k 与片层间距呈线性相关，随片层间距的减小而增大。塑性 Ψ(%)在大于 150nm 的片层间距时与片层间距无相关关系，并且 Ψ 保持在约24%的水平，但当片层间距小于 150nm 时，随片间距的减小塑性急剧增大，片层间距小至约 100nm 时 Ψ 增至约 30%，片层间距小至约 50nm 时 Ψ 增至约 43%。这就是说，尽管渗碳体相是硬脆的，但当珠光体的片层间距极薄时仍有足够的塑性。这一特性在扫描电子显微镜下已多次明确地观察到，当硬脆的渗碳体薄片处于塑性的铁素体挤压时，渗碳体薄片仍能不破裂地随铁素体变形。珠光体在塑性变形时，首先是软相铁素体中的位错滑移，位错滑移的自由程为铁素体片的厚度量级，也就是说铁素体片的两渗碳体侧邻相界是铁素体中位错滑移的界限。随着变形量的增加，应力的增大导致硬相渗碳体变形。硬相渗碳体的变形必须在压应力下进行，硬脆的渗碳体被柔性的铁素体包围，能承受压缩变形。尽管渗碳体的晶体键合不是完全的金属键合，但大量的金属键份额造就了渗碳体晶体中位错的滑移，硬脆的渗碳体薄片在压缩时能够承受相当大量的塑性变形而不破断。珠光体的片

层结构越薄，所能承受的塑性变形量也就越大。

这一特性的重大意义在于，它开辟了利用热处理形变的等温分解冷拔珠光体钢丝加工技术制成高强度钢丝在工程上的广泛应用。透射电子显微镜研究表明，冷拔珠光体钢丝在冷拉拔时，截面的极度缩减并不破坏珠光体的层状组织，铁素体和渗碳体片层都发生了大量塑性变形，而平均层间距近似地随丝径的缩减而正比减小。屈服强度与片层间距之间服从 Hall-Petch 关系。在冷拔最剧烈、强度最高的钢丝中，大约 100nm 的原始(拉拔前)层间距减小到不足 10nm。这种钢丝可以达到 $\sigma_b = 4830\text{MPa}$，$\delta=20\%$的水平(钢丝直径越细，$\sigma_b$ 便越高，例如，直径 $d=0.54\text{mm}$ 时，$\sigma_b=1920\text{MPa}$；$d=0.20\text{mm}$ 时，$\sigma_b=2670\text{MPa}$；$d=0.07\text{mm}$ 时，$\sigma_b=4250\text{MPa}$)。这不仅是一个非常高的强度，而且在该强度水平上其塑性也好。显然，这种非常高的强度来自极小的层间距所造成的界面强化和双相层片强化及位错强化。这种材料的主要限制是目前它只能通过拉拔的方法生产，而且拉拔的面减率要超过 90%，因此只能获得细丝。

珠光体屈服强度 σ_{Pe} 与珠光体片层间距 S 之间遵从 Hall-Petch 关系(皮克林，1999)：

$$\sigma_{\text{Pe}} = \sigma_i + KS^{-1/2} \tag{3.19}$$

式中，σ_i 为类似于摩擦应力的常量；K 为常数；S 为珠光体片层间距(mm)。考察屈服强度与片层间距的关系发现，屈服强度与片层间距之间不仅服从 Hall-Petch 关系，并且和屈服强度与弥散渗碳体粒子间距的关系在同一 Hall-Petch 关系直线上，也和屈服强度与晶粒直径的关系在同一 Hall-Petch 关系直线上。这就是说，Hall-Petch 关系中的晶粒直径，其真正的意义是位错滑移的自由程，它们都被统一在屈服强度与位错滑移自由程的关系中，这就是 Hall-Petch 方程的广义进展。

表示珠光体组织屈服强度与各因素关系的方程如下(皮克林，1999)：

$$\sigma_{\text{Pe}} = 178 + 3.8\,S^{-1/2} + 63w(\text{Si}) + 425w(\text{固溶N}) \tag{3.20}$$

提醒读者注意：σ_{Pe} 和 σ_y 是有区别的。

流变应力 σ_f、形变强化速率 $\text{d}\sigma/\text{d}\varepsilon$、破断应力 σ_{fr} 均线性地随 $S^{-1/2}$ 的增大而增大，即随珠光体片间距 S 的减薄而增大(皮克林，1999)：

$$\sigma_{\text{f}(\varepsilon=0.15)} = 550 + 10S^{-1/2} \tag{3.21}$$

$$\text{d}\sigma/\text{d}\varepsilon_{(\varepsilon=0.15)} = 650 + 11.5\,S^{-1/2} \tag{3.22}$$

$$\sigma_{\text{fr}} = 790 + 8.5S^{-1/2} \tag{3.23}$$

珠光体中渗碳体片厚度 t 与珠光体片间距 S 之间，对于共析成分平衡状态的珠光体具有线性关系：

$$t=0.14S \tag{3.24}$$

对于不平衡的伪共析珠光体组织，t 与 S 线性关系中的比例系数将不再是平衡珠光体式中的 0.14，而是小于此值，也就是说渗碳体相的片层更薄。

Krauss(皮克林，1999)仍用参量珠光体团尺寸 p 和原奥氏体晶粒尺寸 D 描述珠光体组织的韧脆转变温度 T(℃)：

$$T=218-0.83p^{-1/2}-2.98D^{-1/2} \tag{3.25}$$

Gladman(皮克林，1999)则将珠光体组织的韧脆转变温度 T(℃)与其组织参量 S、p、t 间的关系确定为

$$T=-335+5.6S^{-1/2}-13.3p^{-1/2}+(3.48\times10^{6})t \tag{3.26}$$

很显然，S 与 t 对 T 的影响是相反的。S 的减小使强度升高，因而也升高了韧脆转变温度 T；但 S 的减小也会使 t 减小，薄的渗碳体片不易开裂，这就降低了韧脆转变温度 T。S 与 t 无论哪个因素的作用强或弱，两者的相反效应都会相互抵消。再加上 p 的变化，其因素间的作用会更为复杂。这就造就了韧脆转变温度 T 受 S 与 t 影响的非线性，于是可以寻求最低韧脆转变温度 T 值时的珠光体组织参量。珠光体片间距的减小会使强度升高而损害冲击韧性；但片间距减小到 150nm 以下时又会因渗碳体片的减薄而增加塑性，从而改善韧性。于是最佳韧性时的片层间距为 $2.5\times10^{-4}\sim4.5\times10^{-4}$mm。

3) 铁素体+珠光体团的组织与性能

决定铁素体+珠光体组织屈服强度的各因素可表述为复相组织的混合律(皮克林，1999)：

$$\sigma_{y}=f_{\alpha}^{n}\sigma_{\alpha}+(1-f_{\alpha}^{n})\sigma_{Pe} \tag{3.27}$$

式中，f_{α} 为铁素体体积分数；σ_{α} 为铁素体屈服强度；σ_{Pe} 为珠光体屈服强度；n 为指数。指数 n 使珠光体对屈服强度的影响成为非线性的。当珠光体体积分数小于 50% 时(钢的碳含量小于 0.4%)，珠光体对屈服强度的影响大致为线性，在 n 值为 1/3 时剩余误差最小。

Gladman(皮克林，1999)建立了表示铁素体+少量珠光体组织屈服强度 σ_{y} 与各因素关系的方程：

$$\begin{aligned}\sigma_{y}=&f_{\alpha}^{1/3}[35+58w(Mn)+17.4d^{-1/2}]+(1-f_{\alpha}^{1/3})(178+3.8S^{-1/2})\\&+63w(Si)+425w(固溶N)^{1/2}\end{aligned} \tag{3.28}$$

式中，d 是铁素体晶粒平均弦长；S 是珠光体片层间距。方程(3.28)中 Mn 的作用在于限制了组织中的铁素体量而使屈服强度升高。Si 和 N 的作用与铁素体/珠光体体积比无关，而是固溶强化铁素体的效果。铁素体晶粒尺寸对低、中碳钢的作

用相当显著，但随着钢中 C 含量的进一步增多，也就是组织中珠光体量的继续增多，铁素体晶粒尺寸的作用持续减弱，直至共析成分时减为零。而珠光体片层间距 S 对屈服强度的贡献在低、中碳钢时随 C 含量增加(珠光体量增加)几乎呈线性增大，但随着钢中 C 含量的进一步增大，也就是组织中珠光体量的继续增多，珠光体片层间距 S 的贡献则急速非线性地指数增大。直至共析成分时，钢的屈服强度几乎 87%由珠光体片层间距 S 控制,而元素 Si 固溶强化作用的份额保持在 13%，铁素体晶粒尺寸和元素 Mn 的作用都减为零。

抗拉强度 σ_b 可用下式表示：

$$
\begin{aligned}
\sigma_b = f_\alpha^{1/3}[246 + 1143w(固溶N)^{1/2} + 18.1d^{-1/2}] \\
+ (1 - f_\alpha^{1/3})(719 + 3.5S^{-1/2}) + 97w(Si)
\end{aligned} \tag{3.29}
$$

式中虽未见 Mn 项，但 Mn 是通过提高淬透性而减少铁素体体积分数 f_α、细化铁素体晶粒尺寸 d、细化珠光体片层间距 S 来间接起作用的。

铁素体+珠光体组织的形变强化速率与珠光体体积分数呈线性关系，随着珠光体体积分数由 15%增加到 90%，形变强化速率则自 1150MPa 线性增大至 2250MPa。

塑性则不同，随着珠光体体积分数的增加，塑性指标均匀真应变 ε_u 和破断真应变 ε_t 呈指数降低；随着珠光体体积分数由 10%增加至 100%，均匀真应变 ε_u 和破断真应变 ε_t 呈指数分别由 0.25 和 1.3 降低至 0.1 和 0.3。但其指数关系并不强烈，在小范围内可看成线性关系，例如，在低碳钢中就视其为线性关系。

铁素体-少量珠光体组织的韧脆转变温度 T,取决于珠光体的多少(也可用铁素体体积分数 f_α 表示)、珠光体团的尺寸 p、珠光体片层间距 S、珠光体中渗碳体片的厚度 t、铁素体的晶粒尺寸 d，其方程如下(皮克林，1999)：

$$
\begin{aligned}
T = f_\alpha(-46 - 11.5d^{-1/2}) + (1 - f_\alpha)[-335 + 5.6S^{-1/2} - 13.3p^{-1/2} \\
+ (3.48 \times 10^6)t] + 49w(Si) + 762w(固溶N)^{1/2}
\end{aligned} \tag{3.30}
$$

明显可见，细小的铁素体晶粒尺寸 d 和细小的珠光体团尺寸 p 均有益于韧脆转变温度 T 降低，而珠光体片层间距 S 和珠光体中渗碳体片的厚度 t 对韧脆转变温度 T 是有害的。因此应减小 S 和 t 的值以改善韧脆转变温度 T。同时可见，固溶强化和沉淀强化都有损于韧脆转变温度 T。

由方程(3.30)可见，S 与 t 对韧脆转变温度 T 的影响是相反的，减小 S 使韧脆转变温度 T 升高，而减小 t 却可降低韧脆转变温度 T。于是，在亚共析成分钢中用控制奥氏体分解温度、控制冷却速率、加入合金元素等方法获得伪共析珠光体团时，其 S 尽管与平衡珠光体团中的 S 等值，但由于渗碳体较少，其渗碳体片层厚度 t 比平衡珠光体团中的 t 要薄，较薄的片层会有较好的塑性，也就必然对降低韧脆转变温度 T 有利，尽管此时铁素体团的量会有所减少。显然，在亚共析钢中获得铁素体+伪共析珠光体组织，对降低韧脆转变温度 T 是有利的。

铁素体-少量珠光体组织的韧脆转变温度 T 受铁素体和珠光体量的影响。随着珠光体量的增多，韧脆转变温度 T 升高；随着珠光体团尺寸 p 和铁素体晶粒尺寸 d 的减小，韧脆转变温度 T 降低。

Gladman(皮克林，1999)建立了在铁素体+珠光体的组织中存在伪共析珠光体时 t 与 S 的关系方程：

$$t = 0.12S / [(0.8 f_p / w(\mathrm{C})) - 0.12] \tag{3.31}$$

并由此可求取最低韧脆转变温度 T 时的最佳伪共析珠光体的片层间距 S_{opt} (皮克林，1999)：

$$S_{\mathrm{opt}} = \left\{ 6.70 \times 10^6 [(0.8 f_p / w(\mathrm{C})) - 0.12] \right\}^{2/3} \tag{3.32}$$

铁素体-珠光体组织的上平台冲击能 C_v 随珠光体体积分数的增大而呈指数下降。珠光体体积分数约为15%时上平台冲击能约为200J，珠光体体积分数约为35%时上平台冲击能约为100J，珠光体体积分数约为48%时上平台冲击能约为76J，珠光体体积分数约为70%时上平台冲击能约为55J，珠光体体积分数约为100%时上平台冲击能降至约40J。在低碳钢的局部范围可视其为线性关系。

2. 团状铁素体+少量珠光体团的组织与性能

本节适用于含0.1%～0.2%C的低碳钢和低合金高强度钢。低合金高强度钢依加工方法的不同，其组织可以大致分为多边形铁素体+少量珠光体团组织、细晶粒铁素体+少量 MA 组织、极细铁素体+少量贝氏体+少量 MA 组织、控制轧制且控制冷却加工的极细铁素体+少量珠光体团+少量贝氏体组织等。这就使得这种以铁素体为主的复相组织在核电工程材料上相当重要。

低合金高强度钢由普通轧制或控制轧制或正火或淬火+回火或形变热处理等获得细晶粒的强化组织(如铁素体 F+珠光体 P、低碳索氏体 S、低碳贝氏体 B、低碳马氏体 M、铁素体 F+岛状马氏体 M+奥氏体 A 等)，使钢既具有较高的屈服强度和良好的塑性及韧性与低的韧脆转变温度的综合力学性能，又兼具良好焊接性等加工工艺性，还具有较好的耐大气腐蚀性，以达到提高构件服役可靠性、延长使用寿命及减轻构件质量与降低成本费用的目的。

尽管低合金高强度钢的复相组织多种多样，但最基础的还是团状铁素体+少量珠光体团的复相组织，这就是本节研讨的主题。

1) 屈服强度

低碳钢与微合金化的低合金高强度钢通常具有以多边形铁素体为主体的组织，在这种钢的组织中，非铁素体的量，如珠光体的体积分数通常仅为5%～15%。

研究表明，当珠光体体积分数小于 20%时，铁素体晶粒的相互连接是贯通的，少量团状珠光体几乎对组织以铁素体为主的钢的屈服强度 σ_y 不产生影响(几乎不影响屈服时的位错滑移)，这种钢的屈服强度取决于铁素体中合金元素的固溶强化及晶粒尺寸，铁素体晶粒尺寸随 $\gamma \rightarrow \alpha$ 转变温度的降低而细化。也就是说，这样的珠光体量对条件屈服强度的影响是微弱的，可以忽略。这种钢的条件屈服强度可以用方程(3.33)的形式表示(皮克林，1999)：

$$\sigma_y = \sigma_i + 37w(\text{Mn}) + 83w(\text{Si}) + 2918w(\text{固溶N}) + 15.1d^{-1/2} \tag{3.33}$$

式中，σ_i 即为方程(3.1)中的 σ_i 项，与检测试样的冷却方式有关，空冷时 $\sigma_i = 88\text{MPa}$，炉冷时 $\sigma_i = 62\text{MPa}$，这与铁素体中是否固溶有饱和碳原子有关。位错锁闭常数 k_y 为 $14 \sim 23\text{MPa} \cdot \text{mm}^{1/2}$，通常取 $15 \sim 18\text{MPa} \cdot \text{mm}^{1/2}$，此处取 $15.1\text{MPa} \cdot \text{mm}^{1/2}$。

在铁素体温区控制轧制时，除由动态回复过程形成亚晶粒之外，还会产生晶体学织构，这种织构能使铁素体屈服强度略升高 30MPa。这就是方程(3.1)中的晶体学织构的强化项 σ_t，这也是终轧温度的函数。

方程(3.1)中的林位错强化项 σ_d (由降低转变温度或低温轧制而引入)可由如下方程求出：

$$\sigma_d = \alpha Gb\rho^{1/2} \tag{3.34}$$

式中，α 为常数；G 为切变模量；b 为伯格斯矢量；ρ 为林位错密度。低温轧制而引入位错使 σ_d 强化的效果是相当显著的，当引入的位错形成亚晶粒时，屈服强度会因亚晶粒而使 $d^{-1/2}$ 每增加 1 个单位而按 Hall-Petch 关系增加 $9 \sim 15\text{MPa}$。降低转变温度的效果则较弱，当转变温度由 800℃降至 600℃时，若仍保持多边形铁素体，仅能使屈服强度增大约 60MPa。

2) 可成型性参数

薄钢板的冷成型引人关注，如流变应力 σ_f (屈服后随应变量 ε 的增加，继续塑性应变所需的应力 σ_f 值也在增大)、形变强化速率 $d\sigma/d\varepsilon$ 与形变强化指数 n、最大均匀应变量 ε_b 和破断真应变 ε_t 及破断真应力 σ_{fr} (犹如拉伸时的最大均匀面缩率 Ψ_b 和破断面缩率 Ψ_k 及破断真应力 S_k)、薄钢板的拉深成型指数 γ 等。

(1) 流变应力 σ_f。

流变应力 σ_f 影响成型所需的加工力，人们自然希望用较小的力使制品成型。

前已述及，当低碳钢中珠光体含量小于 20%时，几乎对钢的屈服强度 σ_y 不产生影响。然而，珠光体对随应变增加而增加的流变应力确有影响。有流变应力 σ_f 关系式(皮克林，1999)：

$$\sigma_{f(\varepsilon=0.2)} = 246 + 45w(\text{Mn}) + 138w(\text{Si}) + 920w(\text{P}) + 120w(\text{Sn})$$
$$+ 3750w(\text{固溶N}) + 4.2w(\text{珠光体}) + 15.0d^{-1/2} \tag{3.35}$$

由式(3.35)可见，对流变应力有重要影响的因数有三：合金元素对铁素体的固溶强化、珠光体体积分数、铁素体晶粒尺寸。铁素体晶粒尺寸的作用在于：对于一定的应变量ε，晶粒越细小，需要启动的滑移位错便越多，位错密度ρ增大，林位错也就会越多，滑移位错的锁定和启动也就越多；并且随应变量ε的增加，需要更大的应力以启动更难启动的锁定得更牢的位错。应变量ε越大，铁素体晶粒尺寸的作用越强烈。

(2) 形变强化速率$d\sigma/d\varepsilon$与形变强化指数n。

对形变强化速率$d\sigma/d\varepsilon$可建立关系式(皮克林，1999)：

$$(d\sigma/d\varepsilon)_{(\varepsilon=0.2)} = 385 + 57w(\text{Mn}) + 110w(\text{Si}) + 460w(\text{P}) + 150w(\text{Sn})$$
$$+ 1510w(\text{固溶N}) + 1.4w(\text{珠光体}) + 15.4d^{-1/2} \tag{3.36}$$

与流变应力σ_f相仿，合金元素对铁素体的固溶强化、珠光体体积分数、铁素体晶粒尺寸三因素决定形变强化速率$d\sigma/d\varepsilon$。但随着应变量ε的增大，珠光体体积分数的作用减弱。

当ε值较小时，$d\sigma/d\varepsilon$较大；随着ε值增大，$d\sigma/d\varepsilon$减小。顺便指出，最大均匀真应变ε_b在数值上$\sigma_f = (d\sigma/d\varepsilon)$。均匀真应变$\varepsilon_b$与均匀面缩率$\Psi_b$的关系为

$$\varepsilon_b = \ln(1-\Psi_b)^{-1} \tag{3.37}$$

当$\varepsilon_b = 1$时，$\Psi_b = 63.212\%$。

Hollomon 关系式为

$$\sigma_f = K\varepsilon^n \tag{3.38}$$

式中，K为形变强化系数；n为形变强化指数。由方程(3.38)可知K值为$\varepsilon=1$时的真应力σ_f值；n值大于0而小于1(理想塑性体$n=0$，理想弹性体$n=1$)。显然对σ_f的影响程度n强于K，也就是说n的指标价值高于K，因而n广为应用。

影响形变强化指数n值的因素有：铁素体晶粒尺寸、代位固溶强化元素、弥散沉淀微粒子、珠光体片层间距等。

n值随着铁素体晶粒尺寸的增大而升高，即细晶粒钢具有较小的形变强化指数，而粗晶粒钢的形变强化指数较大(皮克林，1999)：

$$n = 5(10 + d^{-1/2})^{-1} \tag{3.39}$$

比较式(3.35)和式(3.36)可见，一般代位固溶强化元素增大σ_f的作用强于增大$d\sigma/d\varepsilon$的作用，因而一般代位固溶强化元素都使n值降低，见表3.2(皮克林，1999)。

表 3.2 代位固溶强化元素对 n 值的作用

元素	每 1%元素使 n 值的变化量	元素	每 1%元素使 n 值的变化量
Cu	−0.06	Ni	−0.04
Si	−0.06	Co	−0.04
Mo	−0.05	Cr	−0.02
Mn	−0.04		

　　弥散沉淀微粒子对 n 和 $d\sigma/d\varepsilon$ 值的影响在于弥散微粒与基体的相界面结构。本书已经剖析过位错与弥散微粒间的相互作用，就相界面结构而论，当弥散微粒与基体的相界面结构为共格或半共格时，弥散微粒不能阻挡位错的滑移，位错易于切割粒子继续滑移。而当此相界面为无位向关系界面时，微粒借助相界面的帮助而阻止位错滑移，此时位错欲继续滑移，便只有绕过微粒或交滑移并形成蜷线位错，使位错增殖，引起强化。因此，当弥散微粒与基体的相界面结构为共格或半共格时，对 $d\sigma/d\varepsilon$ 值影响微弱；而当此相界面为无位向关系界面时，弥散微粒增大 $d\sigma/d\varepsilon$ 值，降低 n 值，这个效应在应变量 ε 较小时更为明显。

　　珠光体增大 $d\sigma/d\varepsilon$ 值，这是由于珠光体的层片结构割裂了铁素体，使铁素体中位错滑移的平均自由程大幅度减小，需要启动更多的位错参与滑移，才能达到所需的应变量 ε，此时这众多位错滑移中的林位错切割也就明显增多。因此，珠光体的片层间距越小，增大 $d\sigma/d\varepsilon$ 值的效应也就越大。

　　(3) 均匀应变和破断应变与应力。

　　最大均匀应变量 ε_b 越大越有利于薄钢板的成型，而破断真应变 ε_t 限制了成型的能力。它们可用如下关系式定量描述(皮克林，1999)：

$$\varepsilon_b = 0.27 - 0.016w(珠光体) - 0.025w(Mn) - 0.044w(Si) \\ - 0.039w(Sn) - 1.2w(固溶N) \tag{3.40}$$

$$\varepsilon_t = 1.3 - 0.020w(珠光体) + 0.3w(Mn) + 0.2w(Si) - 3.4w(S) \\ - 4.4w(P) - 0.29w(Sn) + 0.015d^{-1/2} \tag{3.41}$$

　　增大 $d\sigma/d\varepsilon$ 的因素会使真应变 ε_b 增大。由方程(3.40)可见，ε_b 不受晶粒尺寸的影响，这是由于方程(3.35)和方程(3.36)中晶粒尺寸的系数几乎相等。合金元素是由于对 $d\sigma/d\varepsilon$ 的影响小于对 σ_f 的影响而降低 ε_b。珠光体降低 ε_b 也是由于它对 $d\sigma/d\varepsilon$ 的影响小于对 σ_f 的影响。但经球化热处理使珠光体中割裂铁素体的渗碳体薄片变成密集弥散的微粒子，增大了 $d\sigma/d\varepsilon$，因而 ε_b 增大。

　　方程(3.41)中 S 和 P 以它们形成的夹杂物的形式出现，类似夹杂物作用的还有碳化物，这些夹杂物和碳化物严重损害破断真应变 ε_t。这是因为在塑性变形中，这些夹杂物和碳化物自身开裂而形成空腔，或这些夹杂物和碳化物与基体的相界面局部失去结合而开裂形成空腔，这些开裂的空隙在应力作用的位错参与下合并生长而形成裂纹，酿成破断，从而严重损害破断真应变 ε_t。

比较夹杂物和碳化物粒子尺寸与粒子体积分数(粒子间距密度)发现，粒子尺寸对破断真应变 ε_t 的影响较小。随粒子尺寸的增大影响也增大。研究表明，当粒子尺寸小到 10nm 及以下时，便不会成为启裂源。

夹杂物的形态与位向分布对破断真应变 ε_t 有重要影响，钢板纵向的破断真应变 ε_t 明显高于横向的。这时 MnS 夹杂在热轧中被拉长成沿钢板纵向分布的条形，纵向的应力不易引起条形夹杂之间横向空隙的合并(空隙间距主宰空隙合并)及条形夹杂尖端空隙的生长(空隙前端曲率主宰空隙长大)；而横向则较容易发生空隙的合并与生长。

由方程(3.41)可知，珠光体对破断真应变 ε_t 有害。但是粒状的碳化物(粒状珠光体)比起片状碳化物(片状珠光体)，损害影响要小得多。对于粒状碳化物，对破断真应变 ε_t 损害较小的认识是，碳化物粒子在低应变时通常不会开裂或相界脱开而形成空腔。碳化物粒子开裂或脱开形成空腔的应变随碳化物粒子体积分数的增大而减小。

珠光体的层片越细，破断真应变 ε_t 值越高，因而在冷变形时细层片珠光体可以经受变形而不开裂。这个特性用来制造超高强度的冷拉钢丝。

破断之前大量的塑性变形相当于晶粒被碎化，这既增大了总的破断伸长率，更增大了破断真应力 σ_{fr}。破断真应力 σ_{fr} 受控于珠光体体积分数和晶粒尺寸，其定量关系式如下(皮克林，1999)：

$$\sigma_{fr} = 493 - 3.4w(珠光体) + 44.7\, d^{-1/2} \tag{3.42}$$

(4) 拉深成型指数 γ。

薄钢板的冷拉深成型以指数 γ 表征：

$$\gamma = \varepsilon_w / \varepsilon_t \tag{3.43}$$

式中，γ、ε_w、ε_t 的意义见方程(3.10)。γ 值越大，成型性越好；薄钢板的塑性异向性越小，γ 值越大。

立方织构{111}有利于 γ 值的提高：

$$\gamma = 0.8 + 0.6 \log[\, I_{(111)} / I_{(100)} \,] \tag{3.44}$$

式中，I、$I_{(111)}$、$I_{(100)}$ 的意义见方程(3.11)。

指数 γ 还受控于晶粒尺寸，晶粒越粗成型性越好。对于沸腾钢，有

$$\gamma = \gamma_0 - kN \tag{3.45}$$

式中，γ_0 与 k 是常数；N 是 ASTM 晶粒度号数。若将晶粒度号数 N 换算成晶粒的平均弦长 d，则有

$$\gamma = 4.5 + 1.99\, \log d \tag{3.46}$$

3) 韧性

韧性包括抗脆性解理破断的能力和抗低能塑性破断的能力。抗脆性解理破断的能力以韧脆转变温度(DBTT)衡量,DBTT 指标可以是用夏比 V 型缺口系列冲击能量得到的韧脆转变温度 ITT,也可以是 50%断口形貌的韧脆转变温度 FATT。抗低能塑性破断的能力以 V 型缺口夏比冲击上平台冲击能量(CSE)衡量,或直接简记为 C_v。ITT 和 FATT 越低越安全,而 CSE 越高越安全。

(1) 韧脆转变温度。

多边形铁素体-珠光体组织的韧性通常以夏比 V 型缺口摆锤冲击试验所得韧脆转变温度以及上平台冲击能 W_t 度量。韧脆转变温度的定量关系有(皮克林,1999)

$$
\begin{aligned}
\text{ITT}(℃) = &-19 + 44w(\text{Si}) + 700w(\text{固溶N})^{1/2} \\
&+ 2.2w(\text{珠光体}) - 11.5d^{-1/2}
\end{aligned}
\tag{3.47}
$$

由式(3.47)可见,合金元素一般因固溶强化增加流变应力而升高韧脆转变温度 T(表 3.3)。因合金化而引入的沉淀强化均升高韧脆转变温度 T,σ_p 值增加 1MPa,能使韧脆转变温度 T 升高 0.2~0.5℃。细化晶粒降低韧脆转变温度 T 是众所熟知的,有多种细化晶粒的方法,如冶金的方法、合金化的方法、热处理的方法等。

表 3.3　铁素体中固溶元素对韧脆转变温度 T 的影响

元素	σ_d 每增 1MPa 引起 T 的变化/℃	元素	σ_d 每增 1MPa 引起 T 的变化/℃
Ni	−0.9	Si	+0.5
Mn	−0.3	C(间隙固溶)	+0.7
Cu	+0.4	N(间隙固溶)	+2.0
Mo	+0.5	P	+3.5

位错在式(3.47)中的作用尚未列入,这与其组态有关。一般而言,林位错增大流变应力而升高韧脆转变温度 T,林位错 σ_d 每增大 1MPa 韧脆转变温度 T 约升高 0.2℃。当位错在中温回复和高温回复中形成亚晶界时,细化晶粒而有益于降低韧脆转变温度 T。

式(3.47)表明,珠光体的存在对韧脆转变温度 T 是有害的。减少珠光体含量可降低韧脆转变温度 T,这是珠光体中渗碳体片层开裂所致(皮克林,1999)。

当渗碳体等碳化物在铁素体晶界形成碳化物薄膜(尽管是局部的)时,特别是当膜厚在 2μm(此时 DBTT 约为 10℃)以上时,DBTT 急剧升高,膜厚 4μm 时情况恶化至极,DBTT 升高到 60℃以上。应力会使碳化物开裂,并引起解理破裂。Mn 元素抑制这种晶界碳化物的形成,对改善韧脆转变温度是有利的。显然,细化晶粒增大了晶界面积，对减薄晶界碳化物厚度和改善韧脆转变温度是有利的。

微合金化钢的韧脆转变温度 $T(℃)$ 与沉淀强化 σ_p 和碳化物厚度 t 的关系可定量地用方程(3.48)描述(皮克林，1999)：

$$T=46+0.45\sigma_p+131\,t^{1/2}-12.7\,d^{-1/2} \tag{3.48}$$

在铁素体区控制轧制的薄钢板往往存在织构 $\{100\}\langle011\rangle$，钢板纵向韧脆转变温度 $T(℃)$ 与织构的关系为(皮克林，1999)：

$$T=75-13.0\,d^{-1/2}+0.63P \tag{3.49}$$

式中，P 为铁素体织构参数：

$$P=[(I_{111})_{RP}\cdot(I_{110})_{TP}]-1 \tag{3.50}$$

其中，$(I_{111})_{RP}$ 是轧制平面 $\{111\}$ 的相对强度；$(I_{110})_{TP}$ 是横向平面 $\{110\}$ 的相对强度。

钢板纵向平台能与铁素体织构参数呈现指数关系，织构参数为 1 时平台能约为 175J，织构参数为 2 时平台能降为约 120J，织构参数为 4 时平台能降为约 80J，织构参数为 8.5 时平台能降为约 40J。

(2) 平台能。

铁素体+珠光体组织中珠光体量的增多，也就是碳含量的增多，降低上平台能 C_v。对于板材的横轧向 C_v(J)，有定量关系(皮克林，1999)：

$$\begin{aligned}C_v={}&112-832w(S)-43w(Al)+107w(Zr)\\&-0.18\sigma_p-0.76w(珠光体)-2.8d^{-1/2}\end{aligned} \tag{3.51}$$

由式(3.51)可见，珠光体量的负面影响是微弱的。铁素体晶粒尺寸的负面影响也是微弱的。沉淀强化每增加 10MPa 便降低横轧向 C_v 值 2J。

式(3.51) 中杂质硫强烈损害钢板的横轧向 C_v 值，脱氧和细化晶粒用的铝也明显损害钢板的横轧向 C_v 值，这实质上是硫化物夹杂和氧化物夹杂的损害作用。S 含量与 MnS 夹杂量呈比例关系，显著损害上平台冲击能。MnS 夹杂在热轧时被拉长，从而造成上平台冲击能的异向性，0.05%S 的上平台冲击能纵向和横向分别约为 130J 和 80J，0.1% S 的上平台冲击能纵向和横向分别降为约 100J 和 50J，当 S 含量增至 0.2% 时上平台冲击能纵向和横向分别更降为约 80J 和 30J。微量锆的良好作用在于它改善了夹杂物的形态，使 MnS 夹杂在热轧时极少被拉长，从而减少上平台冲击能的异向性。稀土元素的加入更为有效，可使 MnS 夹杂进一步改善甚至消除上平台冲击能的异向性。MnS 夹杂长度尺寸的缩短使断裂韧度 COD 值得以改善，随 MnS 夹杂长度 L(mm)增大断裂韧度 COD(mm)线性降低：

$$COD=1.69-1.13L \tag{3.52}$$

夹杂物之间的分隔距离 $h(\mu m)$ 越远，其断裂韧度 COD 也得以改善，呈线性增大：

$$COD = -0.02 + 0.00136h \tag{3.53}$$

Baker 指出，小于 5μm 的微小夹杂物危害甚小，在于微小夹杂物在热轧时不易变形拉长。

4) 低合金高强度钢的强韧化设计

这种低合金高强度钢的基本要求是高的屈服强度 σ_y 和低的 ITT 的最佳组合。以铁素体+20%珠光体、σ_y=30MPa、ITT=50℃为基准，当成分因素的合金元素能使 σ_y 每提高 15MPa 时，Al 使 ITT 降低 27℃，Mn 则降低 5℃，而 Si 却升高 8℃，C 升高 10℃，S 升高 17℃，N 升高 30℃，P 升高 53℃；当组织因素中能使 σ_y 每提高 15MPa 时，晶粒细化使 ITT 降低 10℃，析出强化则升高 4℃，位错强化升高 6℃。由此可知：

(1) 晶粒尺寸的细化最为重要，越细越好。

(2) 采用较少的珠光体含量和较低的碳含量。

(3) 沉淀析出强化对韧性的损害小于位错强化，为提高屈服强度可考虑选用前者。

(4) 固溶强化除 Mn、Ni 元素之外均要避免，Mn 不超过 1.6%，Ni 成本太高。

(5) P、N 元素的脆化作用很大，必须降到最低。

(6) Al 元素不可缺少，但要控制得当。较多 Al 会因固溶而升高 ITT。0.04% 的少量 Al 形成 AlN 时，既可因除 N 而降低 ITT，也可因 AlN 细化晶粒而降低 ITT。

3. 铁素体+马氏体-奥氏体岛的组织与性能

双相钢是具有在细晶粒铁素体(F)上含有马氏体-奥氏体无规岛状组织团(称为 MA 岛)的低碳低合金高强度钢，该类钢兼具较高强度(达 800MPa 以上)和优良冷成型性，可轧制成薄钢板使用。MA 岛的体积分数有 10%~40%不等(常用的为 15%~25%，这时的力学性能最佳)。细晶粒铁素体+马氏体-奥氏体岛(F+MA 岛)组织的获得有两种加工方法：一是在铁素体+奥氏体的双相区加热，以较快的速度冷却使奥氏体团全部或部分转变成马氏体(总是有残余奥氏体伴随着马氏体存在，尽管残余奥氏体量很少，仍记为 MA 岛)。在两相区温度，由于合金元素在奥氏体和铁素体中的固溶度不同，碳和其他一些元素多富集在奥氏体中，致使铁素体的纯净度较高。二是在铁素体+奥氏体的双相区进行控制轧制和控制冷却。MA 岛呈橄榄形，其长径比(λ/ϕ)为 2.4~4.0，多孤立地靠近原奥氏体晶界分布。MA 岛实际上可以简明地理解为马氏体岛。

1) 铁素体的相硬化与马氏体的相软化

马氏体的相软化是指在 F+MA 岛双相组织中的马氏体相的硬度低于相同碳含

量单相马氏体的硬度，而且随着马氏体量的减少(铁素体量的增多)，其硬度更低。铁素体则相反，其硬度高于单相铁素体的硬度，而且随着马氏体量的增多(铁素体量的减少)其硬度更高，此即铁素体的相硬化。铁素体相硬化与马氏体相软化是相伴发生的。

铁素体的相硬化是由于在奥氏体→马氏体转变时的体积膨胀挤压铁素体，引发了铁素体的塑性应变而导致一些位错的解锁和增殖，导致铁素体的形变强化。并且铁素体中的位错密度随马氏体量的增多而增大。

马氏体的相软化可能与马氏体形成时所产生的局部内应力有关，该内应力能导致低应力下的塑性变形，也可能与马氏体相变相伴的奥氏体的存在密不可分。

2) 双相钢的强度

F+MA 岛双相钢在冷成型前的原始屈服特性有三：连续屈服、低屈服强度与低屈强比、高均匀伸长率。

由于双相区淬火加热时碳和合金元素大多固溶于奥氏体中而使铁素体较为纯净，又由于淬火时奥氏体转变为马氏体挤压了铁素体，致使马氏体与铁素体相界紧邻马氏体的铁素体中因挤压而产生相当高密度的可滑位错，这些因马氏体形成而在铁素体中诱发的位错未被间隙原子锁住，是连续屈服而无 Lüders 屈服应变的重要原因。双相钢的抗拉强度随马氏体量的增多而升高；但屈服强度取决于相硬化的铁素体，屈服强度开始降低然后增大，这是由于太少的马氏体不致引起铁素体的相硬化，这时的屈服是间隙原子锁住位错的非连续屈服，存在应变。在屈服强度降至最低值时便是 $\gamma \rightarrow \alpha'$ 转变导致铁素体相硬化形成连续屈服的马氏体量的最低临界值。此临界值还取决于铁素体的晶粒尺寸、铁素体中的固溶碳含量、MA岛的大小和分布。此后屈服强度随 MA 岛量的升高是 $\gamma \rightarrow \alpha'$ 转变导致铁素体相硬化进一步增强的结果，而 MA 岛基本不参与应变，因而屈服强度与 MA 岛无关。

与铁素体+碳化物钢相比，F+MA 岛双相钢的屈强比通常低至 0.5 甚至更低。但铁素体的晶粒尺寸都在按 Hall-Petch 关系影响双相钢的屈服强度。

双相钢在冷成型前的原始抗拉强度 σ_{bDp} 取决于 MA 岛承受的拉伸应力(MA岛强度利用率、MA 岛抗拉强度 σ_{bMA}、MA 岛体积分数 f_{MA} 三者之积)和铁素体基体承受的最大拉伸应力(铁素体抗拉强度 σ_{bF} 与铁素体体积分数之积)(雷廷权等，1988)：

$$\sigma_{bDp} = \left[(2 \times 3^{1/2})^{-1} \beta + 0.65 \right] (\sigma_{bMA} / \sigma_{bF})^{-1} \sigma_{bMA} f_{MA} + \sigma_{bF} (1 - f_{MA}) \quad (3.54)$$

式中，β 为 MA 岛的长/径比(λ / ϕ)；0.65 为普通低碳钢中铁素体相的屈强 $(\sigma_{sF} / \sigma_{bF})$ 比的约略值；$[(2 \times 3^{1/2})^{-1} \beta + 0.65] (\sigma_{bMA} / \sigma_{bF})^{-1}$ 为马氏体强度利用率；$[(2 \times 3^{1/2})^{-1} \beta + 0.65] (\sigma_{bMA} / \sigma_{bF})^{-1} \sigma_{bMA} f_{MA}$ 为马氏体岛承受的拉伸应力；$\sigma_{bF}(1 - f_{MA})$ 为铁素体基体承受的最大拉伸应力。鉴于 σ_{bMA} 和 σ_{bF} 难以实际测量，可用显微硬度(HV)

检测，再换算为强度。

式(3.54)中马氏体强度利用率$[(2\times3^{1/2})^{-1}\beta+0.65](\sigma_{bMA}/\sigma_{bF})^{-1}$表示马氏体抗拉强度$\sigma_{bMA}$对双相钢的抗拉强度$\sigma_{bDp}$贡献的份额，一般这个份额在 40%以上，这也就是双相钢具有较高强度的缘由。β是影响马氏体强度利用率的重要因素，MA 岛的长/径比越大，马氏体强度利用率就越高。采用预淬火后再亚温淬火获得双相组织，可以利用亚温淬火时奥氏体对预淬火马氏体板条的记忆而获得长/径比大的 MA 岛，能使马氏体强度利用率高达 60%～70%。

3) 双相组织的塑性变形与形变强化

铁素体(F)中解锁位错的存在决定了 F+MA 岛双相组织的塑性变形必然起始于铁素体中位错的滑移(扫描电子显微镜下微试样的原位动态拉伸观察证明确实如此)，而且不存在低碳钢中常见的 Lüders 应变，无锯齿屈服平台，无表面橘皮缺陷。在整个变形初期均是铁素体在变形，遵守双相变形的等应力模型。随着变形量的不断增大，在颈缩前后，MA 岛才参与到变形中。MA 岛量多或碳含量低或回火温度高时，MA 岛常在颈缩之前参与变形；而当 MA 岛少或碳含量高或回火温度低时，MA 岛常在颈缩之后参与变形。也就是说，MA 岛起始变形的早晚取决于 MA 岛与铁素体两者间的强度差异，差异小则 MA 岛起始变形早，差异大则 MA 岛起始变形晚。当 MA 岛参与变形之后，随着变形量的不断增大，铁素体变形所占份额逐渐减少，MA 岛变形所占份额逐渐增大，两者变形份额差距随变形量的不断增大越来越小。这时的双相变形可用等应变模型处理。

塑性变形的结果是使团状铁素体(F)晶粒顺拉伸方向拉长，橄榄形 MA 岛的长/径比增大。以铁素体+奥氏体双相区淬火成 F+MA 岛组织的双相钢，经不同量的冷轧后其铁素体晶粒和 MA 岛被拉长可见塑性变形时两相形态的变化，铁素体的变形程度(以铁素体的长/宽比 L/a 表示)要比 MA 岛的变形程度(以长/径比λ/φ表示)大许多，两者均随冷轧变形量的增大而增大。并且两相的相对变形程度与 MA 岛的体积分数 f_{MA} 有关，随 MA 岛体积分数 f_{MA} 的增大，铁素体的变形程度趋于减小，而 MA 岛的变形程度趋于增大。

MA 岛中的奥氏体是不稳定的，塑性变形诱发奥氏体转变为马氏体。在变形过程中，这种塑性变形诱发的马氏体相变造成了强化，这有利于抑制颈缩和提高塑性，且有利于提高冷成型性。这是相变诱导塑性(transformation induced plasticity，TRIP)的实例。

双相钢不仅有优良的冷成型性，而且在冷成型过程中还有良好的形变强化(加工硬化)特性，这就使得双相钢经冷成型后的制品还具有相当高的强度特性，能够较良好地满足制品的力学强度要求。F 相和 MA 岛各自的变形程度不同，其形变强化程度也不同。F 相和 MA 岛各自的显微硬度都随冷轧变形率的增大而升高，强化趋势初始时大，然后逐渐减缓。MA岛的体积分数f_{MA}对F相和MA岛显微硬度的升高有相反的效果，f_{MA}的增大使F相的强化增强，而MA岛的强化却减弱。当MA岛的尺寸一定时，f_{MA}决定了形变强化速率和抗拉强度，二者随f_{MA}的增多而升高。当f_{MA}一定时，随着MA岛尺寸的减小，形变强化速率和塑性增大。因此强度的改善主要取决于f_{MA}，而形变强化速率和塑性的增大主要取决于MA岛尺寸的减小。显然，MA岛的几何必须位错决定了双相钢在大应变时的形变强化特性。

由双相钢经不同量的冷轧后其强度和塑性的变化可见，双相组织早期的形变强化能力提高非常显著，塑性下降也很快，随变形量增大强化趋势减缓，变形量达20%以上时强化量有限，塑性也趋于稳定。

必须明确的是，F+MA岛双相钢虽然有优良的冷成型性，但深冲性却不良。马氏体对深冲性是有害的，因而双相钢不会有高的拉深成型指数γ值。只有固溶强化的钢才能在获得良好深冲性的同时具备良好的强度。

4) 成型性参数

双相钢的优良成型性中最为重要的可成型性参数，是塑性失稳前的均匀应变ε_b与破断时的总应变ε_t。

双相钢的ε_b是拉深成型时重要的抗颈缩参数指标，其值越大成型性便越好。ε_b通常大多与铁素体晶粒尺寸无关，而受流变应力σ_f与形变强化速率$d\sigma/d\varepsilon$影响。当$d\sigma/d\varepsilon$高时ε_b就高。σ_f和$d\sigma/d\varepsilon$受f_{MA}和长度尺寸λ的控制，当真应变ε恒定时，对于$f_{MA}=0.2$的典型双相钢有关系式(3.55)与式(3.56)(皮克林，1999)。MA岛长度尺寸λ对$d\sigma/d\varepsilon$的影响更为强烈，随着λ的减小$d\sigma/d\varepsilon$急速增大。σ_f和$d\sigma/d\varepsilon$随f_{MA}的增大而增大。本书指出，当$f_{MA}=0.3$时关系式成为式(3.57)和式(3.58)。因此，为改善冷成型性，就要获取大的ε_b值，这可以用增大f_{MA}和减小λ获得。由式(3.58)可知，MA岛的长/径比越大，马氏体强度利用率也就越大，双相钢抗拉强度也就越高。σ_{bDp}与ε_b似不可兼得，这就应在两者之间取舍以取得恰当的平衡，既满足制品的力学性能σ_{bDp}要求，又满足加工工艺对ε_b值的需要。

$$\sigma_{f(\varepsilon=0.2)} = 350 + 18.1\lambda^{-1/2}, \quad f_{MA}=0.2 \tag{3.55}$$

$$d\sigma/d\varepsilon_{(\varepsilon=0.2)} = 40.1\lambda^{-1/2}, \quad f_{MA}=0.2 \tag{3.56}$$

$$\sigma_{f(\varepsilon=0.2)} = 370 + 22.5\lambda^{-1/2}, \quad f_{MA}=0.3 \tag{3.57}$$

$$d\sigma/d\varepsilon_{(\varepsilon=0.2)} = 51.6\lambda^{-1/2}, \quad f_{MA}=0.3 \tag{3.58}$$

破断真应变ε_t也是测定可成型的指标之一，其值越大成型性便越好。F+MA岛组织在变形后破断时，裂纹起始于F与MA岛相界面的F侧。裂纹的形成控制

了 ε_t 的大小，因此破断应力 σ_{fr} 与 ε_t 有如下关系(皮克林，1999)：

$$\sigma_{\text{fr}} = 500 + 1420 f_{\text{MA}} + [40(f_{\text{MA}}/\lambda)^{1/2} + 75](\varepsilon_t - 0.2) \tag{3.59}$$

而 σ_{fr} 与各 MA 岛之间的相界面平均距离 L 及 λ 有关：

$$\sigma_{\text{fr}} = 720 + 24.4 L^{-1/2} [\lambda/(\lambda + L)]^{-1/2} \tag{3.60}$$

L、f_{MA}、λ 三者的相互关系为

$$L = \lambda(0.87 f_{\text{MA}}^{-1/2} - 0.98) \tag{3.61}$$

式(3.59)～式(3.61)显示了 ε_t 随 f_{MA}、λ 变化的规律，f_{MA} 和 λ 越小，ε_t 值便越大。当 f_{MA} 确定时，ε_t 还随 L 的减小而增大。而 L 随着铁素体晶粒尺寸的减小而减小，因而铁素体晶粒尺寸的减小对 ε_t 获得大的数值是有利的。

4. 控制轧制+控制冷却加工的精细组织与性能

1) 组织的变化与形成

低碳低合金或微合金化钢经控制轧制+控制冷却组成的热机械控制工艺(thermomechanica control process，TMCP)加工，所得组织是由两个或三个组织组分(如铁素体、珠光体、贝氏体、马氏体等)组成的多相精细组织，其特征在于沉淀相和位错亚结构的存在。这样的组织大多为极细铁素体+少量珠光体团+少量贝氏体，或极细铁素体+少量贝氏体+少量 MA 组织等。这个极细铁素体可能是多边形团状，也可能是板条状等形态，取决于钢的成分以及控制轧制+控制冷却加工的参数。

2) 屈服强度 σ_y 和韧性 FATT

屈服强度 σ_y 与固溶、沉淀、位错、亚晶、晶界等引起的强化有关(皮克林，1999)：

$$\sigma_y = (\sigma_0 + \sigma_s + \sigma_{\text{ppt}}) + \sigma_d + (k d^{-1/2} + k/d_s^{-1/2}) \tag{3.62}$$

式中，铁素体的派-纳力 σ_0、铁素体的固溶强化 σ_s、铁素体的沉淀与弥散强化 σ_{ppt} 共同组成第一项 $(\sigma_0 + \sigma_s + \sigma_{\text{ppt}})$ 的铁素体基体强化；第二项是位错强化 σ_d；铁素体晶粒直径 d 和铁素体晶粒中的亚晶粒直径 d_s 共同组成晶界强化的第三项 $(k d^{-1/2} + k' d_s^{-1/2})$。

当出现混合组织时，屈服强度 σ_y 一般遵守混合律，为各部分组织屈服强度 σ_{y1} 与 σ_{y2} 的组织、体积分数 f 之和：

$$\sigma_y = (1+f)\sigma_{y1} + f\sigma_{y2} \tag{3.63}$$

然而，低碳钢的铁素体+少量珠光体组织的屈服强度仅取决于铁素体。

韧性 FATT 的定量表达式比屈服强度要复杂得多(皮克林，1999)：

$$FATT=A+B\sigma_s+C\sigma_{ppt}+D\sigma_d-Ed^{-1/2}-Fd_s^{-1/2}+\phi \qquad (3.64)$$

式中，A、B、$\cdots$、F 为常数；ϕ 为第二相形态的可变函数。

已经查清，向钢中添加 Ni 固溶强化铁素体不会引起脆化，其他的溶质元素均以 σ_s、σ_{ppt}、σ_d 使铁素体在强化的同时也丧失韧性而造成脆化。晶界和亚晶界成为限制解理裂纹生长和扩展的单元尺寸，因而 d 和 d_s 在提高强度的同时也改善韧性，降低 FATT。至于第二相粒子(特别是大尺寸的碳化物和非金属夹杂物等)，会引致裂纹萌生和解理开裂而使 FATT 降低，但因其尺寸、形态、性态、分布、体积分数等的变化，很难做出定量化描述，因而 ϕ 以可变函数升高 FATT。

0.10%C-0.28%Si-1.6%Mn-0.020%P-0.003%S-0.03%Nb-0.08%V-0.025% Al_{sol} 钢可作为控制轧制钢板的典型例子，经 1050℃加热，$\gamma+\alpha$ 两相区控制轧制，低于 800℃的压下量为 75%，终轧温度 690℃，成型板厚 20mm，其性能达到：屈服强度 σ_y=573MPa，抗拉强度 σ_b=646MPa，伸长率 $\delta_{50.8}$=36.9%，V 型缺口夏比冲击上平台冲击能 $C_{v,-20℃}$=112J，$C_{v,-40℃}$=96J，FATT = −115℃。该钢若经 1050℃加热，γ 区控制轧制+控制冷却，低于 800℃的压下量为 75%，终轧温度 740℃，730～550℃控制冷却冷速 8℃/s，成型板厚 20mm，其性能达到：σ_y=513MPa，σ_b=621MPa，$\delta_{50.8}$=43.5%，$C_{v,-20℃}$=162J，$C_{v,-40℃}$=150J，FATT = −91℃。

又如，0.03%C-0.26%Si-1.6%Mn-0.012%P-0.001%S-0.04%Nb-0.17%Mo-0.027% Al_{sol} 钢，经 1200℃加热，$\gamma+\alpha$ 两相区控制轧制，低于 760℃的压下量为 70%，终轧温度 690℃，成型板厚 25mm，其性能达到：σ_y=477MPa，σ_b=562MPa，$\delta_{50.8}$=57.1%，$C_{v,-40℃}$=368J，FATT = −102℃。该钢若经 1200℃加热，γ 区控制轧制+控制冷却，低于 780℃的压下量为 70%，终轧温度 770℃，750～550℃控制冷却冷速 8℃/s，成型板厚 25mm，其性能达到：σ_y= 465MPa，σ_b=582MPa，$\delta_{50.8}$=57.8%，$C_{v,-40℃}$=427J，FATT = −106℃。

3) 板材的方向性

热机械控制工艺(控制轧制+控制冷却)加工的板材存在流线和织构，导致板材的方向性。流线是由 MnS 夹杂在热轧时被拉长形成的，由于钢基体和 MnS 夹杂的流变应力受温度影响的差别，MnS 夹杂在控制轧制的较低温度时更易于变形，这就使控制轧制钢中的 MnS 夹杂被拉长得更多，因而流线特征更为明显。空冷板材出现带状组织，从而导致横轧方向塑性和韧性降低，以及板材断面上的分层与开裂，甚至板材制品在 H_2S 介质中服役时产生氢诱导裂纹。然而，控制冷却可以使珠光体带被匀质分布的细小贝氏体所取代，珠光体带的消失就表征了带状组织的消除。故热机械控制工艺技术的控制轧制加重带状组织，控制冷却却能消除带状组织，改善横轧方向塑性和韧性，改善断面上的分层与开裂，降低氢诱导裂纹敏感性。

控制轧制产生的织构是导致板材方向性的另一重要原因。图 3.12 为控制轧制钢织构的极图，这些铁素体织构继承了轧制奥氏体织构，由 $\gamma \rightarrow \alpha$ 相变时 K-S 位向关系转换而成，并在 $\gamma+\alpha$ 两相区的控制轧制进一步被改变。

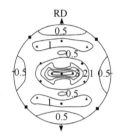 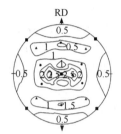

(a) 0.18%C-1.28%Mn-0.032%Nb-0.042%V, 750℃终扎

(b) 0.04%C-1.78%Mn-0.054%Nb, 780℃终扎

图 3.12 控制轧制钢的织构{200}极图(皮克林，1999)

取向表示：· {332}⟨113⟩，▲ {113}⟨110⟩，♦ {001}⟨110⟩

流线和织构对强度、韧性等力学性能有很大影响，控制轧制后力学性能的各向异性总趋势是横向强度较高，45°方向低温韧性较差(FATT 较高)。

3.3.3 铁素体-弥散微粒复相的性能

在核电站装备大量使用的板材钢的复相组织中，特别是微合金化的低合金高强度钢的铁素体相中总是弥散分布着微粒沉淀相，这些微粒沉淀相对铁素体相起到优异的强化作用，使铁素体相的性能显著变化。

1. 弥散微粒相的沉淀

1) 铁素体相中的弥散微粒相沉淀

钢的单相固溶体有铁素体和奥氏体，它们能沉淀析出碳化物、氮化物、碳氮化物。这些沉淀物呈现微粒状弥散分布，可能有利于钢力学性能的提高，但也可能损伤韧性，这取决于它们的分布状态。

铁素体中固溶的 C 含量在 A_1 温度时为 0.0218%，N 含量约为 0.4%；室温时则 C 含量几乎为 0%，N 含量也近于 0%。若含铁素体的钢从 C 或 N 的最大固溶度温度 A_1 附近快冷至室温，铁素体中固溶的 C 或 N 将会冻结在固溶状态而使铁素体被 C 或 N 过饱和。这样，铁素体将会出现两种时效现象：应变时效和淬火时效。

(1) 应变时效。

C、N 原子云集在位错应变区形成 Cottrell 气团而钉扎位错形成应变时效。应变时效导致钢的强度有所升高而塑性降低，产生非均匀屈服和 Lüders 带。这对低碳钢薄板材小塑性变形量的冲压制品的成型性和表面质量会产生严重不良影响，这是屈服早期不均匀变形的结果(然而，这并不影响大变形量时薄钢板的厚度可以均匀减薄)。为改善小变形量冲压制品的质量，可在临冲压前对钢板实施超过屈服的小量精轧，不得久置，随后立即冲压成型。

(2) 淬火时效。

将从近于C、N最大固溶度温度A_1快冷的铁素体钢置于稍高于室温加热时效，会发生Fe的碳化物、氮化物、碳氮化物的微粒弥散脱溶沉淀，即淬火时效。沉淀微粒的尺寸大小和弥散度取决于时效温度，较低温度的沉淀微粒尺寸小而弥散度高(图 3.13(a))；较高温度的沉淀微粒尺寸大且弥散度低，并可能形成粗树枝状沉淀物(图 3.13(b))。

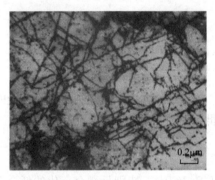

(a) 97℃时效20min位错与基体上点状沉淀的TEM像　　(b) 138℃时效10h的粗树枝状沉淀

图 3.13　0.05C-0.9Mn 钢 770℃淬火时效铁素体中的碳化物沉淀(皮克林，1999)

淬火时效对低碳薄板钢制品的加工性和质量有重大影响，淬火时效使钢的强度升高而塑性降低。强度升高虽会提高制品强度，但塑性降低却严重损害薄板材的加工成型性。

2) 奥氏体相中的弥散微粒相沉淀

C 和 N 在奥氏体中有很大的固溶度，因而微量的 C 和 N 不能发生像在铁素体中那样因固溶度变化而出现的脱溶析出现象，却能与钢中微合金化的强碳化物形成元素和强氮化物形成元素如 Nb、V、Ti、Al 等化合成碳化物、氮化物或碳氮化物，以微粒沉淀于奥氏体中的位错和相间。

(1) 微合金化的沉淀析出。

这些弥散地沉淀析出于奥氏体中的碳化物、氮化物或碳氮化物微粒，能够强烈地阻挡奥氏体晶界的迁移和晶粒长大，从而获得细晶粒组织。例如，钢冶炼时用少量 Al 补充脱氧，当奥氏体温度降低时固溶在奥氏体中的 Al，可以与固溶在奥氏体中的 N 生成弥散微粒子 AlN，强烈地钉轧奥氏体晶界，获得细晶粒钢，细晶粒组织具有良好的强度和塑性，这就是细晶粒界面强化。

不仅如此，少量 Nb、V、Ti 与 C 和 N 反应生成的碳化物、氮化物或碳氮化物微粒子弥散地沉淀析出于奥氏体中，还显著提高钢的强度，这就是弥散强化。

① 位错沉淀。低合金高强度钢正是利用这种微合金化所形成的碳化物、氮化物或碳氮化物，在热压力加工过程中于奥氏体中以弥散微粒子沉淀析出，阻止奥氏体的再结晶和晶粒长大，使奥氏体转变成铁素体的细晶粒组织，以细晶粒界面强化和弥散微粒子强化的双重综合作用，使钢获得高强度和高韧性，这用来强化低碳的薄板钢极为有效。

著名的板材控制轧制技术便是微合金化与热轧技术的结合，该技术也正在由板材加工向棒材和锻材加工推广，如 0.4C-0.15V-0.041Nb 钢，在热轧加工的终轧温度时，会有 Nb(C,N) 沉淀在形变奥氏体的位错上，这些高弥散度的微小粒子沉淀物阻止了形变奥氏体的再结晶，冷却中奥氏体相转变即获得非常细小的铁素体晶粒组织，使钢薄板材具有高强度和高韧性。

② 相间沉淀。这是微合金化钢在热轧冷却中奥氏体向铁素体相转变时，发生在奥氏体与铁素体相界面上的合金碳氮化物微粒子的沉淀。

奥氏体向铁素体相转变时，新相铁素体对母相奥氏体保持共格或准共格相界面。铁素体相生长时的相界面移动过程，是原子热激活运动的界面过程控制的台阶式生长。这时相界面移动较缓慢，新相生长速度较慢。相界面移动的方向是自己的法线方向。热激活提供原子越过相界面所克服势垒的能量。在这个过程中，新相铁素体和母相奥氏体的成分相同。铁素体相生长只需要奥氏体相原子越过相界在铁素体相界面上沉积。台阶式生长时相界面的推移速度是缓慢的。这就是低碳钢高温奥氏体冷却时铁素体相的共格半共格界面生长的台阶机制。

顺便提示，高碳钢奥氏体晶界上渗碳体网的形成机制也是这样，一些固溶体脱溶沉淀时新相也以这种机制生长。非共格界面的结构较为复杂，当出现小面化界面时，界面由密排面平台和相连的一个原子高度的台阶组成，这种界面的新相生长也是靠界面位错沿界面滑移的台阶式生长进行的。

微合金化钢在热轧冷却中发生奥氏体向铁素体相转变时，合金碳氮化物微粒的相间沉淀发生于奥氏体与铁素体的共格相界面上，而铁素体的长大以坎机制台阶生长，奥氏体与铁素体共格相界面上沉淀的微粒子便成排地埋存在铁素体中，形成排列规则的弥散微粒阵，当透射电子显微镜的入射电子束与原奥氏体和铁素体共格相界面平行时，便可看到排列规则的微粒列阵(图 3.14 及解说图 3.15)。

微粒尺寸和其列间距主要取决于沉淀温度，随着沉淀温度的降低，微粒尺寸及其列间距减小。钢中 V 含量的增加使其碳氮化物体积分数增加，因而微粒尺寸和其列间距也会稍有减小。沉淀微粒的尺寸为 3~20nm，列间距为 5~40nm。沉淀微粒与铁素体保持一定的位向关系，如 $\{100\}_{VC} // \{100\}_{\alpha}$，$\langle110\rangle_{VC} // \langle100\rangle_{\alpha}$。发生奥氏体向铁素体相转变时，在奥氏体与铁素体共格相界面上，铁素体的生长使奥氏体侧薄层中的碳发生积累，当积累超过溶度积时便发生碳氮化物的位向型形核和沉淀，沉淀使奥氏体与铁素体共格相界面奥氏体侧的薄层贫碳，这促进铁素体生长，又会使相界面奥氏体侧的薄层富碳，再发生沉淀，如此重复，便出现铁素体的阶层生长和碳氮化物的位向型阵列沉淀，这就是相间沉淀机制。

　　相间沉淀发生于奥氏体向铁素体相转变时，此时奥氏体处于 A_1 温度和贝氏体形成温度之间的 700～450℃ 温区，此温区处于珠光体形成和贝氏体形成之间。在连续冷却的情况下，相间析出仅发生在 A→P 与 A→B 之间一个相当窄的温区。

　　(2) 沉淀析出原理。

　　碳化物、氮化物或碳氮化物微粒在奥氏体中的沉淀析出原理与在铁素体中的沉淀析出不同，在铁素体中是因 C、N 原子固溶度过饱和而析出，而在奥氏体中的沉淀析出取决于 C、N 与 V、Nb、Ti 等形成合金碳化物、氮化物或碳氮化物的化学反应平衡常数或溶度积。只要这些元素在奥氏体中的溶度积大于化学反应平衡常数，必会发生沉淀析出。

图 3.14　0.2C-0.4Nb-0.15V 钢奥氏体-铁素体共格相界面上的相间沉淀物(皮克林，1999)

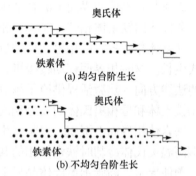

图 3.15　铁素体相均匀与不均匀阶层生长时的相间沉淀示意(皮克林，1999)

　　以 X 表示 C、N 元素，M 表示 V、Nb、Ti 等元素，碳化物、氮化物或碳氮化物的生成方程可写为

$$M + X \Longrightarrow MX \tag{3.65}$$

化学反应方程的溶度积 K 写为

$$K=[M][X] \tag{3.66}$$

式中，[ ]表示浓度。

溶度积与温度的关系为

$$\log[M][X]=-AT^{-1}+B \tag{3.67}$$

式中，A、B 为常数，可试验测定，也可用自由能数值估算。一些元素在奥氏体中的溶度积及对温度的依赖关系见式(3.67)，由 Turkdogan(皮克林，1999)的数据可

得表 3.4。

表 3.4　奥氏体中碳化物、氮化物或碳氮化物的溶度积 K 及与温度的关系

溶度积	A	B	溶度积	A	B
[Al][N]	6770	1.03	[Ti][N]	15790	5.40
[B][N]	13970	5.24	[Ti][C]	7000	2.75
[Nb][N]	10150	3.79	[V][N]	7700	2.86
[Nb][C]$^{0.87}$	7020	2.81	[V][C]$^{0.75}$	6560	4.45
[Nb][C]$^{0.7}$[N]$^{0.2}$	9450	4.12			

溶度积随温度的降低而减小，因而在温度降低时它们可能发生沉淀析出反应。溶度积越小越容易发生沉淀析出。TiN 的溶度积显著小于 VN、Nb(C,N)、NbN 的溶度积，因而微量的 Ti 便有可能沉淀析出 TiN；而少量的 V 和 Nb 在高温时常固溶于奥氏体中，只在温度较低时才发生沉淀析出反应。这又是微合金化钢的设计原理之一。

2. 铁素体弥散微粒沉淀复相的性能

1) 铁素体沉淀复相的强化性能

低碳钢铁素体+少量珠光体组织中铁素体的沉淀强化，是由微合金化元素 V、Nb、Ti 等构成它们的碳氮化物的微粒沉淀形成的，如图 3.13 所示。

铁素体中的沉淀强化对屈服强度的贡献可用 Ashby-Orowan 公式(皮克林，1999)描述：

$$\sigma_p = 5.9\, f^{-1/2} \ln[x/(2.5\times10^{-4})] \tag{3.68}$$

式中，f 是沉淀物的体积分数；x 是沉淀物微粒的平均平面切割弦长，沉淀物微粒的平均直径是其平均平面切割弦长的 1.128 倍。式(3.68)与 Gladman(皮克林，1999)对 V、Nb、Ti 微合金化钢铁素体的淬火时效碳化物沉淀强化以及奥氏体的沉淀碳氮化物沉淀强化效应精确符合，有良好的预测效果。该式表明，沉淀强化 σ_p 明显依赖于沉淀物的体积分数 f，该体积分数 f 取决于沉淀相在铁素体中的固溶度随温度的变化。对于 V、Nb、Ti 等元素的碳氮化物沉淀强化 σ_p 的最大值，必定发生在 A_1 温度的最大固溶度沉淀物的化学式计算值时。

但式(3.68) 中的 f 和 x 检测困难，不易工程应用。然而，f 和 x 与 M 合金量有关，于是 Morrison(皮克林，1999)给出了简化的经验关系：

$$\sigma_p = B[w(M)] \tag{3.69}$$

式中，B 为沉淀强化系数，其值见表 3.5。

表 3.5　微合金化碳化物或氮化物的沉淀强化系数 *B* 值

沉淀物	*B* 最大值	*B* 平均值	合金含量范围/%
VC	1000	500	0～0.15
VN	3000	1500	0～0.06
Nb(CN)	3000	1500	0～0.05
TiC	3000	1500	0.03～0.18

由于奥氏体中的沉淀会降低在铁素体中沉淀的强化效果(沉淀既可在铁素体中发生,也可在奥氏体中发生),沉淀的强化效果随奥氏体转变温度的降低而增大,约 2MPa/℃,沉淀的强化效果随冷速的减慢,即过时效而降低,沉淀物体积分数 *f* 取决于依温度而变化的固溶度,因此 *B* 值有较大散布。已经确定 σ_p 最大值出现在固溶度最大值时,这时正好是金属/碳(氮)的化学计算比值。

2) 相间沉淀的强化性能

相间沉淀的首要效用是升高铁素体的屈服强度。屈服强度增量$\Delta\sigma$(MPa)与沉淀物体积分数 *f* 和沉淀物尺寸 *x*(nm)有密切关系, *f* 越大和 *x* 越小则强化效果越大。各参量均在对数坐标上时它们有线性关系:

$$\Delta\sigma = a + bf \tag{3.70}$$

式中,当 *x*=10nm 时, *a* =25.25, *b* =23737.37。在参量 *x* 减小时,线性关系平行上移,$\Delta\sigma$ 增大;在参量 *x* 增大时,线性关系平行下移,$\Delta\sigma$ 减小。

不同合金元素发生沉淀的温度、位置和机制不同,Nb 在较高温度发生奥氏体中的位错沉淀以细化晶粒和组织,V 在较低温度发生奥氏体与铁素体共格相界面上的相间沉淀以提高强度。这样,便可以向钢中加入数种不同沉淀温度、位置和机制的微合金化元素,以起到不同的强韧化作用,综合提高钢的力学性能。这就是微合金化钢的设计原理之一。

3.4　贝氏体组织与性能

核电站装备用钢中涉及贝氏体组织的主要有三类钢:①高温蒸汽管道钢,如 P22、P23、P24 钢,它们多以粒状贝氏体组织使用。②合金结构钢,如结构件与连接件用钢 20MnMo、20CrMnMo、35CrMo 等;锻轧件用钢 25CrNi1MoV、WB36;反应堆压力容器用钢 A533-B(SA508-2)、SA508-3、16MND5、18MND5;压力容器连接件用钢 40NCD7-03、40NCDV7-03 等,这些钢可以经热处理获得下贝氏体或马氏体与下贝氏体的复合或粒状贝氏体组织。③微合金化的低合金高强度钢,多经轧制成板材成型使用。

3.4.1 贝氏体组织形态

贝氏体是由奥氏体转变成的两相或多相显微组织结构。碳钢中的贝氏体由铁素体相和渗碳体相组成，合金钢中的贝氏体则可能由铁素体相、马氏体相、奥氏体相组成。贝氏体有多种组织形态：①结构钢中常见的奥氏体高温相转变产物有无碳化物贝氏体(通常称为魏氏铁素体)，其组织形态为板条状铁素体束及之间有富碳奥氏体，富碳奥氏体可在随后继续冷却至室温时发生其他转变；无碳化物贝氏体还可以形成针状组织，在碳钢的焊接接头中最易出现；无碳化物贝氏体的强韧性能不良，是不希望出现的组织结构；粒状贝氏体也属高温贝氏体。②奥氏体中温相转变产物有上贝氏体，形态为羽毛状，力学性能不良。③奥氏体低温相转变产物有下贝氏体。④当高碳钢自奥氏体较快冷却时还可形成针状魏氏渗碳体。

1. 高温粒状贝氏体

这是变态无碳化物贝氏体，只出现在一些低碳的合金钢中，是针状无碳化物贝氏体长大到彼此汇合时，剩余的小岛状奥氏体被铁素体针条包围而形成的。粒状贝氏体组织形态为针状铁素体与不连续条形奥氏体小岛相间，奥氏体小岛在随后的继续冷却中可以发生其他相转变,若部分奥氏体转变成马氏体则称为 MA 岛，如图 3.16(a)和图 3.16(b)所示(杨桂应等，1988)。粒状贝氏体力学强韧性能良好。管道用热强钢 P24、T24 中可常见到粒状贝氏体组织(图 3.16(c)和图 3.16(d))。若在团状铁素体基体上散乱地分布着奥氏体岛团(或奥氏体的相转变产物)，则称为粒状组织，而非粒状贝氏体。

2. 低温下贝氏体

奥氏体低温相转变产物下贝氏体的组织形态为在铁素体上析出一定位向的碳化物微粒，铁素体的形态取决于钢的碳含量，较低碳含量时铁素体为板条并成束

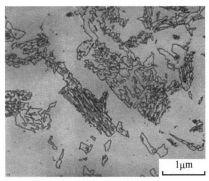

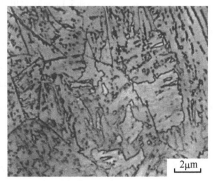

(a) 50SiMn2MoV钢粒状贝氏体+马氏体的OM像   (b) 18Cr2Ni4W钢粒状贝氏体+马氏体的OM像

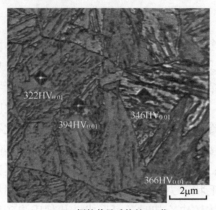

(c) T24钢粒状贝氏体的OM像　　　　(d) T24钢粒状贝氏体,可见铁素体板条中的
　　　　　　　　　　　　　　　　　　　　　MA岛的TEM像

图 3.16　粒状贝氏体组织

团形，较高碳含量时铁素体为针状，中间碳含量时为两者形态的混合(图 3.17)。下贝氏体的力学性能良好。

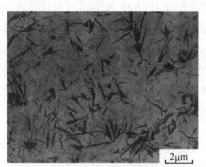

(a) 40Cr钢下贝氏体+马氏体的OM像　　　　(b) 0.4%C低合金钢下贝氏体
　　　　(杨桂应等, 1988)　　　　　　　　　　　　(皮克林, 1999)

图 3.17　低温贝氏体(下贝氏体)组织

3.4.2　钢的贝氏体组织与性能

　　贝氏体组织在低合金高强度钢中甚为常见，也是焊缝中常见的组织。这种组织是核电站压力容器、管道等电力设备用钢中最常见的基本组织。贝氏体组织的形态多样而复杂，还远未研究透彻，因而寻求其组织与性能定量关系是相当困难的。

　1. 屈服强度

　　贝氏体组织的屈强比在 0.7 左右波动，其主要强化机制是界面强化、位错强化、弥散强化、固溶强化等的综合作用，这就可知贝氏体组织屈服强度变化的幅度是何等之大，也就可知问题何等复杂。

屈服强度 σ_y (0.2%条件应力)与钢成分呈现出线性的加和关系(皮克林，1999)：

$$\sigma_y = 170 + 1300w(\text{C}) + 160w(\text{Mn}) + 160w(\text{Cr}) + 130w(\text{Mo}) + 88w(\text{Ni})$$
$$+ 63w(\text{W}) + 45w(\text{Cu}) + 270w(\text{V}) \tag{3.71}$$

下贝氏体型铁素体(非多边形团状)晶粒平均线截距 d 和单位平均截面上的碳化物粒子数 n 对屈服强度 σ_y (0.2%条件应力)的影响用下式描述(皮克林，1999)：

$$\sigma_y = -191 + 17.2d^{-1/2} + 14.9n^{1/4} \tag{3.72}$$

该式不适用于无碳化物贝氏体和上贝氏体，上贝氏体组织中铁素体板条片间的碳化物微粒对屈服强度没有贡献，是因为铁素体板条所隔开的碳化物微粒间距已达到铁素体板条尺寸，起不到对铁素体的弥散强化作用。而下贝氏体则是碳化物微粒弥散在针状铁素体上，因而具有弥散强化作用。

Bush(1971)指出，贝氏体的切变型相变本身表明，林位错强化 σ_d 在贝氏体中起到明显的作用，并随相变温度的降低而增强：

$$\sigma_d = 1.2 \times 10^{-3} \rho^{1/2} \tag{3.73}$$

式中，ρ 为林位错密度(线数/cm^2)。

粒状贝氏体中的 MA 岛可提高屈服强度 σ_y，MA 岛对屈服强度 σ_y 的贡献值 σ_{MA} 与 MA 岛的体积分数 f_{MA} 呈线性增长(皮克林，1999)：

$$\sigma_{\text{MA}} = 360 + 900 f_{\text{MA}} \tag{3.74}$$

Gladman(皮克林，1999)建立的下贝氏体屈服强度 σ_y 与贝氏体型铁素体晶粒尺寸的平均截距 d_1、林位错强化 σ_d、碳氮化物微粒沉淀强化 σ_p 之间的关系为

$$\sigma_y = 88 + 15.1d_1^{-1/2} + \sigma_d + \sigma_p \tag{3.75}$$

式中，$\sigma_d = \alpha Gb\rho^{1/2}$，即式(3.34)；$\sigma_p = 5.9 f^{-1/2} \ln[x/(2.5 \times 10^{-4})]$，即式(3.68)。

2. 韧性

很明显，贝氏体组织的上平台冲击能 C_v 值随碳含量的增高而降低，也随 σ_d 与 σ_p 的升高而降低。贝氏体的韧脆转变温度随抗拉强度的升高线性地升高。例如，当抗拉强度为 400MPa 时上贝氏体的韧脆转变温度为 0℃，而当抗拉强度增大到 620MPa 时韧脆转变温度则升高到 35℃。在上、下贝氏体交界处出现断崖式突变，韧脆转变温度由上贝氏体的 75℃(对应的抗拉强度约 900MPa)陡跌至下贝氏体的 20℃。下贝氏体的韧脆转变温度也随抗拉强度的升高而增高，至 1200MPa 的抗拉强度时所对应的韧脆转变温度升高到 30℃，并且随抗拉强度的增高而升高的幅度

显然较上贝氏体小。这是由于：①上贝氏体的铁素体板条间较大尺寸的碳化物的开裂，易于引起上贝氏体的解理开裂，而上贝氏体的铁素体板条束内各板条间的小角界面，不能阻止解理裂纹在铁素体板条束内的生长与扩展；②下贝氏体针状铁素体内弥散的碳化物微粒，则能阻止解理裂纹的生长与扩展。

原奥氏体晶粒尺寸(奥氏体晶粒平均弦长 D)和贝氏体束团尺寸(贝氏体束团平均弦长或解理裂纹直路径平均长或解理断口小平面平均弦长 d_1)对韧脆转变温度 T 有重大影响，T 与 $D^{-1/2}$ 或 $d_1^{-1/2}$ 之间为线性关系(D 与 d_1 其实质都是大角界面的平均弦长 d)：

$$T = 128 - 18.8\, d_1^{-1/2} \tag{3.76}$$

Gladman(皮克林，1999)将影响贝氏体韧脆转变温度 T 的诸因素归纳为：贝氏体型铁素体板条团尺寸或原奥氏体晶粒尺寸的平均截距(弦长)d、林位错强化 σ_d、碳氮化物微粒沉淀强化 σ_p、贝氏体板条间的小角界面强化 σ_g，它们之间的关系确立为式(3.77)，该式表明 σ_d、σ_p、σ_g 三者都具有同等的脆化作用，这源于贝氏体板条团内板条间的小角界面不会阻止解理裂纹的生长和扩展。

$$T(℃) = -19 + 0.26(\sigma_d + \sigma_p + \sigma_g) - 11.5\, d^{-1/2} \tag{3.77}$$

σ_p 每增加 1MPa 可降低 T 值 0.7℃，是因为大角晶界能有效阻止裂纹的生长和扩展，故既增加 σ_y 又降低 T。而 σ_g 则不同，σ_g 是贝氏体型铁素体板条团内铁素体板条之间小角晶界的作用，它可增加 σ_y，但不能阻止解理裂纹的生长和扩展，因而也会使 T 升高。σ_g 应是式(3.75)中 $15.1\, d_1^{-1/2}$ 项的一部分，σ_g 值的求取可以考虑由铁素体晶粒尺寸为 d 的组织与铁素体+贝氏体型铁素体板条团尺寸为 d_1 的组织两者间屈服强度的差异，即

$$\sigma_g = 15.1\,(d_1^{-1/2} - d^{-1/2}) \tag{3.78}$$

控制轧制的低碳贝氏体组织钢板的韧脆转变温度 $T(℃)$ 与式(3.50)织构参数 P 之间具有良好的线性关系：

$$T = 40 - 19.6P \tag{3.79}$$

3.5　马氏体组织与性能

核电站装备所用的材料中，马氏体组织的出现频率是非常高的，它常常在材料的加工过程中出现，更常常作为材料的最终组织结构被使用。这是由于马氏体的组织结构极为精细，并因此而具有极为优异的强化效应。前者如汽轮机转子、

发电机转子、连接件、结构件等，后者如反应堆压力容器中的压紧弹簧、泵轴等，这些要求高强度与超高强度的机件常常是离不开马氏体的。

马氏体具有多种多样的结构和形态。核电站装备中见得最多的是钢的位错马氏体，结构为位错密度高达约 $5×10^9$ 条/mm^2 的位错集聚组态晶体，形态为厚度在 $0.1～2\mu m$ 量级的板条集束状，是钢淬火时由面心立方结构的奥氏体向体心立方结构的变异体高速切变所得到的精细结构，塑性和韧性好。在中碳合金结构钢如汽轮发电机转子等结构件中，位错马氏体夹有少量孪晶马氏体，它们的强度高。

3.5.1　马氏体的组织结构

1. 钢的位错马氏体

图 3.18～图 3.20 示出了反应堆压力容器中的压紧弹簧 Z12CN13 钢(1Cr13 钢的改进型)和高温高压水蒸气输送管道 P91 钢的淬火回火位错马氏体的显微组织像和亚结构像。

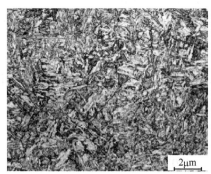

(a) 压紧弹簧不锈热强钢Z12CN13　　　　　(b) 蒸汽管道铁素体热强钢P91钢

图 3.18　马氏体不锈热强钢和铁素体热强钢的位错马氏体组织

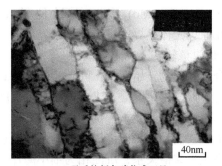
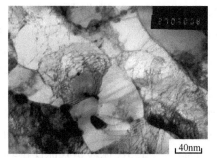

(a) 马氏体板条碎化成亚晶　　　　　(b) 马氏体板条中的位错

图 3.19　P91 钢位错马氏体中的亚晶块和位错结构的 TEM 像

(a) 碳化物的明场像　　　　　　　　　(b) 碳化物图(a)的暗场像

图 3.20　P91 钢位错马氏体中的碳化物 MC 和 $M_{23}C_6$ 的 TEM 像

2. 淬火马氏体中的 C、N 脱溶

在淬火冷却过程中，由于低碳马氏体的形成温度 M_s 高，马氏体为位错结构，C 和 N 原子仍处于被热激活的状态，C 和 N 原子便向位错域集聚。中碳马氏体的形成温度 M_s 也较高，马氏体为位错结构与孪晶结构共存，此时 C 和 N 原子向马氏体的位错域或孪晶界集聚。

当 C 和 N 原子脱溶过程在位错域或孪晶界积聚到一定程度后，便以碳化物的形式析出。低碳和中碳马氏体回火时，在 200℃ 以上由 C 和 N 原子的位错域集聚直接析出针簇形态的 θ-碳化物 Fe_3C，即渗碳体。当回火温度达 400℃ 以上时，马氏体束条内的针簇状渗碳体消溶，马氏体束条界的条形渗碳体形成。

强碳化物形成元素如 Cr、Mo、W、V、Nb、Ti 等，代位固溶于铁素体中会提高 C 和 N 原子在铁素体中的扩散激活能，因而延缓 C 和 N 原子脱溶过程，并升高脱溶温度 100～150℃。

自 400℃ 开始，合金元素如 Cr、Mo、W、V、Nb、Ti 等，参与 θ-碳化物的形成与转变，形成合金渗碳体与合金碳化物。首先是 Cr、Mo 等元素参与到渗碳体中，形成合金渗碳体 $(Fe、Cr、Mo)_3C$。自 500℃ 或更高温度开始，合金渗碳体 $(Fe、Cr、Mo)_3C$ 逐步先原位转变成 $(Cr、Fe、Mo)_7C_3$，再异位转变成 $(Cr、Fe、Mo)_{23}C_6$。$(Cr、Fe、Mo)_{23}C_6$ 在原奥氏体晶界或马氏体板条界形核并长大，尺寸较为粗大，形态多为条状。Mo 促进该转变，V 阻滞该转变。

550～650℃ 或以上温度，间隙相型合金碳化物开始形成，间隙相的化学式为 M_4X、M_2X、MX、MX_2，其主价键是金属键和共价键，成分可在一定范围内变动，形成以金属化合物为基的固溶体，可溶解组元元素。例如，MC 型面心立方点阵的间隙相型合金碳化物 VC 和 NbC，它们是在马氏体板条内的位错上独立形核沉淀的，与马氏体板条基体保持共格或半共格关系，沉淀相为细小薄片，弥散度高，且分布较为均匀。由于共格相界面弹性应变显著，间隙相沉淀诱生位错使位错密度增大，细小弥散沉淀相引起马氏体板条基体的碳固溶饱和量增大，再加上沉淀相对位错运动的钉轧，出现强烈的沉淀强化，常使钢回火时出现二次强化现象。

在约 650℃以上，碳化物便发生熟化现象，特别是间隙化合物 Fe_3C、$(Fe、Cr、Mo)_3C$、$(Cr、Fe、Mo)_{23}C_6$ 等。

3.5.2　淬火马氏体基体的回复与再结晶

马氏体相变的位错或孪晶结构变化，以及相变应力造成的晶体点阵畸变，注定热激活下马氏体会发生回复与再结晶。本书在此只论及核电站装备常用的低碳与中碳的结构钢淬火马氏体在回火时的回复与再结晶。

1. 淬火马氏体的回复

钢的淬火马氏体在 160～300℃回火时激活了高能空位，即进行低温回复。其机制主要是马氏体相变所产生的热力学不平衡空位的消失过程。这就是工程界的低温回火，这时的金相组织无明显变化，称为回火马氏体。力学性能的变化主要是应力的消减和马氏体脆性的消减，但仍保持了马氏体的高强度。

300～450℃回火时位错被激活，于是出现了位错的滑移和交滑移，位错聚集缠结成低能状态，这就是中温回复。中温回复中所发生的位错滑移运动所带来的可观结果，是透射电子显微镜下明晰可见马氏体板条内的相变位错的规整化而形成亚晶块，缠结的位错规整成网络，构成亚晶界。这是工程中的中温回火，其金相组织称为回火屈氏体，是位错重组形成亚晶块和位错网络的马氏体板条上叠加了弥散分布的碳化物微小粒子。力学性能表现为马氏体的高强度稍有降低，而塑性有所改善。这种状况通常适用于工程中弹簧的服役状态。

450～600℃的回火激活位错的攀移运动，这是高温回复的主要机制。位错攀移和滑移的结果是马氏体板条内位错的分解、运动和组合，构建新的亚晶界位错网络，多边化亚晶块的形成和长大(图 3.21)，以及同束相邻位向差小的马氏体板

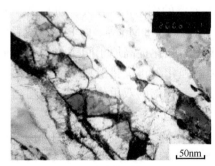

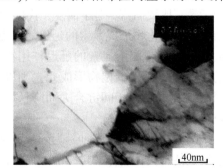

(a) 多边化亚晶　　　　　　　　　　　　(b) 亚晶长大

图 3.21　P91 钢回火马氏体板条的多边化亚晶和亚晶长大的 TEM 像

条间的合并而使马氏体板条增宽。这也是工程中的中温回火，其金相组织为回火索氏体，是位错重组形成亚晶块和位错网络的马氏体板条上叠加了弥散分布的碳化物微粒子，只是其结构较 300～450℃回火时粗些。力学性能表现为马氏体的高强度有所降低，而塑性进一步改善。这是工程中获得强度与塑性综合最优的状态，也就是调质状态，适合需要保持较高强度又能承受较大冲击力的制件。

2. 淬火马氏体的再结晶

当回火温度高至 600℃及以上时，便会发生马氏体板条解体的再结晶，这是显微结构和显微组织的变化，由高位错密度的相变应变组织结构，转变成低位错密度的无应变组织结构，实质上仍是位错的运动和组态的改变。由于淬火马氏体相变所引发的晶体点阵应变量较小，因而再结晶温度便会较高，并不像通常塑性加工那样在较低的 $0.4T_m$ 温度即可发生。淬火马氏体再结晶后形成的组织，便是低位错密度的、无应变的、细晶粒的铁素体基体组织上叠加的弥散分布的碳化物粒子组织，这在工程上称为回火粒状珠光体。其力学性能的特点是强度不高和塑性与韧性良好。这种状态工程上通常较少采用。

3. 合金元素的影响

合金元素在钢中形成碳化物，或代位固溶。淬火马氏体回火时析出的弥散碳化物粒子是回复和再结晶时位错运动与晶界迁移的重要阻碍，它显著减慢了回复和再结晶的速率。原子扩散是回复和再结晶过程必定的微观运动，合金元素的代位固溶，产生了固溶强化作用，升高了原子扩散激活能，不仅减慢了扩散速率，而且升高了扩散温度，这就减慢了回复和再结晶的速率，也升高了回复和再结晶的温度。

合金元素的这种析出碳化物弥散微粒和代位固溶的作用，延迟了淬火钢回火时的软化，并且对于回复和再结晶都是有效的。其延迟效果是回火温度和元素数量的函数。比较而言，对于回复，代位固溶元素的作用相对较大，如 Si 等。对于再结晶，强碳化物形成元素的延迟效果更大，如 V 和 Mo 等。而 P 则对两者皆有较大作用。代位固溶元素的延迟作用在于固溶强化提高原子间键合力而降低原子的扩散速率；强碳化物形成元素则以弥散强化阻止位错滑移和晶界迁移，以及固溶强化提高原子间键合力而降低原子扩散速率的双重作用起到更强烈的延迟效果。

正因为合金元素的这种延迟效果，甚至可以使马氏体保持到相当高的温度，却不发生使马氏体解体的再结晶，而仅以马氏体的回复过程调节马氏体的结构，从而保持了马氏体的高强度，同时又改善了马氏体的塑性和韧性。这就是马氏体合金热强钢的本质所在，如 P91、T91 钢。

淬火马氏体回火时的 C、N 脱溶与碳化物析出，以及回复与再结晶这两个过程之间，存在相互的依存与干涉，但其机制和过程尚缺少研究。马氏体相变的工程意义太重大了，为材料工程界引发的变革是里程碑式的。因此，工程应用常常优先于理论研究的进展。

4. 残余奥氏体的稳定与转变

马氏体组织中的薄层残余奥氏体，具有溶 C 和协调马氏体应力与应变、改善马氏体组织塑性与韧性的作用。

这一薄层残余奥氏体的稳定存在与否取决于温度和合金成分。在足够的热作用下它可能分解转变。当合金元素含量较多时，残余奥氏体也就较为稳定，它可能在较高温度回火时还会保留，也可能在回火后的冷却过程中转变为马氏体、贝氏体或珠光体。

3.5.3　钢的马氏体组织与性能

1. 马氏体的强化与韧化机制

马氏体同时包含界面强化、位错强化、固溶强化、弥散强化等 4 个最基本的强化机制，所以马氏体强化的效果优异，这就是钢的淬火热处理获得最广泛应用的原因。

1) 马氏体的强度有以下来源

(1) 界面强化。

低碳钢的板条马氏体的强度主要来源于板条马氏体界面的界面强化，碳含量高达约 0.4% 时则由板条马氏体或片状马氏体内的孪晶界面引起界面强化。

(2) 位错强化。

由相变应变引起位错增殖的位错强化，在较低碳含量时特别重要。

(3) 固溶强化。

间隙固溶的 C 和 N 原子或代位固溶的 Cr、Ni、Mn、Mo 等合金原子的固溶强化，但作用相对较弱，合金原子的固溶强化能提高马氏体的再结晶温度，使马氏体保持到较高温度，对于高温工作的材料是特别重要的。

(4) 位错气团锁强化。

淬火时 C 和 N 原子重新排列的偏聚与位错间相互作用所造成的位错气团锁，具有强烈的钉扎强化效果，这在中碳钢和高碳钢中起主要作用。

(5) 形变强化。

拉伸试验时的形变强化，这是位错强化的衍生，其作用受碳含量的显著影响。

(6) 弥散强化。

回火时沉淀共格 ε 相的沉淀强化及析出碳化物的弥散强化，对于高温工作的材料是重要的。

(7) 亚晶界面强化。

回火时马氏体板条碎化产生亚晶界面强化，对于高温工作的材料是重要的。

(8) 位错网络强化。

回火时位错重组成位错网络组态的位错网络强化，对于在高温下工作的材料是重要的。

2) 马氏体的韧化机制

(1) 回火时应力的消除。

(2) 回火时马氏体板条碎化在产生亚晶界面强化的同时，也产生由界面位错形成而产生的韧化。

(3) C、N 脱溶形成碳化物而减弱间隙固溶的韧化。

(4) 回火减弱位错密度的韧化。

(5) 回火改变位错组态的韧化。

2. 马氏体组织的性能

1) 0.2%条件屈服强度

C 和 N 的偏聚与沉淀是最为主要的强化来源，约占总强化 1/2 的份额。而间隙固溶强化也仅有偏聚与沉淀效应的 1/2。对 0.2%屈服强度来说，C 和 N 的间隙固溶强化模式通常表现为 σ_y 与 C 和 N 的浓度的幂函数 $[C]^n$ 呈线性关系，n 值的变化范围为 0.33～1.00。Cohen(皮克林，1999)给出的关系为

$$\sigma_y = 290 + 1800 w(C)^{1/2} \tag{3.80}$$

代位固溶合金元素对淬火马氏体的固溶强化效果是较弱的，强度较高的最可能来源在于钢的 M_s 温度因代位元素的作用而降低，淬火马氏体的自回火减少，从而削弱了 C 和 N 的沉淀、偏聚等作用。略去强化作用弱的代位合金原子的固溶强化，Whiteman(皮克林，1999)建立了低碳马氏体 0.2%屈服强度的另一种关系式：

$$\sigma_y = 88 + 28 d_M^{-1/2} + \sigma_d + \sigma_g \tag{3.81}$$

式中，d_M 是马氏体束团尺寸的平均弦长(截距)；σ_d 和 σ_g 的意义同前。

Marder 给出简洁的 0.2%屈服强度 σ_y 与马氏体束团尺寸 d_M 或原奥氏体晶粒尺寸 d_γ 的关系：

$$\sigma_y = 449 + 60 d_M^{-1/2} \tag{3.82}$$

$$\sigma_y = 608 + 69 d_\gamma^{-1/2} \tag{3.83}$$

细化晶粒的晶界强化作用占强化总额的 25%～30%。原奥氏体晶粒尺寸的作用仅在于控制马氏体晶片尺寸与马氏体束团尺寸。0.2%屈服强度对马氏体束团尺寸的依赖性比马氏体晶片尺寸更强，这是因为对于板条马氏体，马氏体晶片之间为小角晶界，而马氏体束团之间则为大角晶界，在淬火形成马氏体时碳会在原奥氏体的晶界上和马氏体束团的晶界上偏聚。式(3.84)示出的也是马氏体束团尺寸 $d^{-1/2}$ 对 0.2%屈服强度 $\sigma_{0.2}$ 的线性影响关系：

$$\sigma_{0.2}=520+46\,d^{-1/2} \tag{3.84}$$

2) 韧性

淬火低、中碳马氏体的上平台冲击能 C_v 取决于板条马氏体束团的晶粒尺寸 d，这就与原奥氏体晶粒尺寸相关联。而韧脆转变温度 $T(℃)$ 与马氏体断口小平面尺寸 $\log d^{-1/2}$（也就是马氏体束团尺寸）之间的关系如式(3.85)所示。因此，淬火低、中碳马氏体的上平台冲击能 C_v 和韧脆转变温度 T 受控于板条马氏体束团的晶粒尺寸 d。

$$T=662-375\log d^{-1/2} \tag{3.85}$$

3. 马氏体+贝氏体组织的性能

在工程合金的加工中，马氏体和贝氏体常会相伴而生，故两者回火就可并提论之。

马氏体+贝氏体的回火组织相当复杂，例如，就碳化物的分布而言，可以在板条内、板条界、束团界、原奥氏体界等区域，还存在碳化物随回火温度而转变及碳化物与基体的共格问题等。由此可知，组织与性能定量关系的探求是何等的复杂与困难。

马氏体+贝氏体的回火组织有两大问题必须明确，一是基体铁素体是仍保留了马氏体和贝氏体的板条结构，还是已经再结晶成多边形团状晶粒？二是沉淀、析出、转变的碳化物微粒子的多少、大小及分布。

1) 0.2%条件屈服强度

对经受充分回火的碳素钢，当基体已经过再结晶而成为多边形团状铁素体，且碳化物处于铁素体晶界上，这样的碳化物对强化没有贡献，屈服强度 σ_y 主要受铁素体晶粒尺寸 d 的控制(皮克林，1999)：

$$\sigma_y=108+18.2\,d^{-1/2} \tag{3.86}$$

当基体已经过再结晶而成为多边形团状铁素体，且碳化物处于铁素体晶粒内时，碳化物的弥散强化项 σ_p 贡献是显著的：

$$\sigma_y=77+23.9\,d^{-1/2}+\sigma_p \tag{3.87}$$

关于合金钢的弥散强化问题，一个令人感兴趣的特性是二次强(硬)化的最佳成分，是当钢成分处在金属与碳的比值符合沉淀碳化物的化学计算比值时，屈服强度最高。例如，对于0.1%C的钢，当元素V含量为0.3%～0.5%时化学计算比值最佳，而对于0.6%C的钢，当元素V含量为1.8%～2.2%时化学计算比值最佳，这时钢在回火后能获得最高的硬度。这是因为化学计算比值此时正处于温度-成分相图中固溶度的最大处，这就使得碳化物的体积分数最多。

2) 韧性

(1) 韧脆转变温度。

回火的马氏体+贝氏体组织的韧脆转变温度T随钢碳含量的增高而升高。

对于回火贝氏体，回火使其韧脆转变温度T下降，最佳的回火温度在440℃左右，较低或较高温度的回火都会使韧脆转变温度T较高。这是由于回火降低了σ_p和σ_d。回火温度越高，屈服强度越低，韧脆转变温度也越低，屈服强度σ_y每降低1MPa，韧脆转变温度T便线性地下降0.2～0.3℃(皮克林，1999)。回火马氏体也是如此，回火使屈服强度σ_y每降低1MPa，韧脆转变温度T线性地下降0.2～0.5℃(皮克林，1999)。

当回火温度高到贝氏体发生再结晶形成多边形团状铁素体，以及晶粒长大时，韧脆转变温度T升高，尽管此时屈服强度σ_y是降低的。回火温度越高，屈服强度便越低，铁素体晶粒尺寸也越大，则韧脆转变温度T越高。

当增大回火马氏体的原奥氏体晶粒尺寸d时，回火马氏体的韧脆转变温度T升高，$d^{-1/2}$每增大1 mm$^{-1/2}$，T线性地升高约23℃。显然，这里隐藏了位错强化和固溶强化作用。当采用马氏体束团尺寸替代原奥氏体晶粒尺寸时，这种规律仍然存在。

(2) 断裂韧度与上平台冲击能。

随着钢碳含量的增高，断裂韧度K_{IC}则降低，上平台冲击能C_v亦降低。

0.4%C-5%Cr-Mo-V钢回火马氏体组织，当碳化物析出产生二次强(硬)化时(约550℃回火)，必导致组织的脆化，使C_v和K_{IC}降低。还有可逆回火脆化、上鼻子脆化等，这些回火引起的脆化都使T升高，C_v降低，K_{IC}降低。而且脆性破断机制常由解理破断变为晶间破断。

虽然现代钢冶金技术已经能将夹杂物控制在很低的水平，但MnS夹杂物的量对韧性破断模式的断裂韧度K_{IC}仍具有明显影响，Knott(皮克林，1999)指出，随夹杂物量的增高断裂韧度K_{IC}降低(表3.6)。钢板中的MnS夹杂不仅使C_v产生有向性，而且也使K_{IC}产生有向性。对于横向，多于0.02%的夹杂物的计算量就开始显著降低K_{IC}，其量越大，断裂韧度降低也就越显著。而对于纵向，却只有当夹杂物的计算量达到2%及以上时，K_{IC}才有显著降低。但是必须注意的是，MnS

夹杂物造成的这种有向性仅在韧性破断时才出现，夹杂物对脆性解理破断几乎不产生明显影响。

表 3.6 S 和 MnS 量对中碳钢回火马氏体组织断裂韧度的影响

$w(S)$	MnS 体积分数	K_{1C} /(MN/m$^{2/3}$)	$w(S)$	MnS 体积分数	K_{1C} /(MN/m$^{2/3}$)
0.008	4.3×10^{-4}	72	0.025	1.3×10^{-3}	56
0.016	8.6×10^{-4}	62	0.049	2.6×10^{-3}	47

第4章 材料用加工获得组织

本章研讨材料的加工技术基础，在"成分-加工-组织-性能"四元环链中，加工要素元是至关重要的，它保障了组织要素元的实现，从而保障了材料的性能。

金属合金依靠各种各样的合成和加工获得所需要的制品，常见的加工方法有熔炼、铸造、焊接、压力加工、烧结、热处理、切削、增材制造、表面处理等。使用各种加工方法获得所需材料的组织结构，通过加工对组织结构的控制以获得满意的材料和高品质的制品。

随着科学与技术的进步，人们更加重视加工的质量、效率与能耗，于是在独立的单项专业化加工技术进步的基础上，人们提高眼界创立了综合化加工技术，使加工的质量、效率显著提升而能耗更为下降，实现了材料的精细化组织与超级性能。

本章推崇综合化加工技术，期盼促进综合化加工技术在核电站装备制造中的应用，提高加工质量和效率，降低能耗，降低成本费用。

4.1 钢的精炼与凝固

4.1.1 钢的炉外精炼及重熔精炼

核电站装备用钢的质量要求控制标准很高，包括纯净度高(杂质控制严格)、成分散布控制范围狭窄、组织结构精细均匀以及加工工艺规范标准。核电站装备用钢大多要进行炉外精炼或重熔精炼。

据有关报道，我国"卡脖子"技术中有多项是材料问题，而在超高强度钢和不锈钢领域就有数项，我国的这些技术与先进发达国家的技术差距在于钢的点状缺陷、硫化物夹杂、粗晶、内部裂纹、热处理渗氢，冶炼纯净度不够；同时，我国在高纯度熔炼技术方面与美国还有较大差距。由此可见，重视钢的熔炼技术和炉外精炼技术及重熔技术是保证钢质量的重要技术举措。

1. 高质量钢的炉外精炼

炉内熔炼和精炼所获得钢液的纯净程度，不能满足核电站装备用钢的质量和性能要求，于是需要炉外精炼，如在真空、惰性气体(如 Ar)、还原性气氛、氧化性气氛中进行脱氧、脱硫、脱气(氢、氮)、去除和改性夹杂物、深脱碳、成分微调、调控浇注温度等，以获得满足高质量和超高质量要求的精炼钢液。精炼的手段有真空、搅拌、加热(调温)、喷吹、渣洗、过滤等。常用的炉外精炼方法有吹 Ar 精炼、喂线精炼、喷粉精炼、吹 Ar-O 精炼、真空精炼、变质精炼、渣洗精炼、等离子体精炼等。

2. 高质量钢的重熔精炼

常见的高质量重熔精炼技术有电渣重熔精炼、真空电弧重熔精炼、真空感应冶炼等。钢经重熔精炼后，成分均匀纯净，组织致密，低硫，夹杂物少，组织均匀，偏析降低，使钢具有更好的塑性、冲击韧性、断裂韧性、耐疲劳性、耐腐蚀性和热压力加工性及良好的综合性能，这对特定用途的高质量钢意义重大。

4.1.2　不锈钢的熔铸要点

核电站装备用钢是高质量的，大量地使用高质量不锈钢，熔铸是保证高质量的关键技术。

1. 不锈钢熔炼技术的进步

1) 脱 C、脱 O、脱 H 与加 N

不锈钢的 Cr 含量均较高。除马氏体钢之外，铁素体钢、奥氏体钢、双相钢都是元素 C 的含量越低越好。熔炼时的脱 C 需要依靠 O_2 参与的氧化反应 $2C + O_2 \longrightarrow 2CO$。然而，Cr 的电位低于 C，更要在 C 之前与 O_2 进行氧化反应 $4Cr + 3O_2 \longrightarrow Cr_2O_3$。这样，要在使 C 尽可能多地被氧化的同时保护 Cr 尽可能少地被氧化是难以实现的，因为 Cr、C、O 三者必须保持如下平衡：

$$w(C) = \left[K_t^{-1} w(Cr)^3 P_{CO} \right]^{1/2} \tag{4.1}$$

按此平衡方程，在通常熔炼的钢液中要把 C 含量降至小于等于 0.03%，平衡的 Cr 含量约为 4%。然而，平衡方程(4.1)又告知人们，采用降低 CO 炉气分压 P_{CO} 的方法可以既脱 C 又保 Cr，于是在不锈钢的熔炼中发明了可以降低 P_{CO} 的炉外精炼方法：①在真空中吹氧精炼；②在向钢液中吹氧精炼的同时还吹入 Ar、N_2 等惰性保护气体使炉气中的 CO 被稀释。

真空吹氧精炼的保 Cr、脱 O、脱 H 优于吹 Ar-O 精炼，吹 Ar-O 精炼的脱 C、脱 S 效率高于真空吹氧精炼，炉外精炼为不锈钢的高纯精炼发挥了巨大作用。钢液脱 C 的真空吹氧精炼和吹 Ar-O 精炼技术是不锈钢熔炼的里程碑式变革。

加 N 技术也是不锈钢熔炼里程碑式的变革。例如，采用中间合金加 N，吹 N_2 增高炉气 N_2 分压的方法以防所加的 N 以 N_2 析出。

目前，不锈钢熔炼面临的脱 P 难题尚未得到良好解决。

2) 马氏体不锈热强钢的熔铸要点

1Cr13(410)钢难熔铸，原因在于 C 和 S 成分的控制难度大，易出现钢锭的开坯裂。该钢的 C 成分偏低时，其组织在高温时含有少量 α 相，为 $\alpha+\gamma$ 双相组织。当 α 相的量达到 10%～30%时，会对钢在高温下的强度和塑性产生重要影响。此时 α 相的强度低，γ 相的强度高，两相的变形率不同，造成变形的不均匀和应力集中，可导致 α 相的晶界开裂。这会使钢锭开坯时发生龟裂或角(部)裂(纹)，连铸坯热轧时也可出现边裂。因此，熔炼时钢的 C 含量最好严格控制在中上限 0.12%～0.15%范围，这就显著增大了钢熔炼的成分控制难度。

杂质 S 含量高时也容易使钢锭出现横向裂纹，钢锭开坯时出现裂口。为避免这些缺陷，S 含量必须控制在 0.013%以下。采用吹 Ar-O 炉外精炼可以良好地除 S。

2Cr13 钢的熔铸难度在于钢铸锭的浇铸和铸锭的冷却速率控制。该钢的马氏体开始形成温度 M_s 在 300℃左右，当马氏体形成时常常会出现钢锭的开裂，连铸板坯也容易出现相变裂纹。这就要求严格控制铸锭和板坯的冷却制度，必须在不低于 300℃时将钢锭送入均热炉内均热并缓冷。

3) 铁素体不锈钢的熔铸要点

1Cr17(430)和 0Cr17(439)的产量在铁素体不锈钢中约占 2/3。铁素体在铸锭凝固时柱状晶发达，而高温下的铁素体强度低，柱状晶的交接处(方形截面钢锭角部)最为脆弱，以致容易产生铸锭的纵向角裂。

减少柱状晶的有效措施是在铸锭凝固或连铸坯凝固时采用电磁搅拌正在凝固中的钢液，以破坏柱状晶的生长。也有考虑采用超声振动击破柱状晶的生长。还有采用圆形截面钢锭可减轻纵裂。在不低于 300℃时将钢锭送入均热炉内均热并缓冷也是重要措施之一。

4) 奥氏体不锈钢的熔铸要点

0Cr18Ni9(304)和 00Cr19Ni11(304L)的产量占奥氏体不锈钢总产量的 4/5 以上，其熔铸在现今的技术条件下已无困难，可喜的是这类钢适宜吹 Ar-O 法精炼，并可用廉价的 N_2 替代昂贵的 Ar 进行 Ar-N_2-O_2 吹炼。在使用真空吹氧法精炼以及进行连铸时也可用 N_2 替代 Ar。N_2 替代 Ar 既降低了熔铸成本，还可使钢中保留适量的 N，从而因 N 含量提高了 Ni 当量而降低 Ni 的消耗，并且还因 Ni 当量提高而降低了高温时钢中 α 相的量，以致降低钢锭中裂纹的形成。此外，N 的存在还可提高钢的耐蚀性。

1Cr18Ni9Ti(321)等含 Ti 钢的熔铸是困难的(加入 Ti 虽可改善钢的晶间腐蚀，但性能也不是很优异，因而正在逐渐被淘汰)。这类钢熔铸的困难在于 Ti 的活性大，与 O_2、N_2 亲和力强而形成夹杂。为保护 Ti 与 C 结合以达到改善钢晶间腐蚀的目的，并控制 Ti 的夹杂，不得不使用稍多的 Al 与 O_2、N_2 亲和，这就形成大量的复合夹杂，致使铸锭和铸坯缺陷太多而使钢的质量变坏。要获得较高质量的钢，就必须严格控制钢中的 N、O、C 含量，使其分别不高于 0.01%、0.005%、0.07%，同时要严格控制加 Ti 量使其满足固 C 的 Ti 含量大于等于 6w(C)的最低值，还要严格限制复合夹杂的主要形成元素 Al 的量，使其小于 0.06%，更不可遗忘保护浇铸时钢液与 O_2、N_2 隔离。

高合金奥氏体不锈钢，如 0Cr17Ni12Mo2(316)、0Cr25Ni20(310S)等，由于高合金含量的固溶强化作用，钢的高温强度高而塑性低，给热压力加工带来一些困难。为防止热压力加工时出现裂纹，必须严格控制杂质 S 的含量，熔炼时采用 Re 变质可净化杂质而改善钢的热压力加工性。

5) 奥氏体-铁素体不锈钢的熔铸要点

(1) 熔铸要点。

铸造凝固时，钢液先凝固成铁素体α，铸造组织粗大，然后在降温时部分铁素体α才固态相变转变成奥氏体γ，形成$\alpha+\gamma$两相组织。铸态组织常常是α相显著多于γ相，α相基体上分布着团状或条状γ相。

在铸锭冷却至不高于 1020℃时，钢中可能会有σ相析出。σ相是造成钢脆化的主要原因。通常σ相主要形核于α相、γ相、α相三叉角隅或α与α晶界，并与α相的(410)、(122)、(411)、(331)晶面保持位向关系。α相发生分解$\alpha\rightarrow\sigma+\gamma$，$\sigma$相向$\alpha$相内生长吞食$\alpha$相。要免除$\sigma$相的析出，必须以高于 4800℃/h(王晓峰等，2009b)的速率快速冷却。

张寿禄等(2012)研究了 00Cr25Ni7Mo4N 双相钢中χ相的沉淀析出，能谱分析表明，χ相成分中 Mo 含量高达 15%，明显高于σ 相。电子衍射花样标定显示，χ相的晶体结构为点阵常数 a=0.913nm 的立方晶系。χ相和σ可以共存，χ相析出数量较σ相少。χ相的析出温度范围为 750～920℃，800～850℃为析出峰区，峰值温度约为 830℃。χ相以小粒子的形式主要沉淀析出于α与γ相界和α与α晶界，α相内偶有χ相小粒子沉淀析出。830℃和 920℃的等温时效表明，χ析出早于σ相析出，σ相起初也析出于α与γ相界和α与α晶界，随后还会向α相内生长成块状。当χ相析出达到饱和后σ相还在继续向α相内生长，并且发生了χ相向σ相的转变，随着等温时效时间的延长，χ相全部转变为σ相。也就是说，χ相为亚稳相，是σ相形成前期的一种过渡相，σ相为稳定相。σ相同时还向α相内生长吞食α相。

双相钢除可析出σ相和χ相之外，在 750～550℃停留时，于α与γ相界和α与α晶界沉淀析出 R 相(Fe_2Mo)，在 750～450℃停留时还会在α与γ相界和α与α晶界沉淀析出 $Fe_3Cr_3Mo_2Si_2$相。这些金属化合物相都会使钢致脆，应注意避免。但也应明白，R 相和 $Fe_3Cr_3Mo_2Si_2$ 相的致脆并不是σ相析出的晶间腐蚀导致的，双相钢不存在σ相析出的晶间腐蚀。

重型铸件冷却过程往往慢于 σ 相和 χ 相析出的临界速率，常常析出 σ 相和 χ 相。铸态钢在组织粗大、α 相显著多于 γ 相、α 相连续而 γ 相不连续、析出 σ 相的四重因素作用下就会变脆，此时再在凝固应力和冷却应力作用下就可能破裂。

(2) 铸件的开裂。

常见的铸件缺陷有开裂、变形、气孔、缩孔、晶粒粗大、缺浇和冷隔等。

铸件的开裂可能发生于铸件的凝固过程，或发生于铸件凝固后的冷却过程，也可能发生于铸件凝固冷却后的放置过程，或者发生于后续的加工过程，因凝固收缩的应力过大而造成铸件开裂。金属合金的成分与杂质因素在铸件开裂中的作用应引起人们的足够重视。

关于金属合金的成分对铸件开裂的影响，典型的例子是铁素体不锈钢和奥氏体-铁素体不锈钢铸件。这种钢的成分中含有大量的化学元素 Cr，由 Fe-Cr 相图可知，这种成分的钢铸件在凝固后的冷却过程中，会在铁素体晶界析出硬且脆的 σ 相(FeCr)粒子，在应力作用下，σ 相粒子与基体的界面是裂纹的发源地，致使晶界强度显著减弱，裂纹沿晶界产生并发展而致铸件开裂。

在随后的冷却过程中，较慢冷却经过 550～400℃ 的温度区间时，铁素体中固溶的 C、N、Cr 原子在 {111} 面和位错上以碳氮铬铁的富 Cr 复合化合物成片状有核析出，阻止了位错的滑移，这就使合金在形变时较难滑移而较易孪生。孪晶界面是易于形成裂纹核心的地方，使合金硬化而塑性降低，导致铁素体脆化，称为 475℃脆(GP 调幅脆)。

若铸件在 400～300℃ 的温度区间长时间停留，在铁素体内会发生超显微距离的因 Cr—Cr 键合强于 Cr—Fe 键合而产生的 Cr—Cr 键合聚集。这种 Cr—Cr 键合聚集表现出富 Cr 区与贫 Cr 区的超显微距离的无核分离现象，这就是调幅分解。由于 Fe 的特性在贫 Cr 区保持了良好的塑性，而由于 Cr 的脆性在富 Cr 区出现了塑性的损失，合金总体表现出塑性的降低和强度的升高，这就是调幅结构脆。

无论是 σ 相脆、χ 相脆，还是 475℃脆，或是调幅结构脆，都是铁素体不锈钢和铁素体-奥氏体不锈钢铸件在凝固后的冷却过程中或放置或后续加工过程中，因体积收缩受阻而产生过大的应力时，铸件发生开裂的现象。其实，在这里还有一个重要的组织因素是不应忽略的，那就是铸件凝固后的组织其晶粒通常总是粗大的，粗大晶粒组织的强度和塑性都是不良的。当"粗晶粒+σ 相脆、χ 相脆或 475℃脆或调幅结构脆+冷却中体积收缩受阻而产生大应力"时，铸件开裂便是常见现象了，图 4.1 是典型的例子。通常情况下，σ 相脆、χ 相脆、475℃脆或调幅结构脆这三个因素中，前两个因素对铸件开裂的影响更大。

图 4.1　核岛奥氏体-铁素体不锈钢大型铸件清砂时所见的开裂

2. 核电站装备常用的特种熔铸

1) 电渣重熔铸造

将电渣重熔精炼与铸件铸造相结合的工艺即为电渣重熔铸造，所得铸件组织致密均匀、夹杂物少、表面光洁、尺寸精准，特别适于铸造大尺寸、大单重、优质高性能的制品。可用此法连续精准地铸造大型核电站装备，如一回路厚壁管道波纹管等。

2) 获得高质量钢铸锭的中心区重熔法

普通钢铸锭的中心区杂质偏析甚多，且还可能有疏松和缩孔，中心区重熔法则使用电渣重熔以改善普通铸锭中心区的质量。特别适用于大型钢铸锭，把普通铸锭的中心区用空心钻开孔以去除杂质偏析区，再用电渣重熔充满。

这种高质量的特大型铸锭也可以选择钢锭外壁和电渣重熔内芯不相同的成分。例如，用于反应堆压力容器或稳压器或蒸汽发生器等筒型制件时，外壁可为合金结构钢成分，而内芯则用奥氏体不锈钢成分。这种梯度成分的特大钢锭经中心穿孔锻压加工成圆筒件的反应堆压力容器，内壁可耐受辐射脆化并抗腐蚀，而外壁则保证强度和塑性并且价廉。此法也适用于一回路大型管件的制造，如核岛内的一回路冷却剂管、波动管等，内外壁由不同钢成分构成的双钢融合管，以结构钢为外壁，以不锈钢为内壁，具有内壁耐腐蚀和抗辐照而外壁价廉的优点，适用于核电站大型厚壁液体管道装备。

这种高质量钢铸锭也为高质量优质板材的生产奠定了基础。

3) 离心铸造

大尺寸的厚壁重型长管道是难以用轧制或普通的铸造方法制造的，如核岛一回路冷却剂管，于是人们使用了离心铸造法制管，其管道组织较致密，管壁外部是长柱状晶粒，内部为等轴晶粒(图 4.2)。

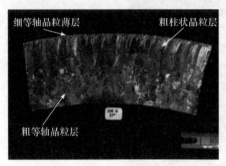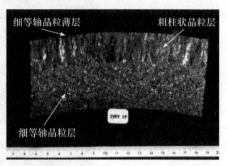

图 4.2　核岛一回路管道铸造奥氏体-铁素体不锈钢离心铸管的宏观组织(IAEA, 1987～2003)

核电大型厚壁液体管道可用内外壁不同金属融合而成的双金属离心铸造法制成，例如，结构钢为外壁，不锈钢为内壁，具有内壁耐腐蚀而外壁强韧、价格低廉的优点。

4) 定向凝固铸造

轮机叶片(图 4.3)用通常的失蜡铸造技术得到的是位向随意分布的多晶体组织，高温中的晶界在离心力的作用下易于蠕变而使叶片逐渐伸长失效。

(a) 失蜡铸造　　　　　　　(b) 定向凝固　　　　　　　(c) 单晶凝固

图 4.3　轮机叶片制造技术的进步(Kear, 1987)

当晶界平行于外加单向应力的方向，不存在垂直于主应力的晶界时，可使合金的蠕变抗力大大提高。于是，改进为采用定向凝固技术，使所有的晶界都大体平行于离心力拉伸叶片方向的粗柱状晶叶片,这种叶片比普通失蜡铸造技术生产的细晶粒多晶组织的叶片具有高得多的蠕变抗力。

技术的进步又制造出无晶界叶片,也就是整个叶片由一个单晶制成,而且单晶叶片相对于外加应力是处于某个特定晶体学位向的,合金的蠕变抗力更高。

现今更进步到热塑性吹气精成型技术,详见 4.4.1 节。

4.1.3 金属凝固的均质形核概念

1. 纯金属凝固的错误概念

液熔态金属凝固成晶体固态必须有形成晶体核的结构因素,必须有过冷的热力学能量因素,还必须有动力学的速率因素,三者缺一不可。晶体核形成的结构因素来源于液态金属结构,热力学能量因素则在于热传输造成的过冷度,动力学速率因素在于原子迁移运动。形核可以是均质形核,更多见的是界面形核;前者所需的形核过冷度大,后者则较小。形核后的生长须有原子由液态向固态表面过渡的液-固界面结构因素、过冷的热力学能量因素,以及液态金属流动的动力学速率因素。

这里仅指出关于熔态纯金属均质形核凝固过程的基本概念,一种在我国广泛流传了七十多年,至今还在大学专业教科书中继续流传的错误观点:边形核边生长,直至凝固完成。其广为流传的示意图如图 4.4 所示,这是由苏联的大学教材流传至我国的,直至今日在我国著名大学还有流传,不得不予以讨论。

图 4.4 纯金属结晶的均质形核和生长过程示意图

2. 纯金属凝固的正确概念

图 4.4 中熔态纯金属凝固示意图的错误观点纠正有三。

第一个错误是边形核边生长,直至凝固完成。金属凝固时的正确概念应当是形核过冷度熔体中的爆发式形核,生长过冷度熔体中的快速生长,生长时不再形核,生长中的晶体最终相互接触完成凝固,每个晶粒都起源于一个晶核。

第二个错误是平面生长。金属凝固时的正确概念应当是:由于生长中固-液界面的不稳定,总是失稳地呈树枝状生长。

第三个错误是平整光滑的固-液界面。正确的概念应当是:金属凝固时的固-液界面是粗糙的。

金属凝固必须有过冷度，均质形核发生在过冷度较大的形核过冷度 ΔT_n 下，只有在较大的形核过冷度 ΔT_n 下，熔体才能满足晶核均质形成所必需的结构条件与能量条件。金属凝固时的形核是爆发式的，形核数在一个很窄的温度范围内从几乎为零的值急剧上升好几个数量级，这时的临界过冷度就是 ΔT_n。一旦晶核生长，便会放出潜热，由于金属固-液界面是金属键结合的粗糙界面，键的对称性高，熔体单原子与双原子及准密堆原子团很容易向固体的粗糙界面堆积，因而生长速率很快，潜热的释放量和释放速率又多又快，使过冷度无法继续维持，熔体温度很快回升(金属的热导率高)，达到过冷度很小的生长过冷度 ΔT_g，在这样小的生长过冷度 ΔT_g 下熔体不足以提供形核所需的能量，并且熔体附着凝聚在现成晶核的晶体表面上的附着生长，所需能量远较形成新晶核要低很多。因而形核后一旦晶核生长，便失去了继续均质形核的过冷度能量条件，均质形核也就终止并转入生长阶段，只发生晶核的生长，不会再有新的晶核形成。至于金属熔体中的爆发式形核，那是由熔体的过冷度和动态随机准密堆原子团结构，以及熔体原子与准密堆原子团的易动性所决定的。凝固过程终结时各晶核生长的晶体相互邻接并将液体消耗净尽。

与金属不同，分子晶体的聚合物、离子晶体的陶瓷等则是边形核边生长的。这是由它们的固-液界面所决定的，这些分子晶体和离子晶体的固-液界面是平面化界面，晶核形成后的生长机制是平面化生长，这样的生长速率很慢，放出潜热也少且慢，形核过冷度会继续维持，因而是边形核边生长。图 4.4 用来描述熔态纯金属的凝固过程是错误的，但若用来描述离子键晶体，如陶瓷矿物熔体的凝固，也许还是可以的。

可见，金属凝固时的均质形核发生在凝固初期较大的形核过冷度 ΔT_n 下，而生长则在此后很小的生长过冷度 ΔT_g 下进行，从形核到生长的中间过渡是极短暂的突变。

金属凝固时的形核过冷度与环境有关，宁静的无现成晶核的熔体可以冷却到金属通常凝固的过冷度之下而实现深过冷。坚增运教授多年卓有成效的研究证实，深过冷的快速凝固能够获得细小的晶粒组织，改善杂质分布，从而卓有成效地提高金属的强度、塑性及韧性。

4.2 增材制造

增材制造技术是基于离散-堆积原理由零件三维数据驱动直接制造零件的科学技术体系，这是当今智能制造的颠覆性技术之一。其中，金属的增材制造就涉及金属的凝固问题。

4.2.1　增材制造产业的意义

增材制造产业的意义在于：①提升我国制造业的创新能力，推进《中国制造2025》智能制造技术；②极大地降低产品研发创新成本，缩短创新研发周期，简化制造过程，提高产品质量与性能；③增强了复杂形体的工艺实现能力和难加工材料的可加工性，拓展了工程领域；④开拓了绿色制造模式，节省材料和能源，减少污染；⑤引领传统的工艺设计理念向新型的功能设计理念革新；⑥变革传统同一化制造模式，创建新型个性化制造体系和专业化创新服务模式；⑦对新产品如何推向世界带来转型影响，推动数字化制造和可持续发展，以得到更高效的产品设计、更高效的制造工艺、更高效的供应链，加速创新和上市时间，为社会构建新型的服务和效益；⑧长远地看，增材制造促成我国由制造大国向制造强国转型，提升国家竞争力，早日登上先进制造技术顶峰。

4.2.2　中国增材制造产业

新技术和新产品从仿制国产化，到技术引进阶梯转移，再到自主创新智能制造是必由之路。这里将国外增材制造的概念扩展成为我国广义的增材制造。

1. 增材制造在中国的现状

20 世纪 80 年代末～90 年代初北京新技术展览会上展出由某研创者的电渣重熔机械式增材顺序精确凝固成型汽车发动机曲轴的技术和装备，这是我国最早出现的广义非激光能源增材制造技术工业应用的雏形范例。

2016 年 6 月，科技部将"增材制造与激光制造"等 10 个重点专项信息进行公示，国家重点研发计划"增材制造与激光制造"重点专项涉及航空航天、医疗、互联网等多个领域，共 27 项。

此后，形成了以华中科技大学、西安交通大学、清华大学、北京航空航天大学、西北工业大学和北京航空制造工程研究所等多所高校、研究所为主的研究和开发中心，在深圳、天津、上海、西安等地建立一批向企业提供快速成形技术的服务机构，推动增材制造技术在我国广泛应用。产业的区域发展已形成北京、陕西、广东、湖北、浙沪五大产业基地和完整产业链。涉及航空航天、汽车、船舶、核工业、模具、生物医疗、文创教育等多个领域。

利用西安铂力特激光成形技术有限公司自主研发的 BLT-S300 系列设备，中核北方核燃料组件有限公司 3D 打印 CAP1400 自主化燃料原型组件下管座(核燃料组件)取得成功。BLT-S300 系列设备采用选择性激光熔化技术，通过逐层熔化金属粉末的制造方式，完成传统机械加工无法制造的复杂金属结构零件。

华中科技大学张海鸥教授主导研发的智能微铸锻技术，在增材制造技术中加入了锻打技术，已成功制造出长约 2.2m 重约 260kg 的锻件，现有设备已能适用飞机钛合金、海洋深潜器、核电站装备用钢等多种金属材料。

武汉光电国家实验室完成的大型金属零件高效激光选区熔化增材制造关键技术与装备，深度融合了信息技术和制造技术等特征的激光增材制造技术，由 4 台激光器同时扫描，为目前世界上效率和尺寸最大的高精度金属零件激光增材制造装备。研制出成形尺寸为 500mm×500mm×530mm 的 4 光束大尺寸增材制造装备，它由 4 台 500W 光纤激光器、4 台振镜分区同时扫描成形。

此外，增材制造在航空 C919 飞机中央翼缘条构件和钛合金舱门结构件等、航天复杂内流道结构和钛合金芯级捆绑支座试验件及高性能高压电磁阀等、船舶发动机飞轮壳和汽轮机导向叶片等、电动汽车等、模具的发动机气缸铸型等、生物医疗的颅骨等方面，都取得了重要成效。

2. 增材制造的中国发展道路

增材制造在我国制造业中的地位与融合尚处在起步阶段，其先进性毋庸置疑，但其局限性表现得也很明显，这就是其分散性而难以应对规模化。从而注定了增材制造必须走广义与综合的道路，与传统制造相结合、相融合、相互补、相促进。广义是指以叠层累加法获得功能实体的目标，而不论能源，不论物料，不论设备，不论方法，不论环境，不论单一或综合，不论传统或新创。为缩小增材制造的局限性，增材制造应当发展成广义的智能增材制造，沿着综合化的道路前进，与传统制造技术相融合，从而形成以传统制造为主体，以广义的智能增材制造为引领的中国发展模式。引领者的创新性和先进性必会激发主体的飞速进步，催生中国制造由制造大国向制造强国转型，特别是在核电站装备产业中。核电站装备的大型重型构件甚多，传统制造困难诸多，广义智能增材制造大有广阔天地可为，例如，核岛中的压力容器若实现广义智能增材制造将会是核电站装备制造业的重大革命性变革。

4.3 核电站装备的焊接及组织

核电站装备的焊接是核电站建造中的重要问题之一，不仅各装备的制造需要焊接，在核电站建造中更是离不开用焊接将一台台装备用管道相连。对核电站装备用材料可焊接性判据的认知是选材时所必须具备的，特别是焊接裂纹对核电站装备运行中的危害更应引起重视。焊接也涉及金属的凝固问题。

4.3.1 钢的可焊接性

1. 合金结构钢的可焊性

1) 可焊性

钢的可焊性用碳当量(记为 CE_q 或简记为 C_q)表征。许多国家根据各自的钢材冶金系统等具体情况，相继建立了不同的碳当量公式，使用时可在碳当量符号后标记出相关标准。应当注意各碳当量公式的差异与适用范围。

国际焊接学会(IIW)推荐的碳当量 CE_{IIWq} 公式应用较为广泛：

$$CE_{IIWq} = w(C) + [w(Cr) + w(Mo) + w(V)]/5 + w(Mn)/6 + [w(Ni) + w(Cu)]/15 \quad (4.2)$$

该式主要适用于强度为 500～900MPa 的未经淬火+索氏体回火(调质热处理)的低合金高强度钢板，且钢板的厚度应小于 20mm。当碳当量 CE_{IIWq} 为 0.40%～0.60%时，施焊前需要预热；当碳当量 CE_{IIWq} <0.40%时，施焊前不需预热。

日本 JIS 标准所规定的碳当量 CE_{JISq} 公式也获得较为广泛的应用：

$$CE_{JISq} = w(C) + w(Mn)/6 + w(Si)/24 + w(W)/40 + w(Cr)/5 + w(Mo)/4 + w(V)/14$$

$$(4.3)$$

该式主要适用于强度为 500～1000MPa 的经淬火+索氏体回火(高温回火)的低合金高强度钢板，且钢板的厚度应小于 25mm。当钢板的强度大于 600MPa 时，施焊前需要预热；当钢板的强度小于等于 600MPa 时，施焊前不需预热。

一般而言，C_q 越低，钢的可焊性就越好。$C_q \leqslant 0.35\%$ 可焊性良好，0.35%< C_q <0.50%时可焊性尚可，但后者在焊接时应对母材进行预热，焊后需热处理以消除硬化和应力。

若依据合金元素对钢焊接氢致裂纹形成倾向等的影响，碳当量 C_q 经验方程便成为

$$C_q = w(C) + 5w(B) + w(V)/10 + w(Mo)/3$$
$$+ [w(Cr) + w(Mn) + w(Cu)]/20 + w(Si)/30 + w(Ni)/60 \quad (4.4)$$

以此氢致裂纹形成倾向作为判据时，对钢的碳当量要求更为严格，C_q <0.20%时可焊性良好。

2) 焊接裂纹

焊接裂纹不仅发生于焊接过程中，有的还有一定潜伏期，有的则产生于焊后的再次加热过程中。焊接裂纹根据其部位、尺寸、形成原因和机制的不同，可以有不同的分类。常用的是按裂纹的形成条件分为热裂纹、冷裂纹、层状撕裂和再热裂纹等四类。

(1) 热裂纹。

热裂纹形成于焊缝金属冷却凝固的高温时段，通常多产生于焊缝金属内，但也可能形成在焊接熔合线附近的被焊金属(母材)内。热裂纹按其形成过程的特点，又可分为以下几种。

① 凝固裂纹。产生于焊缝金属凝固过程的末期，因冷却不均匀收缩而产生的

拉伸应力导致沿晶界液层开裂。消除凝固裂纹的主要冶金措施有调整成分、细化晶粒、严格控制形成低熔点共晶的杂质元素 S、P 以及元素 Si、C 等，提高焊接材料中的 Mn/S 比以高熔点的 MnS 替代低熔点的 Fe-FeS 共晶，从设计和工艺上尽量减少在该温度区间因凝固收缩而产生的不均匀拉伸应力。图 4.5 是两个凝固裂纹的例子。焊接凝固裂纹典型的枝晶形态断口如图 4.6 所示。

 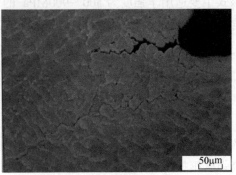

(a) 625合金   (b) 230W合金

图 4.5   625 合金和 230W 合金的焊缝凝固裂纹(Dupont et al., 2014)

图 4.6   焊缝凝固裂纹枝晶形态断口(Lippold et al., 2008)

② 液化裂纹。主要产生于焊缝熔合线附近的母材中，有时也产生于多层焊的先施焊的焊道内。这是由于在焊接热的作用下，焊缝熔合线外侧金属内产生沿晶界的局部熔化，并在随后冷却收缩时拉应力引起的沿晶界液化层开裂。造成这种裂纹的情况有二：一是材料晶粒边界有较多的低熔点物质，如 S、P 等；二是由于迅速加热，某些金属化合物分解而又来不及扩散，致使局部晶界出现一些合金元素，如 Si、C 等的富集甚至达到共晶成分。防止这类裂纹的原则为：严格控制

杂质含量，合理选用焊接材料(以低 C 含量为上)，尽量减少线能量输入和焊接热的作用。图 4.7 为多道焊缝中的液化裂纹的例子。

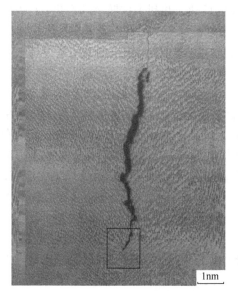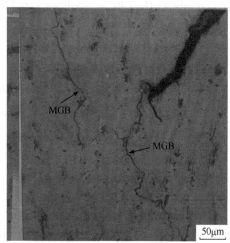

图 4.7 625 合金多道焊缝中的液化裂纹(Dupont et al., 2014)

③ 亚晶界裂纹。亚晶界裂纹是在凝固完成后低于固相线温度时形成的沿晶粒内的亚晶界开裂的裂纹。当焊接的高温过热和不平衡的凝固条件使亚晶界上富集了有害杂质时，便会形成这种微裂纹，这种情况最易产生于单相奥氏体合金中。消除这种缺陷的方法是控制线能量输入以减少焊接时的过热和焊接应力，以及向焊接材料中加入可以提高亚晶界结合能的合金元素，如 W、Mo、Ta、Ti、Nb、Re 等，抑制柱状晶发展并细化晶粒。

(2) 冷裂纹。

冷裂纹形成于焊接接头冷却之后，依据主要成因可将其分为淬火裂纹、氢致延迟裂纹和变形裂纹。

① 淬火裂纹。产生在钢的马氏体转变开始温度 M_s 附近或 200℃以下，主要发生在中碳钢、高碳钢、合金结构钢以及钛合金等中，产生部位主要在热影响区以及焊缝金属内。裂纹走向为沿晶或穿晶。形成冷裂纹的主要原因有：金属的扩散氢含量偏高；钢的淬硬倾向大或对氢脆敏感；焊接约束拉应力。

② 氢致延迟裂纹。发生于热影响区的氢脆，有明显的时间延迟特征，如图 4.8 所示(皮克林，1999)。产生条件是存在氢和对氢敏感的组织及较大的约束应力。临时焊点、伪起弧和起弧点是产生氢致延迟裂纹的潜在危险点。

防止淬火裂纹和氢致延迟裂纹的措施有：a. 降低焊缝中的扩散氢含量，如采用低氢焊接方法、严格烘干焊接材料等；b. 选用碳当量较低的材料；c. 减小拘束应力，避免应力集中；d. 合理地预热和后热；e. 采用多层焊或双丝焊，前道焊缝是后道焊缝的预热，后道焊缝是前道焊缝的后热，并利于扩散氢的逸出；f. 焊后热处理以降低残余应力与改善组织。

③ 变形裂纹。形成于多层焊或角焊缝的应变集中处。防止的方法是设计上和工艺上分散应变量。

(3) 层状撕裂。

层状撕裂主要形成于厚钢板 T 形角焊缝一字边的热影响区。其特征为裂纹平行于钢板表面，沿轧制方向呈阶梯形发展。产生的主要原因是厚钢板内层状分布的非金属夹杂物(如片状硫化物夹杂)和带状组织较为严重，以及在钢板厚度方向有很大的拉应力。严格控制钢板中的夹杂物与带状偏析的程度级别，改进接头设计和焊接工艺(低氢焊条、小线能量、预热等)以降低拉应力，是防止层状撕裂的主要措施。

(4) 再热裂纹。

再热裂纹产生于含二次硬化合金元素(Mo、V、Nb、Ti 等)的沉淀强化型高强度合金热强钢，或含如上二次硬化元素的奥氏体不锈钢或镍基合金，于焊后再次加热到 $500\sim700\,^{\circ}\!C$ 的焊缝热影响区的粗晶区之时。主要成因是焊后的再次加热引发了热影响区的粗晶粒过热区内的二次硬化+弱化晶界的微量元素 P、Sn、Sb、As 等在晶界的偏聚或析出+焊接应力三者的同时存在，或者被焊钢材在焊接前的不良热处理等加工导致其处于较脆状态(如粗晶粒等)。再热裂纹具有晶间开裂的特征，并且都发生在有严重应力集中的热影响区的粗晶粒区内，如图 4.9 所示(皮克林，1999)。为了防止这种裂纹产生，首先在设计时要选择对再热裂纹敏感性低的无二次硬化的材料，其次从工艺上要尽量减少近缝区的应力和应力集中。

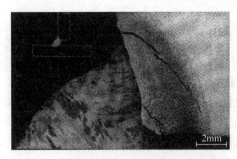

图 4.8　角焊缝热影响区中的氢致延迟裂纹　　图 4.9　焊缝熔合线热影响区侧的再热裂纹

应力裂纹参数 P_{SR} 可作为材料焊接后是否容易产生再热裂纹的判据，例如，在 $500\,^{\circ}\!C$ 以上进行消除应力退火时，成分范围为 0.1%～0.25%C，≤2.0%Mo，≤1.5%Cr，≤1.0%Cu，≤0.15%V、Nb、Ti 的钢，Ito 和 Nakanish 提出了消除应力裂

纹参数 P_{SR}（皮克林，1999）：

$$P_{SR} = w(Cr) + w(Cu) + 2w(Mo) + 10w(V) + 7w(Nb) + 5w(Ti) - 2 \qquad (4.5)$$

当 $P_{SR} > 0$ 时易裂，而在 $P_{SR} < 0$ 时不易裂。

2. 不锈钢的焊接特性

核电站大量使用不锈钢，其中以奥氏体不锈钢使用最多。与铁素体低碳钢相比，奥氏体不锈钢热膨胀系数约大 35%，热导率约小 75%，熔点约低 100℃，这就决定了奥氏体不锈钢焊接时焊缝的热裂倾向大。与铁素体低碳钢相比，铁素体不锈钢热导率约小 60%，这导致铁素体不锈钢的焊缝过热而晶粒粗大。马氏体不锈热强钢则因淬硬而使焊接接头易于冷裂。无论是热裂或是粗晶还是冷裂，均是焊接性不良的表征。

1）马氏体不锈热强钢焊接的冷裂纹

马氏体不锈热强钢的热导率仅约为低碳钢的 40%，因而焊接时焊缝常常过热，致使焊缝和热影响区晶粒粗大，冷却时焊缝和热影响区形成马氏体，且常出现粗大 δ 铁素体晶粒与其晶界析出的 $Cr_{23}C_6$ 碳化物和 Cr_2N 氮化物而脆化，因而焊接接头常会出现冷裂纹。钢的 C 含量越高出现冷裂纹的倾向越大，因此就传统的马氏体不锈热强钢来说，通常只许可对 1Cr13 和 2Cr13 钢进行熔焊，而且施焊前还必须对制件预热至 200～300℃，焊后也必须立即于 650～750℃进行退火。为了防止冷裂纹，还常常采用奥氏体不锈钢焊条或焊丝。

改进的马氏体不锈热强钢加入了 Ni、Mo 元素，如 0Cr13Ni4Mo 和 0Cr14Ni6Mo 钢，由于 C 含量的降低和 Ni、Mo 元素的加入，其韧性有显著改善，而且在焊接热的作用下，热影响区还发生逆变奥氏体现象，这就使这类钢的焊接性明显改善，施焊前可以不预热，焊后予以 600℃×2h 的退火即可。

超低碳、超纯净、超均匀的超级马氏体不锈热强钢的韧性，比改进的马氏体不锈热强钢更好，焊接性也获得了更进一步的改善。这类钢可以采用人们熟悉的焊接工艺，如金属极二氧化碳气体保护电弧焊、钨极惰性气体保护焊、埋弧焊和励磁线圈电弧焊。对于环缝焊接可以使用金属极气体保护电弧焊、手工电弧焊和埋弧焊，直缝焊大多使用埋弧焊。超级马氏体不锈热强钢更适于采用激光焊和电子束焊，由于冷却速率快，在焊缝中可以获得全马氏体显微组织，从而得到很好的韧性和满意的耐蚀性，尤其是直缝焊管采用激光焊是相当经济的焊接方法。

2）铁素体不锈钢的粗晶脆和晶界析出脆

铁素体不锈钢具有良好的耐蚀性和抗氧化性，而且价格低廉，但其焊接性表现不佳。这是由于铁素体不锈钢的焊缝和热影响区过热，致使晶粒粗大，再加上钢中 C、N 元素在冷却时以 $Cr_{23}C_6$、Cr_2N 化合物析出于晶界，致使焊缝和热影响区的粗晶脆和晶界脆相叠加，脆化就更加明显。采用小线能量焊接可使粗晶和脆化有所改善。

超级铁素体不锈钢的超低 C、N 含量和超洁净，使其获得了良好的焊接性，采用 316L、308L 不锈钢焊条、焊丝能获得令人满意的焊缝和热影响区的韧性与韧脆转变温度。有时为防止焊接熔池增 C 增 N，可在焊条、焊丝或溶剂中添加稀土元素以净化 C、N。

3) 奥氏体不锈钢焊接接头的弱化

奥氏体不锈钢的熔焊接头组织中易出现发达的柱状晶并贯穿整个熔池区域。焊缝可能产生以下问题：①因晶粒粗大的柱状晶而弱化；②因焊缝金属凝固处于很不稳定的组织状态，在热环境的服役中容易发生组织的不稳定变化，奥氏体不锈钢焊缝凝固后常有 4%～10%的少量δ铁素体相，在热环境中会发生$\delta \to \gamma + \sigma$的转变而使焊缝弱化；③熔合线的母材侧是应力腐蚀和晶间腐蚀最为敏感的区域，这个区域在焊接熔池热的过度作用下，母材奥氏体基体组织中高 Cr 碳化物沿奥氏体晶界大量析出，致使晶界区域贫 Cr 而易受电化学腐蚀的弱化。

4) 奥氏体不锈钢焊接热裂纹

热裂纹可按成因分为凝固裂纹、液化裂纹、再结晶裂纹等。

(1) 凝固裂纹。

凝固裂纹发生于焊接熔池凝固将要完成而未完成时，此时在焊接熔池中心区或靠近中心区已凝固的柱状晶前沿和树枝晶之间存在熔液薄层，该熔液薄层中的杂质元素 S、P、Si、Nb 等的含量较高而形成低熔点化合物共晶。由于奥氏体不锈钢的热膨胀系数大、热导率小、熔点低三大物理特质，焊接熔池凝固末期较长时间处于凝固收缩的拉应力作用之下，从而导致晶间未凝层开裂，成为凝固裂纹。

虽然对奥氏体不锈钢的上述三大物理特质无法改变，但凝固后期晶间薄层熔体中杂质元素 S、P、Si、Nb 等的含量较高的状况却是可以改善的，奥氏体不锈钢中的杂质也是可以净化的。采用 Mn、Mo、W、V、Ti 等元素含量较高的焊条、焊丝、焊剂等熔充物使焊接熔池中的熔液成分改变，以提高熔池的凝固温度和缩小凝固温度区间及缩短凝固时间。这些元素中，Mn 与杂质 S 形成高熔点的夹杂 MnS，以防止低熔点共晶 NiS-Ni 的出现；V、Ti 可提高熔池凝固温度和缩小凝固温度区间；W、Mo 则可以改变凝固时的相状态，是稳定铁素体元素，能使在凝固成奥氏体(γ)相的同时也凝固成少量的δ铁素体相(提高 Cr 含量也可达此目的)，以改善γ相的凝固收缩和热传导的不良，通常随钢成分的不同只要有 4%～10%的δ相即可防止凝固裂纹。改善凝固裂纹的另一措施就是去除杂质，使钢超级净化。当然，选用小线能量焊接参数也是有效措施之一。

(2) 液化裂纹。

液化裂纹发生在焊接熔池边缘熔合线的基体侧靠近熔合线的薄层区域，这一薄层区域的固体晶界原本就是熔点较低处(杂质含量较高)。在焊接熔池热的作用下，焊接熔池边缘熔合线的基体侧靠近熔合线薄层区域的晶界熔化，随之又凝固收缩，在凝固收缩拉应力的作用下，或刚凝固或正在凝固的这一薄层区域的晶界便容易开裂，从而形成液化裂纹。

液化裂纹出现在焊缝边缘熔合线基体侧，当采用多焊道焊接时，液化裂纹则出现在前一焊道上；而凝固裂纹出现在焊缝中心及靠中心区域。液化裂纹是熔池凝固早期凝固收缩的拉应力作用于熔化的晶界导致的；而凝固裂纹是在熔池凝固末期凝固收缩的拉应力导致的。

液化裂纹与凝固裂纹都是发生在正在凝固中的晶界上，晶界处是杂质集中和熔点最低处。相分析研究发现，液化裂纹的形成与钢中 Si 和 Nb 在晶界的集聚并生成 G 相[$Nb_6(Cr, Ni, Fe)_{16}Si_7$] 的低熔点共晶液膜有关。从这个观点看，液化裂纹与凝固裂纹的成因类似，因而可以用 Mn、Mo、W、V、Ti 等元素含量较高的焊条、焊丝、焊剂，采用小线能量施焊参数，以及使钢超级净化等防止凝固裂纹的方法来防止液化裂纹。

(3) 再结晶裂纹。

再结晶裂纹的形成在于奥氏体的再结晶，在奥氏体再结晶时正是旧晶界崩溃与新晶界形成的位错组态重组过程中，其间钢的塑性大量丧失，在拉应力的作用下便容易发生开裂。从表象看，这是奥氏体在高温的失(去)塑(性)所造成的裂纹，故也称高温低塑性裂纹。但若从裂纹形成的本质上命名，则应该称为再结晶裂纹。再结晶裂纹发生的温区是焊接接头热影响区中的再结晶温区，随钢成分的不同再结晶的温区便不同，裂纹所发生的温区也就随之而变。

再结晶裂纹的预防显然就是防止奥氏体发生再结晶。众所周知，合金元素量较少的单相奥氏体的再结晶温度较低，欲阻止单相奥氏体的再结晶使其直至熔化也不发生再结晶，可以采用加入提高再结晶温度的元素如 Mo、W 等方法，也可以采用形成多相组织，如加入 Ta、Ti 等元素形成弥散微粒阻止再结晶的方法，还可以增加稳定铁素体元素如 Cr、Mo 等的量，使其形成少量 δ 相以阻止再结晶。

5) 奥氏体-铁素体不锈钢焊接的 γ 相与 α 相比例控制

奥氏体-铁素体不锈钢由于是两相的混合而具有两相各自的优点，并使各自的缺点被另一方弥补，其焊接接头的热裂倾向较之奥氏体不锈钢减小，粗晶粒脆化比铁素体不锈钢小，因而焊接性是奥氏体不锈钢和铁素体不锈钢两者的折中。但这令人满意的焊接性必须在 $\gamma + \alpha$ 双相共存的前提下才能成立。然而，由于熔池冷凝过程的原因，常常在凝固冷却后的焊缝中大量存在 $\alpha(\delta)$ 相，这就会使焊缝产生 $\alpha(\delta)$ 的粗晶脆和碳、氮化物在 $\alpha(\delta)$ 晶界析出脆。

要保持焊缝凝固组织中 γ 相的量足够，首要的措施是焊条、焊丝成分的选择，焊条、焊丝中必须有较之母材成分足够多的 γ 相稳定元素，也就是说焊条、焊丝的组织应当以奥氏体为主，焊条、焊丝具体成分的选择则取决于母材成分和施焊参数。

热影响区也会因为熔池热的影响而使 γ 相减量，但热影响区 $\gamma : \alpha$ 质量比的适量保持则与焊条、焊丝成分无关，而取决于熔池热对热影响区的传输和母材的状态。显然，小线能量施焊对于热影响区的良好状态是有利的，母材中稳定 γ 相的元素较多时对于热影响区保持良好状态也是有利的。

4.3.2　核电站装备焊接特点及焊接材料

1. 核电站装备焊接要求与特点

1) 核电站装备焊接要求

(1) 建立严格的质保体系。

我国民用核设施贯彻安全第一的指导方针，要求核电站装备生产的各个阶段必须建立完善的质保体系，采取严格的质保措施。焊接作为核电站装备制造、建设、改造和检修中不可或缺的关键技术之一，也必须满足核电站装备质保的管理和技术要求。根据部件不同与机组类型不同，我国核电站装备执行的焊接质保体系也不同。从技术要求上看，我国执行的焊接法规和标准有 RCC-M 标准、ASME 标准、俄罗斯标准及我国 NB 标准，常规岛部分也执行我国的 GB、DL、JB 等标准。

(2) 采用成熟的焊接工艺。

核电关键装备制造难度大、制造周期长，安装和运行后，具有不可更换性或更换难度极大，因此要求采用的焊接技术必须成熟可靠，新的焊接技术必须通过工艺评定和模拟试件等充分与严格的考验。

核电站装备焊接技术包括焊接工程应用技术的各个方面，综合起来有焊接方法的选择、焊接材料的选用、焊接工艺参数的优化、焊接质量控制与检验等。

(3) 焊接过程严格、精密控制。

核电站装备焊接，对焊接过程进行严格、精密的控制。如 RCC-M2007 标准规定，当焊接接头有冲击试验要求时，焊接认可的线能量上限评定只能比评定试件的线能量高 25%；当有硬度试验要求时，认可的线能量下限只可比评定的试件线能量低 25%。

核电站装备焊接过程的控制，体现在焊接程序文件或焊接质量控制文件中，不同部件，要求控制的内容不同。从具体的焊接工艺看，焊接过程控制一般包括以下内容：定位、清理、施焊时的焊接参数、焊接层道数和焊接顺序、焊后处理等。

(4) 执行严格的检验制度。

根据核电站装备焊接质量控制的"五个要素"(人、机、料、法、环)和"四个凡事"(凡事有章可循、凡事有人负责、凡事有人监督、凡事有据可查)的方针，核电站装备焊接执行严格的检验制度。针对不同部件、不同质量等级，虽然采用的检验方法、检验标准不同，但归纳起来，焊接检验均包括焊接前、焊接中和焊接后的检验。

2) 核电站装备焊接特点

(1) 更加严格的焊接工艺及接头性能要求。

核电站装备焊接秉承质量第一、安全第一的原则。因为服役环境的特殊性，对一回路压力边界装备的安全性、可靠性要求严格，而焊接接头作为装备部件的薄弱部位，其性能要求高，这就对焊接材料和焊接工艺提出了更高的要求。因此，核安全装备用焊接材料生产需执行参照核相关法规(标准)制定的质量保证体系，化学成分特别是关键元素和杂质元素允许范围更窄，力学性能试验的项目更多、更特殊，并强调第三方试验验证等。核安全装备材料及其焊接材料种类繁多、部分材料焊接难度较大，材料经过长期服役后性能劣化(如辐照脆化、热老化等)，焊接难度增大，装备本体壁厚大、结构特殊、焊接应力与变形控制要求严格，无损检验合格标准高，维修面临核辐照环境、维修焊接空间狭小等特点，进一步对焊接工艺提出了严格的要求。

(2) 特殊的焊接人员资质要求。

核电站装备焊接人员主要包括焊接技术人员、焊接质检员、焊工及焊接操作工、焊接无损检测人员等。核电站装备焊接人员资质特点主要体现在核安全设备方面，其对人员的资质提出更严格的准入要求，与国家市场监督管理总局或电力行业电力锅炉压力容器安全监督管理委员会考核的常规焊接人员资质不同，民用核安全装备焊工及焊接操作工由国务院核安全监管部门负责资格核准，执行《民用核安全设备焊工焊接操作工资格管理规定(HAF603)》，民用核安全装备无损检验人员由国务院核安全监管部门核准、国务院核行业主管部门颁发资格证书，考核执行《民用核安全设备无损检验人员资格管理规定(HAF602)》。提倡和颂扬精益求精的工匠精神。

(3) 优质高效的焊接技术成为重要发展方向。

核电站装备制造、安装焊接的方法及设备选择应坚持质量为先、兼顾效率的原则。随着焊接方法的革新和焊接设备的发展成熟，大量先进的焊接方法及设备在核电站装备制造阶段得到使用，如窄间隙技术与钨极惰性气体保护自动焊的结合、窄间隙技术与埋弧焊的结合、先进带极堆焊技术等，使接头质量更稳定、填充量更少、应力与变形控制难度降低等。特殊的焊接结构形式催生了一批自动化焊接专机的应用，如 J 型坡口专用焊机、Ω 焊缝专用焊机等。

国内自动化焊接设备的升级改造优化和一批先进焊接方法的推广应用需求不断增长，高效自动焊是核电站装备焊接方法的重要发展方向之一。美国研究机构在新核电机组先进建造技术中推荐 9 项先进技术的应用，其中涉及两项焊接技术：一是高熔敷效率的焊接，主要指熔化极气体保护高速焊接、轨道全位置非熔化极气体保护焊、药芯焊丝埋弧焊、多丝埋弧焊、带极堆焊；二是机器人焊接，包括与钨极惰性气体保护焊、金属极气体保护电弧焊、药芯焊丝电弧焊等先进焊接方法的结合。

(4) 不同体系的焊接标准并行。

核安全装备焊接执行专用标准或在常规标准要求基础上增加核电站装备特殊要求,按核电机组技术路线不同,主要执行的焊接标准有 ASME BPVC 第Ⅲ卷和第Ⅸ卷,压水堆核岛设计及建造标准(RCC-M)S 篇等,同时对适用的版本也有明确的规定,如 AP1000 核电站装备焊接执行 ASME 标准 1998 版,EPR 机组核岛机械装备焊接执行 RCC-M 2007 版,CPR1000 机组核岛机械装备焊接执行 RCC-M 2000 版附加 2002 补遗。

核电常规装备制造安装焊接执行的标准主要由核电站建设相关单位协商确定,并满足设计要求,主要包括 ASME BPVC、EN、NB、DL 等,如正在建设的EPR 核电机组常规岛安装采用国内专门针对核电常规岛装备焊接的标准 NB/T 25084—2018《核电厂常规岛焊接工艺评定规程》。

当前国家能源局正在按《压水堆核电厂标准体系建设规划》组织核电标准体系建设,预计未来将形成国内统一的核电站装备焊接标准。

2. 核电站装备焊接材料

核电站装备制造、安装与维修改造中使用的焊接材料主要有焊条、焊丝、焊剂、焊接用气体等。根据核电站装备安全级别不同,对所用焊材的要求也不同。对核级装备,ASME、RCC-M、GB 和 NB 对焊材有特别的要求;对非核级装备,则采用符合通用标准或行业标准的焊材。

1) 焊条组成与作用

焊条由焊芯和药皮两部分组成。焊芯有两个作用:一是传导焊接电流,产生电弧;二是熔化后形成焊缝的填充金属。焊芯材料的成分直接影响熔敷金属的成分和性能,因此焊芯材料比一般材料有更高的质量要求,对有害元素的含量有更严格的控制。药皮主要作用有:①稳弧,稳弧剂是一些可以降低电离电势的物质,一般多采用含有钾、钠、钙等碱金属的化合物,如石灰石、碳酸钾、碳酸钠、钾硝石、水玻璃、花岗石、长石等。②保护,药皮中的造渣剂和造气剂在焊接时产生的熔渣和保护气体,能对焊接区处于高温的金属提供可靠的保护,防止空气中氧、氮等有害气体侵入。造渣剂主要是一些碳酸盐、硅酸盐、氧化物和氟化物。造气剂主要为有机物和矿物质,有机物一般为木粉、纤维素、淀粉及树脂等碳水化合物,矿物质主要为大理石、白云石、菱苦土、碳酸钡等碳酸盐矿物质。③冶金,药皮中常掺有锰铁、硅铁、铬铁、钛铁、钒铁、铝铁、硼铁等,它们在焊接时熔融,通过与熔渣和熔化金属进行冶金反应,能起到脱氧、去氢、去除有害杂质(如 S、P 等)和向焊缝渗入有益合金元素的作用,以使焊缝得到所需的化学成分,改善其组织,提高其性能。④改善焊缝成形,焊条药皮中的造渣剂,在焊接时形成具有合适熔点、黏度和密度的熔渣，使焊条能进行全位置焊接或特殊的作业(如向下立焊等)，而且熔渣能均匀地覆盖在焊缝金属表面，降低焊缝金属的冷却速率，使焊缝获得良好的成形。

熔渣中酸性氧化物的比例高时称为酸性焊条，反之则称为碱性焊条。酸性焊条的药皮中含有较多氧化钛、氧化铁及氧化硅等，氧化性较强，因此在焊接过程中合金元素烧损量也较大。酸性焊条电弧柔软而稳定，可长弧操作，使用较大的电流。熔渣的流动性和覆盖性均较好，熔渣呈玻璃状结构，脱渣容易。焊缝外表美观，焊波细密，成形平滑。焊接时烟尘少，焊接工艺性能好。酸性焊条焊缝金属中氧和氢的含量较高，因此抗裂性、塑性及冲击韧性都较差。酸性焊条一般均可交流、直流两用。碱性焊条的药皮中含有较多的大理石和萤石，并有较多的铁合金作为脱氧剂和渗合金剂，使药皮具有足够的脱氧能力。再加之药皮中大理石等碳酸盐分解出的二氧化碳气体的保护作用，以及氟化钙在电弧高温下与氢作用产生氟化氢(HF)等，使焊缝金属中的氢含量很低，因此碱性焊条又称为低氢型焊条。采用碱性焊条焊接时，由于焊缝金属中氧和氢含量较少，故具有较好的抗裂性、塑性和冲击韧性。碱性焊条的焊接工艺性能不及酸性焊条。碱性熔渣较黏稠，覆盖性也较差，焊缝形状凸起，焊波粗糙；脱渣性也差，尤其是坡口内第一层焊道。焊接时烟尘量较大，对接触者有害。由于氟的反电离作用，碱性焊条的电弧稳定性较差，必须使用短弧操作，一般只能采用直流反接进行焊接，只有当药皮中含有较多的稳弧剂时，才可以交、直流两用。典型的碱性焊条是 E5015(J507)和 E5016(J506)。

2) 焊条选用

在选用焊条时，除要了解各种焊条的成分、性能及用途外，还要综合考虑被焊件的材料种类、结构的复杂程度、工作条件，以及施工条件、生产效率和经济效益等影响焊接生产的诸多因素，有针对性地选用合适的焊条。

(1) 同种材料焊接时焊条选用要点。

① 考虑焊缝金属力学性能和化学成分。首先根据被焊金属材料类别选择焊条种类(大类)，如碳钢焊条、低合金钢焊条、不锈钢焊接、堆焊焊条、镍及镍合金焊条等；其次根据接头力学性能的要求选择焊条。对于普通结构钢，通常按等强度原则(即焊条熔敷金属的抗拉强度与被焊母材金属的抗拉强度相等或相近)选择结构钢焊条；对于一些高强度结构钢，或对焊缝性能(延性、韧性)要求高的重要结构，或容易产生裂纹的钢材和结构，焊接时应按等韧性原则(即焊条熔敷金属的韧性与被焊母材金属的韧性相等或相近)选用熔敷金属强度等级略低于母材金属而韧性与母材金属相等或相近的碱性焊条，甚至超低氢焊条、高韧性焊条等；有些情况下需要根据母材的化学成分选择焊条。对于在高温或腐蚀介质中工作的高合金钢和一些合金结构钢，应按"等成分"原则(即焊条熔敷金属的化学成分与母材相同或相近)选择相应焊条；当被焊材料的焊接性较差或碳、硫、磷等有害杂质

含量较高时，应选用同等强度抗裂性好的碱性低氢型焊条。

② 考虑焊接结构的使用性能和工作条件。对于承受动载荷和冲击载荷的焊件，焊缝金属除满足强度要求外，还要保证具有较高的冲击韧性和塑性，因此应首选具有优良韧性和塑性的低氢型焊条。接触腐蚀介质的焊件，应根据介质的性质、浓度、工作温度等，选用相应的不锈钢类焊条或其他耐腐蚀焊条(如含有铜、磷的结构钢焊条等)；在高温、低温、磨损或其他特殊条件下工作的结构，应选用相应的耐热钢焊条、低温钢焊条、堆焊焊条或其他特殊用途焊条。

③ 考虑焊件的结构特点。对于形状复杂、厚度和刚度大的焊件，因为在焊接过程中会产生很大的内应力，易导致裂纹产生，所以应选用抗裂性好的碱性低氢型焊条、超低氢焊条等；对受力不大、某些焊接部位难以清理干净的焊件，应选用对铁锈、氧化皮、油污等不敏感，氧化性强的酸性焊条；对受条件限制不能翻转的结构，应选用适于全位置焊接的焊条。在非水平位置施焊时，应选用适于全位置焊接的焊条；向下立焊、管道焊接、底层焊接、盖面焊、重力焊时，可选用相应的专用焊条。

④ 考虑施工条件和改善操作工艺。在生产实践中，必须考虑设备条件和现场工作条件，如焊后不易进行消除应力热处理时，可考虑选用与母材成分不同，但抗裂性和塑性好的焊条(如珠光体耐热钢可选用奥氏体不锈钢焊条焊接等)；在狭小或通风条件较差的场合焊接时，应尽量选用酸性焊条或低尘、低毒的焊条。在酸性焊条和碱性焊条都可以满足要求时，应尽量选用酸性焊条。

⑤ 考虑经济效益和生产效率。在保证使用性能和操作工艺的前提下，应尽量选用成本低、效率高的焊条。钛铁矿型焊条比钛型和钛钙型成本低，也符合我国资源特点，所以得到大力提倡；对在常温、一般腐蚀条件下工作的不锈钢结构，不必选用价格高的超低碳或含铌不锈钢焊条；同一结构性能有不同要求的主次焊缝，可采用不同焊条进行焊接；对焊接工作量大的结构，有条件时应尽量选用高效率焊条，如高效铁粉焊条、高效率重力焊条等，或选用底层焊条、立向下焊条之类的专用焊条，以提高生产效率。

(2) 异种钢焊接时焊条选用要点。

① 强度级别不同的结构钢，一般要求焊缝金属或接头的强度不低于两种被焊材料的最低强度，选用的焊条强度等级应能保证焊缝及接头的强度不低于强度较低侧母材的强度，同时焊缝金属的塑性和冲击韧性应不低于强度较高而塑性较差侧母材的性能。因此，可按两材料中强度级别较低的钢选用焊条。但是，为了防止焊接裂纹，应按强度级别较高、焊接性较差的钢确定焊接工艺，包括焊接规范参数、预热温度及焊后热处理等。

② 低合金钢与奥氏体不锈钢一般选用铬、镍含量较高，塑性、韧性较好的奥氏体不锈钢焊条，以避免产生脆性淬硬组织而导致的裂纹，如低合金钢与 18-8 型

奥氏体不锈钢的焊接，一般选用 25-13 型奥氏体不锈钢焊条焊接。

③ 不锈复合钢板应考虑对基层、覆层、过渡层的焊接选用三种不同性能的焊条。对基层(碳钢或低合金钢)的焊接，选用相应强度等级的结构钢焊条；覆层直接与腐蚀介质接触，应选用相应成分的奥氏体不锈钢焊条；关键是过渡层(即覆层与基层的交界处)的焊接，必须考虑基体材料的稀释作用，应选用铬、镍含量较高，塑性和抗裂性更好的奥氏体不锈钢焊条。

3) 焊丝

焊丝按焊接方法可分为埋弧焊丝、钨极氩弧焊丝、熔化极氩弧焊丝、二氧化碳气体保护焊丝、自保护焊丝及电渣焊丝等。按焊丝金属材料成分可分为低碳钢焊丝、低合金钢焊丝、不锈钢焊丝、堆焊用焊丝、铸铁焊丝、镍及镍合金焊丝、钛及钛合金焊丝、铜及铜合金焊丝、铝及铝合金焊丝等；按焊丝的形状结构可分为实心焊丝、药芯焊丝及活性焊丝等。

实心焊丝广泛应用于各种自动焊、半自动焊、气焊、气体保护焊，常见的实心焊丝可分为低碳钢焊丝、低合金钢焊丝、不锈钢焊丝、堆焊用焊丝、铸铁焊丝、镍及镍合金焊丝、钛及钛合金焊丝、铜及铜合金焊丝、铝及铝合金焊丝等。

4) 焊剂

焊剂是埋弧焊和电渣焊不可缺少的焊接材料。焊剂在焊接时能够熔化形成熔渣和气体，并对熔化金属起保护、冶金处理以及改善工艺性能的作用。当使用烧结焊剂焊接时，焊剂还具有渗合金的作用。在采用埋弧焊和电渣焊时，当焊丝(带)确定以后(通常取决于所要焊接的钢种或其他金属的化学成分)，配套用的焊剂则成为关键材料，它直接影响焊缝金属的力学性能(特别是塑性及低温韧性)、抗裂性能、焊接缺陷发生率及焊接生产率等。

焊剂具有以下作用：①覆盖保护，焊剂熔化后形成熔渣，覆盖在熔池上，使熔池与外边的空气隔离，防止有害气体的侵入；②向熔池中过渡金属元素，利用焊剂中的铁合金(非熔炼焊剂)或金属氧化物(熔炼焊剂)可以直接通过反应向熔池中过渡所需的合金元素；③改善焊缝表面成形，焊剂熔化后成为熔渣覆盖在熔池表面，熔融金属在熔渣内表面凝固，使焊缝成形美观；④焊剂具有防飞溅、防弧光等作用，便于操作。

焊剂的化学成分主要有 SiO_2、MnO、CaF_2、CaO、MgO、Al_2O_3、TiO_2 等。通常酸性焊剂具有良好的焊接工艺性能，焊缝成形美观，但冲击性能较差；相反，碱性焊剂可以得到高的焊缝冲击韧性，但焊接工艺性能较差。碱度 B 通常采用国际焊接学会推荐的公式：

$$B = \frac{w(CaO) + w(MgO) + w(BaO) + w(SrO) + w(Na_2O) + w(K_2O) + w(CaF_2) + 0.5w(MnO + FeO)}{w(SiO_2) + 0.5w(Al_2O_3 + TiO_2 + ZrO_2)}$$

(4.6)

$B<1.0$ 为酸性焊剂；$B\approx1.0$ 为中性焊剂；$B>1.0$ 为碱性焊剂。

焊剂的化学活度反映焊剂所有成分的综合氧化性能。焊剂活度系数 A_Φ 表达式为

$$A_\Phi=\frac{w(SiO_2)+0.5w(TiO_2)+0.4w(Al_2O_3+ZrO_2)+0.4B^2w(MnO)}{100B} \tag{4.7}$$

根据活度系数就可以判断埋弧焊时硅、锰氧化物参与冶金反应的程度，预知元素向焊缝中过渡的情况以及对焊缝力学性能的影响。$A_\Phi\geqslant0.6$，为高活度焊剂；$A_\Phi=0.3\sim0.6$，为中活度焊剂；$A_\Phi=0.1\sim0.3$，为低活度焊剂；$A_\Phi\leqslant0.1$，为惰性焊剂。

5) 焊接用保护气体

保护气体是熔化极气体保护电弧焊和钨极惰性气体保护焊焊接过程中用于保护金属熔滴、熔池及焊缝区的气体，它使高温金属免受外界气体的侵害。保护气体包括氩气(Ar)、氦气(He)、二氧化碳 (CO_2)、氮气 (N_2)、氢气 (H_2)、氧气 (O_2) 及混合气体等。其中氮(铜及其合金焊接除外)、氢、氧不作为单一保护气体使用，只能作为混合气体的添加组分。焊接时保护气体既是焊接区域的保护介质，也是产生电弧的气体介质。因此，气体的特性(如物理特性和化学特性等)不仅影响保护效果，也影响电弧的引燃及焊接过程的稳定性。

除保护气体外，焊接用气体还有气焊和切割时用的可燃气体与助燃气体 (O_2)。

焊接用保护气体的选择，主要取决于焊接方法和被焊材料的性质，也与对焊接接头的质量要求、焊件厚度和焊接位置等因素有关。

(1) 根据焊接方法选用保护气体。

焊接方法不同，所采用的保护气体也不相同。焊接方法与保护气体的选用如图 4.10 所示。

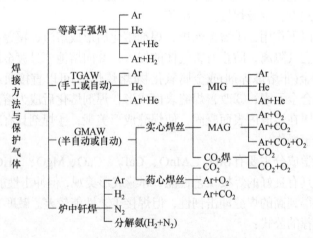

图 4.10　焊接方法与保护气体

TGAW：钨极惰性气体保护焊；GMAW：熔化极气体保护电弧焊；MIG：熔化极惰性气体保护电弧焊；MAG：活性气体保护电弧焊

(2) 根据被焊材料选用保护气体。

被焊金属的性质不同，所选用的保护气体也各不相同。对于低碳钢、低合金高强钢、不锈钢和耐热钢等，焊接时虽可采用惰性气体保护，但更适宜选用弱氧化性保护气体(如 CO_2、$Ar+CO_2$、$Ar+O_2$ 或 $Ar+O_2+CO_2$ 等)，以细化过渡熔滴，克服电弧阴极斑点漂移，增加电弧稳定性，改善焊缝成形，减少咬边等缺陷。对于易氧化的 Al、Mg、Ti、Cu、Zr 等金属及其合金，焊接时应选用惰性气体(如 Ar、He 或 Ar+He 混合气体)进行保护，以获得优质的焊缝金属。

从生产效率考虑，在 Ar 中加入He、N_2、H_2、CO_2 或 O_2 等气体可增加母材的热量输入，提高焊接速度。例如，焊接大厚度铝板，推荐选用 Ar+He 混合气体；焊接不锈钢可采用 $Ar+CO_2$ 或 $Ar+O_2$ 混合气体；焊接低碳钢或低合金钢时，在 CO_2 气体中加入一定量的 O_2，或者在 Ar 中加入一定量的 CO_2 或 O_2，可产生明显效果。

保护气体的电离势(即电离电位)对弧柱电场强度及母材热输入等影响轻微，起主要作用的是保护气体的热导率、比热容和热分解等性质。一般来说，熔化极反极性焊接时，保护气体对电弧的冷却作用越大，母材输入热量也越大。

除按焊接方法和被焊材料选用保护气体外，还应考虑保护气体与焊丝匹配的问题。对于氧化性强的保护气体，须匹配高锰高硅焊丝，而对于富 Ar 混合气体，则应匹配低硅焊丝。如 Mn、Si 含量较高的 CO_2 焊焊丝用于富 Ar 条件时，熔敷金属合金含量偏高，强度增高；反之，富 Ar 条件所用的焊丝用 CO_2 气体保护时，由于合金元素的氧化烧损，合金过渡系数低，焊缝性能下降。

4.3.3　核电站装备焊接案例

这里注重的是装备焊接的特点，略去其具体作业程序。

1. 反应堆压力容器焊接

反应堆压力容器是一个圆柱形容器，长期在高温高压下工作，盛装腐蚀介质，承受强烈的中子辐照。反应堆压力容器由两部分组成：顶盖组合件和筒体组合件。顶盖组合件由上封头和顶盖法兰焊接而成；筒体组合件由下封头、过渡段、堆芯筒身、接管段筒体、容器法兰和进出水接管焊接而成。焊缝金属有严重的辐照脆化倾向，通常表现为冲击韧性的显著降低和韧脆转变温度的明显升高。因此，除了要求焊缝金属的力学性能与母材等同外，还要求焊缝金属的塑韧性有一定的裕量。为了满足强度和塑性以及便于加工，反应堆压力容器主体采用锻造、焊接和热处理工艺性均为良好的低碳 Mn-Ni-Mo 系合金结构钢 16MND5、18MND5、SA508-3 或者低碳 Cr-Ni-Mo-V 系合金结构钢 15Х2МФА、15Х2МФА2А 等，经铸锭、锻造、淬火回火热处理、焊接等加工制成，为了抗腐蚀而在内表面堆焊超低碳奥氏体不锈钢覆层。为了抗中子辐照而严格限制材料中的 P、Cu、Co 等含量。这样，反应堆压力容器就兼具高温高压下良好的强度和塑性、经久的耐腐蚀性、良好的抗辐照性，同时也具备低廉的成本。反应堆压力容器各焊接部位，以及所采用的典型焊接工艺如图 4.11 所示。

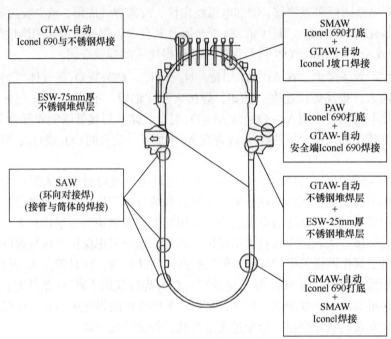

图 4.11　反应堆压力容器各焊接部位所采用的典型焊接工艺

SAW：埋弧焊；PAW：等离子弧焊；GTAW：钨极惰性气体保护焊；
GMAW：熔化极气体保护电弧焊；ESW：电渣焊；SMAW：手工电弧焊

反应堆压力容器上封头装有驱动管座。驱动管座开孔周围局部堆焊镍基合金。在接管段筒体的开孔部位焊接进出水接管，接管端部则与不锈钢安全端连接。在下封头内壁径向支撑块焊接区域和中子通量孔周围局部堆焊镍基合金，随后焊接径向支撑块和中间通量管座。在顶盖组合件顶盖法兰和筒体组合件的容器法兰上堆焊不锈钢或镍基合金密封面。

反应堆压力容器顶盖组合件和筒体组合件的环焊缝、进出水接管与接管段筒体的焊接均采用埋弧焊。容器内壁和法兰平面采用带极堆焊。进出水接管段端则采用手工堆焊不锈钢或镍基合金，然后用手工焊或钨极加填充丝惰性气体保护焊与不锈钢安全段对接。

1) 反应堆压力容器主焊缝焊接

主焊缝焊接一般采用窄间隙埋弧焊，坡口角度一般取 1°或更小，根部封底焊缝则采用焊条电弧焊。

埋弧焊采用 Mn-Mo-Ni 焊丝，其成分基本与母材 SA508Gr.3 相当；焊剂一般采用烧结型焊剂。在焊剂与焊丝的组合下，熔敷金属的化学成分一般应满足以下要求：≤0.10% C，0.15%～0.60% Si，0.8%～1.8% Mn，≤0.25% Cu，≤0.02% V，≤1.20% Ni，≤0.30% Cr，0.25%～0.65% Mo，≤0.025% P，≤0.025% S。对于强辐照区的焊缝，则要求<0.008% P，≤0.05% Cu，≤0.03% Co。强辐照区以内的焊条电弧焊可采用 E8018(数据单号 S2820.B)焊条，强辐照区以外的焊条电弧焊可采用 E8018(数据单号 S2820.A)焊条。

窄间隙埋弧焊要求采用脱渣性良好的焊剂，并且要求正确地选择焊接参数，采用比较低的热输入量。过高的热输入量会使韧性下降。在窄间隙焊时，最好能将焊接过程一次完成，而不中途停顿，任何中止焊接过程的行为可能会在重新起弧时造成未熔合等缺陷。

在进行窄间隙坡口焊接时，应采用每层两道的焊接工艺，它使深坡口中脱渣容易，焊缝质量与焊道形状容易控制，特别是焊缝与侧壁的熔合比较好，并使下道焊缝晶粒细化。

为防止焊接冷裂纹的产生，必须采用预热措施。预热温度一般在150℃以上，在焊接过程中始终保持层间温度在150～200℃。

因为反应堆压力容器焊接周期长，所以在制造过程中通常采用中间热处理措施，以达到去氢和部分消除残余应力的目的。中间热处理温度一般为500～550℃，时间随壁厚而异。

焊后热处理是容器在焊接完成后进行最终消除残余应力的一项有力措施，而且还能部分改善热影响区的组织和性能。对 SA508Gr.3 钢来说，焊后热处理温度一般为600～630℃，保温时间一般为15h左右。焊后热处理通常采用整体进炉处理的办法。

2) 压力容器内壁堆焊奥氏体不锈钢

在压力容器的封头、筒体和接管内壁均需堆焊超低碳奥氏体不锈钢。这样，反应堆压力容器就成为融合材料的典型，外层为合金结构钢，内层为奥氏体不锈钢，两者之间由于熔池的混合稀释，成分逐渐过渡，这就满足了单一材料无法满足的综合性能要求。融合材料没有复合材料那种内层材料和外层材料之间的结合界面和成分、组织、性能的突变，融合材料层间成分、组织、性能的逐渐变化，决定了它具有比复合材料更好的综合性能和安全性。

不锈钢堆焊一般采用两层，即过渡层和覆层。过渡层材料一般采用 00Cr25Ni13 (E309L)，覆层材料采用 00Cr19Ni9(E308L)。在低合金钢上堆焊不锈钢必须保证在稀释后堆焊层中的铁素体含量控制在一定的范围内(按照核安全导则规定铁素体含量应控制在 5%～10%)，而且在最终热处理堆焊层能抗静水腐蚀和晶间腐蚀。

铁素体含量的增加可提高堆焊金属的抗裂性，但过量的铁素体在一定条件下会老化形成 σ 相而造成脆化。因此，在带极堆焊时，除熔深外，还需控制相邻焊道之间的搭接量，一般要求将搭接量控制在 8~10mm。不锈钢带极宽度有 60mm、90mm 和 120mm 等几种，目前常用的是 60mm 宽的焊带。

目前应用的带极堆焊有埋弧焊和电渣焊两种工艺，可以按照制造要求及生产经验选择，但以电渣焊堆焊为优。

带极埋弧堆焊是一种常用的堆焊工艺，埋弧堆焊具有热输入量比较低的缺点，在堆焊过程中电弧在带极端不断往复移动，熔深不均，也无法采用较宽的带极。因此，为提高熔敷效率，倾向于采用电渣带极堆焊。电渣堆焊时，以熔渣的电阻热作为焊接热源，使与熔渣接触的母材表面及焊带均匀熔化形成熔池。电渣堆焊的每一层堆焊厚度可达 3.5mm。

电渣堆焊与电弧堆焊相比有较低的稀释率。通常，电弧堆焊的稀释率为 18%~30%，而电渣堆焊则为 10%~20%。此外，电渣堆焊对焊接规范有较大的灵活性，可以在比较宽的范围内施焊。电渣带极堆焊大多使用直流平特性电源，带极接正极，等速输送焊带。电渣堆焊要求采用含 CaF_2 较多的焊剂，以抑制电弧的产生，保持焊接过程的稳定。

当采用 90mm 宽带时，无论是电弧堆焊还是电渣堆焊，焊道在焊接电流磁场的作用下产生偏移，两侧容易造成咬边。为了克服这一弊端，在带极两侧用一个反向磁场力来抵消上述磁力。采用磁力控制后能获得比较满意的焊道形状。

3) 接管与安全端焊接

在核岛一回路中，压力容器、蒸汽发生器、稳压器以及主泵与一回路管道的连接通常采用安全端的结构形式。

压力容器进口接管和出口接管均使用压力容器同种材料，从而保证压力容器与接管的连接为同种钢焊缝。一回路管道材料为 316L，因此在压力容器进出口接管和一回路管道之间形成铁素体钢+预堆边+焊缝+不锈钢的焊接结构。

接管与安全端的焊接材料主要选用奥氏体不锈钢和镍基合金两种。因为镍基合金能抑制低合金钢一侧熔合区碳的扩散，提高接头的冲击韧性，而且镍基合金焊缝的热膨胀系数接近低合金钢，接头的热应力较小，所以国内外普遍采用镍基合金焊材来焊接安全端接头。在镍基合金焊材中常用的有 ENiCrFe-3 和 ENiCrFe-7 焊条以及 ERNiCr-3 和 ERNiCr-7 氩弧焊焊丝。

接管与安全端焊接，先在低合金钢接管端部堆焊 8~10mm 厚的镍基合金作为隔离层，经消除应力热处理后加工成焊接坡口，然后与不锈钢安全端焊接，焊后不再进行热处理。接管端部堆焊镍基合金隔离层一般采用焊条电弧焊，也有采用钨极氩弧焊的。堆焊时，要控制堆焊层来自母材的稀释，为此必须限制焊接热输入量，一般焊接电流要比焊低合金钢的小 10%~15%。在气体保护钨极电弧焊堆焊时应尽量将电弧热量集中在焊丝上。在低合金钢热影响区不产生淬硬组织的情况下，尽可能降低预热温度和控制层间温度，防止在堆焊金属中产生热裂纹。

接管与安全端对接焊，可以先用氩弧焊加填充丝打底，再用焊条电弧焊；或先用氩弧焊不加填充丝封底，再用自动氩弧焊加填充丝焊接。

为了减少不锈钢安全端金属对焊缝的稀释，应采用由接管镍基合金堆焊层坡口一侧向不锈钢安全端一侧的焊接顺序，以保证焊缝金属的力学性能。

2. 控制棒驱动机构焊接

控制棒组件是核反应堆控制部件，用来控制核裂变反应率，启动和停堆，调整反应堆的功率，在事故工况下依靠控制棒组件快速下插使反应堆在极短时间内紧急停堆，以保证反应堆的安全。压水堆核电站控制棒普遍采用磁力提升式驱动机构，主要由销爪组件、驱动杆、压力外壳、操作线圈和单棒位置指示器线圈组成。欲焊接部位常用的材料为 316Ti(相当于 0Cr18Ni12Mo2Ti)和 321(相当于 0Cr18Ni9Ti)。

焊缝分别位于上部、中部和下部，为三条只起密封作用的非结构性承压焊缝，焊丝为 ER308L 和 ER316L。可预置填充环，先点焊定位，再采用 Ar 保护的钛钨极自动焊接；也可不予置填充环，采用 Ar 保护的手工电弧焊接。

3. 贯穿件 J 型焊缝焊接

反应堆压力容器上有三种类型的管座：控制棒驱动机构管座、热电偶测量管座和中子测量管座，控制棒驱动机构管座为控制棒驱动机构提供支撑和通道，中子测量管座为堆芯测量系统提供通道。

为提高管座材料与反应堆压力容器母材的兼容性，降低焊缝产生裂纹的概率，管座贯穿件采用 Inconel 600 或 Inconel 690 镍基合金。J 型焊缝结构较为复杂，包括先预堆 6mm 的隔离层，然后进行 J 型角焊缝的焊接。此类焊缝属于异种钢焊缝。用于异种钢焊接的填充金属主要是基于母材金属的类型进行选择，如 316L 不锈钢与容器低合金钢焊接的典型焊接材料应选择 308L 或 316L；Inconel 600 合金与容器低合金钢焊接应使用镍基填充金属，如气体钨极惰性气体保护焊接工艺使用的 82 或 52M 合金填充材料，或手工电弧焊焊接工艺使用的 182 或 152 合金填充材料。

4. 主回路管道焊接和波动管焊接

压水反应堆的主回路管道和波动管是维持和约束冷却剂循环流动的通道，是连接压力容器、蒸发器和主泵之间的冷却剂循环流动管道。回路管道用材应具备如下性能：抗应力腐蚀和晶间腐蚀及均匀腐蚀的能力强，基体组织稳定且夹杂物少，具有足够强度和塑性与热强性能，铸造和焊接性能好，生产工艺成熟，成本低，有类似的使用经验，钴含量尽量低。适合压水堆内构件用的材料主要为奥氏体不锈钢。

主回路管道的每一环路的焊接顺序为：40°弯头→热段、冷段→过渡段。先进行组对和点焊，再实施 Ar 保护钨极惰性气体保护焊。

焊接要求：①当焊接第一个焊口时，监测管道的移动以保证焊口根部间隙在公差范围内；②焊接期间使用支撑工具支撑管段，通过使用管段支撑工具跟踪焊缝收缩量；③使用合适的工具，通过装备的移动跟踪焊缝的收缩量；④焊缝填充厚度达到50%之后，焊接顺序可以按实际需要调整；⑤焊接过程中，确保装备中心线保持在给定冷态位置中心的公差范围内。

焊接过程中的检查：①焊缝目检及尺寸检查；②根部、50%及100%时，焊缝的液体渗透检查；③填充约 15mm、50%及100%时，焊缝的射线检查；④在每个焊口焊接到 15mm、50%和100%时分别进行收缩量测量，该测量适用于反应堆冷却剂系统的所有焊缝。

焊接过程中反应堆冷却剂泵泵壳的检查：冷段、过渡段与反应堆冷却剂泵泵壳焊接时，通过调整垫铁以确保水力部件配合面的标高维持在公差范围内。

5. 主蒸汽管道焊接

现今亚临界温度的主蒸汽管道通常采用合金热强钢 P22(10CrMo910)或 P24或合金结构钢 WB36 等热轧制造，因为口径较大且为重型机件，所以主蒸汽管道焊接焊前的位置对接和对称施焊就显得甚为重要，并要在焊前点固焊。须先制作焊缝背面保护气室，气室内部空气完全排净后才能开始点固焊。点固焊的工艺与打底焊接相同，应平均分布在 45°、135°、225°、315°位置，长度大于等于 50mm。点固焊应对称施焊，控制的关键是焊缝质量和与前后焊缝的连接。

采用钨极惰性气体保护焊或手工电弧焊方法进行。氩弧焊焊完后滞后停气，以保护焊缝金属。焊接过程需由 2 名焊工对称施焊，每条焊道的长度在 150mm左右或一根焊条的长度。层间温度应严格控制在 100℃以下，每焊一段，由专人用红外测温仪测量层间温度，待冷却到 100℃以下才能继续焊接。采用小电流、快速、多层多道焊，短弧操作，控制焊接线能量。当焊缝厚度达到 5mm 以上时才能停止充氩气。严格禁止在坡口以外引弧，坡口外侧用不锈钢薄皮保护，防止飞溅损伤母材。相邻两层的焊道接头应错开，收弧时应填满弧坑。在每一层焊接完毕后，将焊缝表面清理干净，检查合格才能继续施焊。

6. 汽轮机转子焊接

转子焊接采用深窄坡口，坡口底部设计为阶梯状卡口，用热套的方式装配完成，保证两部分轮盘装配牢固。转子为重型大厚度锻件，材料为 CrMo 合金钢，具有一定的冷裂倾向，需要焊前预热。预热采用感应式加热器，预热温度 200～300℃。焊接规范为小线能量多层多道薄层窄间隙焊。先采用焊丝自动氩弧焊打底焊，后用窄间隙埋弧焊焊接。转子焊后需进行 550～620℃退火处理。

7. 除氧器焊接

除氧器焊接的焊缝坡口形式为 X 型，双面全焊。采用手工电弧焊，焊条为 E5018，规格为 $\phi3.2mm$、$\phi4.0mm$，焊前火焰预热 100～150℃，使用测温仪测温；若中途休息或因意外而中断焊接，重新开始时应重新预热；焊接从筒身内侧打底开始直至焊满。

控制焊接顺序和热输入量是控制焊接变形的关键，焊接电流范围对于 $\phi3.2mm$ 焊丝为 80～120A，$\phi4.0mm$ 焊丝为 130～180A。筒体焊接时，为防止焊接受热不均而引起筒体变形，应由四名焊工同时进行对称分段焊接。施焊的四名焊工应尽量选择相同的焊接参数，保持基本一致的焊接速度。每层同一序号的焊道全部焊完后再同时开始焊接下一序号的焊道。

内部加热装置和辅气装置的不锈钢管焊缝采用手工钨极氩弧焊焊接。焊接材料为 ER308L 的 $\phi2.4mm$ 焊丝，焊接电流 90～110A。定位焊缝作为正式焊缝的一部分，必须有流量为 8～12L/min 的背面氩气保护。采用小摆动的窄焊道的焊接技术。对于碳钢，层间温度控制在小于等于 320℃，不锈钢控制在小于等于 150℃。

终接环焊缝焊后的热处理温度为 600～640℃，保温 70min。升温速度控制在 170℃/h 以下，降温速度控制在 230℃/h 以下，降温到 300℃以下可不控制。热处理采用履带式加热器，焊缝每侧加热宽度不得小于 56mm。为确保升降温的均衡性，在热处理过程中采用多点测温，加热器和热电偶都应均匀布置，需每组加热块下布置一个热电偶。

8. 主给水管道焊接

焊前预热采用双平台式，以小于等于 100℃/h 升温至 90～130℃,保持温差小于 10℃，即可用焊丝钨极惰性气体保护焊打底焊一层，再以小于等于 100℃/h 升温至 120～180℃，保持温差小于 10℃，用小线能量多层多道焊手工电弧焊填充及盖面。焊后退火以小于等于 100℃/h 升温至 550～620℃保持，以小于等于 50℃/h 降温至 300℃然后空冷。

4.3.4　焊接接头组织

1. 铁素体不锈钢换热管焊接

铁素体不锈钢具有比奥氏体不锈钢更为良好的热导率,因而广泛用作热交换器中的传热管。图 4.12 是核电站高压给水加热器中的铁素体不锈钢传热管焊接接头的金相组织,该传热管采用铁素体不锈钢冷轧薄板经卷制成形,并施以钨极氩弧焊或等离子弧焊,再于 871℃±3.88℃ 固溶退火并快速冷却至 371℃ 以下。

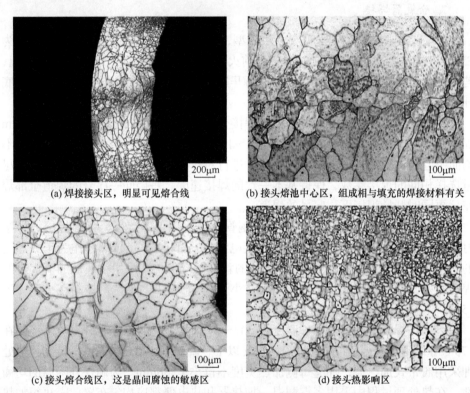

(a) 焊接接头区,明显可见熔合线　　　　　(b) 接头熔池中心区,组成相与填充的焊接材料有关

(c) 接头熔合线区,这是晶间腐蚀的敏感区　　　　　(d) 接头热影响区

图 4.12　TP439 钢换热管焊接接头各区域的金相组织

图 4.12 中焊缝熔池中心显微组织中有析出相,这与所用焊丝材料有关。清晰可见焊缝熔合线,在熔合线靠母材侧可见铁素体晶粒内的高 Cr 碳化物析出粒子。焊缝熔池区柱状晶粒粗大,熔合线靠母材侧晶粒也较粗大,随着和熔合线距离的增大晶粒逐渐减小,并过渡到母材的细晶粒。

2. 锆合金包壳管端塞电子束焊接

锆和锆合金具有良好的熔焊性能。常用的焊接方法有钨极氩弧焊和电子束焊。

大直径薄壁管常用钨极氩弧焊接法制造，小直径薄壁管则常用电子束焊。

1) 端塞焊接接头的显微组织

反应堆中的核燃料包壳管采用小直径的薄壁无缝管，采用电子束焊焊接下端塞与上端塞。M5 包壳管成品上端塞焊接结构及尺寸如图 4.13 所示。

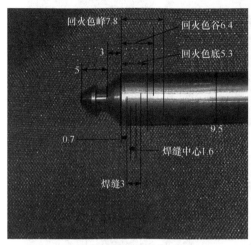

(a) 外观与约略尺寸(单位: mm)　　　　　(b) 解剖及镶嵌金相试样

图 4.13　包壳管与端塞电子束焊接结构及尺寸

锆合金包壳管端塞焊接接头的组织与众不同，这是由于采用了先进的电子束焊。电子束光斑小，热量集中，焊接质量高。图 4.14 便是包壳管端塞电子束焊接接头的金相组织，焊缝包括熔合区、相变热影响区、回火热影响区。熔合区晶粒粗大，经相变热影响区逐渐减小过渡到基体的极细晶粒。图中显示了包壳管和端塞头之间极好的熔凝结合，熔合区的温度最高，金属传热快，在快冷时由熔融态冷凝成棒条马氏体组织，为孪晶结构，图 4.15 则是其孪晶马氏体的结构。孪晶马氏体棒条成束平行排列，每个原始晶粒内显示 1～3 束孪晶马氏体棒条，由其形态可判断有些孪晶马氏体棒条束可能形核于原始晶粒的晶界，类似于钢中魏氏组织侧片或上贝氏体羽毛侧片形态。孪晶马氏体棒条之间可见另一相，棒条内可见二次孪晶，棒条内也可见层错。因焊后自然冷却而未经回火，孪晶马氏体棒条未发生高温回复的孪晶碎化。

(a) 焊缝区轴向全貌

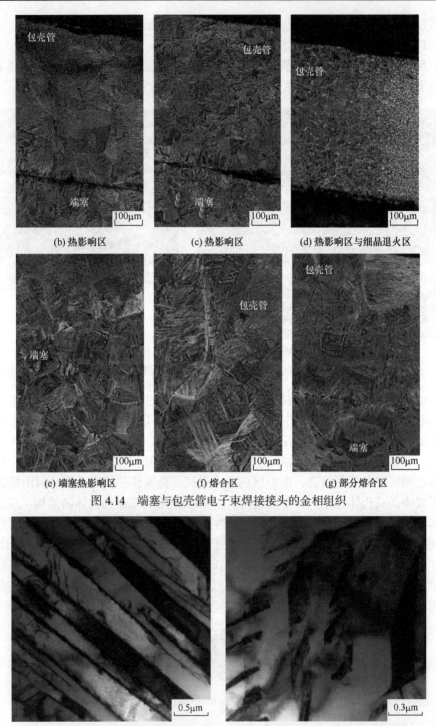

(b) 热影响区   (c) 热影响区   (d) 热影响区与细晶退火区

(e) 端塞热影响区   (f) 熔合区   (g) 部分熔合区

图 4.14 端塞与包壳管电子束焊接接头的金相组织

图 4.15 端塞与包壳管电子束焊接接头孪晶马氏体棒条显微结构的 TEM 像

2) 端塞焊接接头的硬度

显微硬度在镶嵌的金相磨面上测定，由于样品的原因硬度波动很大，故采取大量数据统计法，仅供参考。焊缝熔合区的硬度均值约 200HV，硬度数据散布带宽约+35HV、−25HV。包壳管母体硬度均值约 182HV，硬度数据散布带宽约±15 HV。焊缝熔合区的硬度显著高于包壳管母体。

4.4　压力加工与热处理的综合

传统的加工技术是各自分立的专业化的，从制成装备的总体而言，其能耗高、加工时间长、重复工作多、产品性能质量受限、生产效率低。而当人们将熔炼、铸造、焊接、压力加工、热处理、切削等加工技术相融合时，便形成了节能、快速、连续的加工技术(称为综合一体化加工技术)和高强韧性的制件性能。

这是科学技术发展规律专门化与综合化交相辉映、互为促进的典型体现。

4.4.1　现行的综合一体化加工技术

1. 钢的形变热处理

形变热处理是塑性变形(强化)与热处理(强化)的结合，是最早工业化的压力加工与热处理的综合，它提供了一种非常重要的技术方法，使钢的强度水平提高到传统专业化加工之上，而又不损失塑性。

对具有连续冷却相变曲线后移，特别是中温贝氏体转变曲线后移比珠光体转变曲线后移更为明显，并且在珠光体和贝氏体转变之间有明显凹弯的钢(如含 Mo、B 和 Cr 元素)，适于进行先在凹弯温区压力加工变形并随即快速冷却热处理的综合加工，此即形变热处理。经形变热处理之后，钢的强度能得到显著提高，而塑性并不损失。在核电站装备用钢中大多是含 Mo 和 Cr 元素的，如常用的结构件与连接件用钢 20MnMo、20CrMnMo、35CrMo、40Cr、42CrMo、42CrMo4；锻轧件用钢 25CrNi1MoV、WB36；反应堆压力容器用钢 A533-B(SA508-2)、SA508-3、16MND5、18MND5、15X2HMФA；压力容器连接件用钢 40NCD7-03、40NCDV7-03；转子锻件用钢 25Cr2Ni4MoV、26Cr2Ni4MoV、30Cr2Ni4MoV 等，它们大多适于形变热处理。

形变热处理的马氏体强化较之普通热处理的马氏体强化的三个特点是：位错密度更高，变形时析出弥散细小碳化物颗粒，马氏体的尺寸细小。显然，形变热处理保存了加工过程中动态回复与动态再结晶对强韧化所带来的好处。整个强化机制有两点值得注意：一是奥氏体晶粒在变形前后仅是形状改变而量体未变；二是位错密度明显增高。

　　为何形变热处理在提高强度的同时塑性不减，或者在相同强度下形变热处理的塑性较高呢？这是因为形变热处理形成的马氏体中含有高密度的位错，这些位错易于滑移，一则位错的滑移可减少形变的孪生方式，而孪生形变能促进裂纹形核；二则位错的滑移可使裂纹尖端应力弛豫而减缓裂纹生长与扩展的速率；三则组织更为精细。

　　马氏体的形成基本上由形核特征所支配，马氏体相变的形核是在位错上的非均质形核，依靠位错的应变能促成形核。位错还同时对扩散型沉淀相相变的形核提供点阵畸变能，以帮助沉淀相微粒在晶内的形核。位错上的形核通常使核与基体之间至少在一个面上有相当好的匹配，所以会形成低能的共格界面或半共格界面。利用塑性变形增加晶体中的位错密度，既可使马氏体的尺寸细小，又可减少沉淀相晶界形核的机会，从而显著提升钢的强度和韧性。

　　2. 热机械控制技术——控制轧制+控制冷却

　　核电站装备中大量使用低合金高强度结构钢的板材和型材，它们由成型并焊接制成零部件。在板材和型材的制备技术上，已经由传统的热轧之后冷轧再热处理的单一专业化技术，发展成为热轧中控制冷却与热处理的融合，称为控制轧制和控制冷却，合称热机械控制技术(TMCP)，其以提高钢板和型材的强度和塑性与韧性为目的。

　　低合金高强度钢最初是依靠提高Mn含量并以Al-N在正火时细化晶粒来提高屈服强度的，后来发现Nb、V、Ti晶粒细化元素还有沉淀析出强化及提高屈服强度的作用。发现Nb是在热轧时会沉淀析出强化而不是在传统的在A_{c3}+30℃温度正火时，V则可以在传统正火时析出强化，这引起了人们的深入研究。Nb沉淀析出强化的研究开始了低终轧温度下的控制轧制技术，由控制轧制所产生的微细的再结晶或拉长了的未再结晶奥氏体晶粒，在冷却时转变成微细的铁素体晶粒而获得优异的屈服强度和韧性。又进一步发展了控制冷却技术，即加速冷却，这是改善韧性和降低韧脆转变温度的好方法，获得了不断提高的屈服强度和韧性的板材及型材。层流冷却技术比普通的加速冷却技术更进了一步。发展还在继续。

　　最后的精整保证板材或型材的尺寸与精度和表面光洁度，表面无须切削加工和抛光。

　　1) 加工技术

　　控制轧制与控制冷却是轧制技术和形变热处理技术的发展与融合，是一种集钢的成分、加热、热轧、冷却诸因素最优化的综合性工艺技术。热机械控制技术主要用于低碳低合金(或微合金)成分，由扩散控制其相变过程的铁素体+珠光体(或贝氏体)组织，要求条件屈服强度为400～600MPa甚至更高的低合金高强度钢板材的生产，并已扩展到带材、棒材、型材等的生产，使钢具有比普通轧制更高的强度和塑性与韧性。早期的普通轧制在高的温度下进行，粗轧和稍加停顿后的精轧，并在 A_{r3} 温度以上终轧，自然冷却。后来进步为控制轧制，降低了加热和粗轧与稍停后的精轧与终轧温度。如今又在控制轧制的基础上于 A_{r3} 温度附近喷淋水进行控制冷却，即控制轧制+控制冷却轧制法。粗轧和精轧之间的停顿可因再结晶而细化奥氏体晶粒。其强韧化的三个特点是：晶粒尺寸更为细小，位错密度更高，析出弥散细小碳氮化物颗粒。在这些钢的合金化设计中必须考虑主合金元素(C、Mn、Cu、Ni、Cr、Mo)含量的优化，以及微合金元素(Nb、Ti、V、Al)的有效利用。

(1) 加工技术的三种类型。

① 再结晶型。将钢加热到奥氏体再结晶温度(约 950℃)以上，进行热轧变形。热轧过程中发生动态再结晶。完成道次的热轧后稍作停留，使完成静态再结晶而不发生晶粒长大。反复多道次的热轧与暂停，使发生多次动态再结晶与静态再结晶，使奥氏体晶粒显著细化。为防止再结晶晶粒长大，必须合理控制热轧的温度(较普通热轧温度为低)和压下量，以及道次间的停留时间与热轧后的冷却速率。这样，钢在热轧后的控制冷却时发生的奥氏体向铁素体的相转变中，便能获得更为细小的铁素体晶粒。

② 未再结晶型。将钢加热到奥氏体再结晶温度以下 950℃～ A_{r3} 区间，进行热轧变形。热轧过程中只发生动态回复而不发生动态再结晶，热轧道次间的短暂停留也只发生静态回复而不发生静态再结晶。这时热轧变形的奥氏体晶粒内便存在大量位错并出现多边化亚晶块。热轧后的控制冷却能使这些位错和亚晶块保留下来，同时，这些位错和亚晶块也能使钢在热轧后的控制冷却时，发生奥氏体向铁素体的相转变中获得更为细小的铁素体晶粒。

③ 两相区型。在奥氏体+铁素体两相区的 A_{r3}～A_{r1} 温度范围进行热轧变形。热轧变形的奥氏体内位错大量增殖，却不发生动态再结晶与静态再结晶。但热轧变形的铁素体会发生动态再结晶与静态再结晶，此时在两相区的近 A_{r3} 高温范围易发生动态再结晶，而在两相区的近 A_{r1} 低温范围只发生动态回复。在热轧变形过程中，奥氏体转变成晶粒更细小的铁素体，铁素体中溶碳极少，奥氏体量减少并富碳，奥氏体中过量的碳受应变的诱发以碳化物微粒(如 NbC、ZrC、TiC、VC 等)或氮化物微粒弥散沉淀于位错上。热轧完成后的控制冷却使这些细晶粒、位错、碳氮化物微粒保留下来。这些碳氮化物微粒既阻止控制轧制停顿间隙铁素体的静态再结晶，也阻止以后热处理加热时奥氏体晶粒的长大。

④ 加工技术的联用。以上再结晶型(A)、未再结晶型(B)、两相区型(C)三种加工技术类型，再结晶型控制轧制较少独立进行，两相区控制轧制也很少单独使用，通常多是采用 A+B 或 B+C 或 A+C 的二联控制轧制法或 A+B+C 的三联控制轧制法，以取得理想的控制轧制与控制冷却效果。良好的控制轧制与控制冷却能

获得 12 级的铁素体细晶粒(晶粒直径约为 5μm);而普通热轧后的铁素体晶粒度最细也只有 7～8 级(晶粒直径在 20μm 以上)。三联轧制时,A 的高温轧制后得到较细的再结晶晶粒,随后在 B 的中温轧制后不发生再结晶而只有回复过程,进一步在 C 的两相区轧制后仅存动态回复的精细强化组织。在随后的冷却中,这种位错密布的仅发生回复的精细奥氏体组织中,自会形成许多新相(铁素体或贝氏体或马氏体)晶核而得到更为精细的组织结构,并使钢显著强化。

(2) 加工技术的进一步解读。

细化组织是既提高结构钢强度又改善低温韧性的唯一方法,而且与组织的类型无关。较低温度的控制轧制能获得有效细化铁素体晶粒的作用,则是在控制轧制之后以约 10℃/s 的冷却速率(3～15℃/s 的冷却速率是最佳的冷速区域)通过 750～500℃的奥氏体→铁素体+珠光体,以及奥氏体→贝氏体的相变温区,可以进一步细化铁素体组织。然而,铁素体晶粒的细化是有限度的,当奥氏体为 ASTM 3～5 级的粗晶粒时,铁素体晶粒的细化程度大,铁素体/奥氏体晶粒直径比约为 0.3;但当奥氏体为 8～10 级的细晶粒时(通常最细的奥氏体晶粒约为 10 级),铁素体晶粒的细化程度减弱,铁素体/奥氏体晶粒直径比约为 0.7(皮克林,1999)。

普通轧制由于温度高,奥氏体再结晶充分,因而奥氏体晶粒粗大,连续冷却发生奥氏体→铁素体+珠光体相变时,铁素体晶核形成于奥氏体晶界上,铁素体晶粒的数量显著多于奥氏体晶粒数量而得到细化的组织。

控制轧制的加热温度较低,处于奥氏体再结晶温度范围的下限区域,奥氏体晶粒得到细化(晶界面积增多),随后连续冷却发生奥氏体→铁素体+珠光体相变时,铁素体晶核的形成数量进一步增大,也就得到了比普通轧制细得多的组织。

当控制轧制变形处在奥氏体未再结晶温区的较低温度时,被变形拉长的奥氏体晶粒(增大了晶界面积)以及晶粒内的变形带(大部分变形带实质上是退火孪晶因变形而可见了,少量是局部剪切带)均得不到再结晶的机会,奥氏体晶界以及晶内的变形带(随变形量增加而增多)均成为铁素体晶核形成的地方,这就使形核位置大量增多,细晶粒的形变奥氏体便可以转变成非常细小的组织。随着未再结晶变形的继续,未再结晶变形量继续积累,使这种细化晶粒的作用累积增强,也使力学性能的改善随细化晶粒作用累积的增强而增强。

未再结晶的奥氏体变形组织在提高冷却速率的控制冷却时使 A_{r3} 的温度降低,在奥氏体晶粒内进一步激活大量的除变形带之外的铁素体形核位置,并降低铁素体晶粒长大速率,更进一步叠加铁素体组织的精细化。此外,提高冷却速率的控制冷却还使奥氏体→铁素体+珠光体相变改变为奥氏体→铁素体+珠光体+贝氏体相变,并且随控制冷却冷速的加快(但不超过 15℃/s),贝氏体体积分数增高,珠光体量减少,甚至成为奥氏体→铁素体+贝氏体相变,从而进一步提高强度,却不降低韧性,不升高 FATT。

　　若采用微合金化钢实施热机械控制技术，微合金化元素将会增强所有的热机械控制技术作用，特别是元素 Nb，它能提高钢的淬硬性，提高奥氏体的再结晶温度，从而在控制轧制时能得到更多更细的未再结晶奥氏体变形晶粒。Nb 还能改变相变特点，增大奥氏体→铁素体+珠光体+贝氏体相变中的贝氏体体积分数，并进一步细化铁素体晶粒组织。V 具有与 Nb 相似的作用，也提高钢的淬硬性，但 V 提高奥氏体再结晶温度的作用弱，因而进一步增多未再结晶奥氏体变形晶粒的作用弱。此外，V 比 Nb 的高温固溶度大，这就使 V 以 VC 脱溶时的沉淀强化大于 NbC。

　　热机械控制技术实施时，控制轧制一般要在 A_{r1} 温度以上的奥氏体状态完成，但有时也可进入奥氏体+铁素体两相区进行轧制，这能在铁素体中引入更多位错而使铁素体进一步强化。甚至有时还可在铁素体区轧制(温轧)，以进一步强化铁素体而提高强度。这里指出，强化遵从方程(4.8)，FATT 由方程(4.9)确定，方程(4.9)的轧制规范为加热温度 1250～1150℃，终轧温度 1000～800℃。可见随晶粒尺寸 $d^{-1/2}$ 增大，σ_y 增大，而 FATT 降低。应当注意，铁素体区内的过量轧制所导致铁素体的过量强化，会引起韧性变坏和 FATT 的升高。这就要依据制品用途的需要在强度和韧性之间综合权衡。

$$\sigma_y = 294.3 + 13.5d^{-1/2} \tag{4.8}$$

$$FATT = 351 - 32.4d^{-1/2} \tag{4.9}$$

　　2) 型材与板材等轴铁素体-珠光体钢

　　通常 C 含量小于 0.20%的低合金高强度钢采用控制轧制和控制冷却，获得细晶粒等轴铁素体 F+珠光体 P 的组织，具有高的屈服强度和良好塑性以及良好韧性与低的韧脆转变温度，适用于重要的型材和板材及工程构件。

　　3) 厚板材低碳板条铁素体钢

　　厚板材要确保更高的屈服强度和韧性与焊接性，采取了进一步降低 C 含量的措施，为弥补 C 含量降低引起的强度损失，使用了 Nb、Zr、Ti、V 等的微合金化以产生它们的碳氮化物微粒的弥散强化，并且以适量的 Cr、Ni、Mn、Mo 等元素确保在控制轧制和控制冷却时产生足够的细晶粒板条铁素体以进一步提高强度。这类钢的典型组织是细晶粒等轴铁素体+多于 30%的板条铁素体+弥散的碳氮化物微粒+少于 5%的 MA 岛。这类钢的典型成分如 0.06%C+1.9%Mn+0.3%Mo+0.06% Nb。

　　4) 管材超低碳贝氏体钢

　　核电站装备管道要求比厚板材更高的屈服强度、横向塑性、韧性以及更低的韧脆转变温度，同时也要求更好的焊接性，这就出现了用控制轧制和控制冷却获得的细的超低碳贝氏体组织钢。贝氏体相变是切变机制，和常见的$\gamma \rightarrow \alpha$扩散相变机制不同。贝氏体切变机制的特点是,控制轧制后未再结晶奥氏体晶粒成为薄片状,$\gamma \rightarrow B$ 相变后的贝氏体组织也就非常精细,同时原奥氏体晶界在 $\gamma \rightarrow B$ 相变后被保留了下来。例如, $0.02\%C+1.72\%Mn+0.18\%Mo+0.04\%Nb+0.01\%Ti+0.001\%B$ 钢即为以更低的碳含量满足更好焊接性的成分设计。

5) 薄板材双相钢

高强度薄板构件的发展需要冷成型性优良的低合金高强度钢薄板材,前述几种钢材都不具备这种性能要求。在钢的冷成型性问题的研究中已经指出, 好的冷成型性是个综合参量,这种钢应当具备低的屈服强度 $\sigma_{0.2}$ 与连续屈服(拉伸的 σ-ε 曲线上无屈服台阶)、好的均匀变形(颈缩前)塑性、高的形变强化指数 n、高的抗拉强度、高的深冲参量 γ(均匀塑性变形延伸量)。于是开发了双相钢,其组织为约 80%细晶粒 F+约 20% MA 岛(有时也含有少量下贝氏体),$0.06\%C+1.3\%$ Mn$+0.9\%$Si$+0.4\%$Mo$+0.6\%$Cr 是其低碳锰硅钼铬钢的典型成分,它具有优良的冷成型性,可供深冲压加工。这种钢可以用控制轧制和控制冷却技术生产, 也可以用控制轧制和随后的铁素体+奥氏体两相区的亚临界区热处理技术生产。

这种双相钢组织中由于有可大量固溶 C、Mn、Cr 等元素的奥氏体存在,铁素体中固溶的合金元素较少,因而屈服强度较低;又由于由奥氏体转变成马氏体时发生体积膨胀,诱发相邻铁素体中大量可动位错产生,双相钢表现出连续屈服现象而无屈服平台,无 Lüders 应变现象,冲压制品的表面质量好。

3. 新的开拓

综合一体化加工技术是将各自分立的传统加工技术相互组合和融合的加工技术, 它集熔炼、铸造、焊接、压力加工、热处理、切削等加工技术为一体, 形成节能、连续、高效、高质量的加工技术。

1) 锻-热一体化

锻(轧)-热(热处理)一体化技术是为节能节时并获得良好制品坯件而研发的, 它是锻(轧)和热处理两者的交联, 技术的关键是加工过程中所交联的温度与时间控制, 锻(轧)后在未发生再结晶的温度下快冷淬火并回火。此后, 坯件无须再热处理而直接送去切削加工即可。本技术在热处理硬度要求为中或低水平时特别适用。

2) 热-锻一体化

这是最终热处理与后续的精密锻造或精密轧制的交联。其组织结构保留了大量温变形的动态回复的位错强化结构及冷变形的位错强化结构。

3) 铸-压-热一体化

铸-压-热一体化技术是在铸件成型后的热状态施以热压力加工(锻造或轧制等)和热处理的交联, 以获得组织细化且适于切削加工的半成型坯件。关键技术特点都在于锻(轧)与热处理交联时的控制冷却方式和温度控制,以保证所得的半成型坯件的材料组织细化和适于切削的材料硬度。本技术节能、高效率及坯件的高质量是最大的优点。

本技术的终极也可以是成型件而无须再切削加工,此时对热处理的控制会有更高要求。

4) 大型弹簧联动制造技术

大型螺旋弹簧制造技术是将大直径的弹簧钢棒借助电阻焦耳热使其快速无氧化控温加热,接着立即快速热绕螺旋弹簧并快速分距和并头,热绕的同时交联控制冷却的淬火+回火热处理,随之表面喷丸。全程数字化控制。

本技术使弹簧的表面脱碳并降至极微,且表面喷丸强化,组织结构细化、均匀,保留动态再结晶和动态回复的组织而使淬火+回火组织更为精细,弹簧性能显著提高,生产效率大大提高,并且节能。

5) 熔-铸-轧-热一体化

20 世纪 60 年代初的厚壁长管重型机件制造技术,是融合电渣熔炼+空心连续铸造+连续控制轧制+连续控制冷却热处理为一体的加工技术,它是集电渣熔铸、空心铸锭、热轧管技术及热处理技术四者的生产联动,显示出熔、铸、轧、热各加工综合一体化的高效、节能及制品高强韧性优点。

江苏沙钢集团已经建成并投产了厚度 0.7~1.9mm 的热轧超薄钢带自动生产线,该生产线全长 50m(常规连铸连轧生产线长 800m),自钢熔炼和精炼及浇铸开始,至轧制和热处理,最终以成卷的精制超薄钢带成品产出,耗时仅 30s,能耗降低 80%(为传统热连轧工艺的 1/5),CO_2 排放量减少了 3/4,可谓综合化加工的典范。

6) 热塑性吹气精成型

技术的进步是无止境的,世界顶级航空发动机制造商 Rolls-Royce 公司的涡轮风扇叶片制造技术,是该公司的核心技术之一,涉及 80 多种工艺步骤。材料为钛合金,叶片结构为空心。其制造方法是在近 1000℃的高温中,用高压氮气使三片连接在一起的钛板膨胀,热塑性精确成型。随着外侧两片钛板膨胀成型,中间层钛板伸展成内核结构以获得叶片的高强度,再施以机器人表面抛光。三维虚拟模型检测数百万个位置数据点,精度达 40μm,是继图 4.3 所示叶片制造技术后的进一步发展。该技术可作为核电站汽轮机转子叶片制造技术发展的参考。

4.4.2 质量控制与失控

1. TP439 换热管制造的质量失控

核电站装备高压加热器上的铁素体不锈钢 TP439 换热管,外购自某先进大国,某国在该管制造中发生了失误，出现了表面异常的粗大晶粒组织。这种外购进口的 TP439 换热管，显然是不合格品。

TP439 铁素体不锈钢管用于核电站汽轮发电机组中重要的辅机设备高压加热器，其功能是利用汽轮机高压缸抽汽加热给水，并接收汽-水分离再热器的疏水，把不凝结气体排入除氧器，从而减少汽轮机排汽的热损失，使蒸汽热能得到充分利用，提高发电机组热效率。使用铁素体不锈钢 TP439 管进行热交换，是缘于铁素体不锈钢的热导率高于奥氏体不锈钢。

TP439 是含 Ti 的 Cr17 型铁素体不锈钢，与中国牌号 0Cr17Ti 成分相近。Cr 用于获得室温下的铁素体，Ti 的加入减少了 $Cr_{23}C_6$，形成稳定的 TiC 与 TiN，既可细化晶粒以改善钢的塑性与强度，又可稳定 C 而减弱或消除 $Cr_{23}C_6$ 在晶界析出所造成钢的晶间腐蚀。TP439 的 Cr 当量为 18%～19%，在 950℃以上该钢为 $\alpha+\gamma$ 两相组织，在 950～850℃为 $\alpha+\gamma+Cr_{23}C_6$ 的三相组织，在 850℃以下及室温是 $\alpha+Cr_{23}C_6$ 两相组织。

金属在变形度很小时，形变储存能不足以激发再结晶，退火不发生再结晶，只以回复释放储存能。变形度在 5%～10%时，出现了再结晶，但变形所激发的再结晶形核过少，致使再结晶晶粒尺寸特别粗大，这便是临界变形度。在变形度大于临界变形度后，再结晶形核增多，再结晶晶粒尺寸减小，并随变形度的继续增大，再结晶晶粒尺寸持续减小。

换热管表面异常的大晶粒产生于塑性变形后的静态临界再结晶。图 4.16 示出了高压加热器上的铁素体不锈钢 TP439 换热管表面的临界再结晶粗大晶粒，其变形度约为 7%。

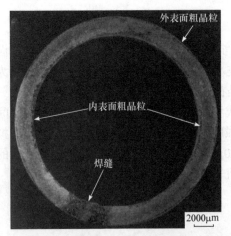
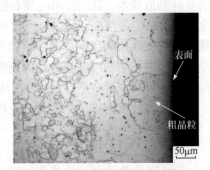

(a) 换热管的整体横磨面，内外表层的异常粗大晶粒　　　　　(b) 内表层的异常粗大晶粒

图 4.16　TP439 钢换热管表层的异常粗大晶粒金相组织

外购进口的 TP439 铁素体不锈钢管是焊管,是用冷轧退火的薄钢板或薄钢带经卷制、焊接、热处理等加工制成的。由图 4.16 可见,管壁心部晶粒细小,这是大塑性变形量的冷轧薄板退火时再结晶所形成的细小晶粒。在换热管的内表层和外表层出现了异常粗大的晶粒组织。这种粗晶粒的出现,是用板材制管时的卷管作业使内表层和外表层发生了少量塑性变形,管子成型后又进行少量塑性变形的精整,这些加工所发生的少量塑性变形均出现在管子的内表层和外表层,并且其塑性变形量正处于铁素体通常的临界变形度 5%～10%范围。关于管子内表层与外表层临界变形度的粗略简单估算如下:管外径 $\phi16mm$,内径 $\phi13mm$,中径 $\phi14.5mm$,壁厚 1.5mm。卷管时中径为零变形层,外表层受拉伸而伸长,内表层受压缩而缩短。估算内表层和外表层相对于中性零变形层的变形量,表面层约为 10%,在表面层以内 1/4 壁厚处约为 5%。这样自表面至内管壁厚 1/4 层深的变形量,正处于通常的临界变形度范围,也就是说,内表层和外表层的临界变形度层厚各可达管子壁厚的 1/4。在随后消除应力的退火热处理中,发生了临界再结晶而得到粗大晶粒(最粗大晶粒的变形量和退火温度有关)。这种内表层和外表层的粗晶粒必将损害管子的强度和塑性,这显然是制管加工作业的缺失,这是不许可的。有这种组织缺陷的钢管,在验收的各项现行工艺性能检测中可以合格,但其力学性能受到损害,为其使用的可靠性和安全性及寿命埋下隐患。建议制定组织结构检查验收标准,进口管也必须遵守。

2. 钣金件的质量失控

另一同类失控案例是在中碳冷轧薄钢板冷冲压制品表面的粗大临界再结晶晶粒(图 4.17)。冷冲压制品采用厚 1.2mm 的中碳冷轧退火薄钢板制造,冷冲压成形后再经淬火和回火成屈氏体组织,具有中等的强度和塑性。粗大临界再结晶晶粒出现在 $R8mm$ 的弯曲变形表面处,设冲压变形时板厚中心层为零变形层,外表层受拉伸而伸长,内表层受压缩而缩短,由其内外表面的弧长变化即可估算得到内表面或外表面变形量均约为 7%,这个变形量正处于铁素体临界变形度范围。进一步的估算可知,在表面层内深入 0.17mm 处的变形量约为 5%。

然而,对于中碳钢,即使处于临界变形度,也由于多相组织而使粗大晶粒的生长成为不可能。只有表面层在变形前有完全铁素体脱碳层而出现铁素体单相表面薄层时,临界变形度范围的临界再结晶才可能在制品成形后的热处理中发生。这可由图 4.18 得到证明,在冷冲压制品的切边边缘处,也发现了表面薄层的铁素体粗大晶粒。可以看到,切边断面在切边后的热处理中仅发生表面的半脱碳,而制品表面也就是冷轧钢板表面却存在全脱碳的铁素体单相表面薄层,并且已经发生切边边缘的临界再结晶。显然,冷轧钢板表面薄层的铁素体单相脱碳层是钢厂在冷轧后的退火中形成的;而切边边缘的临界再结晶粗晶粒则是由切边造成的边缘临界变形度在退火中形成的。

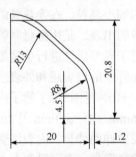

(a) 某薄钢板冷冲压制品局部剖视尺寸(单位：mm)

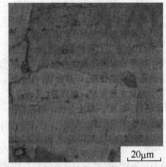

(b) R8mm弯曲变形处表面的粗晶粒金相组织

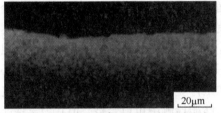

(c) R8mm弯曲变形处横磨面的全脱碳层金相组织

(d) R8mm弯曲变形处表面的粗晶粒金相组织

图 4.17　中碳冷轧薄钢板冷冲压制品 R8mm 弯曲变形表面的粗大临界再结晶晶粒

(a) 切边边缘表面的粗晶粒金相组织

(b) 切边边缘横磨面的全脱碳层粗晶粒金相组织

图 4.18　中碳冷轧薄钢板冷冲压制品切边边缘的粗大临界再结晶晶粒

　　对于单相组织的金属板材，工程上应当设法避免工件上出现临界变形度，但这常常被设计师和工艺师所忽略。

4.4.3　值得关注的问题

1. 动态回复与动态再结晶

　　在压力加工与热处理的综合交联中，钢的组织结构发生了重要的精细化变化，使钢获得了优异的强度、塑性及韧性。这种改变的重要机制是热变形中的动态回复与动态再结晶，这与传统专业化加工的静态回复与静态再结晶大为不同。若掌控有失，会使钢的性能恶化。精准控制动态回复与动态再结晶是至关重要的，本节对动态回复与动态再结晶予以简略研讨，以利于对压力加工与热处理综合一体化加工技术的掌控。

1) 动态回复

形变中或形变后易于发生动态回复的金属是层错能高的金属，如铁素体钢等。动态回复是这些材料热变形时唯一的软化机制。这类材料在热变形中通常只发生动态回复而不出现动态再结晶，即使变形温度再高也是如此。

动态回复中具有晶粒外形伸长，呈现纤维状的组织形态，但晶内为位错胞或多边化的等轴亚晶块。亚晶界(胞壁)的位错密度为 $10^{14} \sim 10^{15}\,\mathrm{m}^{-2}$ ，亚晶块的平均尺寸随温度的升高和应变速率的降低而增大。亚晶块平均直径 d 是应变速率 ε 的函数(皮克林，1999)。对应变速率 ε 应当给以温度校正，使不同温度下的 ε 可比。

$$d^{-1} = a + b\lg Z \tag{4.10}$$

$$Z = \varepsilon \exp[Q/(RT)] \tag{4.11}$$

式中，Z 称为温度校正过的应变速率 Zener-Hollomon 参数；a 和 b 为常数；Q 为动态回复激活能(热形变激活能)。

动态回复的亚晶块组织是比较稳定的。一般动态回复的亚晶块直径为 $0.3 \sim 10\mu\mathrm{m}$，视热变形时的应变速率而定，如果在热变形终止时迅速将其冷却，亚晶块组织便可以保留下来。该亚晶组织使屈服强度升高，但晶块对屈服强度的贡献弱于晶粒尺寸：

$$\sigma_s = \sigma_A + Nd^{-1} \tag{4.12}$$

式中，σ_A 为无亚晶块的粗晶粒组织的屈服强度；N 为常数，代表滑移越过亚晶界需要克服的阻力。将方程(4.12)与 Hall-Petch 方程比较，尽管亚晶块对屈服强度的贡献尚不如晶粒的贡献，但由于亚晶块的尺寸远小于晶粒尺寸，亚晶块对屈服强度的贡献就非常可观。显然，动态回复获得的良好强韧效果应当尽力完善地保留。然而，专业化加工是难以实现这个愿望的。只有采用综合一体化加工才可以实现对动态回复强韧化效果的完善保留，但仍需在综合一体化的技术工艺设计与作业上谨慎从事，才能完善地保留动态回复强韧化的效果。

2) 动态再结晶

形变中或形变后易于发生动态再结晶的是层错能低的金属，如奥氏体钢等。动态再结晶形成等轴晶粒，晶粒内部由于持续应变的进行而有高密度的缠结位错亚结构，而晶界位错密度低，呈现中心应变大而晶界应变小的应变梯度。

动态再结晶晶粒直径反比于应变速率，在高流变应力即高应变速率下动态再结晶的晶粒细小。一般动态再结晶的晶粒直径为 5～200μm，这比静态再结晶晶粒直径(30～1000μm)小一个数量级。晶粒直径取决于温度和应变速率，与原始奥氏体晶粒大小无关。动态再结晶的晶粒直径 d 同样符合方程(4.10)和方程(4.11)，只是该方程对动态回复为亚晶块尺寸，而对动态再结晶为晶粒尺寸。对于 0.08%C+1.54%Mn 的钢，方程(4.11)中的激活能 $Q \approx 300$kJ/mol。动态再结晶激活能较动态回复激活能高许多。

凡是阻止晶界迁移的因素都会阻止动态再结晶，减小动态再结晶晶粒尺寸。微合金化钢就是利用微量强碳化物形成元素 Nb、V、Ti 等形成弥散碳化物粒阻碍动态再结晶以利于进行形变热处理或控制轧制的。Nb 的作用最为强烈，0.07% Nb 就有良好效果，0.12% Nb 效果更佳。

固溶 Nb 有固溶阻尼机制的作用，升高稳态流变应力，也可能会有 Nb(CN)动态析出机制的作用。Nb(CN)微粒的形变诱导析出显著干扰动态再结晶过程，对形变亚结构起钉扎作用。Nb(CN)微粒还具有拖曳作用以抑制动态再结晶后的晶粒长大。

动态再结晶应变晶粒的特征是，晶粒尺寸细小，晶粒内存在应变和位错缠结网。这就使屈服强度显著提高。

但是必须注意的是，应变终止时必须立即快冷才能将动态再结晶组织保留下来。若发生了准动态再结晶，则动态再结晶的效果便消失了。显然，只有采用综合一体化加工并精准设计与作业才可以实现对动态再结晶强韧化效果的完善保留。

2. 热变形中奥氏体的稳定性

1) 热变形奥氏体的相变

热变形使奥氏体内产生许多位错密度很高的滑移带，奥氏体晶粒被压扁拉长，晶界面积增大。滑移带和晶界为热变形中未再结晶的奥氏体在 $\gamma \rightarrow \alpha$ 相变时提供了大量铁素体形核的有利位置，特别是滑移带上的形核作用更为突出，这就促成了铁素体晶粒的细化。

在奥氏体发生 $\gamma \rightarrow \alpha$ 相变时，提高冷却速率可降低 A_{r3} 点，铁素体形核数量增加，铁素体长大速率下降，造成铁素体晶粒细化。因此，在连续冷却相变中可得到比等温冷却相变中更细的铁素体晶粒。连续冷却的这种作用，使相变温度范围向低温侧扩展，不仅可为铁素体晶粒的细化提供有利条件，而且可能使原来在常规空冷条件下出现的珠光体转变被抑制，取而代之的是大量细小弥散的贝氏体。这种贝氏体进一步使钢强化，但却不降低钢的韧性，也不影响钢的韧脆转变温度 FATT。这种贝氏体强化较之有相同强化效果的第二强化相小岛的强化更优，第二强化相小岛的强化会导致韧性受损。

2) 热变形获得细晶粒组织的条件

热变形而未再结晶奥氏体的 $\gamma \rightarrow \alpha$ 相变，由于形变提供的能量而明显加速，快于再结晶速率。若形变奥氏体在 $\gamma \rightarrow \alpha$ 相变前停留并发生回复，则会由于形变储存能的部分释放而减小奥氏体晶内铁素体的形核率，致使晶粒细化受损。还须注意的是，当奥氏体的变形量小到临界变形度及以下时，可能得到极为粗大的铁素体晶粒。

热变形影响奥氏体晶粒尺寸的因素有热轧板坯的加热温度、终轧温度、压缩比、热轧后的冷速、冷压缩比等。然而，获得细晶粒组织的要点还在于高的压缩比，以及不发生再结晶的锻轧温度。为了有效细化奥氏体晶粒，对铸造组织的锻轧压缩比大于 4 是必需的。而在不发生再结晶的较低温度下锻轧，可使锻轧后正火的奥氏体晶粒尺寸比在高温锻轧并再结晶后正火的奥氏体晶粒尺寸要小，因为变形的奥氏体晶粒比再结晶奥氏体晶粒能转变生成更细的铁素体晶粒。

热变形虽然能消除铸态缺陷使金属性能提高，但同时会使钢在热压力加工中出现条带状的流线组织(图 4.19)，并且带状组织和流线是不能用退火改善的，只能合理巧妙地利用。

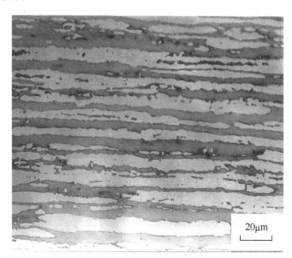

图 4.19　22Cr-5Ni-3Mo 双相不锈钢板材热轧中形成的带状金相组织
$\gamma+45\%\delta$，白色为奥氏体 γ，灰色为铁素体 δ

4.5　热处理及组织

4.5.1　晶粒细化的途径

获得结构钢强韧性的一个重要途径是组织结构的精细化和均匀化，结构钢的晶粒细化能够降低韧脆转变温度，且在提高强度的同时改善韧性，而大量装备材料的晶粒尺寸大多还维持在6～8级的水平,核燃料锆合金包壳管的晶粒目前已可以细化到13级,热机械控制技术的控制轧制与控制冷却也能使晶粒细化到12级,可见晶粒细化的潜力还相当广阔。显然,多元化综合作用的协同效应,显著地大于各元独立作用的算术相加。

1. 增多晶核

1) 相变形核的利用

液-固凝固相变采用深过冷技术和大量人工晶核技术,或化学反应自生晶核技术等,均能获得超常的晶核数量以细化晶粒。

固态重结晶相变若能创建深过冷延迟相变条件,则有望大幅度增加晶核数目而细化晶粒。位错和微粒子也是固态相变的形核位置而细化晶粒。

2) 形变再结晶的利用

核燃料锆合金包壳管的 13 级细晶粒就是冷变形后的静态再结晶多次重复利用来细化晶粒的。

固态重结晶相变时相变应力引发的相硬化的位错上非均质形核的利用,至今还极少获得重视与开发。

3) 动态再结晶的利用

形变热处理是以位错创建形核位置的良好方法。控制轧制+控制冷却薄板技术已在薄钢板或带材上获得了 12 级细晶粒组织。动态回复和动态再结晶在当今的材料加工技术中采用的还不多,还有广阔的发展前景。

4) 两次正火

制品淬火回火前为使组织均匀和晶粒细化,常在锻压后进行正火的预先热处理。特别是对厚重机件更多地采用两次正火,第一次正火的温度较高,便于碳化物充分固溶和晶粒组织均匀;第二次正火的温度较低,可以获得较细晶粒组织。例如,C 含量约 0.55% 的碳钢厚重机件,锻造后第一次约 1000℃ 正火和第二次约 850℃ 正火可获得较为均匀细小的晶粒,为后续的淬火回火热处理提供良好的组织准备。

2. 阻止晶粒长大

1) 微粒子阻止晶粒长大

固溶体基体和晶界上的微粒子具有良好的阻碍晶界迁移的作用,在这里微粒子的弥散度是举足轻重的,微粒子之间的间距越小其阻碍晶界迁移的作用越大。微粒子的这种作用在于晶界面能和晶界面张力与微粒子的相互作用。显然,微粒子的体积分数越大及半径越小,对晶界迁移的拖曳力便越大。

当晶界迁移推力与粒子对迁移的拖曳力平衡时晶界迁移终止,有

$$2(\gamma/\rho) = [(3/2)f\gamma]/r \tag{4.13}$$

式中，γ 为晶界面张力；ρ 为晶界面曲率；f 为微粒子体积分数；r 为微粒子半径。则晶粒长大的极限尺寸(近似地将晶粒视为半径 R 的球形)为

$$R = [(4/3)r]/f \tag{4.14}$$

即晶粒长大的极限尺寸(最大半径)与粒子的半径成正比，而与粒子的体积分数成反比。也就是说，粒子越细小，数量越多，晶粒能长大到的极限尺寸(最大半径)就越小。可见，第二相微粒子对晶界迁移的钉扎作用主要取决于微粒子的数量(体积分数)和大小，而微粒子性质(影响 α 角)的影响较小。

工业上利用上述原理向钢中加入少量或微量合金元素，使之形成微细粒子，有效地抑制钢加热时晶粒的长大。例如：①钢中的强碳化物形成元素(如 Hf、Zr、Ti、Ta、Nb、V)以及中等的碳化物形成元素(如 W、Mo、Cr)所形成的碳化物 VC、NbC 等弥散微粒能阻止晶界的移动，因而也就能阻止奥氏体晶粒的长大；②炼钢时使用微量的 Al 脱氧，所形成的 Al_2O_3、AlN 弥散微粒能阻止晶界的移动，因而也就能阻止奥氏体晶粒的长大，脱氧用的少量 Si 所形成的 SiO_2 弥散微粒也有类似的作用；③微量 N 形成氮化物(如 TiN、AlN、VN 等)微粒弥散分布，阻止奥氏体晶粒的长大；④微量 C 形成碳化物微粒阻止晶粒长大；⑤少量的 Mn 会先与杂质 S 结合成硫化物夹杂，有阻止奥氏体晶粒长大的作用。

需要指出的是，在足够高的温度下，当这些化合物粒子分解或固溶入钢基体中时，钉扎作用的突然消失会导致晶粒急剧长大。

2) 加工温度尽可能低

晶界迁移率取决于晶界原子获得迁移激活能的热激活概率。显然，尽可能地降低加工温度使晶界原子迁移激活能降低是获得细晶粒的有效途径。

3) 晶界平衡集聚效应的利用

利用合金化降低晶界能，使溶质原子或杂质原子在晶界产生平衡聚集效应而降低晶界能，可使晶界的迁移率表现出非凡的减缓效用。代位固溶的溶质原子对晶界迁移率的影响，显著大于间隙固溶的溶质原子的影响。很明显，这是代位型溶质原子的扩散激活能常常显著大于间隙型溶质原子扩散激活能的缘故。

4) 织构的利用

小角度晶界具有较低的晶界能，因而当织构存在时，取向接近的相邻晶粒之间的晶界迁移率较低，晶粒长大过程便会缓慢。但要注意织构在晶粒长大过程的另一个影响是导致正常晶粒长大的完全终止而诱发异常晶粒长大，即织构控制的晶粒长大。

5) 表面热蚀沟的利用

热蚀沟对超薄钢板中的晶界迁移有显著影响，晶界会在热蚀沟处被钉扎。最

大晶粒半径与薄板厚度成正比，两者有良好的线性相关性。

4.5.2 马氏体热强钢的淬火回火

核电站装备用了多种马氏体热强钢，该类钢的热处理有其特别之处，与合金结构钢显著不同，不可等同对待。

1. 关于淬火马氏体回火分类的建议

钢在马氏体淬火之后，还必须紧接着不停留地进行回火热处理。回火的目的在于：①获得所需要的组织；②调整强度和硬度，改善塑性和韧性；③消除淬火应力。

回火的重要参数是回火温度 T 与回火时间 t，两者共同构成回火参数 P：

$$P = T(\lg t + K) \tag{4.15}$$

式中，常数 $K=18\sim20$。在回火机制相同的前提下可通过改变 T 与 t 达到相同的回火效果。但这仅限于小尺寸制件，稍大的制件由于热传导的滞后，制件内外的温度均匀、组织均匀与性能均匀成为障碍而难以实现，对于厚重机件，式(4.15)显然应更谨慎地使用。这正是核电站装备的普遍情况，本书主张核电站装备制造中不得使用式(4.15)。

为了得到同样的组织，对于不同的钢，其回火温度是不同的，甚至有很大的差异。例如，为了获得马氏体组织，低碳钢的回火一般在 100~250℃进行，而 P91 钢的回火温度却高达 765℃±15℃。这就是说，对于回火的分类，通常依据温度而分为低温回火、中温回火、高温回火并不恰当；若进而再依据回火温度来推论组织，则更会出现原则性差错。

既然回火的目的在于获得所需要的组织和性能，就应当依据回火所得组织对淬火马氏体的回火进行分类，分为马氏体回火、屈氏体回火、索氏体回火，而不是现今普遍采用的以温度为分类依据的低温回火、中温回火、高温回火。

回火马氏体与淬火马氏体的主要区别(以板条马氏体为例)在于，回火马氏体中碳原子再分配与碳在位错线上偏聚；碳和合金元素脱溶而沉淀或析出碳化物；残余奥氏体或稳定化或分解；马氏体板条回复碎化成亚晶块，碳化物微粒开始逐渐长大；位错组态由缠结而重组成位错网络。马氏体回火的温度范围通常为100~800℃，覆盖了整个回火温度范围，视钢的成分(合金元素的类别与数量)而定。

屈氏体回火时马氏体板条发生了部分初始程度的再结晶，马氏体的位向形态隐约可见，碳化物弥散，以及碳化物转变与重组发生二次硬化。索氏体回火时马氏体基体再结晶而溃为多边形铁素体团状晶粒，碳化物熟化，成分转变。

对于工程上要求高强度高韧性的大尺寸重型机件的回火作业，最常见的缺陷是回火时间不足，这使得组织转变不完全不均匀，淬火应力消除不充分，从而导致冲击韧性和断裂韧性低下。欲获得良好的强韧性，必须有充分且均匀的回火时间。

工程上要求保持尺寸稳定性，消除残余奥氏体，使残余奥氏体在初次回火后转变成的马氏体得到回火并消除应力，在最终回火前防止延迟破断，改善韧性和屈服强度而不降低硬度等场合时，常进行重复的二次或三次回火，对于高淬透性钢这常常是需要的。

顺便指出，工程上常常将消除应力的低温退火称为高温回火，这是回火与退火概念的混淆，应当纠正。

2. P91 钢的马氏体淬火与回火

当初研发 P91 钢的目的虽然是应用于未来的核反应堆压力容器，但该钢的适用性广，用在超临界高温蒸汽管道上也表现出优秀的性能，从而获得广泛应用，不仅可广泛制成大管(P91)，还广泛用于小管(T91)。该钢在马氏体状态使用，具有良好的热强性。该钢的淬透性甚为优良，因此采用空冷的淬火作业即可获得位错马氏体组织，回火时只发生回复而无再结晶，具有优良的热强性和热稳定性。

1987 年我国引进了 P91 和 T91 钢管，"八五"期间开始对其进行试用和国产化研究与试制，攀钢集团成都无缝钢管有限公司试制生产了 P91 厚壁管，上海宝山钢铁集团钢管公司试制生产了 T91 薄壁管，均取得了初步成绩。1995 年，该钢以 10Cr9Mo1VNb 牌号完成国产化。但由于当时对该钢的冶金热力学、合金化原理、强化机理、组织结构，以及在服役条件下该钢蒸汽侧的抗腐蚀机理，组织结构与性能变化规律，冶金和材料的一些理论问题与加工技术等尚欠深入和全面的认识，甚至有严重的不当与误解，致使产品性能极不稳定。面对 P91 钢管国产化受阻及其使用所存在的问题，本书作者接手主持了对 P91 钢的理论研究和钢管生产加工工艺的优化及工程应用。

1) 存在的淬火回火问题

对 P91 钢厚壁长管原国产化生产的调研，首先检测产品管的组织结构，得到编号为 P91-S 的 P91 钢管力学性能不良，其组织结构如图 4.20 和图 4.21 所示。

由图 4.20 和图 4.21 可见，该钢管上述状态的 TEM 亚结构形态是宽板条回火马氏体和窄短板条淬火马氏体与块状铁素体及熟化碳化物的共存。进一步查明这是淬火温度偏高使马氏体粗大，回火温度过高发生了部分马氏体解体的回火失控，从组织结构可以推知马氏体解体不是由再结晶造成的，而是 A_1 点相变重结晶的结果，即热处理回火温度高至 A_1 点使部分马氏体解体的失控回火。因此，热处理工艺优化是重要问题之一。

2) 热处理回火失控的模拟

图 4.22～图 4.24 为相变点 A_1 附近模拟回火的拉伸断口和微观组织，790℃回

(a) 回火马氏体+淬火马氏体+块状铁素体　　　(b) 回火马氏体+淬火马氏体+块状铁素体

(c) 回火马氏体+淬火马氏体+块状铁素体　　　(d) 碳化物$M_{23}C_6$熟化形成的晶界串珠链状分布

图 4.20　P91 钢管优化工艺前工业生产中不良热处理工艺
淬火回火后板条马氏体解体的组织的 TEM 像

火后为板条马氏体，但板条已经变宽；810℃回火后的组织中，除更宽的板条马氏体之外，还出现了微量的小粒状铁素体；而在 830℃的模拟回火组织中，则出现了宽板条回火马氏体和窄短板条淬火马氏体与块状铁素体及熟化碳化物的共存。此时，钢的性能严重劣化，其强度与塑性很差，出现准解理的冲击断口和放射状的拉伸断口。当回火温度失控，达到 A_{c1} 温度时，部分马氏体出现相变重结晶而产生铁素体，钢变脆。

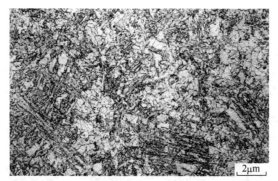

图 4.21　P91 钢管优化工艺前工业生产中不良热处理工艺
淬火回火后的金相组织

图 4.22　P91 钢 1060℃淬火 830℃回火后室温拉伸试验
出现放射状断口的 SEM 像

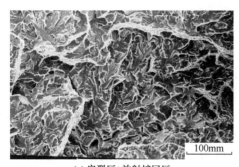

(a) 启裂区+放射扩展区

(b) 准解理放射扩展区

图 4.23　P91 钢 1060℃淬火 830℃回火后室温冲击试验
出现准解理断口的 SEM 像

　(a) 790℃，板条马氏体　　　　(b) 810℃，板条马氏体　　(c) 830℃，板条马氏体M+块状铁素体F

图 4.24　P91 钢 1060℃淬火 A_1 温度附近回火后的金相组织

3) 热处理淬火与回火工艺的优化

(1) 淬火。

淬火加热温度的选择如图 4.25 所示。淬火冷却由于钢中位错马氏体的优良淬透性，即使像 P91 厚壁管这种大尺寸制件的淬火作业也常常采用风冷或空冷(称其为正火是错误的)以降低淬火应力。淬火参量及规范如下。

最佳淬火加热温度为 1055℃±15℃。

淬火加热装炉温度为 1055℃±15℃。

淬火加热总时间=升温时间+均温时间+保温时间

$\qquad$=中碳钢 850℃基础加热时间 1min/mm

$\qquad$×钢种系数 1.9×管壁厚(mm)

$\qquad$×形状系数(管长≥2m 取 4，管长在 1～2m 取 3，管长
$\qquad$≤1m 取 2)

$\qquad$×放置系数(单根管为 1，单层间隔半管径的多根平行管为
$\qquad$1.4，单层紧排多根平行管为 2)

$\qquad$×装炉量系数(装炉量不足 200kg/(m^3·kW)为 1，超过时为
$\qquad$200kg/(m^3·kW)的倍数)

$\qquad$×炉气系数(静止空气为 1，流动燃气为 0.9)

$\qquad$×给热系数比值 0.6

$$(4.16)$$

淬火冷却平均速率如下：1000～800℃,30～100℃/min;800～600℃,8～50℃/min;600～400℃,4～30℃/min;或 800～500℃,7～40℃/min。

淬火冷却终止温度由小于 150℃至室温(P91 的 M_f=200℃)。

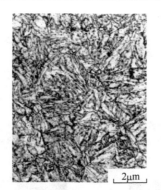

(a) 1020℃淬火金相组织, 温度偏低　　(b) 1060℃淬火金相组织, 温度适宜　　(c) 1100℃淬火金相组织, 温度偏高

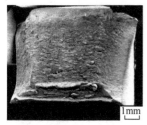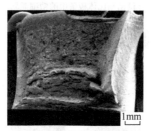

(d) 1020℃淬火断口的SEM像,　　　(e) 1060℃淬火断口的SEM像,　　　(f) 1100℃淬火断口的SEM像,
　　　温度偏低　　　　　　　　　　　温度适宜　　　　　　　　　　　温度偏高

图 4.25　P91 钢淬火温度适宜时具有适中的晶粒尺寸和最韧的冲击断口, 760℃回火

(2) 回火。

优选所得最佳组织结构列于图 4.26。回火参量及规范如下。

最佳回火温度应当严格控制在 765℃ ± 15℃。

回火加热装炉温度为 765℃ ± 15℃。

回火加热总时间=升温时间+均温时间+保温时间

　　　　　　=中碳钢 850℃基础加热时间 1min/mm

　　　×钢种系数 1.9

　　　×管壁厚(mm)

　　　×形状系数(管长≥2m 取 4, 管长在 1～2m 取 3,

　　　　管长≤1m 取 2)

　　　×放置系数(单根管为 1, 单层间隔半管径的多根平行管为

　　　　1.4, 单层紧排多根平行管为 2)

　　　×装炉量系数(装炉量不足 200kg/($m^3 \cdot kW$)为 1, 超过时为

　　　　200kg/($m^3 \cdot kW$)的倍数)

　　　×炉气系数(静止空气为 1, 流动燃气为 0.9)

　　　×给热系数比值1.3

　　　　　　　　　　　　　　　　　　　　　　　　　　　　(4.17)

回火后空气中冷却至室温。

(a) 位错马氏体板条中的精细亚晶块

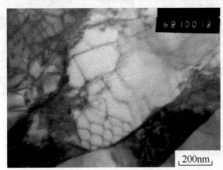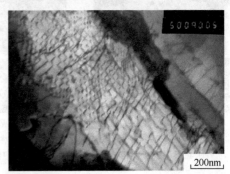

(b) 位错马氏体板条中的位错网络

图 4.26　P91 钢 1060℃淬火 760℃回火,位错马氏体板条中的精细亚晶块和位错网络的 TEM 像

4) 马氏体回火时的再结晶问题

淬火马氏体形成时由于体积增大和结构切变而发生了相硬化,回火时是否发生再结晶取决于相结构的稳定性和应力的释放机制与过程。马氏体为变态体心立方相结构,P91 钢的淬火马氏体中固溶有高达约 9%的稳定体心立方相结构的元素 Cr 及少量的稳定体心立方相结构的元素 Mo,淬火时马氏体形成的应变量又不甚大,回火时的回复释放了马氏体在淬火形成时产生的相变应力,致使回复后再结晶的驱动力不足而不能出现再结晶。也就是说对 P91 马氏体热强钢来说,淬火后随着回火温度升高至超过高温回复时,马氏体并不发生再结晶解体,而是以 A_1 温度的相变重结晶解体。其组织特征为马氏体与铁素体及熟化的碳化物粒子共存,铁素体由马氏体解体形成,如图 4.20~图 4.24 所示。

由于稳定铁素体合金元素 Cr、Mo 的大量存在,钢在 A_1 温度以下的高温区间回火时仅发生回复,形成马氏体板条碎化的亚晶结构和位错网络,从而释放了大部分马氏体形成时相变应力引起的应变储存能,致使再结晶驱动力不足,不进行再结晶。因而马氏体在相变点 A_1 以下只发生回复过程而不出现再结晶。当马氏体

被加热至相变点 A_1 以上时，由 Fe-Cr-C 相图可知将处于 $\alpha+\gamma+K$ 相区，铁素体晶核首先由高温回复马氏体板条中的大角界亚晶块形成；接着，铁素体晶核吞食马氏体板条，形成分布有稀疏位错的块状铁素体晶粒，同时部分铁素体又转变成奥氏体。冷却时铁素体保留了下来，奥氏体则转变成板条马氏体而没有被回火。这种未回火的板条马氏体与原回火的板条马氏体的区别在于，未回火的板条马氏体的板条尺寸小和板条内没有碳化物，且板条中不会出现位错网和中、高温回复，而仅是位错缠结等特征。A_1 相变点附近的高温使 $M_{23}C_6$ 发生熟化在晶界呈串珠状分布。

5) 马氏体回火时的组织结构与相转变

P91 钢由于含有大量合金元素，位错马氏体板条在 A_1 相变点以下的高温区间回火时，并不发生使马氏体板条解体以形成铁素体基体的再结晶，而是以回复的过程使板条碎化成亚晶块和形成亚稳态位错网，来释放马氏体相变时的应变储存能。也就是说，在 A_1 相变点以下高温度回火时，以回复释放了淬火时马氏体形成所引起的应变储存能，再加上亚稳态位错网的钉扎作用，阻碍了再结晶的发生。这就使具有回火板条马氏体组织的 P91 钢，既保留了马氏体的强化效果，又因马氏体板条回复形成亚稳状态，可以抵抗 A_1 相变点以下高温的长时间作用，表现出兼具热强性和热稳定性的优良热强钢的特质。

(1) 位错马氏体板条内精细亚晶的形成。

淬火形成的板条马氏体，在 A_1 相变点以下高温区间回火时发生回复。马氏体板条中首先发生低温回复的点无序空位的运动和湮灭。接着，马氏体板条中发生位错的滑移和螺型位错的交滑移，异号位错对消、位错偶极子消失，对马氏体板条中位错缠结的胞结构进行规整，胞壁规整为位错网络的亚晶界，胞则成为亚晶块，于是马氏体板条整体形态存在，但板条内碎化成多个由位错胞转化成的亚晶块，这是比位错胞结构能量低的亚稳状态，这就是淬火板条马氏体的中温回复。回火的进一步发展是除螺型位错的交滑移外，刃型位错的攀移运动被激活，亚晶块结构被进一步规整，由于刃型位错的攀移，位错组态进一步规整，并进一步出现亚晶块的旋转合并与多边化过程，这时亚晶尺寸稍有长大，这是比中温回复能量更低的亚稳状态，这就是淬火板条马氏体高温回复的初始阶段。图 4.26(a)即为此时 P91 钢的回火马氏体板条内的亚晶块结构，亚晶块尺寸为 $0.2\sim0.4\mu m$。

(2) 亚稳态位错网的形成。

淬火板条马氏体在回火的中高温回复时，马氏体板条中的位错重组，向低能的组态演变，规整成网络结构，是较为理想的位错低能组态。中温回复由于位错的滑移和螺型位错的交滑移运动，所形成的位错组态为密集的胞壁结构向网络结构的过渡，而非典型的网络结构。高温回复时由于刃型位错的攀移运动被激活，所形成的亚晶界位错组态为典型的网络结构，但由于多边化的形成，位错网络密度减小。此时虽然位错密度降低，但位错网络是亚稳态，要改变这种亚稳组态，必须要有足够的激活能才可能实现，因为这种位错网络结构在力学上是近乎平衡的。图 4.26(b)就是中高温回复时所形成的位错网络结构，它们的存在，稳定了马氏体板条中的亚晶块结构，这种马氏体板条中的亚晶块结构正是钢热强韧性的重要因素，而位错网络结构正是获得热强韧性和热稳定性的重要因素。

(3) 碳化物与碳氮化物的形成。

P91 钢中的碳化物颗粒大体上有两种类型，一类为多分布于马氏体板条界且尺寸多为(20～80)nm×(40～300)nm 的粗条状，衍射斑点标定为 $M_{23}C_6$ 型间隙化合物，多为固溶入 Cr 和 Mo 的 $M_{23}C_6$ 型碳化物，如图 2.46 所示。

另一类为多分布于马氏体板条内且尺寸多约为 6nm×20nm 的细点或条状，衍射斑点标定为面心立方的 MC 型间隙相，多为(V, Nb)C，点阵常数为 0.418～0.468nm。由于钢中含有的 N 可替代部分 C 而形成(V, Nb)(C, N)，析出尺寸更细小，弥散强化效果会更佳。MC 中金属原子为 V、Nb 等强碳化物形成元素。MC 的热稳定性高，沉淀时在马氏体板条内的位错上形核，沉淀于马氏体板条的内部，是钢二次强化的重要沉淀物，所以获得尽可能多的 MC 型沉淀粒子是提高钢的力学性能，如蠕变断裂强度的重要措施之一。

P91 钢马氏体分解时，沉淀或析出碳化物的序列，400℃以下是按低碳碳素钢的序列进行的，自约 400℃开始，合金元素参与到碳化物的沉淀与析出中，合金元素的参与顺序是，先加入合金渗碳体，再析出间隙化合物 $M_{23}C_6$，然后沉淀出间隙相 MC。

合金渗碳体$(Fe, Cr)_3C$ 先原位转变成$(Cr, Fe, Mo)_7C_3$，再异位转变成$(Cr, Fe, Mo)_{23}C_6$。$(Cr, Fe, Mo)_{23}C_6$ 在原奥氏体晶界或马氏体板条界形核并长大。Mo 促进该转变，V 则阻滞该转变。

VC 和 NbC 是独立沉淀的，它们在位错上形核沉淀，与马氏体板条基体保持共格或半共格关系，沉淀相细小，弥散度高，且分布较为均匀。由于共格相界面弹性应变显著，间隙相沉淀诱生位错使位错密度增大，细小弥散沉淀相引起马氏体板条基体的碳固溶饱和量增大，再加上沉淀相对位错运动的钉轧，出现强烈的沉淀强化。

碳化物颗粒沉淀强化(MC)与弥散强化$(M_{23}C_6)$的热稳定性是碳化物颗粒熟化问题。碳化物颗粒熟化时，基体中固溶的 Mo、Cr 热稳定性稍差，特别是 Mo，高温时它们容易从基体向碳化物转移，引发碳化物颗粒的熟化。显然，容易发生熟化的碳化物是 $M_{23}C_6$ 型，MC 型则不易发生熟化，因此向 P91(T91)钢中加入足够的强碳化物形成元素 V 和 Nb，进行固碳合金化以稳定碳化物，并阻止 Mo、Cr 向碳化物转移，从而延缓碳化物颗粒熟化过程是适当的。对宝钢电厂运行一年后的 T91 钢管进行碳化物萃取 X 射线衍射分析的取样检测证明，发生了 Mo、Cr 从基体向 $M_{23}C_6$ 转移的碳化物颗粒熟化，$M_{23}C_6$ 中的 Cr 由运行前的 1.06%增加到 1.37%(质量分数，占总 Cr 量的 12.4%)，增加了 29%；而尤以 Mo 的转移最为显著，由运行前的 0.135%增加到 0.303%(质量分数，占总 Mo 量的 35.6%)，增加了 124%；而碳化物中 V 含量仅由运行前的 0.12%增加到运行后的 0.14%。这与由碳化物形成热的热力学理论预计相符合。

P91 与 T91 钢正常淬火回火后，基体中 Cr、Mo 的固溶量分别约为 90%、85%，V 和 Nb 的固溶量约为 40%，另有 10%Cr、15%Mo、60%的 V 和 Nb 与 C 相结合。P91(T91)钢的名义 C 含量为 0.1%，则与 C 结合所需的 V+Nb 总量为 0.44%，而现今钢中 V 和 Nb 的名义总量为 0.20%V+0.08%Nb，V 和 Nb 只能结合 0.06%C。由此可知，钢中 MC 型碳化物 (V, Nb)C 的含量为 0.34%。钢中尚有 0.04%C 与 Cr、Fe、Mo 结合成 $M_{23}C_6$。计算可知，若正常回火后钢中元素含量的 10%Cr 和 15%Mo(实则 0.9%Cr 和 0.15%Mo)与 C 结合，则与 C 结合的 Fe 为 0.96%。由此可知，碳化物(Cr, Fe, Mo)$_{23}C_6$ 含量约为 2.05%，(Cr, Fe, Mo)$_{23}C_6$ 中 Cr：Fe：Mo 的原子比约为 11：11：1。当发生碳化物颗粒熟化时，基体中的 Cr 和 Mo 向 $M_{23}C_6$ 中转移，碳化物的这个原子比就会发生变化，Cr 和 Mo 原子数就会增多。

此外，P91(T91)钢中还存在 AlN，以及 VN、NbN，但其含量甚少。

6) 回火的控制

P91(T91)钢的热处理，以回火的控制最为关键。这是赋予钢管优良组织性能的最终热处理，对钢管质量有重大影响。

对 T91 或 P91 钢来说，处于低温回复和中温回复初期者，为欠回火，这时马氏体板条的结构和位错组态无明显变化；中温回复完成和高温回复初期者，为适回火，这时形成精细的亚晶块和大量的位错网络结构；高温回复后期为过回火，这时亚晶块尺寸长大和马氏体板条宽度增大，位错网络结构虽更趋典型但密度减小。

(1) 适回火。

适中的回火应获得中高温回复的马氏体板条基体，以及未觉察发生熟化的碳化物。这时马氏体板条未发生粗化，板条内形成碎化的细小亚晶块，或出现多边化亚晶但其尺寸未明显长大，出现密集的位错网络，尺寸不大的 $M_{23}C_6$ 以短条形分布于板条界和板条中，尺寸细小的 MC 弥散分布于板条中。只有达到这种组织结构，P91 钢才会获得优良的力学性能，断口启裂区深，扩展区为韧性的微孔聚合(图 4.27(b))。

(2) 欠回火。

当回火温度较低或回火时间较短时，马氏体板条基体仅完成低温回复或未完成中温回复，板条内细小的亚晶块尚未形成或仅部分形成，位错网络也未良好形成。欠回火的力学性能是不良的，断口启裂区浅，扩展区为脆性的准解理，如图 4.27(a)所示。欠回火时位错马氏体仅低温回复，P91 钢的塑性与韧性不足。

(a) 730℃×180min回火　　　(b) 775℃×240min回火　　　(c) 790℃×180min回火

图 4.27　P91 钢 1060℃淬火不同温度回火后冲击断口的 SEM 像

(3) 过回火。

过回火的情况是回火温度过高，但低于 A_1 相变点温度，马氏体板条内出现高温回复后期的 Y 过程，使多边化亚晶尺寸急剧长大。高温回复过程的完成使马氏体板条粗化，位错网络更为典型但数量较少，$M_{23}C_6$ 出现熟化，尺寸粗化，形状卵球化，分布向板条界和原奥氏体晶界聚集。过回火的力学性能是不良的，断口启裂区较浅，扩展区为韧性的微孔聚合与脆性的准解理的混合，如图 4.28～图 4.31和图 4.27(c)所示。

图 4.28　P91 钢淬火过回火后的金相组织

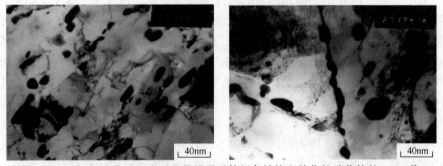

图 4.29　P91 钢淬火过回火后的位错马氏体板条结构和熟化的碳化物的 TEM 像

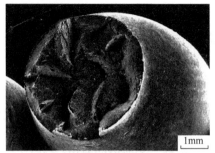
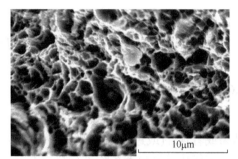

(a) 杯锥放射型　　　　　　　　　　　　(b) 放射区微孔聚合韧窝

图 4.30　P91 钢淬火过回火后的室温拉伸断口的 SEM 像

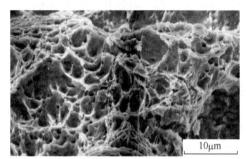

(a) 启裂区+纤维扩展区　　　　　　　　(b) 微孔聚合纤维扩展区

图 4.31　P91 钢淬火过回火后的室温冲击断口的 SEM 像

7) 技术与管理问题

工业生产中 P91 管的热处理控制重点是：①禁止多层和密排装炉；②禁止快速加热；③充分均匀温度；④均匀冷却；⑤精确控制温度和时间；⑥严格遵守作业规程。

淬火作业的控制重点是加热温度和冷却速率。

回火的控制既是回火温度的控制，也是回火时间的控制，其目标是适回火。工程上回火温度控制中常出现的问题是高温或超高温入炉，企图用快速回火法提高生产效率，这对于 P91 钢既厚又重的蒸汽管道是不许可的。以缩短回火时间来提高生产率，同样是不许可的。这既是一个技术问题，也是一个管理问题，更是一个质量理念问题。在核电站装备的生产中，这种质量和效率及效益与效能的矛盾关系的处理值得注意。

建议室温强度的标准误差控制在 1.0～9.0MPa 范围，经统计分析，这既控制质量，又便于生产。

4.6　加工优化的多指标综合评估

4.6.1　多指标综合评估要义

加工工艺的优化结果如何，是需要通过综合评估来下结论的。对于工艺优化结果或者现存(或过去)系统的评价是指从技术、经济、环境、社会等诸多方面，对工艺优化结果或者系统进行科学客观的评定衡量。若评价的对象(系统)还包含外推至未来的预测，则称其为评估。评价时常常会涉及尚未发生的未来，因此这里不再区分它们，而将其统称为评估。

1. 评估的一般问题

评估的尺度(标准)可以是单一的，但更普遍的情况是多指标的综合评估。各指标的重要程度由其权重表征。

评估的结果既取决于评估标准，也取决于评估者的素质，如知识、经验、价值观等。系统的价值是在一定环境中的综合概念，是相对价值。系统的价值取决于系统的功能、可靠性、成本等。

按评估进行的时间，可以将评估分为事前评估、中间评估、事后评估以及跟踪评估。跟踪评估是对事物成果的波动效果的评估，是事后数年对其技术及经济、社会各领域的短期与长期影响、直接与间接影响的评价估量。

评估不能只是正面的，还必须注重反面的。不能只是直接的，还必须注重间接的。技术的应用是一把双刃剑，每一技术的出现都有其正、反两面的效果。例如，核能发电，除正面的进步与文明之外，心理恐惧、放射污染、核事故等则在毒害和威胁人类的生存。因此，在发展技术的同时，必须有监督系统限制技术的不良发展，权衡利弊功过，求取综合优化的发展道路。

系统评估的过程通常为：确定评估综合指标→确定各指标权重→计算价值系数→计算价值期望。

2. 评估指标的权重和价值系数

多指标评估时各指标的权重和价值系数是不同的。

1) 指标权重的确定

(1) 01 法。

这是将评估指标 1 对 1 重要性比较计分的方法，重要的一方计 1 分，次要的一方计 0 分，再把指标的各项计分累计相加为指标的得分，得分占总分的份额即为该指标的权重。

(2) 04 法。

01 法的缺点在于级跃过大，甚至容易出现 0 值的权重。将其改进即可，得 04 法。04 法仍然是 1 对 1 的重要性比较计分法，只是计分时，相对非常重要者计 4 分，比较重要者计 3 分，同样重要者各计 2 分，次要者计 1 分，最次要者计 0 分。

2) 价值系数的确定

在评估的价值计算时，对于已量化的方案或指标，只需将其价值数计入即可。但对于未量化的方案或指标，则必须给以量化，以确定其价值。这里便是采用相对比以确定其价值系数的方法。

(1) 01 法。

这是确定权重的 01 法的移植，1 对 1 比较计分后，将方案的得分除以总分便是价值系数。此法适合凭感观判断的无量化评分。

(2) 04 法。

这是确定权重的 04 法的移植，计分与权重 04 法相同。也适合凭感观判断的无量化评分。

(3) 5 级法。

评分分为 5 级：优级为 5 分，良级为 4 分，中级为 3 分，差级为 2 分，不可级为 0 分。本法适用于已经量化的方案。

(4) 量值转换法。

这是将已量化的方案或指标直接转换为价值系数的方法，例如：当量值越大越优时，方案或指标的量值与量值合计之比值即为价值系数。当量值越小越优时，先将方案或指标的量值给以倒数，再将倒数值与倒数合计相比，比值即为价值系数。

常用的方法还有取对数法，可以完成无量纲转换，但却不能使量值范围有较大差异的各指标在归一时保持等同的权重。

3) 评估的公正性

评估中必须考虑的问题如下。

(1) 产品性能。

成品热处理工艺参数及其控制是否得当，应以产品质量为标准，在这里大多考虑的是力学性能。其次是经济成本和实施可行性。

(2) 多指标综合评估。

单独的一项力学性能指标不能全面衡量优化结果，应采用多项力学性能指标的综合评估，才可以较可靠地反映优化水平。

(3) 量值的转换。

多项力学性能指标的量纲有多种，各项力学性能指标量值的范围也有较大差异，如何将这些力学性能指标归一，使其能够进行相互比较，就必须采用量值转换的方法，将有量纲的指标值转换成无量纲的指标值，并且在转换过程中不改变各指标在归一时的权重。

(4) 校核。

综合评估尚无定规，评估结果的可靠性和准确性取决于评估人的学识水平和经验以及价值观的公正，以及所选取的评估方法与指标，上述综合评估结果的可靠性和准确性如何，应做校核。为此可选取另一种评估方法，将国产 P91 钢管热处理工艺试验的上述力学性能指标值，与国际先进水准 P91-A 钢管(日本住友)供货态的同种力学性能指标值相比，所得比值即为该项性能指标的分值，这就是作者提出的多指标比值量化综合评估法。

(5) 组织结构的验证。

性能取决于组织，两者的良好对应是最好的验证。

4.6.2　P91 钢加工优化的综合评估案例

1. 综合评估指标与数值

采用本书作者研创的多指标力学性能及其标准误差的比值量化综合评估法鉴别 P91 钢管的性能水平。评估样品取 4 根大长管：优化产品工艺上限 P91-C，优化产品工艺下限 P91-D，优化前产品 P91-S，国际先进水准 P91-A(日本住友)。

评估判据选择室温和 566℃的拉伸强度($\sigma_{0.2}$、σ_b)、拉伸塑性(δ、Ψ)、冲击力(F_{gy}、F_m)、冲击能量(A_{gy}、A_m、A_p、A_{iu}、A_t)以及它们的标准误差计 44 个指标，各指标取等权重，以力学性能的最大值及标准误差的最小值作为基准，各钢管的力学性能和其标准误差与此基准值的比值即为指标的评分值(标准误差比值取其倒数)，见表 4.1～表 4.3。此评分值越大则力学性能与标准误差越好。

表 4.1　各钢管综合强塑性 p 和标准误差 s 的综合评价分值(试样数各 12)

项目	温度	指标	拉伸强度		拉伸塑性		强塑性评分值	强塑性总分值
			$\sigma_{0.2}$	σ_b	δ	Ψ		
指标基值	室温	p	531.76	687.80	26.25	72.89		
		s	3.76	4.65	0.74	0.47		
	566℃	p	376.36	412.05	23.52	84.96		
		s	3.29	2.66	0.81	0.16		
P91-C 比值	18℃	p	1.00	1.00	0.97	0.99	3.96	6.87
		s	0.47	0.82	1.00	0.62	2.91	
	566℃	p	0.99	1.00	0.90	0.98	3.87	6.02
		s	0.55	0.68	0.78	0.14	2.15	

续表

项目	温度	指标	拉伸强度		拉伸塑性		强塑性评分值	强塑性总分值
			$\sigma_{0.2}$	σ_b	δ	Ψ		
指标基值	室温	p	531.76	687.80	26.25	72.89		
		s	3.76	4.65	0.74	0.47		
	566℃	p	376.36	412.05	23.52	84.96		
		s	3.29	2.66	0.81	0.16		
P91-D 比值	18℃	p	0.95	0.98	1.00	1.00	3.93	7.68
		s	1.00	0.95	0.80	1.00	3.75	
	566℃	p	0.95	0.97	1.00	0.99	3.91	7.71
		s	1.00	1.00	0.80	1.00	3.80	
P91-S 比值	20℃	p	0.92	0.94	0.97	0.99	3.82	5.29
		s	0.37	0.42	0.51	0.17	1.47	
	566℃	p	0.93	0.94	0.90	0.95	3.72	5.34
		s	0.34	0.44	0.79	0.05	1.62	
P91-A 比值	15℃	p	0.98	1.00	0.98	1.00	3.96	6.95
		s	0.94	1.00	0.58	0.47	2.99	
	566℃	p	1.00	1.00	0.87	1.00	3.87	6.16
		s	0.62	0.58	1.00	0.09	2.29	

表 4.2　各钢管综合强韧性 p 和标准误差 s 的综合评价分值(试样数各 12)

项目	温度	指标	冲击力		冲击韧度 I		冲击韧度 II		总韧度	强韧性评分值	强韧性总分值
			F_{gy}	F_m	A_{gy}	A_m	A_p	A_{lu}	A_t		
指标基值	室温	p	157.17	184.33	7.95	37.60	157.03	0	189.51		
		s	1.82	2.37	0.24	0.36	6.99	0	7.08		
	566℃	p	92.82	107.18	5.06	20.78	158.58	0	179.08		
		s	2.82	3.52	0.69	0.81	5.38	0	6.54		
P91-C 比值	18℃	p	0.96	0.98	1.00	0.84	0.99	1.00	0.99	6.76	12.32
		s	0.85	0.92	1.00	0.45	0.67	1.00	0.67	5.56	
	566℃	p	1.00	1.00	1.00	0.97	0.98	1.00	0.98	6.93	12.94
		s	0.83	1.00	0.87	0.61	0.79	1.00	0.91	6.01	
P91-D 比值	18℃	p	0.92	0.97	0.97	0.84	1.00	1.00	0.99	6.69	12.90
		s	1.00	1.00	0.21	1.00	1.00	1.00	1.00	6.21	
	566℃	p	0.95	0.97	0.95	0.98	1.00	1.00	0.98	6.85	12.89
		s	1.00	0.96	0.78	0.30	1.00	1.00	1.00	6.04	
P91-S 比值	20℃	p	0.89	0.93	0.85	0.91	0.83	0.08	0.87	5.36	8.72
		s	0.42	0.51	0.96	0.25	0.59	0	0.63	3.36	
	566℃	p	0.90	0.92	0.98	0.96	0.88	1.00	0.89	6.53	12.02
		s	0.69	0.88	1.00	1.00	0.42	1.00	0.50	5.49	
P91-A 比值	15℃	p	1.00	1.00	0.95	1.00	0.97	1.00	1.00	6.92	11.07
		s	0.76	0.64	0.40	0.25	0.57	1.00	0.53	4.15	
	566℃	p	0.99	0.94	1.00	1.00	0.92	1.00	0.93	6.78	11.23
		s	0.44	0.70	0.80	0.37	0.51	1.00	0.63	4.45	

表 4.3　各钢管综合力学性能 p 和标准误差 s 的综合评价分值(试样数各 12)

项目	温度	指标	强塑性评分值	强塑性总分值	强韧性评分值	强韧性总分值	综合项评分值	综合总评分值
P91-C 比值	18℃	p	3.96	6.87	6.76	12.32	19.19	38.15
		s	2.91		5.56			
	566℃	p	3.87	6.02	6.93	12.94	18.96	
		s	2.15		6.01			
P91-D 比值	18℃	p	3.93	7.68	6.69	12.90	20.58	41.18
		s	3.75		6.21			
	566℃	p	3.91	7.71	6.85	12.89	20.60	
		s	3.80		6.04			
P91-S 比值	20℃	p	3.82	5.29	5.36	8.72	14.01	31.37
		s	1.47		3.36			
	566℃	p	3.72	5.34	6.53	12.02	17.36	
		s	1.62		5.49			
P91-A 比值	15℃	p	3.96	6.95	6.92	11.07	18.02	35.41
		s	2.99		4.15			
	566℃	p	3.87	6.16	6.78	11.23	17.39	
		s	2.29		4.45			

2. 力学性能与标准误差一体化的综合评估

将表 4.1～表 4.3 中力学性能评分值与其标准误差(简称标差)评分值合二为一，比较各钢管间的评分值，以相对百分数计算，见表 4.4。

表 4.4　各钢管性能与标准误差合一的综合评价分值相对比较(高+，低−)

比较钢管	P91-C 比 P91-S/%		P91-D 比 P91-S/%		P91-C 比 P91-A/%		P91-D 比 P91-A/%	
温度	室温	566℃	室温	566℃	室温	566℃	室温	566℃
强塑性与标准差	+29.9	+12.7	+45.2	+44.4	−1.2	−2.3	+10.5	+25.2
	+21.3		+44.8		−1.7		+17.4	
强韧性与标准差	+41.3	+7.7	+47.9	+7.2	+11.3	+15.2	+16.5	+14.8
	+21.8		+24.3		+13.3		+15.7	
综合性能与标准差	+37.0	+9.2	+46.9	+18.7	+6.5	+9.0	+14.2	+18.5
	+21.6		+31.3		+7.7		+16.3	

钢管 P91-C 和钢管 P91-D 的强塑性分值和强韧性分值及综合性能分值均明显比未优化的钢管 P91-S 高出数十个百分点。钢管 P91-C 的强塑性分值虽稍逊于钢管 P91-A，但强韧性分值却高于钢管 P91-A 十多个百分点，因而综合性能分值仍高于钢管 P91-A 数个百分点。钢管 P91-D 则无论强塑性分值和强韧性分值及综合

性能分值均比钢管 P91-A 高出十数个百分点。这证明优化工艺的效果良好。

3. 力学性能与标准误差分立化的综合评估

将表 4.1～表 4.3 中力学性能评分值与其标准误差评分值各自分立，比较各钢管间的评分值，以相对百分数计算，见表 4.5。

表 4.5　各钢管性能与标准误差分立的综合评价分值相对比较(高+，低-)

比较钢管		P91-C 比 P91-S/%		P91-D 比 P91-S/%		P91-C 比 P91-A/%		P91-D 比 P91-A/%	
温度		室温	566℃	室温	566℃	室温	566℃	室温	566℃
强塑性	性能	+3.8		+4.0		0.0		+0.1	
	标差	+63.8		+144.3		4.2		+43.0	
强韧性	性能	+15.1		+13.9		0.0		−1.2	
	标差	+30.7		+38.4		+34.5		+42.4	
综合性能	性能	+16.8	+5.4	+15.7	+5.0	−1.5	+1.4	−2.4	+1.0
		+10.8		+10.0		0.0		−0.7	
	标差	+75.4	+14.8	+106.2	+38.4	+18.6	+21.1	+39.5	+46
		+39.3		+65.8		+19.8		+42.7	

经改进和优化的国产 P91-C 和 P91-D 无论是强塑性还是强韧性或综合性能，均明显高于未优化的 P91-S，强韧性比强塑性更为突出。这些性能的标准误差 P91-C 和 P91-D 更显优良。P91-C 和 P91-D 无论是强塑性还是强韧性或综合性能，均与国际先进水准 P91-A 没有差异，而这些性能的标准误差却较国际先进水准 P91-A 优良得多。表 2.8 和表 2.9 及表 5.4～表 5.9 也充分证明了这个评估结论的正确性与可信性。经改进工艺的国产 P91 钢厚壁管的综合力学性能已跻身世界前列，处于先进的国际一流水平，该项目研究成果获省部级科技进步奖。

关于组织结构的验证参见 4.5.2 节。

第5章 材料以成分保障加工、组织和性能

在材料研究与开发的"成分-加工-组织-性能"四元环链中，成分是材料可获得组织的基础和保障，起着限定合金可能接受和不能接受的加工方法，并限定合金中因加工而可能获得的组织结构的作用。不同材料所表现出的许多各自不同的特性，其源于各自成分的不同。

在核电站装备中，使用量最多的金属材料就是钢，大量地使用了合金结构钢、不锈钢及碳钢，也使用了铸铁，只对一些特殊装备使用了镍合金及锆合金等。金属材料的优劣与核电站装备的可靠、安全和寿命息息相关。深入认识并合理选用与保养这些材料所制造的装备，就成为保证核电站装备运行可靠、安全和寿命的关键技术之一。本章将以不锈钢和合金结构钢为主体进行研讨。

5.1 结构钢的合金化

5.1.1 核电站装备常用的碳钢和铸铁

价格低廉是碳钢和铸铁最大的优点。核电站装备常用的碳钢有：钢板、钢管、型钢、连接件用钢 Q235、P265GH、ST45.8/Ⅲ，压力容器和高压无缝管用钢 20g、20G，可热处理的钢 20、25、35、45。

基座用的球墨铸铁与灰口铸铁既价廉又减震。常用的球墨铸铁有 QT500-7 等。

5.1.2 低合金高强度钢的合金化

低合金高强度结构钢由于其良好的性能与较低的价格，广泛地应用在核电站装备工程中，当今世界各国轻水堆核电站的一级承压设备广泛地使用低合金高强度结构钢。核电站常用的低合金高强度结构钢主要有：钢板和钢管用钢 16MnR、19Mn6、SA516(Gr.55、Gr.60、Gr.65、Gr.70)、P280GH；铸件用钢 20MN5M、WCB、WCC、20MN5M、20M5M、ZG230-450、ZG270-500。

1. 低合金高强度钢中的合金元素

低合金高强度钢是在低碳(C 含量≤0.20%)的碳素结构钢基础上，以多元少量的原则进行合金化。由普通轧制、控制轧制、正火或淬火+回火或形变热处理等获得细晶粒的强化组织(如铁素体 F+珠光体 P、低碳索氏体 S、低碳贝氏体 B、低

碳马氏体 M、铁素体 F+岛状马氏体 M+奥氏体 A 等)，使钢既具有较高的屈服强度和良好的塑性、韧性与低的韧脆转变温度的综合力学性能，又兼具良好的焊接性等加工工艺性，还具有较好的耐大气腐蚀性，以达到提高构件服役可靠性、延长使用寿命、减轻构件质量与降低成本费用的目的。

低合金高强度钢分为普通低合金高强度钢和低碳微合金化低合金高强度钢。前者少量的 Cr、Ni、Mo、Cu 等元素仅作为人为有意的残存元素，含量不多于 0.3%；后者少量的 Cr、Ni、Mo、Cu 等元素则是合金化元素，且碳含量比前者更低。依加工方法的不同，其组织可以大致分为多边形铁素体+少量珠光体团组织、细晶粒铁素体+少量 MA 组织、极细铁素体+少量贝氏体+少量 MA 组织、控制轧制且控制冷却加工的极细铁素体+少量珠光体团+少量贝氏体组织等。这就使得这种以铁素体为主的复相组织在核电工程材料中相当重要。

低合金高强度钢的合金化是以少 Si，稍多 Mn，少量 Cr、Ni、Mo、Cu 等，微量 Zr、Nb、Ti、V、Al、B、N、Re 等元素的多元少量合金化。低合金高强度钢的合金化原则是主合金元素+微合金元素，成分设计中必须考虑两个因素：一是主合金元素(C、Mn、Cu、Ni、Cr、Mo)含量的优化，二是微合金元素(Nb、Ti、V、Al)的有效利用。

主合金元素的主要作用是降低 A_{r3} 温度，见式(5.1)。A_{r3} 温度的降低使未再结晶奥氏体温区拓宽，以便轧制和形成更多的未再结晶奥氏体变形晶粒，同时还阻止了 $\gamma \rightarrow \alpha$ 相变后铁素体晶粒的长大，使铁素体晶粒细化。由于钢是低碳的(为的是适应好的塑性、韧性、可焊性的需要)，A_{r3} 的降低常使用 Mn、Ni、Cu 等元素的少量复合作用：

$$A_{r3} = 910 - 310w(C) - 80w(Mn) - 20w(Cu) - 15w(Cr) - 55w(Ni) \\ - 80w(Mo) - 0.35(t - 8) \tag{5.1}$$

式中，t 为板材厚度(mm)。

微合金元素主要用于控制三个参数：①轧制前加热时获得细晶粒奥氏体，如 AlN、Nb(CN)、TiN、VN 沉淀微粒的钉扎作用(V 在 1000℃以下、Al 在 1100℃以下、Nb 在 1150℃以下均有良好作用，而 Ti 的良好作用则可保持到约 1300℃)。②阻止奥氏体再结晶，加热时固溶于奥氏体中的 Nb、Ti 等强烈地遏制热变形中和变形后的奥氏体再结晶，能使再结晶温度升高 100℃以上，这是形变诱发 Nb(CN)沉淀析出而钉扎形变亚结构的钉扎作用，有利于精轧作业和变形的累积与奥氏体的细化。③改变相变特性，固溶于奥氏体中的 Nb 能显著提高淬透性，降低 A_{r3} 温度，抑制铁素体形成和促进贝氏体形成，在 $\gamma \rightarrow \alpha$ 相变后进一步细化铁素体晶粒。固溶于奥氏体中的 Nb、V、Ti 在 $\gamma \rightarrow \alpha$ 相变过程中或相变后沉淀的微粒碳化物、氮化物或碳氮化物可实现对铁素体的沉淀强化。

这些合金化元素的效用：①使钢净化，减少有害杂质元素和夹杂物；②使夹杂物改变性质，减少夹杂物对力学性能的危害；③减少柱状晶和成分偏析；④细化晶粒强化(界面强化)；⑤碳化物和氮化物弥散析出强化；⑥铁素体固溶强化；⑦增加珠光体量强化；⑧控制轧制的位错强化；⑨热处理的组织强化。

2. 低合金高强度钢的加工

精细组织与高强韧性的获得就在于合金化基础上施以熔炼、铸坯、压力加工、热处理技术的联合应用。低合金高强度钢的加工应当是：①镇静钢或半镇静钢；②低杂质和少夹杂物；③多元素微合金化(降低成本)；④由控制轧制和控制冷却或正火或淬火+回火热处理获得细晶粒的强化组织，如普通低合金高强度钢的铁素体F+珠光体P、低碳索氏体S，以及低碳微合金化低合金高强度钢的板条铁素体、低碳贝氏体B、低碳马氏体等，或双相、多相组织铁素体+岛状马氏体+岛状奥氏体等；⑤多制成型材且无须热处理而直接使用(降低成本)。关于低合金高强度钢的加工和组织参见 4.4.1 节。

5.1.3　合金结构钢的合金化

合金结构钢的诞生，是由于尺寸稍大的机器零件用碳钢和低合金高强度钢制造时，强度和塑性均满足不了受力的要求。必须使钢进一步强化才能满足机器零件用钢的要求。在"成分-加工-组织-性能"四元环链学科体系的组织强化路径中，以基体相相变强化和弥散强化效果显著，特别是利用马氏体强化最为有效。若要对钢实施马氏体强化，则必须对钢进行淬火+回火的热处理，于是向钢中加入较多可显著增大钢淬透性的合金元素制成合金结构钢。

核电站装备中常用的合金结构钢主要如下。

结构件与连接件用钢　20MnMo、20CrMnMo、35CrMo、40Cr、42CrMo、42CrMo4；锻轧件用钢　25CrNi1MoV、WB36；反应堆压力容器用钢　A533-B(SA508-2)、SA508-3、16MND5、18MND5；压力容器连接件用钢　40NCD7.03、40NCDV7.03；转子锻件用钢　25Cr2Ni4MoV、26Cr2Ni4MoV、30Cr2Ni4MoV。

1. 合金结构钢的合金化路线

1) 碳元素的功效

先明确认识碳钢和低合金高强度钢的成分，其主要合金元素是 C，它对α-Fe 的强化体现在三个方面：其一是 C 原子与α-Fe 晶体发生物理作用，C 原子填隙固溶入α-Fe 的晶体结构中，形成铁素体，产生固溶强化；其二是元素 C 的存在使碳钢可以接受热处理(细化晶粒及淬火获得马氏体)提高强度，尽管仅限于小尺寸的结构件；其三是 C 原子与 Fe 原子化合成化合物 Fe_3C，Fe_3C 又以微小粒子分散地嵌镶在铁素体中产生弥散强化。

然而，当为了提高强度而增加 C 含量时，填隙固溶的固溶强化会严重损害铁素体的塑性和韧性；Fe_3C 微小粒子也会增多、加粗并趋向晶界而使钢脆化；热处理时获得的马氏体亚结构也会随碳含量的增多而由低碳马氏体的位错结构(板条形态)向高碳马氏体的孪晶结构(片针形态)变化。位错结构的板条马氏体是韧性的，而孪晶结构的片状马氏体却较脆，因而碳含量的增多会严重损害钢的塑性和韧性。因此，结构钢中的 C 元素宜少不宜多。

2) 结构钢的合金化原则与路线

在明白了碳钢的上述问题之后，为获得钢的高强度、高塑性和高韧性的力学性能，可以选择的路线便很明确了：其一是将 C 的含量限制在中等量以下，使用代位固溶强化的合金元素补充固溶强化铁素体，如 Ni、Mn、Cu、Si 等，这些合金元素在提高铁素体强度的同时不损害铁素体的塑性和韧性。其二是在限制 C 含量的同时加入稳定过冷奥氏体的合金元素，这样的合金元素如 Mn、Ni、Cr、Mo、W、B(当硼含量低于 0.0035% 时)等，使其增大热处理时的淬透性，以便使大尺寸的结构件也能获得位错结构的板条马氏体，从而具有足够的强韧性。其三是加入形成和细化并稳定碳化物的合金元素，以保持碳化物的微细结构和弥散分布，这样的合金元素如 Cr、Mo、V、Nb、Ti 等。Cr 通常形成复杂结构的间隙化合物式碳化物 Cr_7C_3 和 $Cr_{23}C_6$；Mo 通常不形成独立的碳化物，而是固溶在 Cr 的碳化物中形成复合碳化物，如 $(Cr, Fe, Mo)_{23}C_6$；V 则形成独立的间隙相式碳化物 VC，微细且弥散分布，Nb、Ti 也如此形成弥散微粒 NbC、TiC 等。

这三个问题的解决，同时也随带处理了如下几个次生问题：①细化晶粒。细晶粒钢的强度、塑性和韧性均显著优于粗晶粒钢，碳钢的晶粒易于粗化，上述合金元素均不同程度地具有细化晶粒的作用。②提高屈强比。上述合金元素均显著提高屈强比。③韧化马氏体。在同等强度时，上述合金元素的加入均能显著提高位错结构的板条马氏体的塑性和韧性，特别是 Ni、Cr、Cu 等元素。④提高热强性与回火抗力。碳钢的热强性与回火抗力很低，上述诸合金元素的代位固溶强化和细微碳化物的弥散强化，显著提高了铁素体的再结晶温度，因而赋予了钢的热强性，可在较高的温度下承受较大载荷；这在热处理淬火后的回火作业时就表现为提高了回火抗力，使回火作业能较好地消减淬火应力并避开低温回火脆。⑤元素 Mo、W 能很好地消减高温回火脆。

因此，也可以认为对结构碳钢进行合金化有如下作用合金元素的相互协调配合：增大淬透性+改善塑性和韧性+细化晶粒+消减高温回火脆。

Cr 是最为重要的合金元素，Mn 则是更廉价的重要合金元素，Cr 和 Mn 含量越高，增大淬透性的作用便越强，也就可以用于大尺寸的机器零件。这些钢按照碳含量大体可分两类：其一是 0.25%～0.45%C 的中碳合金结构钢，用于制造经淬火+回火的热处理加工的高强度高韧性的机器结构零件。其二是 0.10%～0.25%C

的低碳合金结构钢，用于渗碳+淬火+回火的热处理，以制造齿轮这类既要高强度和高韧性又要表面高耐磨性的机器零件。总之，获得精细的位错马氏体组织及其由此而转化的精细组织是至关重要的。

实践证明，较低碳含量+(Cr，Mo)+(Ni，Mn)+少量 V 的合金化配合是较为成功的成分组合，如较低碳含量的 CrNiMoV 钢、MnNiMo(V)钢等。

贝氏体强化钢的合金化与上述马氏体强化钢合金化的重要不同点在于，不是追求马氏体淬透性，而是追求贝氏体淬透性。本书作者于 1963~1965 年的研创证实，Si、Mn、Mo、B 等元素联合使用，可实现优良的贝氏体淬透性。典型成分为 0.09%~0.14% C、1.15%~1.50% Si、2.36%~3.12% Mn、032%~0.40% Mo 的 12SiMn3Mo 钢，具有良好的贝氏体空冷淬透性和高强韧性，适宜于制造厚壁重型机件(参见 2.4.2 节)。

对于一些有特种性能需要的钢，则需要有针对性地进行合金化。例如，制造高精密耐磨轴杆的钢，需要表面有特高的耐磨性以保持尺寸精度，便补充以 Al 合金化，进行表面渗氮处理，使渗氮时生成特高耐磨性含大量 AlN 的表面层。又如，低温用钢，要求有良好韧性，便以 Ni 为主加合金元素。此外，主加 Cr、Si 可满足钢的抗大气氧化要求。

3) 常用合金元素

合金结构钢中常见的合金元素有 Cr、Ni、Cu、Mo、W、V、Nb、Ta、Zr、Ti、Al、B、Re、N 等(Co 在核电站装备材料中严禁使用)。钢中合金元素的作用尽管各具特色，但其基本作用是形成点状无序结构使钢强化。对结构钢来说，强化作用主要依靠加工(如压力加工结合热处理等)获得精细的位错马氏体组织，这便是最为重要的合金化路线。

合金结构钢中各合金元素不同作用的本质在于，各元素的原子结构及与 Fe 原子之间的融合和化学键合作用，引发晶体结构的无序化差异。这种作用典型地反映在 Fe-Me 相图上，因此这种相图是深入理解合金结构钢合金化路线的门槛，请读者配合相图理解各合金元素的作用以及合金化路线，这对于现有材料的改进和新材料的开发是极为重要的。

现将合金结构钢中合金元素的各种作用强弱简要总结如下。

(1) 淬透性。

提高钢淬透性的实质是稳定奥氏体以相变获得更高无序结构体密度的精细组织，以单位量提高钢马氏体淬透性的能力自强至弱排序为：首推元素 B，其次为 C，其后以 Mn、Mo、Cr、Si、Ni、Cu……次序渐减。当元素 B 含量低于 0.0035% 时，B 微量存在于钢中。微量 B 填空(位)固溶于 α-Fe 中(石崇哲，1984)，而不是通常认为的 C 元素那样的填隙固溶，B 原子在铁素体和奥氏体中的固溶既非填隙固溶，也非代位固溶，而是追逐空位并与空位相结合的填空固溶，并平衡集聚于晶界，降低晶界自由能，减小高温时由晶界自由能引起的组织结构不稳定，从而起到强化晶界和提高热强钢热稳定性的作用。微量 B 固溶于γ-Fe 中，并平衡集聚于晶界，降低晶界自由能，从而抑制钢热处理时马氏体转变前α-Fe 的析出，增大结构钢的淬透性。B 的化学活性强，可部分置换碳化物中的 C 原子而形成硼碳化物，当钢中有 N 存在时则形成 BN，钢脱氧不良时硼也易于与氧结合。因此钢在冶炼时，于加硼前必须脱氧良好，并用钛定氮，也就是说，当利用固溶硼强化和稳定晶界时，硼和氮不可共同用作合金化元素。然而，当利用微细 BN 相的沉淀强化来提高钢的热强性时，则应以相同的原子比共同进行合金化。

(2) 固溶强化。

固溶强化的实质是增强点无序结构，按使钢强化并提高再结晶温度自强至弱排序为 N、C、W、Mo、V、Cr、Ni、Al、Si…。

(3) 碳化物微粒强化。

碳化物微粒强化的实质是为线无序结构(位错)与面无序结构(界面)设置运动障碍物，按碳化物形成倾向和碳化物稳定性自强至弱排序为 Hf、Zr、Ti、Ta、Nb、V、W、Mo、Cr、Mn、Fe。

(4) 细化晶粒。

细化晶粒的实质是增大面无序结构的体密度，按微量元素使钢晶粒细化，自强至弱排序为 Al、Hf、Zr、Nb、Ti、Ta、V、W、Mo、Cr…。

(5) 使钢净化、变质、改善夹杂物，同时改善可铸性。

这些元素有：Re 元素，包括 La 系和 Ac 系稀土元素。结构钢中的稀土元素与 O、S、P、N、H、As、Sb、Pb、Bi、Sn 有很强的亲和力，因而是钢的良好净化剂，从而提高钢的强韧性。稀土元素的氧化物可以增加钢基体金属与表面氧化膜的附着力，因而对热强钢的抗氧化腐蚀性有明显改善。还包括 Zn、Ca、Mg、Ga、B(当硼含量低于 0.0035%时)、Zr、Ti…。

(6) 可焊性。

按对钢可焊性损害自强至弱排序为 B、C、V、Mo、Cr、Mn、Cu、Si、Ni…。

(7) 可锻性。

损害热压力加工的元素有 Sn、Sb、As、Pb、Bi、S、Cu…，损害冷变形加工的元素主要是 Si 等。

(8) 淬硬性。

钢淬火马氏体的硬度主要取决于 C 和 N 的含量。

(9) 可切性。

提高钢可切性的元素有 Pb、Bi、Se、Te、Zn、S、Ca…。

(10) 脆性。

使钢脆性增大的元素有 Sn、Sb、As、Pb、Bi、P、S、O、B(当硼含量>0.004%

时)…。

(11) 耐蚀性。

按抗氧化腐蚀性自强至弱排序为 Al、Si、Cr…。按抗电化腐蚀性自强至弱排序为 Cr、Ni、Cu…。

(12) 稳定铁素体。

自强至弱排序为 Si、Cr、Mo、W、V…。

(13) 稳定奥氏体。

自强至弱排序为 N、C、Ni、Mn、Cu、Zn…。

(14) 辐照放射性

B 的中子吸收截面大，含硼钢适用于反应堆中吸收中子以控制链式反应，或用于核废料的封被以防止中子辐射外泄，或用于人员工作地与中子辐射物的隔离以保护人员安全。由于钴在反应堆中经中子辐照后的钴同位素半衰期甚长，设备维修时对人的伤害不容忽视，因此核工程用钢中钴的残留含量受到严格限制。

2. 压力容器合金结构钢 SA508-3

反应堆压力容器是装载核反应堆芯和冷却剂系统的容器，即装载反应堆堆芯(包容核燃料)、支撑堆内反应性控制部件、所有堆内构件和容纳一回路高温、高压冷却剂并维持其压力的堆本体承压壳体，属核 1 级安全装备。

SA508-3 钢可应用于反应堆压力容器顶盖、壳体、法兰、管板、环、封头和类似部件。

A508-3 锻件主要用于压水堆的压力壳，同时用于压水堆的稳压器壳体及蒸汽发生器的壳体和管板。

1) 服役环境与用材要求

(1) 服役环境。

反应堆压力容器十分庞大，而且长期在高温、高压和中子场中运行。反应堆压力容器在高温高压和经受中子辐照的情况下，在反应堆寿期内，应能安全工作。其中，压力容器钢的辐照脆化对安全威胁最大，压力容器的脆性破断是爆炸性破坏，一旦发生，其后果是十分严重的灾难性事故。

反应堆压力容器包容堆芯所有部件并在高温、高压和中子辐照中长期运行，又不可更换，因此保证它的完整性，对反应堆的安全和寿命十分重要。为此，反应堆压力容器材料应具有：①良好的性能，足够高的强度，良好的塑性和韧性，耐腐蚀，与冷却剂相容性好；②良好的稳定性，抗辐照，抗蠕变，纯净度高和偏析与夹杂物等缺陷少，以防止裂纹的产生，较低的缺口敏感性以防止裂纹发展；③良好的工艺性，容易冷、热加工，包括焊接性好(焊接热循环的作用降低了热影响区材料的韧性、塑性,在焊缝内易产生由各种缺陷引发的裂纹)和淬透性大;④成本低,价格低廉,积累有高温高压下的丰富使用经验等。

考虑强度和塑性的力学性能要求,反应堆压力容器使用淬火和回火强化的结构钢大型锻件制造;为降低成本和保证良好工艺性,选用合金结构钢;为提高耐腐蚀性,在压力容器内侧壁堆焊不锈钢或 Inconel 合金衬里层覆盖。

从稳定性考虑,延缓辐照脆化和防止脆性破断事故是重要的。对于反应堆压力容器材料,引起失效或事故的原因虽然很多,但归结起来不外乎是脆性破断、腐蚀、蠕变、疲劳等原因。因为压力容器内壁堆焊有不锈钢衬里,且钢的蠕变温度远高于运行温度(320℃),故能防止腐蚀和蠕变的危害。对于屈服变形、疲劳开裂,设计中已经有严格的要求并规定必须有应力分析和应力测试以及疲劳试验,可以预计和防止这类破坏。防止脆性破断事故就成为最重要的了。

(2) 认识脆断。

脆性破断具有破断前没有塑性变形、无任何预兆、在破断应力低于屈服强度时裂纹生长达失稳后即迅速扩展而破断等特点。所以脆性破断常常是难以预料的爆发性突然破坏,后果不堪设想,尤其是辐照脆化又增大了这种危险。因此,压力容器的脆性破断成为对反应堆安全最大的威胁。

压力容器钢在反应堆运行期间会出现辐照脆化而使强度升高,塑性和韧性下降,尤其是屈服强度升高较快和均匀伸长率下降较大,使材料变脆。大量研究表明,反应堆压力容器钢的主要脆化机理是辐照产生的稳定空位团、富 Cu 沉淀和磷沉淀。稳定空位团随着中子注量和磷含量增加及辐照温度降低而增多,Cu 和 Ni 对其影响较弱。但中子注量和磷含量对富 Cu 沉淀影响较大,且在高注量下出现饱和。这些辐照缺陷周围应力场较大,使位错运动受阻而引起材料的硬化和脆化。

从冶金学观点考虑,脆性破断的根源有钢的辐照脆性、低温脆性、氢脆、蓝脆、延迟脆性和高温脆性等。除辐照脆性和低温脆性外,其他都可以通过冶炼、热处理或合金化的方法加以避免。辐照脆化可由冶炼控制钢的成分而减轻。低温脆性(又称冷脆)则较难克服,因为它是体心立方晶体结构钢固有的特征,但可以通过热处理或合金化的方法加以缓解。

反应堆压力容器钢预防脆断的检测方法目前主要有两种:转变温度法和破断力学法。转变温度法可用于辐照后(即在役期间)对压力容器安危的评估。破断力学法除用作设计计算外,还用于确定运行限制曲线和寿命末期或遇到异常情况及缺陷尺寸超过标准时的评定分析。防止脆性破断的根本途径是提高材料的韧性,即提高材料抗裂纹萌生、生长与扩展的能力。

通常压力容器用钢以屈服点和抗拉强度为设计依据,要求有较高的屈服点和抗拉强度及良好的韧性。因为材料需具有足够好的韧性以防止脆性破断,所以在考虑强度的同时须考虑材料的韧性，一般压力容器用钢的冲击韧性 A_{KV} 要求在 0℃或–40℃时大于 35J。

(3) 防止脆断。

实践经验表明，采取下列措施对提高钢的韧性和减小辐照脆化是有利的：①冶炼前严格控制原料中的天然有害杂质(痕量元素 Sn、Sb、Bi、As 等)和辐照敏感元素(Cu、P)，是减小辐照脆化的主要途径；②在浇铸前和浇铸时对钢液进行真空处理，除去有害的气体，特别是氢；③提高钢的纯净度，尽量减少氧和氮的含量，以便减少非金属夹杂物，尽量减少钢中非合金化元素(尤其是 Si)，在冶炼过程中用适量 Al 脱氧并细化钢的晶粒(应保证晶粒度细于 5～6 级)，但需注意 Al/N 质量之比最好控制在 7.5 左右；④大型钢锭在生产中难以避免元素的偏析和内部缺陷的存在，目前采用的中间包芯杆吹 Ar、真空浇铸、发热冒口等技术可控制大钢锭的成分偏析和提高钢的纯净度，同时可使钢的无塑性转变参考温度(反应堆辐照后压力容器服役时期的韧性指标)显著下降；⑤Ni 对提高钢的强度、改善钢的可焊性和降低无塑性转变温度都是有益的，但钢中残留 Cu 含量较高时，Ni 有增强 Cu 对钢辐照脆化倾向的有害作用，且 Ni 含量较高的材料经过辐照后所产生的次生放射性比较强，还在高中子注量时发生二阶段的 n-α 反应，因此镍含量不宜过高，取中上限为佳；⑥在满足强度要求时，碳含量应尽量低，取中下限较好，因为碳含量增加虽显著提高钢的强度，但也显著提高了钢的无塑性转变温度。Mn 既能提高钢的强度又能降低钢的无塑性转变温度，所以其含量取中上限较好；⑦锻压比应尽量提高(至少为 3～4)，采用优化的热处理工艺，组织最好是细晶下贝氏体。

为了防止压力容器在役期间发生脆性破断，通常在核反应堆中必须安放辐照脆化随堆监控试样，以定期检测无塑性转变参考温度的变化，不断修订开停堆的运行限制曲线。

2) 成分特点

SA508M C13(SA508-3)为 Mn-Ni-Mo 系合金结构钢，主合金元素 1.20%～1.50% Mn、0.45%～0.60% Mo 可获得良好淬透性。Mo 还抗高温回火脆，0.40%～1.00% Ni 为次合金元素以增强韧性。为获得良好焊接性，钢中的强淬硬元素较少，碳含量小于等于 0.25%、铬含量小于等于 0.25%。Si 增大脆性，所以含量较少，小于等于 0.4%。为抗辐照而严格限制铜含量小于等于 0.20% 并严格限制 P。S 限制很严，以降低偏析和带状组织。微量 V 元素(小于等于 0.05%)细化晶粒，微量 Al 元素(小于等于 0.025%)脱氧并细化晶粒。

3) 加工要点

(1) 冶炼。

钢应采用碱性电炉工艺冶炼，或者采用二次钢包精炼，或者采用重熔精炼，或者采用 ASTM A788 标准熔炼工艺。

在浇注钢锭前或浇注中，应对钢液进行真空处理，以除掉有害气体元素，特别是 H。

(2) 热压力加工。

早期的反应堆压力容器制造是由板材弯卷成型并焊接而成的，压力容器上既有环焊缝，也有纵焊缝。运行经验表明，压力容器筒体段正对应着堆芯核燃料的辐照，这里正好存在纵焊缝，而焊缝的抗辐照脆化性能总是明显低于母材，纵焊缝对安全造成极大威胁。因此，现在的反应堆压力容器制造，已经不再采用板材弯卷成型焊接，而是分筒体、封顶和封底 3 段采用空心钢锭锻造，用躲过强辐照区的环焊缝连接成型。这样就避免了筒体对应堆芯核燃料辐照处焊缝的存在，只在封顶和封底与筒体连接处有两道环焊缝，这种改变不仅使压力壳结构简化，而且焊缝总量也大大减少(约减少 30%以上)，提高了反应堆压力容器的安全性、可靠性和经济性。

钢锭在锻造前应切去足够的锭头和锭尾，以保证没有缩孔和过量偏析。锻造后锻件应缓冷至 200℃以下，以保证充分完成奥氏体分解的相变。

(3) 热处理。

初始热处理的目的在于改善锻造组织，使其细密和均匀，以便改善切削加工性能和增强随后产品性能热处理的效果。

性能热处理为淬火和索氏体回火，淬火温度为完全奥氏体化的温度，淬火冷却可采用适当冷却剂进行喷淋或浸入；淬火后应进行索氏体回火，最低回火温度为 635℃，保温时间为每英寸(1in=2.54cm)至少 0.5h，以截面厚度最大处进行计算。

性能热处理也可以采用多级奥氏体化的淬火工艺：锻件先充分完全奥氏体化并液淬，随后重新加热到临界区温度使部分奥氏体化并再次液淬，然后进行索氏体回火。

(4) 焊接。

反应堆压力容器是一个圆柱形容器，分为顶盖组合件和筒体组合件。顶盖组合件由封顶和顶盖法兰焊接而成。筒体组合件由封底、过渡段、堆芯筒身、接管段筒体、容器法兰和进出水接管焊接而成。在壳体的内表面均堆焊超低碳奥氏体不锈钢。上封头装有驱动管座。驱动管座开孔周围局部堆焊镍基合金。在接管段筒体的开孔部位焊接进出水接管，接管端部则与不锈钢安全端连接。在下封头内壁径向支撑块焊接区域和中子通量孔周围局部堆焊镍基合金，随后焊接径向支撑块和中间通量管座。在顶盖组合件的顶盖法兰和筒体组合件的容器法兰上堆焊不锈钢或镍基合金密封面。

反应堆压力容器顶盖组合件和通体组合件的环焊缝及进出水接管与接管段筒

体的焊接可采用埋弧焊。容器内壁和法兰平面采用带极堆焊。进出水接管段端采用手工堆焊不锈钢或镍基合金，然后用手工焊或钨极加填充丝惰性气体保护焊与不锈钢安全端对接。

4) 组织结构

性能热处理后钢的组织为细密的回火贝氏体，奥氏体晶粒约为 30μm。当钢的碳含量较低时回火贝氏体组织中可能会有少量的铁素体，贝氏体板条典型的宽度为 1～2μm，贝氏体板条发生了中高温回复过程，贝氏体板条有高的位错密度，贝氏体中的碳化物多半已经熟化成尺寸为 40～500nm 的弥散微粒。

5) 力学性能

SA508M C13 的室温拉伸性能要求抗拉强度为 550～725MPa，屈服强度大于等于 345MPa，伸长率大于等于 18%，面缩率大于等于 38%。夏比冲击性能在温度 290℃中子注入量为 $6×10^{19}/(n/cm^2)$ 的辐照后大于等于 41J。

3. 主蒸汽管道合金结构钢 WB36

WB36(15NiCuMoNb5)钢是瓦卢瑞克·曼内斯曼钢管公司(V&M)研发的钢种，按照德国技术监督局(VdTÜV)的规范，它是含 Nb 微合金化的贝氏体 Ni-Cu-Mo 钢，在 V&M 的牌号为 WB36，已作为耐热合金钢列入 VdTÜV 规范。

该钢的特点是具有较高的强度和良好的焊接性能。室温抗拉强度可达 610MPa 以上，屈服强度大于等于 440MPa。

在核电站装备中该钢用于汽机岛大口径厚壁管道和中小口径无缝钢管。

1) 成分特点

WB36 钢为低 C (0.08%～0.19%)和低 S、P 的含 0.95%～1.35% Ni、0.75%～1.25% Mn、0.20%～0.45% Mo、0.45%～0.85% Cu、0.010%～0.030% Nb 的合金结构钢。钢中 Cu 可增加钢的抗腐蚀性，但 Cu 会引起红脆性。为消除 Cu 的红脆性而加入了比铜含量多 50%的 Ni。通过控制硫含量能够获得良好的冲击性能(尤其是横向试验时)，推荐的硫含量最大不超过 0.015%。

2) 加工要点

(1) 冶炼。

WB36 钢采用吹氧转炉真空法冶炼，或电炉吹氩氧法/真空吹氧法冶炼，并镇静脱气。

(2) 热成型。

WB36 钢的热成型分两种方式。一道工序成型：将工件加热到奥氏体状态，但不超过 950℃。采用一道工序成型，要避免加热时间过长而引起晶粒长大；热成型温度大于 750℃，当变形不超过 5%时，终成型温度不小于 700℃，完工后在静止的空气中冷却。多道工序成型：在最后一道工序以前的成型工序，工件应冷却到 400℃以下。最后一道工序的冷却应遵循一道工序成型的规定。

(3) 热处理。

淬火温度为 880～960℃时，工件加热必须沿整个横截面达到规定温度，在空气、水或油中冷却。回火温度为 580～680℃时，保温时间按 DIN 17104 规范，最少为 30min，回火后空冷。

WB36 钢对时效敏感，在较低温度，由于扩散速率太慢而测量不到时效的影响，但在较高温度则很快发生过时效。最敏感的临界时效温度为 350℃，350℃时效 30000h 硬度(HV)由时效前 200 线性增至 235，韧脆转变温度 FATT 由时效前 –30℃升高到室温 18℃(冲击韧性 80J)。

特定的热处理能够获得贝氏体+铁素体双相组织，两相组织的比例取决于空冷淬火时的冷却速率，管子壁厚影响冷却速率，为了获得足够的贝氏体量以增加强度，大壁厚管需要水冷淬火，通常情况下贝氏体含量为 40%～60%。WB36 的空冷淬火温度为 900～980℃，在此温度下，碳化物全部溶于奥氏体中，但 Nb 或 Ti 的化合物仅部分溶解，而 Cu 则全部处于固溶状态。空冷淬火过程中，碳化物在贝氏体相中析出。空淬后于 610～680℃(新制定核岛无缝管标准为 630～680℃)回火。回火时 Cu 以富 Cu 的金属间化合物 ε 相弥散析出产生沉淀强化。回火过程中固溶体中合金元素的减少降低了贝氏体与铁素体组织的硬度，使钢获得良好的韧性。

(4) 焊接。

WB36 钢焊接性能良好，为防止焊接裂纹，必须进行预热。预热温度高于 150℃。手工焊焊条可采用 L-80(AWS-E11016G)，钨极氩弧焊焊丝采用 SMH-80 (AWS-E110S)或相应国产焊接材料。焊后要进行消除应力热处理，热处理温度为 590℃±15℃，保温时间随壁厚 15～400mm 为 15～90min。焊接接头的焊缝冲击能量为 171J/cm²。

3) 组织结构

金相组织为贝氏体+少量弥散分布的碳化物微粒和 ε 相微粒+少量块状铁素体。

4) 力学性能

表 5.1 是 ASME 规范和 EN 标准给出的 WB36、WB36 S1 高温下的力学性能数据。表 5.2 为我国核电无缝钢管标准对 HD15Ni1MnMoNbCu 钢在三个温度下的冲击能量要求。

表 5.1　ASME 规范和 EN 标准对 WB36、WB36 S1 高温屈服强度的最低要求

温度/℃	100	150	200	250	300	350	400	450
屈服强度/MPa	422	412	402	392	382	373	343	304

表 5.2　我国核电标准中对 HD15Ni1MnMoNbCu 的冲击能量要求

20℃冲击能量/J		0℃冲击能量/J		−20℃冲击能量/J	
纵向	横向	纵向	横向	纵向	横向
≥95	≥64	≥80	≥54	≥60	≥40

4. 转子钢 25Cr2Ni4MoV 和 26Cr2Ni4MoV

汽轮机和汽轮发电机的转子是承受高速旋转的重型机件，高中压转子用钢由于高压进汽温度不高(约 280℃)，主要考虑低温脆性破断问题，即选用高韧性、低 FATT 值、抗腐蚀、耐水蚀的钢种。而低压转子用钢，应考虑应力腐蚀破断问题，在满足设计要求的前提下，选择屈服强度较低、焊接性较好的 Ni-Cr-Mo 型材料，以减少应力腐蚀风险。

30Cr2Ni4MoV 钢为高淬透性的合金结构钢，是目前在大型机组中广泛采用的低压转子用钢。该钢淬透性好、强度高、韧性好、FATT 低，但焊接性较差。该钢用于制造大功率汽轮机低压转子、主轴、中间轴和其他大锻件等，如用于制造 300MW 低压转子、600MW 整锻低压转子及 600MW 发电机转子等。

为了改善焊接性，大型转子还采用较低碳含量的高淬透性的 Cr-Ni-Mo-V 系合金结构钢 25Cr2Ni4MoV 和 26Cr2Ni4MoV，用作大截面高强度等级的汽轮机低压转子和汽轮发电机转子锻件与磁性环锻件等，特别是 25Cr2Ni4MoV 和 26Cr2Ni4MoV 钢已普遍作为 300MW、600MW 汽轮机低压转子和汽轮发电机转子锻件。

25Cr2Ni4MoV 和 26Cr2Ni4MoV 钢的碳含量较低，强韧性好，韧脆转变温度低，有相当的热强性，综合力学性能好。但在 350~575℃有回火脆性，这主要与杂质元素 P、Sb、As 等含量有关，因此要采用先进的冶炼工艺以严格控制该类钢中的杂质元素含量，并严格控制热处理回火作业。

1) 成分特点

转子锻件用 25Cr2Ni4MoV 和 26Cr2Ni4MoV 钢为中碳 Cr-Ni-Mo-V 系的最佳合金化配合。25Cr2Ni4MoV 钢成分：≤0.25% C、1.50%~2.00% Cr、3.25%~4.00% Ni、0.20%~0.50% Mo、0.05%~0.13% V。26Cr2Ni4MoV 钢成分：≤0.28% C、1.50%~2.00% Cr、3.25%~4.00% Ni、0.30%~0.60% Mo、0.05%~0.15% V。

为了缓解汽轮机转子轴和发电机转子轴等大锻件用中碳 NiCrMoV 钢的回火脆和服役老化脆，人们进行了大量研究，主要技术有：①严格控制钢中的杂质元素，特别是 Sb、Sn、As、P 等，使用清洁钢；②合理配比 Cr 与 Ni 的含量，两元素不可同时多用，应当 Cr 多则 Ni 少或者 Ni 多则 Cr 少，例如，美国采用 3.5%

Ni-0.5% Cr，德国采用 3% Ni-1.5% Cr；③Mo 的添加以 0.5%为宜，不可过多，过多时 Mo 以 Mo_2C 沉淀反使脆性增大，适得其反；④使钢晶粒细化。

2) 加工要点

(1) 冶炼。

锻件用钢应在碱性电炉中冶炼，并需真空处理，采用真空碳脱氧。经需方同意，也允许采用其他冶炼工艺。为去除有害气体，特别是氢，钢液应在浇注前进行真空处理；在真空处理过程中，真空系统的极限压强通常应低于 133.32Pa。

(2) 热压力加工。

应在有足够能力的锻压机上锻造，直接锻造时，钢锭横截面面积和锻件最大直径处横截面积之比最小为 3.5。镦锻前后钢锭横截面的压缩比至少为 1.8。镦锻过程中长度方向的压下量最少为 30%。锻件整个截面应充分地锻透。始锻温度不宜太高，并应缓慢冷却。钢锭锻后需经组织均匀化、消除应力、细化晶粒及去氢处理。

(3) 热处理。

预备热处理：以细化晶粒和得到均匀的组织为目的进行两次正火。加热温度843~1010℃，保温足够长的时间，然后空冷。正火后需回火并炉冷或空冷。正火时应注意组织遗传问题。试验表明，710×4h+830℃×6h 处理可节能并使晶粒细化至 6~8 级，还可有效防止组织遗传。

性能热处理为淬火和回火，锻件应处在垂直位置加热和冷却，性能热处理应均匀加热到高于上临界温度(840~870℃)使之完全奥氏体化，保温足够长时间，然后水淬(喷水或浸水)，淬火冷却应尽量能在锻件圆周和整个长度上均匀。尽可能获得均匀精细的组织，同时把内应力降至最低。淬火后的回火保温时间要足，以保证整个机件均匀回火。回火冷却时炉冷至 316℃以下才能出炉空冷。

性能热处理后进行粗切削加工，粗切削加工后的锻件应进行去应力退火以消除应力，退火温度应比锻件的性能回火温度低 30~55℃。保温时间要足以保证均热，然后以小于 15℃/h 的冷却速率冷至 370℃，再闭炉冷到 230~170℃，才能出炉空冷。

(4) 焊接。

焊前需预热，焊后要进行消除应力热处理。

3) 力学性能

25Cr2Ni4MoV 和 26Cr2Ni4MoV 钢的力学性能由于尺寸、位置、方向的不同而要求各异，应遵照技术条件验收。

法国阿尔斯通公司生产的 900~1000MW 发电机组用 3.5%Ni-Cr-Mo-V 钢在不同温度下的断裂韧度 K_{IC}/(MPa·m$^{1/2}$)为：70(-40℃)、100(-20℃)、130(0℃)、160(20℃)。中国第一重型机器厂生产的 26Cr2Ni4MoV 钢 200MW 转子锻件的力

学性能为：σ_s=714.9MPa、σ_b=816.3MPa、δ=20.86%、Ψ=63.88%、A_{KV}=120J、FATT=-40℃，其断裂韧度K_{IC}为21MPa·m$^{1/2}$(由J积分结果换算得来)。

5.2　铁素体热强钢的合金化

铁素体热强钢是在高温度、高应力、氧化气氛的环境中服役的合金钢，它具备高抗氧化腐蚀性、高热强韧性、高热稳定性、良好的可焊性和成形性、高热导率和低热膨胀、无损检测可测性、低成本等特性。

依据1000h持久强度与温度的关系可知各类热强合金能够承受的载荷与服役温度范围，约300℃以下为铝合金和镁合金的服役温度，约500℃以下是碳钢和钛合金可以承受的，至约600℃以下便要使用热强钢了，达约700℃以下则为不锈钢的工作区间，温度高达约800℃以下则需镍合金和钴合金，而钼合金可服役至1000℃以下。但当服役更长时间时，适宜的服役温度就要降低。服役时间越长，能够适应的服役温度也就越低。

铁素体热强钢依其组织可分为珠光体型热强钢、贝氏体型热强钢、马氏体型热强钢以及马氏体+铁素体型热强钢；以其主加元素Cr划分，又可分为1%Cr系热强钢、2%Cr系热强钢、9%Cr系热强钢、12%Cr系热强钢等。

核电工程中使用的热强钢主要如下。

管道用钢12Cr1MoV、T22与P22、T23与P23、T24与P24、12Cr2MoG、10CrMo910、10Cr9Mo1VNb(T91与P91)。

叶片用钢1Cr12Mo。

铸件用钢ZG15Cr2Mo1。

压力容器用钢P91。

5.2.1　热强钢的合金化问题

1. 热强钢合金化的金属化学问题——抗高温氧化腐蚀

化学腐蚀时金属与环境介质因发生化学作用而造成的损伤发生在接触表面，腐蚀产物便在表面形成表面膜。高温下金属在空气、水蒸气、燃烧废气中发生的氧化腐蚀，是化学腐蚀的一个大类。氧化腐蚀在金属表面生成氧化膜。

氧化腐蚀的驱动力是金属元素与氧元素的化学亲和力。

合金元素如Cr、Si、Al等，能先于α-Fe而生成Cr_2O_3、SiO_2、Al_2O_3氧化膜，这些氧化膜自身的熔点高，原子间键合力强，既致密又稳定，且与α-Fe基体附着牢固，其中Al_2O_3、SiO_2优于Cr_2O_3，这就阻挡了环境气氛中O^{2-}、S^{2-}等腐蚀性离子与α-Fe的直接接触，改善了α-Fe的抗氧化腐蚀性。抗氧化钢中加入2.5%Si

即可耐受 1000℃的高温，而 Cr 含量则需达到 18%。

Cr 的氧化物还可与 α-Fe 的氧化物固溶，生成尖晶石结构的复合氧化物 $CrFe_2O_4$，也可写为 $FeO \cdot Cr_2O_3$ 或 $CrO \cdot Fe_2O_3$ 或 $(Cr、Fe)_3O_4$，这是阳离子空位的 P 型半导体，具有负电场，能阻挡运行气氛中 O^{2-}、S^{2-} 等腐蚀性阴离子扩散通过，因而改善了 α-Fe 的抗氧化腐蚀性。

尽管 Al 和 Si 提高钢的抗氧化性均优于 Cr，但前两者在含量稍高时便会使钢变脆，并且 Al 和 Si 对利用马氏体强化的热处理工艺没有表现出良好影响；此外，Al 还给钢的冶炼带来困难。

Cr 对钢抗氧化性的改善虽不及 Al 和 Si，但 Cr 固溶入 α-Fe 中，能提高 α固溶体的电极电位，改善遭受的电化腐蚀，特别是当 Cr 含量达 12%以上时。Cr 也可显著提高钢的淬透性，对马氏体强化的利用有利。Cr 可增强 α固溶体的原子间键合力。Cr 可提高 α固溶体的再结晶温度。Cr 可提高 α固溶体的蠕变强度。正因为如此，热强钢抗氧化性的改善，通常总是用 Cr 为主导元素合金化，再辅以 Mo 元素合金化，形成 Cr-Mo 系列或 Cr-Mo-V 系列等。

高温下金属在空气、水蒸气、燃烧废气中发生氧化腐蚀，在金属表面生成氧化膜。在表面形成完整的表面膜之前，氧化腐蚀的速率是很快的。当完整的表面膜形成之后，氧化腐蚀的速率与表面膜的性质密切相关，致密、完整、强韧、与金属基体结合力强、膨胀系数与金属相近的表面膜有利于保护金属而减慢氧化腐蚀速率。

Fe 和钢的高温氧化动力学有复杂的规律，氧化动力学具有阶段性，在表面形成完整的表面膜之前，氧化的速率呈现很快的线性规律。当完整的表面膜形成之后，氧化速率减慢，此时若在较高的温度下氧化时，动力学大多服从抛物线规律；而在较低的温度下氧化时，动力学大多服从对数规律。此后，氧化动力学可能转为线性规律，或者在更高的温度下氧化时的动力学在完整的表面膜形成之后就直接转为线性规律。

本书对 T91 钢的高温水蒸气氧化动力学的研究表明，依单位面积增重与氧化时间之间的关系分为三个阶段，即初始直线型快速氧化阶段，中期抛物线型氧化阶段，后期直线型慢速氧化阶段。它们可以三个阶段依次出现，也可以只出现初始直线型快速氧化阶段和中期抛物线型氧化阶段，或只出现初始直线型快速氧化阶段和后期直线型慢速氧化阶段。这依赖于氧化温度和水蒸气流量。当温度较低 (≤600℃)时，仅出现初始直线型快速氧化阶段和中期抛物线型氧化阶段。随温度的升高和水蒸气流量的减小，常出现完整的三个阶段。在高温(≥700℃)和较小的水蒸气流量时，则会出现初始直线型快速氧化阶段和后期直线型慢速氧化阶段，即后期直线型慢速氧化阶段只出现在温度较高和水蒸气流量较小时。水蒸气流量的增大会抑制后期直线型慢速氧化阶段出现的可能，而延长抛物线氧化阶段。这将在第 6 章详述。

干热空气的氧化曲线远低于同温度的水蒸气氧化曲线，也就是说，水蒸气加剧了钢的高温氧化。

在现今的核电站，蒸汽的做功温度还处在较低的亚临界状态，一般不高的 Cr 含量已能满足抗水蒸气氧化腐蚀的要求，只有在难维修的长寿命要求时才使用高 Cr 含量。然而，未来的核电站必定会是超临界的工作状态，那时只有高 Cr 含量的合金热强钢才能满足需求，如 T91 和 P91 钢。

2. 热强钢合金化的金属物理学问题——热强性与热稳定性

决定热强钢热强韧性的主要因素，是各组成相的原子间结合键力。高温会减弱这个结合键力，因而应寻求增大原子间结合键力的途径。原子间结合键力的大小可以从如下的一些物理性质参量获得信息：熔化温度、再结晶温度、升华(气化)热、扩散和自扩散激活能、弹性模量、热膨胀系数等。上述各性质最后一项越小，而其余各项越大时，钢的热强性便越高。在这里，最可信的物理性质参量是再结晶温度，以及再结晶温度与熔化温度的比值。

决定热强钢热稳定性的主要因素，是组织结构的不稳定性，而这与原子扩散过程密切相关。原子扩散过程主要在晶界上进行，高温时的原子扩散加剧。因而应寻求能减小原子在晶界上的扩散来改善热稳定性。对热稳定性进行评价最可信的物理性质参量，是原子的扩散和自扩散激活能，以及扩散系数。

损害钢可焊性和成形性的首要因素，是钢中点阵应变能的存在，故应寻求降低点阵应变能的途径。剧烈增大钢点阵应变能的是填隙固溶原子。因此，应尽量减少填隙固溶原子的存在。

对钢来说，高热导率和低热膨胀系数的获得，显然应放弃面心立方结构的奥氏体基体，而采用体心立方的铁素体基体。

磁性探伤是工程上应用最广的无损检测方法，它的实施对象必须是铁磁性的。可见采用铁素体基体的钢在此时是最为适当的。

与其他热强性合金相比，铁基合金(钢)的成本是较为低廉的。这又以铁素体基体的钢成本最为低廉，而且它用的合金元素量较少。

1) 固溶强化的原则：合金铁素体相的热强性

合金元素在钢中主要分布于固溶体基体和碳氮化物中。常用合金元素 Cr、Mo、W、V、Nb、Ta、Ti、Co、Cu 中，不形成碳化物的元素 Co、Cu 只固溶于 α-Fe 和 γ-Fe 中形成代位固溶体；碳化物形成元素 Cr、Mo、W、V、Nb、Ta、Ti 的分布较为复杂，它们既可以与 C 形成碳化物，也可以固溶于 α-Fe 和 γ-Fe 中形成代位固溶体，这取决于这些元素的单独含量和复合合金化含量，以及钢热处理后的组织结构状态。在退火状态，当单一元素合金化时，碳化物形成元素在碳化物和固溶体中存在量的比例，取决于两者的热力学平衡所需的含量。当多元复合合金化时，首先由强碳化物形成元素与碳化合，次强的碳化物形成元素后进入碳化物，并与代位固溶于 α-Fe 中的量相互热力学平衡。

马氏体型热强钢采用多元复合合金化，C 含量较少；而弱强碳化物形成元素 Cr 的含量甚多，Mo 也较多；中强碳化物形成元素 W 的含量较多；强碳化物形成元素 V、Nb、Ta 和特强碳化物形成元素 Ti、Zr、Hf 的含量也少。于是，马氏体型热强钢中碳化物形成元素的分布，在高温淬火并高温区回火获得回火位错马氏体组织时，应首先是 Ti、Zr、Hf 存在于碳化物中；其次是 V、Nb、Ta 存在于碳化物中，或少部分固溶于回火位错马氏体的 α 基体中；而 W、Mo、Cr 则大量固溶于回火位错马氏体的 α 基体中，较少进入碳化物中。

合金元素固溶强化提高钢的热强性和热稳定性的机理在于，提高原子间的键合强度，提高 α-Fe 的自扩散激活能，提高再结晶温度。碳化物形成元素提高原子间键合强度的强烈程度依 W、Mo、Cr 顺序递减，它们的熔点高于 Fe(1535℃) 的程度也以该顺序递减。

2) 马氏体强化的获得：变态合金铁素体相的热强性

对钢进行淬火-回火热处理，可以得到马氏体组织，具有惊人的强化效果。然而，这必须以钢具有优良的热处理淬透性为前提。Cr、Mo、W 等元素都能够显著提高钢的淬透性，使钢在热处理时易于得到马氏体组织。马氏体的强化效应特别令人鼓舞，因此也获得了广泛的工程应用。

低碳钢淬火低温度区回火后，位错马氏体强韧化效应的机理在于：①位错马氏体界面和板条内的精细亚晶界面引起界面强韧化，这是主要作用，它同时提升了强度、韧性和塑性；②回火时脱溶出的碳化物颗粒阻碍位错滑移的共格相的沉淀强化和非共格相的弥散强化；③由相变应变引起的位错密度与位错网络强韧化，它同时提升了强度、韧性和塑性；④拉伸试验时的形变强化；⑤碳和代位固溶原子的固溶强化，碳提高强度的效果剧烈，但也同时明显降低韧性和塑性。

然而，如何将这些强化效应保留到高温，提高钢的热强性，并使它能在高温条件下长期(10 万 h 以上)保持(热稳定性)，则是迫切需要解决的重要问题。洞察低碳钢和低碳低合金钢的位错马氏体强韧化效应不能应用于高温的原因，在于高温时位错马氏体的组织结构已不复存在。于是问题转化为如何将位错马氏体的组织结构保存到高温。

解决此问题的途径在于，采用提高原子间的键合强度、提高 α-Fe 的自扩散激活能、提高再结晶温度的合金元素对马氏体实施固溶强化，使淬火低碳合金马氏体在高温回火时，只发生相当于淬火低碳马氏体在低温度区回火时发生的过程。这就是说，将淬火低碳合金马氏体的再结晶温度提高到 A_1 温度以上。也就是说，在 A_1 温度以下的高温度区的回火，淬火低碳合金马氏体只发生碳化物的析出和马氏体板条基体的回复过程。并且可以利用合金元素的固溶强化、回复的精细亚晶强化、回复的亚稳位错网强化，使合金化钢的热强性和热稳定性进一步提高。这样的合金元素有 Cr、Mo、W 等。

3) 沉淀强化和析出强化

利用微小粒子在固溶体基体上的弥散分布以阻挡位错滑移运动是效果显著的强化方法。低碳钢的淬火位错马氏体在低温区回火时，沉淀与基体共格相界的薄片 ε 相具有沉淀强化效应。但在中温时，ε 相转变成非共格相界的 Fe_3C 并球化，成为析出强化相。高温时，Fe_3C 进一步粗化，析出强化效应减弱。为在高温时利用碳化物相 Fe_3C 的沉淀强化和析出强化效应，就需用强碳化物形成元素改变其结构，并将其固化，保持其细小、弥散、稳定的形态。

碳化物形成元素与碳亲和力的大小按周期表规律地排布，这与 d 电子层密切相关。在 Fe 以左是形成碳化物的元素，离 Fe 越远，与 C 的亲和力越大。碳化物合金化常用的强碳化物形成元素有 V、Nb、Ta、Ti 等。

多元复合合金化时，碳化物形成元素与碳的结合，按照亲和力的大小顺次结合，亲和力大者优先。原则上，Ti、Zr、Hf 总是优先形成 MC 型碳化物，然后是 V、Nb、Ta 形成 MC 型碳化物，而 W、Mo、Cr 则常常溶入 $M_{23}C_6$ 型碳化物中。应当注意，Ti、Zr、Hf 形成的 MC 型碳化物，在奥氏体中融溶的温度甚高(该碳化物的键合力极强)，在通常的淬火温度时，难以溶入奥氏体，故淬火温度应当较高。

4) 热稳定性

高温下长期服役的高蠕变抗力是热强钢必备的基本性能。热强钢组织结构的稳定性是热强钢在高温下能否抵抗蠕变而长期服役的关键问题。组织结构的稳定性集中表现在弥散强化相碳化物的 Ostwald 熟化和界面(马氏体板条中的精细亚晶)迁移两方面。而碳化物的 Ostwald 熟化又包含碳化物粒子的溶解与长大、碳化物形成元素的扩散和重新分布、碳化物粒子的重新分布等。界面迁移则是马氏体板条中的精细亚晶块长大。

早先，石墨化是 15Mo 钢热稳定性的大问题，高压蒸汽热力管的石墨化曾在美国的电站中造成过爆裂事故，这是在温度-时间-应力-应变的联合作用下，引发含 0.5%Mo 的 15Mo 或 20Mo 钢中的渗碳体 Fe_3C 转化成 Fe 和石墨 C，石墨 C 在铁素体晶界以链状分布而导致脆性破断。石墨化的形成必定要具备温度-时间-应力-应变的联合条件，温度条件是碳钢高于 450℃ 和 0.5%Mo 钢高于 480℃，时间需长达数万小时，应力是高压蒸汽热力管的拉应力状态，应变的条件以焊缝最易于满足。因此，石墨化最容易和最剧烈发生的区域是焊缝热影响区外侧的 A_{c1} 温区附近。强碳化物形成元素 Cr、V、Nb、Ti 等能有效阻止石墨化。反之，Ni、Si、Al 促成石墨化。而现今 15Mo 已广泛地被 15CrMo 或 15CrMoV 取代，石墨化问题已少有发生，但仍需警戒 20g、20G 等碳素钢可能出现的石墨化危害。

在马氏体型热强钢中，主要的弥散强化相是 MC、$M_{23}C_6$、MN 等。按其原子间键合强度考虑，高温时 MN 最为稳定，MC 也相当稳定，$M_{23}C_6$ 的稳定性较差。也就是说，$M_{23}C_6$ 易于发生 Ostwald 熟化。$M_{23}C_6$ 的组成元素多为 W、Mo、Cr、Fe 等，它们与 C 的键合力不强。为保持钢在高温时的热强性和热稳定性，应在合金化时考虑，使 W、Mo、Cr 尽可能多地固溶于马氏体基体中发挥其固溶强化的作用；而将与 C 结合成稳定碳化物的弥散强化功能由强碳化物形成元素 Hf、Zr、Ti、Ta、Nb、V 承担，这些元素与 C(N) 的键合力强，形成 MC、MN 型碳氮化物，这种碳氮化物热稳定性高(熔点 T_m 越高，生成热焓 ΔH_{298K} 越大，形成自由能 ΔG_{298K} 越大，碳氮化物的热稳定性越高)，细小且弥散度大，弥散强化效应大。而 $M_{23}C_6$ 热稳定性低，粒粗且弥散度小，当发生 Ostwald 熟化时易于迁移至晶界分布，这对热强钢的韧性是极为不利的。显然，采用 Hf、Zr、Ti、Ta、Nb、V(依与 C、N 亲和力逐次减弱的次序)固 C，对防止和延缓碳化物的 Ostwald 熟化、提高组织结构稳定性有利。

5.2.2 铁素体热强钢中的合金元素

1. 基本思考

基于上述金属化学和金属物理学的观点，加入合金元素时应当遵循的原理如下。

1) 高抗氧化腐蚀的获得

想要获得高的抗氧化腐蚀能力不在于钢在高温时不与氧等运行气氛发生化学作用，因为这几乎是办不到的；而在于钢表面的氧化腐蚀膜能够薄而致密且稳定附着，阻止运行气氛对钢表面的进一步化学作用。合金元素如 Cr、Si、Al 等，能先于 α-Fe 而生成 Cr_2O_3、SiO_2、Al_2O_3 氧化膜，它们自身的熔点高，原子间键合力强，致密又稳定，且与 α-Fe 基体附着牢固，这就阻挡了环境气氛中 O^{2-}、S^{2-} 等腐蚀性离子与 α-Fe 的直接接触，改善了 α-Fe 的抗氧化腐蚀性。其中 Cr 是最适用的元素。

2) 高热强性的获得

热强钢中常用的合金元素有 Cr、Mo、W、V、Nb、Nb、Ta、Ti、Co、Cu、N 等。合金元素在钢中主要分布于固溶体基体和碳氮化物中。常用的合金元素中，不形成碳化物的元素 Co(由于辐照问题而不可使用)、Cu 只固溶于 α-Fe 和 γ-Fe 中形成代位固溶体；碳化物形成元素 Cr、Mo、W、V、Nb、Ta、Ti 的分布较为复杂，它们既可以与 C 形成碳化物，也可以固溶于 α-Fe 和 γ-Fe 中形成代位固溶体，固溶强化提高原子间的键合强度、α-Fe 的自扩散激活能和再结晶温度，因而提高了钢的热强性和热稳定性。

热强钢最好是马氏体(变态铁素体)基体的，也就是变态α-Fe 基体的，Cr、Mo、W 等元素都强烈提高钢的淬透性，使钢在热处理时易于得到马氏体组织。在 A_1 温度以下的高温度范围回火，淬火低碳合金马氏体只发生碳化物的析出和马氏体板条基体的回复过程。并且可以利用合金元素的固溶强化，回复的精细亚晶强化和亚稳位错网强化，使合金化钢的热强性和热稳定性进一步提高，马氏体的综合强化效应可获得广泛的工程应用。

碳氮化物合金化常用的强碳氮化物形成元素有 V、Nb、Ta、Ti 等。Ti、Zr、Hf 总是优先形成 MC、MN 型碳氮化物，然后才是 V、Nb、Ta 形成 MC、MN 型合金碳氮化物，它们在高温下相当稳定。这些碳化物微粒子的弥散强化和沉淀强化进一步提高了钢的热强性。

2. 合金化路径

1) 氧化膜保护

先于α-Fe 而生成既致密又稳定且与α-Fe 基体附着牢固的氧化物膜等氧化腐蚀产物，或该氧化腐蚀产物能与α-Fe 的氧化腐蚀产物形成固溶体。这里所说的稳定是指氧化腐蚀产物熔点高、不形成易熔共晶体、不发生化学分解、原子间键合力大等。这样的合金元素在合金热强钢中最为适用的是 Cr。

2) 弥散强化与沉淀强化

使淬火马氏体分解，或使饱和α固溶体沉淀析出，析出原子间结合强度很高的呈细小弥散分布的强化相(碳化物、碳氮化物、氮化物等)。这样的合金元素有 C、N、Ti、Ta 、Nb、V、W、Mo、Cr、Cu 等。

3) 位错马氏体强化

这是极有效的强化方法,合金元素应使采用位错马氏体强化的工艺容易实现,也就是说，合金元素能有效地增大钢的淬透性；并且应充分利用亚稳的位错网络以稳定回火马氏体。这样的合金元素有 C、W、Mo、Cr、B 等。

4) 固溶强化

一些元素可以与α-Fe 形成代位固溶体，提高原子间键合力，元素自身有高的扩散激活能和低的扩散系数，并提高α-Fe 的自扩散激活能与降低α-Fe 的扩散系数，提高α固溶体的再结晶温度，以及提高再结晶温度与熔化温度的比值。这样的合金元素如 W、Mo、Cr 等。

5) 防止或延缓组织结构的不稳定

防止或延缓强化相的聚集和熟化可用 Ti、Ta、Nb、V 等固碳，减少碳含量，以降低碳化物、碳氮化物在α固溶体中的溶解浓度，降低这些元素在α固溶体中的扩散系数，保持碳化物、碳氮化物、氮化物等细小弥散强化相与基体间的低能相界面。

6) 降低α固溶体晶界能

延缓晶界扩散过程，防止或延缓晶界上出现脆性析出相，这样的合金元素有 B 等。

7) 降低α固溶体的点阵应变能

这可以减小对焊接和变形成形的损害，这样的合金元素有 Co(有核辐射的地方不能使用)、Cu 等，尽量减少 C、N 的含量也是重要的。

8) 防止石墨化

退火的粗晶粒钢较之正火的细晶粒钢不易产生石墨化，焊后去应力退火有利于阻止石墨化，降低钢的碳含量能够减弱石墨化，强碳化物形成元素 Cr、Nb、Ti 等能有效阻止石墨化。反之，Ni、Si、Al 能促成石墨化。

9) 多元少量合金化

充分发挥元素间的增效交互作用。

10) 使钢纯净和变质

这样的合金元素有 Re、Zn、Ca、Ga、Mg 等，可以减小有害杂质的危害。

11) 复合合金化的协同效应

综上所述，马氏体型热强钢应以低碳(约 0.1%C)钢为基础，采用 8%～12%Cr 合金化可以获得良好的抗氧化性，同时配以不多的 W、Mo 进一步强化固溶体，这就同时获得了位错马氏体强化的工艺条件，再用少量 Zr、Ti、Ta、Nb、V 等实施弥散强化和提高热稳定性的固碳。这是一个复合合金化的原则，各不同合金元素既实现自身功能，又相互以 0.1C-Fe、Cr、W、Mo、Zr、Ti、Ta、Nb、V、N、B、Re 协调配合，产生强于各元素单独合金化的热强性与热稳定性效果，出现各元素间功能相互补充和增强的交互作用协同效应。

马氏体型热强钢基体中，强碳化物形成元素 Cr 含量甚高，Mo 含量也较高；中强碳化物形成元素 W 含量较高；强碳化物形成元素 V、Nb、Ta 和特强碳化物形成元素 Ti、Zr、Hf 含量较低。于是，在高温淬火并高温回火获得回火位错马氏体组织时，首先是 Ti、Zr、Hf 存在于碳化物中；其次是 V、Nb、Ta 存在于碳化物中，或少部分固溶于回火位错马氏体的 α 基体中；而 W、Mo、Cr 则大量地固溶于回火位错马氏体的 α 基体中，较少进入碳化物中。

合金元素在铁素体类(马氏体)钢中的作用可总结为：Cr 获得马氏体，主要是固溶强化又抗氧化腐蚀，还有效抗拒石墨化，少量进入 $M_{23}C_6$ 析出强化；W、Mo 主要为固溶强化，并帮助获得马氏体，参与形成 $M_{23}C_6$ 碳化物析出强化；V、Nb 形成纤细弥散稳定的 MX 碳氮化合物而产生沉淀强化(以 0.25%V 和 0.05%Nb 的组合最为有效)，同时也阻止石墨化，少量固溶强化；Ni 可改善韧性却牺牲蠕变抗力，故要限制其含量；以 Cu 代 Ni 可稳定蠕变强度；B 进入 $M_{23}C_6$，并偏聚于

$M_{23}C_6$ 和基体间的界面从而阻止 $M_{23}C_6$ 的熟化长大，B 也促进 VN 形核而提高蠕变强度；Co 除固溶强化这个主要作用之外，还延缓了马氏体在高温回火时的回复，并促进回火时细小碳化物的形核，减慢碳化物的熟化长大，从而提高蠕变强度，但在有辐照的地方禁止使用；C 是形成碳化物强化相所必需的，但损害可焊性，为了保证可焊性必须限制 C 含量，限制 C 含量也有利于防止石墨化。

总之，合金热强钢的成分特点是低 C+多 Cr+中 Mo(W)+少 V(Nb)。

5.2.3　铁素体热强钢系列

热强钢须易于获得精细的位错马氏体或贝氏体、好的抗氧化腐蚀性(在运行气氛中能够长期服役而较少与运行气氛发生化学反应失效)、高的热强韧性(高温蠕变破断强度和疲劳破断强度以及高韧度)、高的热稳定性(高温长期的组织结构稳定性)、好的可焊接性和成形性、高热导率和低热膨胀系数(铁素体钢优于奥氏体钢)、运行监控和制造过程中无损检测的可测性，以及低廉的成本。

铁素体热强钢依其组织可分为珠光体型热强钢、贝氏体型热强钢、马氏体型热强钢、马氏体+铁素体双相热强钢；以其主加元素 Cr 划分，又可分为 1%Cr 系(珠光体型)热强钢、2%Cr 系(贝氏体型)热强钢、5%Cr 系(贝氏体型)热强钢、9%Cr 系(马氏体型)热强钢、12%Cr 系(马氏体+铁素体双相型)热强钢等。

1. 1%Cr 系热强钢

最早使用的管道用钢管钢是碳素钢，以 20G 为典型代表，在 900~930℃正火得到铁素体+珠光体的组织。该类钢的工作温度不高于 430℃，较低的碳含量(0.2%)保证了钢在长期使用中石墨化倾向小和应变时效敏感性小，并且可焊性和成形性优良；但该钢的耐温和耐压有限，也难免锈蚀。

早先，含 0.15%C、0.5%Mo 的 15Mo，即 T1、P1 钢(也可记为 TP1 或 T/P1)，采用 Mo 进行固溶强化和弥散强化，在 900~940℃退火或正火得到铁素体+珠光体的组织。蠕变强度较 20G 高，无热脆，常用于 520℃以下，但石墨化是该钢的明显缺点。

15CrMo(T12、P12)中含 0.15%C、1%Cr 和 0.5%Mo，900~960℃正火(可能发生空冷淬火)，680~720℃回火，得到铁素体+珠光体的组织，或亚温风冷淬火，得到铁素体+马氏体+下贝氏体的组织。Cr、Mo 提高了钢的热强性，降低了石墨化倾向，其使用温度低于 560℃。

进一步的改进是以 V 合金化固碳，热强性和热稳定性更为提高，12Cr1MoV(0.12%C、1%Cr、0.3%Mo、0.2%V)是其代表，980~1020℃正火(可能发生空冷淬火)，720~760℃回火，在铁素体+珠光体的组织状态使用，使用温度低于 570℃。

这些钢的抗腐蚀性、热强性和热稳定性均有限。

2. 2%Cr 系热强钢

2%Cr 系热强钢以 12Cr2Mo(2.25 Cr-1Mo 即 T22、P22，也可记为 TP22)、12Cr2MoWVTiB (102)、7CrMoVTiB(T24、P24，也可记为 TP24)钢为典型代表。就热强性而言，T22、P22 的工作温度不得高于 580℃(受热面管子)，102 与 T24、P24 的工作温度极限为 600℃(受热面管子)，广泛应用于制造管道。但该类钢的抗腐蚀性有限，常会发生因氧化皮脱落堵塞管道而导致的爆管事故。

12Cr2MoWVTiB(102)钢为贝氏体型热强钢，其化学成分为 0.08%～0.15%C、1.60%～2.10%Cr、0.50%～0.65%Mo、0.30%～0.55%W、0.28%～0.42%V、0.08%～0.18%Ti、≤0.008%B。低的碳含量使钢获得了良好的可焊性和成形性；以 Cr、Mo 和 W 对基体的固溶强化，V、Ti(以及 Mo、Cr、W)形成碳化物($M_{23}C_6$ 和 MC)和氮化物(MN)的弥散强化，微量 B 的晶界强化与抑制铁素体析出，这些复合元素的复合强化，加上热处理(1000～1035℃空冷淬火，760～790℃回火)成贝氏体组织的强化，使钢的热强性和热稳定性较 12Cr2Mo(T22、P22)有所提高。但 Cr 对抗腐蚀性的改善仍然十分有限。

12Cr2Mo(T22、P22)钢为珠光体型热强钢，其化学成分为 0.08%～0.15%C、2.00%～2.50%Cr、0.90%～1.20%Mo。低的碳含量使钢获得了良好的可焊性和成形性；Cr 和 Mo 合金化以基体的固溶强化提高了热强性，形成碳化物以固碳的弥散强化不仅提高了热强性，更提高了热稳定性；Cr 还对抗腐蚀性有所改善。钢在 900～940℃退火得到的铁素体+珠光体组织状态使用。该钢曾广泛应用于制造蒸汽管道等。但运行经验表明，该钢抗腐蚀性有限，常会发生氧化皮脱落堵塞管道而导致的爆管事故，而且高温蠕变破断强度不足。这两个缺点常给它的长期安全使用带来隐患，为此发展了 TP23 和 TP24 钢。

TP23 是在 TP22 基础上加入 1.6%W，减少 0.2%Mo，降低 C 含量至 0.04%～0.10%，并加入少量 V、Nb、N、B，提高高温蠕变破断强度，改善焊接性，省去了焊前预热和焊后退火。

7CrMoVTiB(TP24)为在 TP22 基础上降碳以改善可焊性，使焊缝热影响区获得低硬度，加入 V、Ti 以实现弥散强化，B 与 Mo 的配合则使钢获得粒状贝氏体组织，提高了高温蠕变破断强度。显然，TP24 比 TP22 具有更好的热强性能和可焊性。

TP23 和 TP24 钢的相变点 A_{c1} =800～820℃，A_{c3} =960～988℃。对于 T 型管，推荐的热处理规范，T23 为：空气冷却淬火 1060℃ ± 10℃，回火 760℃ ± 15℃；T24 为：空气冷却淬火 1000℃ ± 10℃，回火 750℃ ± 15℃。热处理后的组织结构为回火的贝氏体+马氏体，如图 5.1 所示。

TP23 和 TP24 钢的导热性和热膨胀系数与 TP22 相当。

　　热处理后 TP23 和 TP24 钢的拉伸力学性能及硬度见表 5.3。钢在 500℃时的屈服强度 $\sigma_{0.2}$ 可以达到 350MPa 以上，σ_b 可以达到 400MPa 以上。TP23 的韧脆转变温度约为–55℃，而 TP24 钢的韧脆转变温度视制品的不同为–40～–35℃。

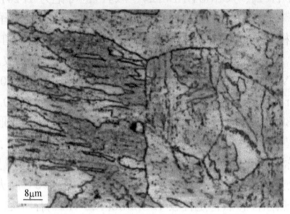

图 5.1　TP23 的粒状贝氏体金相组织

表 5.3　TP23 和 TP24 的拉伸性能和硬度

钢	最小 $\sigma_{0.2}$ /MPa	最小 σ_b /MPa	最小 δ /%	最大硬度(HB)
TP23	400	510	20	220
TP24	450	585	20	250
TP22	205	415	30	163
TP91	415	585	20	250

　　TP23 和 TP24 的蠕变破断强度显著高于 TP22，并已接近 TP91(尤以 TP24 为著)，这就是当初开发 TP23 和 TP24 用以替代 TP22 的重要原因。在目前亚临界的情况下，核电站采用 TP23 和 TP24 作为主蒸汽管道尚可满足热强性的需要，但耐蚀性较低引发的氧化皮脱落堵塞管道的问题应引起注意，更要注意的是小的氧化皮粉粒对汽轮机叶片的冲蚀。若要摆脱这两个困扰，还是以使用 TP91 钢为好，只是其材料成本较高，但这样运行维修成本则会降低，安全性和可靠性也会大大提升。

　　3. 9%Cr 系热强钢

　　能源转换效率随蒸汽温度的升高而提高，为提高能源转换效率而提高蒸汽温度对热强钢提出了更高的热强性要求和较低的成本。提高蒸汽参数需要强度更高、性能更可靠的热强钢，为此世界各国开展了认证和开发适用于在高蒸汽参数下的热强钢。

美国能源局于 1974 年提出研制经改进的合金以满足核电站核反应堆压力容器的要求。美国橡树岭国家实验室在燃烧工程公司的协助下，对现有 9Cr-1Mo(即 T9、P9)钢加入少量 V、Nb，并控制 N 的微合金化改进，取得了成功，开发出著名的 T91、P91 钢(改良型 9Cr-1Mo 钢，也可记为 TP91 或 T/P91)。

T91、P91 钢热强性好(达到了奥氏体钢的水平)、强韧性高、淬透性好(可空淬至 200mm)、可焊性良、热导率高、线胀系数小，耐蚀性和价格居于 T22、P22 和 TP304H 之间。该钢在一定程度上填补了 T22、P22 和 TP304H 之间的空白。1980 年 5 月，美国第一次将 T91 制成试验管安装在美国田纳西流域管理所属下的 Kingston 5 号机组过热器上(593℃)，代替原用的 TP321H(即 18-8Ti)不锈钢。1982～1984 年，英国和加拿大等国先后用 T91 代替原用的不锈钢过热器或再热器管。1983 年美国 ASTM 和 ASME 先后批准将改良型 9Cr-1Mo 钢 T91 分别载于 ASTM A213 T91、ASME SA213 T91 标准内用于压力管道和集气管上，1984 年将 P91 分别载于 ASTM A335 P91、ASME SA335 P91 标准内。尽管该钢当时是为核电站核反应堆压力容器开发的，但 80 年代后期形势发生了很大变化，各国普遍将其用在超临界管道上，并进行了深入研究。在德国，对 T91、P91 也进行了大量的试验研究，特别是 1987 年，欧洲共同体为了制定全欧洲标准，在一项国际赞助的研究项目中签订了 T91、P91 钢种的研究。在该项目支持下，德国 Mannesmann 钢管公司制造了各种直径的钢管，并做了大量的高温蠕变和持久强度性能试验及成品钢管焊接性能试验等。1982～1987 年，法国 Vallourec 工业公司与美国燃烧工程公司和橡树岭国家实验室合作，进行了改良型 9Cr-1Mo、EM12 和 X20 三种热强钢的比较研究，认为 T91、P91 钢有明显的优点，强调要从 EM12 转为使用 T91、P91。1987 年欧洲认可了 T91 和 P91。随后数年之内该钢便在美、欧、日等国家和地区的超临界发电机组上得到广泛应用，以替代奥氏体钢和 T22、P22 钢，现在更扩展到加拿大、巴西、墨西哥、韩国、印度、泰国、伊朗、印度尼西亚、南非及东欧各国，取得了良好的经济效益。T91、P91 钢从研制成功之后短短 7 年就得到美国 ASME 和 ASTM 标准认可，并迅速在国际上得到普遍应用，不得不说是热管道钢史上一个先例。德国 Mannesmann 公司、法国 Vallourec 公司、日本住友公司等都生产制造 T91 和 P91 钢管，并在该钢管的制造工艺和工程设计及使用规范方面积累了成熟的经验。Vallourec 公司和 Mannesmann 公司在 1999 年 4 月对此得出结论："改性的 9%Cr-1%Mo 在许多国家越来越多地用于维修和新建电厂的实际表明，这种材料是可靠的，这包括管道系统中所涉及的各种组件，如阀门及焊料。特别是在先进工作条件下(温度和压力)的新一代电厂，由于技术和经济上的原因更需要这种材料"。这些研究和应用证明，T91 和 P91 钢具有高的许用应力、高的持久强度、高的疲劳强度、高的热导率、良好的焊接性以及较好的耐蚀性。它是完成主蒸汽温度由 538℃向 566℃过渡的首选材料，也是完成主蒸汽温度由

566℃向593℃过渡的关键材料。不仅可以用于新建动力设备，也是用于改造现役发电机组高温部件最有前途的替换材料。

P91、T91钢被纳入的标准有：美国 ASTM A213(1983)、ASTM A335(1984)、ASME A213(1984)、ASME A335(1985)，欧洲 EN10216-2(命名 X10CrMoVNb9-1)，法国 NF A49-213(命名 TU Z10CDVNb09-01)，德国 VdTüV 511/2(06/2001)(命名 X10CrMoVNb9-1)，英国 BS 3059/3604，中国 GB 5310(命名 10Cr9Mo1VNb)(1995)。

当今的核电技术是第二代和第三代核电技术，其蒸汽的压力和温度还较低，尚处于亚临界状态，以 2%Cr 系热强钢为主。为了更安全、更可靠和更高效地利用核能，美欧等核先进国家和地区都正在研究第四代核电技术，我国也已进入第四代核电技术的试验堆运行研究与考核。届时蒸汽的压力和温度将会大幅提高，达到临界和超临界状态，当今使用的主蒸汽管道钢 WB36、TP23、TP24 将不能胜任临界和超临界状态高蒸汽压力和温度的工作条件，必须有更好的能胜任临界和超临界状态蒸汽压力和温度的主蒸汽管道钢，以 10Cr9Mo1VNb(P91、T91)为代表的 9%Cr 系热强钢便是最佳选择，特别是其良好的耐蚀性将会因其不用频频检修且不存在氧化皮脱落堵塞管道的困扰而引人注目。

10Cr9Mo1VNb 钢可望成为即将到来的核电技术中不可缺少的优良二回路主蒸汽管道钢，同时也是特定条件优良的反应堆压力容器钢。

1) 成分特点

低的碳含量(0.08%～0.12%C)利于焊接和冷弯，8.00%～9.50%Cr 用以保证淬透性、耐蚀性、高温强度、提高再结晶温度，0.85%～1.05%Mo 提高淬透性和高温强度及提高再结晶温度，少量 0.18%～0.25%V 获得碳化物的弥散性可保证热稳定性和提高高温强度，微量 0.06%～0.10%Nb 与 0.030%～0.070%N 进一步沉淀强化提高热稳定性和高温强度与蠕变破断强度。严格控制杂质 S、P、O、Al、Ti、Sn 等的含量。

2) 加工要点

在加工的每个阶段都应考虑这种马氏体钢的物理冶金特性，这一点对于所有热成形加工、焊接、焊后热循环尤为重要。

(1) 冶炼。

电弧炉冶炼，还需电渣重熔、低硫常规处理、低硫真空碳脱氧处理、中心区重熔等精炼。

(2) 热压力加工。

锻造温度 1100～950℃，热弯管温度 1100～750℃。热成形后应按管材规格重新进行空气淬火+回火的热处理。

(3) 冷压力加工。

管外径小于 150mm 时用冷弯成形，冷弯成形后需重新进行淬火+回火的热处理。当变形量小于 5%时在管子冷弯成形后可不进行重新淬火+回火热处理，但需 650～700℃去应力退火。

(4) 热处理。

相变点 A_{c1} 800～830℃，A_{c3} 890～940℃，M_s 约 400℃，M_f 约 100℃。空气淬火 1055℃±15℃(空冷，当壁厚大于 75mm 时为获得完全马氏体需采用风冷或油冷或水喷冷)，回火 765℃±15℃，回火时间应足够，以确保获得最佳组织为中高温回复的回火马氏体。热处理必须严格控制温度和时间，才能获得高蠕变强度和高韧性及有限硬度的最佳结合。P91 钢 1055℃±15℃淬火，765℃±15℃回火后的组织结构和断口如图 4.26、图 5.2 和图 5.3 所示。这是马氏体中高温回复的适回火状态，马氏体板条未发生粗化，板条内形成碎化的细小亚晶块，或出现多边化亚晶但其尺寸未明显长大，出现密集的位错网络，$M_{23}C_6$ 未明显熟化，尺寸不大的 $M_{23}C_6$ 以短条状或块状分布于板条界和板条中，细小的 MC 弥散分布于板条中。这时，钢具有优良的综合力学性能。

$2\mu m$

图 5.2　P91 钢淬火回火后的金相组织

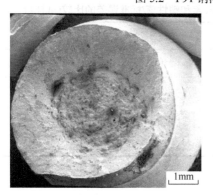

$1mm$　　　$1mm$

图 5.3　P91 钢淬火回火的中温回复位错马氏体结构的室温拉伸和冲击断口的 SEM 像

TP91 钢的热处理,以回火的控制最为关键。这是赋予钢管优良组织性能的最终热处理,对钢管质量有重大影响。回火的控制既是回火温度的控制,也是回火时间的控制,其目标是适回火(参看 4.5.2 节)获得中高温回复回火马氏体的最佳组织。这时,马氏体板条未发生粗化,板条内形成碎化的细小亚晶块,或出现多边化亚晶但其尺寸未明显长大,出现密集的位错网络,$M_{23}C_6$ 未明显熟化,尺寸不大的 $M_{23}C_6$ 以短条状或块状分布于板条界和板条中,尺寸细小的 MC 弥散分布于板条中。只有达到这种组织结构,TP91 钢才会获得优良的力学性能。

当回火温度较低或回火时间较短时,马氏体板条基体仅完成低温回复或未完成初期的中温回复,板条内细小的亚晶块尚未形成或仅部分形成,位错网络也未良好形成。欠回火是不良的。当回火温度较高或回火时间过长时,马氏体板条基体完成了高温回复的后期过程,马氏体板条粗化,板条内出现多边化亚晶的明显长大,位错网络更为典型但数量较少,$M_{23}C_6$ 出现熟化,尺寸粗化,形状卵球化,分布向板条界和原奥氏体晶界聚集。过回火也是不良的。

3) 力学性能

(1) 拉伸和冲击。

性能标准要求见表 5.4。统计了 Mannesmann 钢管公司 TP91 钢 217 批次的钢管强度,室温屈服强度为 590.7MPa±49.7MPa,抗拉强度为 742.1MPa±38.0MPa。表 5.5 和表 5.6 为中国与日本生产的 TP91 钢的拉伸和冲击性能的比较。

表 5.4   TP91 钢的拉伸和冲击性能

$\sigma_{0.2}$ /MPa	σ_b /MPa	δ/%	Ψ /%	硬度(HB)	C_v 冲击能量 A_t /J(20℃)
≥415	585~850	≥20(纵向),≥13(横向)	≥40	≤250	≥68(纵向),≥41(横向)

表 5.5 中国与日本生产的 **TP91** 钢管强度值/标准误差和塑性值/标准误差的比较(试样数各 12)

产地	室温				566℃			
	$\sigma_{0.2}$ /MPa	σ_b /MPa	δ/%	Ψ /%	$\sigma_{0.2}$ /MPa	σ_b /MPa	δ/%	Ψ /%
中国	531.76/7.93	687.80/5.68	25.56/0.74	71.86/0.76	374.36/6.01	412.05/3.94	21.23/1.04	83.08/1.13
中国	506.64/3.76	674.30/4.87	26.25/0.92	72.73/0.47	358.55/3.29	399.16/2.66	23.52/1.01	84.16/0.16
日本	521.27/4.02	685.89/4.65	25.80/1.28	72.89/0.99	376.36/5.31	411.57/4.59	20.48/0.81	84.96/1.72

表 5.6　中国与日本生产的 TP91 钢管冲击强度/标准误差和冲击能量/标准误差的比较(试样数各 12)

产地	室温				566℃			
	F_{gy}/kN	F_m/kN	W_m/J	W_t/J	F_{gy}/kN	F_m/kN	W_m/J	W_t/J
中国	15.0/0.3	18.1/0.3	31.7/0.8	187/11	9.3/0.4	10.7/0.4	20.2/1.4	175/7.3
中国	14.5/0.2	17.9/0.3	31.5/0.4	189/7.1	8.9/0.3	10.3/0.4	19.6/0.9	179/6.6
日本	15.7/0.3	18.4/0.4	37.6/1.5	190/14	9.2/0.7	10.1/0.5	20.8/2.2	166/11

(2) 拉伸的形变强化。

拉伸形变强化应力-应变(S-ε)的 Hollomon 方程为

$$S = k\varepsilon^n \tag{5.2a}$$

该方程的双对数形式是线性的:

$$\lg S = \lg k + n\lg\varepsilon \tag{5.2b}$$

式中,形变强化指数 n 和形变强化系数 k 较为精确地表征了材料的形变强化能力。n 和 k 值越大,材料的形变强化能力就越强。图 5.4 即为 P91 钢拉伸的 S-ε 曲线和 $\lg S$-$\lg\varepsilon$ 曲线,n 值和 k 值随形变量的增大,呈阶段性增大,见表 5.7 和表 5.8。表 5.9 则为中国与日本生产的钢管的形变强化性能的比较。

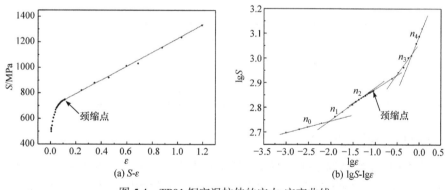

图 5.4　TP91 钢室温拉伸的应力-应变曲线

　　9%Cr 系热强钢进一步发展,在 T91、P91 的基础上又以 W 部分替代 Mo 得到了 T92、P92 钢,W 比 Mo 具有更高的热强性,该钢可在 620℃蒸汽温度以下替代奥氏体钢。T91、P91 和 T92、P92 钢的应用不仅提高了效率,节约了能源,延长了电厂主要设备的大修周期,使电厂的运行成本降低,提高了电厂的效益,而且提高了安全运行的可靠性。若运行温度超过 620℃,9%Cr 系钢因耐蚀性的限制,必须采用 12%Cr 系钢。

表 5.7　TP91 钢管室温拉伸的形变强化参量及均匀塑性(Ψ_B=8.91%，Ψ_k=73%)

强化参量	n_0	k_0	n_1	k_1	n_2	k_2	n_3	k_3	n_4	k_4
参量值	0.0486	698	0.134	1042	0.110	968	0.248	1149	0.459	1239
应变 ε/%	0.05~0.909		0.909~4.72		4.72~28.8		28.8~69.9		69.9~120	
塑性 Ψ/%	0.05~0.905		0.905~4.61		4.61~25.0		25.0~50.3		50.3~69.9	
阶段	屈服		均匀变形		临界		局集变形		破断前	

表 5.8　TP91 钢管 566℃拉伸的形变强化参量(Ψ_B=1.44%)

强化参量	n_0=0.071，k_0=594	n_1=0.045，k_1=512
应变 ε/%	0.05~0.326	0.326~(1.45)
塑性 Ψ/%	0.05~0.325	0.325~(1.44)

表 5.9　TP91 钢管中国与日本生产的钢管的形变强化参量的比较

产地	566℃					18℃						
	n_0	k_0	n_1	k_1	δ_b/%	n_0	k_0	n_1	k_1	n_2	k_2	δ_b/%
中国	0.073	591.15	0.044	504.12	1.52	0.045	710.03	0.127	1045.81	0.102	971.32	9.81
中国	0.070	554.69	0.047	491.61	1.83	0.041	657.78	0.136	1031.45	0.106	942.63	10.35
日本	0.071	593.56	0.045	511.61	1.46	0.045	681.86	0.132	1033.49	0.107	956.22	9.84

4. 10Cr9Mo1VNb(TP91)钢的焊接经验

　　焊缝金属是经高温熔融状态冷却结晶而成的，熔池中可能吸入 S、P、O、H 等杂质，从高温熔融状态冷却凝固时 V、Nb 的碳氮化物作为相变晶核的细晶化作用不再存在，焊缝金属可能凝固成粗大晶粒，铸态组织没有经历轧制的塑性变形，这些都是焊缝金属不及强韧化的母体金属的地方。

1) TP91 钢的焊接性

　　钢的焊接性基本问题有焊接裂纹敏感性、焊缝韧性、热影响区的蠕变与持久强度弱化和Ⅳ型裂纹、焊缝的时效脆性等。TP91 钢的焊接性由于碳含量低至 0.1%，S、P、O 等引起脆化的杂质少，位错马氏体组织的强度、韧性、塑性优良，M_s 较低而使焊缝冷却时的拘束应力降低等，因而钢的焊接裂纹敏感性较低，无论是凝固热裂纹还是再热裂纹，以及冷裂纹的敏感性均是低的。但 P91、F91 的构件尺寸和壁厚往往较大，仍然必须对焊接裂纹，特别是冷裂纹谨慎地予以防范。因而 TP91 钢的焊接性的主要问题是焊接冷裂纹、焊缝韧性、热影响区软化、IV型裂纹等四个问题。

2) 焊缝韧性

焊缝除满足室温下的强度要求之外，焊缝金属还必须满足冲击韧性与蠕变强度的要求，焊缝的韧性通常总是低的。焊缝韧性低的主要原因在于：凝固组织粗大，凝固组织中出现δ铁素体相，杂质元素 S、P、O、H 等的侵入，施焊工艺及焊后热处理不当等。

当焊接供热过大时，会使焊缝熔池金属冷却凝固缓慢，此时 V、Nb 完全液溶和固溶，失去了其碳氮化物作为相变核心的作用，致使焊缝凝固组织粗大，失去细晶强韧化，而增大固溶强化。因此，控制焊接供热在合理范围，既可保证熔池反应与良好凝固，又防止焊缝组织粗大，从而保证焊缝韧性在一个可接受的水平。此外，提高焊缝金属的纯净度，特别是严格控制 H、O、P、Si 的含量，同时也应降低合金元素 V、Nb 的含量。以及焊后及时合理的除氢，焊后及时合理的回火热处理，使焊缝获得细晶位错马氏体复合强韧化的组织结构，也是焊缝获得良好韧性的不可或缺的举措。

焊缝热老化(时效)：400～650℃的长期服役，会引起 P、Sb、Sn、As 等有害微量杂质元素在晶界的偏聚，并引起焊缝变脆，这与合金结构钢的回火脆颇为相似，称为焊缝的热老化脆性或时效脆性。解决的办法显然是严格控制焊条(丝)的纯净度，防止有害微量杂质元素污染焊缝。

于是，采用适宜的焊接材料(焊丝、焊条，以及焊丝与焊剂的组合)应引起足够重视。焊缝组织中若出现δ-Fe 相更会严重损害焊缝韧性，缩小 γ 区的合金元素促进δ-Fe 相的出现，扩大 γ 区的合金元素抑制δ-Fe 相的出现。美国 CE 公司给出了用焊缝成分 Cr 当量(Cr_{eq})控制δ-Fe 相的方法，Cr_{eq} 用式(5.3)计算(元素含量为质量分数)：

$$
\begin{aligned}
Cr_{eq} = &w(Cr) + 6w(Si) + 4w(Mo) + 1.5w(W) + 11w(V) + 5w(Nb) + 9w(Ti) \\
&+ 12w(Al) - 40w(C) - 30w(N) - 4w(Ni) - 2w(Mn) - 1w(Cu)
\end{aligned}
\tag{5.3}
$$

当 $Cr_{eq} \leqslant 10$ 时不会出现δ-Fe 相，当 $Cr_{eq} \geqslant 12$ 时出现δ-Fe 相，Cr_{eq} 值越大，δ-Fe 相的量也就越多。

对焊缝金属成分的控制考虑如下：元素 Nb 对韧性不利，但明显改善蠕变强度，含量降低为 0.04%～0.08%，并尽可能降低到母材标准的下限 0.04%附近最为适宜，既可防止δ-Fe 相出现，又可不降低蠕变性能；Ni 和 Mn 元素对强度影响较小，且当含量超过母材标准的上限时还能显著改善韧性，但此时这两种元素却能明显影响相变点，如 A_{c1}、M_s，因此元素 Ni 含量增高为 0.4%～1.0%；Mn 含量增高为≤1.5%w(Mn + Ni)；Si 含量降低为小于 0.3%；N 元素通过形成碳氮化物的沉淀强化，显著提高蠕变强度，但降低塑性和韧性，元素 N 的含量应控制在约 0.04%。

3) 热影响区性能与软化带

热影响区包括粗晶粒区、细晶粒区和回火区。粗晶粒区组织过分粗大及细晶粒区软化带过宽会损害焊接接头的持久强度与蠕变强度。TP91 钢热影响区的粗晶粒区的受热温度应在 A_3 以上较高的温度，约 1200℃以上；而热影响区的回火区应在 A_1 温度以下，此时 TP91 钢的马氏体不发生再结晶；热影响区细晶粒区便介于上述两者之间，软化带便出现在这个区域 900～1100℃范围，而以约 950℃处软化最甚。软化带的组织在高温施焊中的较低温区是母材马氏体在 A_1 温度以上回火，出现部分马氏体的再结晶而成为马氏体＋铁素体双相组织；在较高温区是奥氏体+铁素体双相组织；二者在室温下均成为马氏体+铁素体双相组织。软化带的发生，必然会损害焊接接头的强度和韧性，特别是铁素体导致蠕变和持久强度的严重受损。

TP91 管焊接态和焊后热处理态的焊缝，在接近母材的热影响区细晶粒区出现了典型的硬度下降。尽管这个区域很窄，但它控制着存在横向力作用时整个焊接接头的持久与蠕变破断强度。高温持久试验可以显示出细晶粒区的软化带，此区的高温持久强度或寿命降低。该软化带自母体钢的 A_{c1} 温度起始，至焊接受热温度 1150℃止，A_{c3} 温区软化最为严重，可使持久强度(650℃，108MPa)的破断时间由母体钢的约 500h 降为 10h。

软化带的出现是难免的，但尽量减小软化带的宽度，从而减弱蠕变与持久强度的劣化，则是我们所要努力的方向。减小软化带宽度的措施，可以采用控制焊接热规范的方式，以尽可能地减少焊接的供热量和供热时间。

4) 焊接原则

(1) 一般原则：①TP91 钢的可焊接性尚为良好，适宜采用一些普通的焊接方法如钨极氩弧焊、手工电弧焊、埋弧焊等进行焊接，并且适用于很大的壁厚范围。②焊缝金属必须满足冲击韧性和蠕变强度的要求。③选择适宜的焊接材料(焊丝、焊条，以及焊丝与焊剂的组合)。④施焊时必须适当地预热，但预热温度和层间温度高了会由于焊接供热过多而使熔池凝固缓慢，导致凝固组织粗大，损害接头韧性。所以预热温度和层间温度在无焊接裂纹危险的前提下越低越好，通常取 250～200℃。厚壁锻轧管或铸管不允许在 200℃以下施焊，焊后也只允许冷却到 80℃以防开裂。壁厚达 80mm 以上的 TP91 厚壁管可以允许冷却到室温。⑤氢是导致焊接裂纹的重要因素，所以焊后的热保持除氢是必需的，以防氢致开裂和氢致延迟开裂。热保持除氢之后，应使焊件缓慢冷却到约不高于 100℃，以保证焊接区域得到充分多的马氏体强化组织，为焊后的回火热处理做好组织准备。⑥宜采用小线能量多焊道的方法焊接，以保证焊缝金属的韧性。⑦随后应及时对焊件施以回火热处理，回火规范基本上与同母材钢淬火后的回火规范，视母材而异，为 720～770℃，以使焊接接头获得强韧化的组织结构和力学性能。

(2) 同种钢接头的焊接原则：①防止焊接冷裂纹，严格控制预热温度和层间温度，TP91 钢焊接的预热温度和层间温度宜控制在 200～300℃ 范围内，钨极氩弧焊打底时可适当降低至 150～200℃，这是氩气的保护作用，降低了焊缝中的氧含量。严格控制焊缝的氢含量，防止氢致延迟开裂，要使用低氢碱性 TP91 专用焊条(丝)，按规定烘焙，随用随取热焊条(丝)施焊。焊后立即进行 760℃ 回火热处理，或者焊后立即进行低温热消氢处理(100～200℃保持 2～4h 或更长)，以确保氢的逸出，减少焊接缺陷，降低焊缝区域应力状态。焊接缺陷和强行对口等导致的应力集中，易于引发冷裂纹。②提高焊缝韧性，采用钨极氩弧焊打底，手工电弧焊填充盖面的焊接方法，美国橡树岭国家实验室给出了焊接方法导致焊缝韧性由高至低的排列顺序是，钨极氩弧焊→手工电弧焊→熔化极氩弧焊→埋弧焊。控制焊缝成分，避免组织中出现 δ 铁素体相。控制预热温度和层间温度，预热温度和层间温度控制在 200～300℃ 最为适宜，温度过低有出现冷裂纹的危险，温度过高会引起组织粗大而降低焊缝韧性。采用小线能量，降低焊层厚度，实践证明，线能量取 20kJ/cm 左右，焊层厚度控制在 3mm 以下，可获得良好的焊缝韧性，$a_{KV} \geqslant$ 70J/cm²；大的线能量会使焊缝组织粗大；厚的焊层厚度会使先焊焊层在后道焊层的热量作用下，经历低于 750℃ 的第二次热循环(回火)，致使回火不充分。焊后的热处理规范必须保证焊缝马氏体组织得到完善的回火。③降低热影响区的软化程度，焊接接头的焊缝热影响区外边缘的软化带的持久强度与母材持久强度的比值称为热强系数，它表征软化带的软化程度。热强系数与钢种、焊接工艺、持久强度试验条件等诸多因素有关，随着钢种合金元素的增多，热强系数减小；随焊接时供热量的增大，热强系数减小；随着持久强度试验温度的升高和试验时间的延长，热强系数减小。减小软化带宽度，提高热强系数的焊接措施有：预热温度和层间温度不高于 300℃，焊接线能量不大于 30kJ/cm，焊层厚度不超过 3mm。④防止Ⅳ型裂纹。Ⅳ型裂纹是高温高压条件下长期服役时，或进行持久强度与蠕变试验时，发生在热影响区软化带中的裂纹。防止Ⅳ型裂纹发生，可通过防止宽软化带的出现和提高热强系数实现。因此，改善软化带的焊接措施也就是防止Ⅳ型裂纹的措施。预热温度和层间温度不高于 300℃，推荐 200～300℃。焊接线能量不大于 30kJ/cm，推荐 16～22kJ/cm。焊层厚度不超过焊条(丝)直径，推荐 1.7～2.3mm。

(3) 异种钢接头的焊接原则：焊缝金属成分和焊后热处理，是决定焊接接头性能的两大因素，因此异种钢焊接工艺的两个关键问题是焊接材料的合理选择和焊后热处理工艺的合理制定。最常见的异种钢接头是 TP91 与 TP22 的焊接,上述两个问题的选定原则是:①焊条(丝)成分的选配不得低于 TP22,可采用 TP22 成分的合金焊材(低匹配),或 TP91 成分的合金焊材(高匹配),或 TP91 与 TP22 两者中间成分的合金焊材(中间匹配),或镍基合金焊材(特种匹配),通常多选取低匹配者。②焊后热处理采用 TP91 的最低规范与 TP22 的最高规范的折中 720~740℃(焊后回火温度范围 TP91 为 740~780℃,TP22 为 680~720℃);回火时间必须充分。

异种钢接头的焊接填充金属推荐如下。①TP91-TP22:TP22 E9015B3L 型(ASME SFA5.5);②TP91-12%Cr 钢:TP91 或 E505-15T9 型(ASME SFA5.4);③TP91-304H:Inconel 182,ENiCrFe3 型(ASME SFA5.11)。

异种钢接头熔合边界元素的迁移:对于异种钢焊缝(如 TP91-TP22)的熔合边界,由于钢成分的不同,会发生合金元素的迁移,持久的热作用(如高温服役运行)增大元素的迁移量,填隙固溶元素(如 C)的迁移显著快于代位固溶元素(如 Cr)的迁移。已检测到焊缝熔合边界的 C 由 TP22 侧流向 TP91 侧,使 TP91 侧 C 含量峰值达 0.7%,最高峰值达 0.8%;而 Cr 则由 TP91 侧迁向 TP22 侧。

(4) 焊后热处理。焊后的热处理就是回火,回火温度以 760℃±10℃为佳,回火时间则必须充分;严格控制回火温度波动的上限切不可超过 780℃;波动的下限则不应低于 740℃。回火效果可考虑用回火指数 P 描述:

$$P = T(\lg t + 20) \times 10^{-3} \tag{5.4}$$

式中,T 为热力学温度(K);t 为回火保温时间(h)。当 $P \geqslant 21$ 时,表明回火良好。由此可知,回火时间应为

$$\lg t \geqslant 21 \times 10^3 T^{-1} - 20 \tag{5.5}$$

焊后热处理温度和时间的选择应依焊接材料、焊接结构、焊接工艺而具体决定。

5) 焊缝组织

TP91-910 焊接接头的金相组织如图 5.5 所示,异形试样冲击断口如图 5.6 所示。

(a) 910热影响细晶区　　　　　　　　　　　　　(b) 910热影响粗晶区

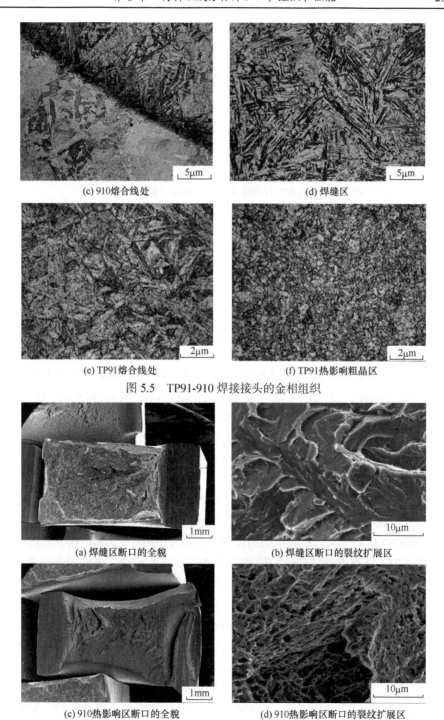

(c) 910熔合线处

(d) 焊缝区

(e) TP91熔合线处

(f) TP91热影响粗晶区

图 5.5　TP91-910 焊接接头的金相组织

(a) 焊缝区断口的全貌

(b) 焊缝区断口的裂纹扩展区

(c) 910热影响区断口的全貌

(d) 910热影响区断口的裂纹扩展区

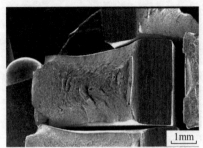

(e) TP91热影响区断口的全貌　　　　(f) TP91热影响区断口的裂纹扩展区

图 5.6　TP91-910 焊接接头运行一年冲击断口的 SEM 像

5. 12%Cr 系热强钢

12%Cr 系高铬热强钢已有近百年的历史，含少量 Mo、V 等元素的 12%Cr 系热强钢因其具有很高的蠕变强度，早已用作涡轮机叶片材料，但是由于马氏体相变导致的焊接脆断问题直到 20 世纪 50 年代中期才得到解决，所以 12%Cr 系热强钢 50 年代以后才开始应用于蒸汽管道，钢种有 X12CrMo91(HT9) 和 X20Cr MoV12.1 (HT91)，用作蒸汽管线的工况条件是 25MPa/540℃ 和 25MPa/560℃，这是第一代 12%Cr 系钢。

现在已经通过降低碳含量以改善焊接性和以 W、V、Nb 合金化开发了多个 HT91 的改良钢种，以 12Cr-1Mo-1W-V-Nb(HCM12)第二代热强钢为代表，是δ铁素体-马氏体双相钢，热强性和焊接性更好，耐蚀性较佳，许用应力略高于 T91。用 W 取代更多的 Mo 并添加 1%Cu 形成 T122、P122 钢，消除了δ铁素体，固溶强化和弥散强化效果明显增强，更进一步提高了蠕变强度和强韧性，适合制造耐受 620℃以下高温的厚壁制件。

第三代 12%Cr 系钢如 12Cr-0.5Mo-1.8W-V-Nb-N-B(牌号 TB12)是在 T92 基础上加 Cr 得到的，是更有前景的热强钢。适宜的热处理参量为 1040～1100℃空冷淬火，740～780℃回火，显微组织为位错马氏体团+20%～30%块状铁素体的双相组织(图 5.7)，具有铁素体塑性较好和马氏体强度高的特点，该钢屈强比低，形变强化能力很强，这对于热强性和焊缝的组织和性能都是很有利的，焊缝中存在少量的铁素体可改善其热裂倾向。钢经空冷淬火和回火热处理后的力学性能为 $\sigma_{0.2} \approx$ 700MPa$\pm$24MPa，$\sigma_b \approx 835$MPa$\pm$25MPa，$\delta_5 \approx 18\%\pm1\%$，$\Psi \approx 65\%\pm1\%$。空冷淬火温度对晶粒尺寸和组织粗细及力学性能无明显影响，回火温度显著影响强度和塑性。该钢的力学性能和热强性显著地高于 T91、P91 钢。

第四代 12%Cr 系钢 NF12(11CrWVNbCoBN)和 SAVE12(11CrWCoVNbTaNdN)通过 Ta、Nb 等的合金化以产生纤细而稳定的氮化物沉淀提高热强性，适宜的使用温度可达 650℃。

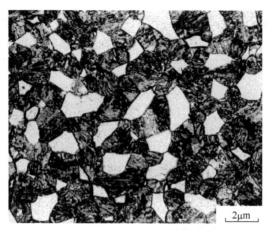

图 5.7　铁素体热强钢 TB12 的马氏体+铁素体金相组织

　　总体来说，铁素体(马氏体)热强钢的发展是以 9%～12%Cr 为基础的，加入
Mo、W、V、Nb、Ta 等高熔点过渡族金属的合金化来达到固溶强化和弥散强化，
同时用 B、N、Cu、Re 等微合金化以进一步提高性能，甚至正在研究以碳化物(W，
Ti)C、(W，Nb)C 或氧化物等超细弥散相进行弥散强化。

5.2.4　对钢热强韧性获得的再认识

　　材料研究开发者应明确地认识到，钢要获得热强性。正如前几节所述，热强
钢的组织应为贝氏体或马氏体的铁素体类高强度基体+弥散微粒子。合金化必须
使其具有高温抗氧化性(生成表面致密氧化膜保护铁素体类固溶体基体)、高温强
度(获得贝氏体或马氏体高强度的铁素体类固溶体基体组织并使其抗再结晶)、高温
温热稳定性(防止 C 元素和合金元素从铁素体类固溶体基体中向碳化物中转移)等
特性。其途径有二，一为采用 Cr-Mo(W)-V(Nb)系合金化使钢获得良好热强性，
美国走的就是这条路，典型代表是 TP23、TP24、TP91、TB12 等钢。二为采用回
火二次弥散强化的方法，使合金元素在高温区沉淀析出弥散微粒产生二次强化使
钢获得热强性，二次强化典型的常用合金元素是中等含量的 V、Mo、W 等，如
Ni-Mo-V 系等，它们是以弥散碳化物而实现二次强化的。欧洲走的便是二次强化这
条路，但不是用 V、Mo、W 等产生二次强化，而是以 Cu 为主再辅之以 Mo，为
Ni-Cu-Mo 系，典型代表是 WB36 钢。该钢中等含量的 Cu 并以 Mo 元素与其配合来
保证高温的弥散微粒二次强化，合金元素 Ni 和 Mn 的固溶强化好处是钢具有良好
韧性和淬透性而获得贝氏体或马氏体强化组织。Cu 是一个有趣的元素，固溶状态
能显著地改善固溶体的塑性和韧性，这是在元素周期表中位于 Fe 之右的元素的共
同特性，包括 Co、Ni、Cu、Zn、Ga。二次强化时 Cu 以单体的弥散微粒形式实现，
这与 Fe 之左的元素 V、Mo、W 等是截然不同的。Cu 还可以改善耐蚀性。Cu 的缺

点是会以 Cu 引起的红脆而恶化钢的热锻压特性。同时，全面考察 Cu 的二次强化热强性，估计它可以较好地满足亚临界要求，临界和超临界的高温高压状态恐是难以承受的。这两条道路都增加钢的无序结构和熵值，是钢获得高热强性的基本途径。

5.3　不锈钢的合金化

核电站装备中大量地使用了各种不锈钢，一座核电站装备中的不锈钢竟有上千吨，且大多是管材，它们可以抵御服役环境介质的各种电化学腐蚀。

5.3.1　抗电化学腐蚀的不锈性

1. 服役环境要求抗电化学腐蚀

核电站装备大多是服役于电解质介质溶液中的，如核岛中的含硼减速冷却剂溶液等，使核电站装备承受电化学腐蚀。

2. 不锈钢耐电化学腐蚀

能够使 Fe 具有抗电化学腐蚀的途径有：①提高 Fe 在腐蚀介质中的电极电位以降低原电池的电动势，元素 Cr 有此独特功能并有 $n/8$ 的原子浓度规律；②能出现稳定钝化区的阳极极化曲线，如元素 Cr、Ni、Mo、Si、V、W、N 等扩大钝化段，元素 Cr、Ni、Si、W 等增强钝化性能，元素 Ni、Mo 等升高或左移初始腐蚀电位，元素 Ni、Si 等升高电位 E_{pt} 提高耐点腐蚀性；③形成固溶体单相组织以减少微电池的数量，又以固溶强化提高强度，如元素 Cr、Ni、Mo、Si 等；④形成表面致密保护膜，如元素 Cr、Si 等，同时也具有高的抗高温氧化性能。

不锈钢正是用这些元素合金化的，因而不锈钢耐电化学腐蚀。依据组织不同可将不锈钢分为四类：马氏体热强不锈钢，铁素体不锈钢，奥氏体不锈钢，铁素体-奥氏体不锈钢。

5.3.2　马氏体热强不锈钢的合金化

马氏体热强不锈钢在核电站装备中主要应用于高强度制件，如泵轴、泵叶、汽轮机叶片、反应堆压力容器压紧弹簧等，主要的钢号如下：Fe-Cr-C 系钢 1Cr13、Z12C13、Z12CN13；Fe-Cr-Ni 系钢 Z5CND13-04M(00Cr13Ni5Mo)；马氏体沉淀强化钢 0Crl7Ni4Cu4Nb(17-4PH)、Z6CNU17-04、X6CrNiCuMo 15-04、X6CrNiCu17-04。

马氏体热强不锈钢组织的基体相为合金铁素体及其变态位错马氏体。碳化物主要是 $(Cr, Fe)_{23}C_6$ 及 $(Cr, Fe)_7C_3$，它们是间隙型化合物中的复杂间隙化合物。金属化合物 Ni₃Ti 、 Ni₃(Al, Ti) 、 Ni₂TiAl 等为 Fe₃Al 型超结构金属间化合物，其晶体结构通常是体心立方，Al 原子相互交错地占据体心位置而构成大晶胞。NiTi、Ni(Al,Ti)等金属间化合物也会在位错马氏体中出现。拓扑密堆相之一的 Laves 相 MoFe₂ 、 TiFe₂ 、 TiCr₂ 等有时也会出现。

1. 马氏体热强不锈钢系列及合金化

1) Fe-Cr-C 系马氏体热强不锈钢

(1) Cr13 型马氏体热强不锈钢。

该钢中的主加合金元素为约 13%的 Cr，Cr 元素强烈提高钢的淬透性，使钢能较容易地淬得高强韧性的马氏体；Cr 元素还可进一步地提高钢的再结晶温度，从而使钢的马氏体组织具有耐热性；Cr 确保钢的耐腐蚀性，$n=1$ 的 Cr 含量应为 12.5%(原子分数，质量分数 11.7%)，这里 $n/8$ 规律的 Cr 含量必须是基体中的固溶量。此时的耐腐蚀性可分为四种情况：耐大气腐蚀(大气中含有 CO₂ 、H₂S 等腐蚀性气体及水汽)，抗高温氧化，耐氧化性的酸性水溶液介质，不耐还原性的酸性水溶液介质。Cr 合金元素的固溶增大 Fe 的点阵常数(每 1%Cr 线性地增大$1.5×10^{-3}$ nm 比体积)，降低钢的热导率，增大钢的电阻率。这样简单的合金化便使钢具备了较弱的耐电化学腐蚀性，但钢有热强韧性和热稳定性。

Cr 是稳定铁素体的元素，它使 γ 相区缩小，当 Cr 含量达 11.9%时 γ 相区便被封闭，Cr 含量达 14.3%时 γ 相区消失，这就不能确保钢的不锈性和淬火马氏体强化可同时获得。解决这个问题的办法是扩大 γ 相区，稳定奥氏体并扩大 γ 相区最有效的元素是 N 和 C，但由于钢的冶炼技术，N 的使用相当困难，元素 C 便成为首选，这样就成为 Fe-Cr-C 系。要获得马氏体，必须在高温时为奥氏体，在结构钢范围(C 含量≤0.2%)全奥氏体存在的最大相界为 13%～14%Cr，这就形成了 Cr13 型马氏体热强不锈钢。在 Cr13 型马氏体热强不锈钢中，C 和 Cr 为相互依存的关系。

在马氏体热强不锈钢中可能存在 δ 铁素体相、α 铁素体相、γ 奥氏体相、(Fe,Cr)₃C 合金渗碳体相、(Cr,Fe)₇C₃ 碳化物相、(Cr,Fe)₂₃C₆ 碳化物相、位错马氏体相等。这些相的存在与否，取决于钢的具体成分和加工过程。

钢中的 C 元素是一把双刃剑，C 含量的增多可提高钢的硬度、强度、耐磨性，并稳定奥氏体和扩大 γ 相区，却降低塑性、韧性、耐腐蚀性。耐腐蚀性的降低是由于碳化物的增多使电化学腐蚀反应增强，以及使固溶的 Cr 含量减少。马氏体热强不锈钢中的铬含量，应随碳含量的增多而增多，以确保 1/8 的基体固溶量。在结构钢的范围，为确保钢的不锈性和淬火马氏体强化同时获得，通常使用 12%～14%Cr 和 0.1%～0.25%C 合金化，如 1Cr13、2Cr13。1Cr13 钢中元素碳含量低时，有时淬火加热时钢处于 Fe-Cr-C 相图的 γ 与 $\gamma+\delta$ 相区分界附近，淬火回火后的位错马氏体组织中可能存在少量的 δ 铁素体块。2Cr13 由于 C 含量的增多，淬火所得的马氏体已经是位错马氏体和少量孪晶马氏体的混合。

由于马氏体热强不锈钢的 Cr 含量较高，Cr 的固溶强化效能又较强，再加上弥散碳化物的强化，淬火马氏体在 A_1 以下的高温区回火时，其组织仍然是回火的位错马氏体。只有在回火温度高至接近 800℃时，马氏体板条才会发生解体。

(2) 改进型马氏体热强不锈钢。

改进型马氏体热强不锈钢有改进耐腐蚀性和改进塑性与韧性两种改进类型：①改进耐腐蚀性。对结构不锈钢来说，耐腐蚀性与强度同样是至关重要的，Cr13型结构钢 1Cr13 的耐腐蚀性不足，改进的目的首先便是改善 1C13 钢的耐蚀性，为此可加入约 0.5%的 Mo 元素。Mo 可增强钢的耐蚀性，同时由于 Mo 的固溶强化和淬火后回火时的二次强化效应，钢的强度和硬度也获得了提高。但是，Mo稳定铁素体并缩小γ相区，这就使 1Cr13 中常会出现的铁素体量增多，从而损害了钢的热处理工艺性和力学性能。为弥补 Mo 的这一缺失，必须向钢中加入稳定奥氏体并扩大γ相区的元素，这样的元素有 N、C、Ni、Mn 等。N 的加入在冶炼技术上较为困难，C 的增多损害耐蚀性，Mn 的加入对钢性能的影响不定。只有Ni 元素既稳定奥氏体并扩大γ相区，又使钢固溶强化，还增大钢的淬透性，更能在提高钢强度的同时改善塑性和韧性。于是就选择在加入 0.5%Mo 的同时也加入1%Ni。这种改进主要是针对1Cr13 钢，这就形成了改进的 1Cr13 型马氏体热强不锈钢，其牌号有 X12CrNi13、Z12CN13 钢等。该类改进的马氏体热强不锈钢淬火回火后的组织为低碳位错马氏体与碳化物，较之 1Cr13 型马氏体热强不锈钢有较好的强度、韧性及耐蚀性。②改进塑性和韧性。增加 Ni 含量至 2%可达到提高钢的塑性和韧性的目的。由于镍含量增加，稳定奥氏体并扩大γ相区的作用加强，这就使增加 Cr 含量成为可能。铬含量的增加或 0.5%Mo 的加入，对钢的强度和耐腐蚀性都是有利的，就形成了另一类型的改进的 1Cr13 型马氏体热强不锈钢：1Cr17Ni2、1Cr17Ni2Mo。它的强度、韧性及耐蚀性获得了进一步提高。

2) Fe-Cr-Ni 系马氏体热强不锈钢

(1) Fe-Cr-Ni 系低碳马氏体热强不锈钢。

既然耐腐蚀性是不锈钢至关重要的性能，改善钢的耐腐蚀性就成为钢成分设计的主要目标之一。为此可降低碳含量，但随碳含量的降低必须另以稳定奥氏体和扩大γ相区元素的加入作为替代，以弥补碳含量降低在稳定奥氏体和扩大γ相区方面的损失，同时也弥补碳含量降低在强度方面的损失。Ni 在稳定奥氏体和扩大γ相区的同时，还有改善钢的塑性和韧性及耐蚀性的效果，同时加入 Mo 元素以进一步改善钢的耐蚀性和强度。于是，当 C 含量降至 0.08%以下时，钢中加入 5%Ni及 1%Mo，就形成了低碳的 Fe-Cr-Ni 系马氏体热强不锈钢 0Cr12Ni5Ti、0Cr13Ni5Mo等。由于 Ni 对奥氏体的稳定作用，该类 Fe-Cr-Ni 系马氏体热强不锈钢淬火回火后的组织为位错马氏体与马氏体板条束间的奥氏体。

(2) Fe-Cr-Ni 系超低碳马氏体热强不锈钢。

在为改进耐蚀性而降低碳含量的思路下，进一步降碳含量到 0.03%以下，保持 5%Ni 和 1%Mo 以弥补碳元素对强度贡献的损失，同时弥补 C 元素对稳定奥氏体和扩大 γ 相区的损失以及 Mo 元素缩小 γ 相区的作用。如此便形成 00Cr13Ni5Mo 钢等，该钢有更好的耐蚀性与较好的强度、塑性与韧性，淬火回火后的组织为位错马氏体与马氏体板条束间的奥氏体。

3) Fe-Cr-Ni-Me 系马氏体沉淀强化热强不锈钢

Fe-Cr-Ni 系低碳和超低碳马氏体热强不锈钢有良好的耐蚀性，如何更进一步提高钢的强度就成为人们关注的目标，而碳强化损失的弥补途径是焦点。碳的强化一是固溶强化，二是淬火后回火时碳化物微粒对位错马氏体的弥散强化。低碳和超低碳马氏体热强不锈钢碳强化的损失，主要是碳化物微粒对位错马氏体的弥散强化。因此，以金属间化合物微粒替代碳化物微粒，对位错马氏体实施更有效的沉淀强化，便成为最可取的途径。为产生金属间化合物微粒，可以使用 Nb、Ti、Al、Cu、Mo 等元素，形成 NiTi、Ni(Al,Ti)等金属间化合物微粒，弥散地均匀沉淀在位错马氏体板条上产生沉淀强化。金属间化合物微粒比碳化物微粒更小、分布更均匀，因此金属间化合物微粒的沉淀强化效果显著优于碳化物微粒的弥散强化。这就形成了 Fe-Cr-Ni-Me 系马氏体沉淀强化热强不锈钢，如 0Cr15Ni5Cu3Nb、0Cr17Ni4Cu4Nb(17-4PH)等。

Ni 合金元素扩大 Fe-Cr 合金的 γ 和 $\alpha+\gamma$ 相区，并使 M_s 温度降低，淬火成马氏体时降低了 δ 铁素体的含量，提高了马氏体的回火稳定性，最佳的镍含量约为 5%。Ni 的加入还可使钢的铬含量有所提高，就提高了钢的耐蚀性。

Mo 元素的重要作用是改善耐蚀性。另一重要作用主要在于增大马氏体的回火稳定性和增强回火的二次硬化效应，同时提高钢的强度而韧性并不降低。Mo 增大马氏体的回火稳定性和增强回火的二次硬化效应的机理，在于回火时形成弥散的密排六方结构的稳定 M_2X 相，延缓了 $M_{23}C_6$ 的取代过程。正由于此，Mo 也提高了钢的高温强度。钼含量通常为 0.5%～4%，过多的 Mo 会促进 δ 铁素体增多而带来不利影响。

Al 元素促进铁素体形成的能力强于 Cr，是 Cr 的 2.5～3 倍，但 Al 在马氏体沉淀强化热强不锈钢中的合金化目的，是以形成金属间化合物微粒来实现对马氏体的沉淀强化，从而具有回火时的二次硬化效应以提高回火稳定性。沉淀强化的 Al 用量为 1%。

Ti 元素的作用在于形成金属间化合物微粒而实现沉淀强化，1%左右的 Ti 显著提高钢的强度，但过量的 Ti 能使钢的裂纹敏感性急剧增加而使钢变脆。

Cu 以形成 M_2X 相使钢出现回火的二次硬化效应，Cu 对固溶强化也有重要贡献，Cu 还可改善钢在还原性介质中的耐蚀性。但 Cu 的单体存在也给钢的热压力加工带来易热裂的风险。

C 元素虽能有效提高钢的强度，但却损害耐蚀性和韧性，并使焊接的加工性变差。因而马氏体沉淀强化热强不锈钢中的 C 元素限制为小于 0.1%的低碳型和小于 0.03%的超低碳型两类。

N 元素的固溶强化效果优于 C 元素，且不损害耐蚀性和韧性，价格也较为低廉，是值得合理利用的，但钢冶炼时的加 N 工艺难度较大。

这类钢的奥氏体比较稳定，马氏体点较低(M_s 约 150℃，M_f 约 30℃)，在约 1050℃奥氏体化加热并冷却到室温(通常这为固溶处理)后，得到的组织是位错马氏体，此时钢的强度并不很高。然后可对钢实施沉淀强化的 480~630℃时效处理，经此时效热处理后，钢的强度会显著升高而成为高强度和超高强度钢。有时为了获得更均匀细密的组织和更好的综合力学性能，还可在上述固溶处理和时效处理之间插入 650℃以上的过时效处理和二次固溶处理，再实施最终的沉淀强化时效处理。

这类钢的最终热处理是时效处理，获得的组织是均匀细密的位错马氏体和位错马氏体上弥散均匀分布的沉淀强化金属间化合物相微粒与富铜相微粒。这类钢的强度水平可以用时效处理工艺进行调整，以适应不同的需要。

4) Fe-Cr-Ni-Me 系奥氏体-马氏体沉淀强化热强不锈钢

马氏体热强不锈钢具有高强度和超高强度，但却不能冷变形成型和焊接以制成形状复杂的制品；奥氏体不锈钢和奥氏体-铁素体不锈钢虽易于冷变形成型和焊接，却不具备高强度和超高强度。工程需要既能冷变形成型和焊接，又具有高强度和超高强度的热强不锈钢。为实现此目的，以 Fe-Cr-Ni-Me 系马氏体沉淀强化热强不锈钢为基础，使其 M_s 降至室温以下(提高镍含量即可达到此目的)，固溶处理后在室温下仍保持奥氏体或奥氏体+少量铁素体的组织，这样便可以实施冷变形成型和焊接了，然后将钢冷却到室温以下的低温以获得位错马氏体，最后再进行时效处理即可获得高强度和超高强度。该类钢在时效处理后的组织常常是多相复合的，即位错马氏体+奥氏体(或+少量铁素体)。于是既能冷变形成型和焊接，又具有高强度和超高强度的热强不锈钢应运而生，这就是 Fe-Cr-Ni-Me 系奥氏体-马氏体沉淀强化热强不锈钢。

按组织形态，奥氏体-马氏体沉淀强化热强不锈钢可分为两类：①沉淀强化半奥氏体类钢(≤0.08% C、17%Cr，5%Ni，奥氏体稳定)，如低碳的 0Cr17Ni7Al (17-7PH)、0Cr17Ni4Cu4Nb、0Cr15Ni7Mo2Al 等；②沉淀强化奥氏体类钢(≤0.03%C、Cr 含量降至 13%，Ni 含量增至 10%，奥氏体更为稳定)，如超低碳的 00Cr12Ni10AlTi、00Cr13Ni8Mo2Al 等。这些钢不仅耐蚀性良好、塑性与韧性也好，而且强度高、破断韧性佳。

这种奥氏体-马氏体热强不锈钢，以奥氏体的优异塑性由冷变形成型和焊接制成形状复杂的制品，又以位错马氏体复合强化及金属间化合物沉淀强化获得高强度和超高强度。为实现此目的，在成分设计上首先保证 Cr 含量满足 $n/8$ 规律的 $n=1$ 耐电化学腐蚀的需要，其次将 Ni 含量提高至 5%～10%以稳定奥氏体，Ni 和 Cr 的配合使钢的马氏体形成温度 M_s 在室温以下，钢在固溶处理后能在室温获得亚稳奥氏体组织，以便于成型加工。为了得到超高强度，再补充以少量的 Mo、Al、Ti、Nb、Cu 等合金化，使钢在时效处理时形成金属间化合物(如 Ni_3Ti、$Ni_3(Al，Ti)$等)的沉淀强化。Mo、Cu 还可改善耐蚀性。

值得提出的是，元素 C 有强化效果，却损害耐蚀性，而元素 N 不损害钢的耐蚀性，其强化效果优于 C，以 N 代 C 值得重视。

奥氏体-马氏体沉淀强化热强不锈钢的加工过程是，950～1050℃固溶淬火获得亚稳奥氏体(或亚稳奥氏体+5%～20%铁素体)→在室温对亚稳奥氏体状态的钢进行冷变形成型和焊接等加工以制成形状复杂的制品→对制品施以冷处理(冷至约–70℃)使亚稳奥氏体发生马氏体相变，或在冷变形成型加工时诱发亚稳奥氏体发生马氏体相变，或进行 750～950℃调节(升高)马氏体转变开始温度 M_s 的热处理，使亚稳奥氏体发生马氏体相变，以获得 35%～45%位错马氏体，再于 475～575℃时效处理使位错马氏体中发生金属间化合物的弥散强化。

经上述加工的奥氏体-马氏体沉淀强化热强不锈钢，具有类似形变热处理钢的精细组织结构：奥氏体+35%～45%位错马氏体(含有金属间化合物 Laves 相微粒子沉淀和碳化物 M_2C 微粒子沉淀)+5%～20%铁素体，图 5.8 为 17-7PH 钢透射电子显微衍衬像中显示的马氏体板条中的沉淀相。

5nm

图 5.8　17-7PH 钢时效后位错马氏体的 TEM 像

具有这种精细组织结构的奥氏体-马氏体沉淀强化热强不锈钢，既能获得超高强度，又保持了良好塑性，还兼具高的冲击韧性和破断韧性，同时具备良好的加工性。应注意的是，金属间化合物 Laves 相在 315℃以上的沉淀会引起钢的脆性倾向，因此该类钢的使用温度以 315℃为限。

2. 马氏体热强不锈钢 Z12CN13

Z12CN13 钢为低碳马氏体热强不锈钢，含有少量的 Ni 和 Mo 并且控制 N 在上限，由于在辐照环境中服役，Co 的残留量要严加控制，可用于制造压力容器内的压紧弹簧。

1) 成分特点

铬含量 11.50%～13.00%达到电位突升的 1/8 阶梯，具有抗电化学腐蚀的基本电位条件。低的碳含量(≤0.15%)使钢处于相图的 $\gamma+\alpha$ 边界，因而热处理后组织中常含有少量铁素体团。以低碳位错马氏体强化。0.40%～0.60%Mo 进一步改善钢的耐蚀性和强度，≤0.040%N 的固溶强化显著提高钢的强度，少量 Ni(1.00%～2.00%)以改善韧性。严格控制的 Co 残留含量小于等于 0.20%，使钢可用于反应堆。

2) 加工要点

(1) 冶炼。

钢用电炉冶炼并经真空脱气处理，或采用至少与真空脱气处理等效的工艺冶炼。也允许采用重熔工艺冶炼。

(2) 热压力加工。

为清除缩孔和严重偏析，钢锭的头尾应充分切除。钢锭的质量和切除百分比的记录交由监督人员掌握。总锻造比必须大于 3。

(3) 热处理。

成品热处理工艺为在 960～1010℃奥氏体温度下空冷或油冷，随后在 610～670℃保温至少 4h 后空冷的回火处理。

此外，压紧弹簧可进行稳定化处理。在该情况下，其处理温度应比最低回火温度低 30～50℃。所有热处理的详细参数须在制造程序中注明。

用放置在零件上的热电偶测量热处理过程中的温度。在进行回火或稳定化处理时，应至少有两根热电偶置于零件上。热电偶在零件上的位置须在制造程序中注明。

(4) 切削加工

性能热处理前，锻件应粗切削加工至可能接近交货状态的外形。该外形须在制造程序中注明。

性能热处理后，锻件在做最终超声波检验前，按交货件外形进行精切削加工。精切削加工表面的粗糙度应确保无损检测的精确性。

3) 组织结构

Z12CN13 钢经淬火回火热处理后的组织应为回火低碳位错马氏体(图 5.9～图 5.11)，碳化物会出现初步的熟化，这时钢处于中温回复阶段，具有良好的强度和塑性与韧性的配合。当碳化物未熟化(低温回复阶段)时，钢虽然强度较高，但塑性与韧性不足。当碳化物熟化过度(高温回复阶段)时，钢虽然塑性与韧性较高，但强度不足。若发生回火温度超过高温回复的失控，则会出现局部的马氏体解体，强度、塑性与韧性均变差。

当钢的碳含量较低时组织中可出现少量铁素体团。

4) 力学性能

Z12CN13 不同温度下的屈服强度 $\sigma_{0.2}$(MPa)和抗拉强度 σ_b(MPa)如表 5.10 所示。

表 5.10　Z12CN13 不同温度下的 $\sigma_{0.2}$ 和 σ_b

强度	100℃	150℃	200℃	250℃	300℃	350℃
$\sigma_{0.2}$/MPa	588	568	552	537	524	513
σ_b/MPa	756	742	731	719	699	687

(a) 回火位错马氏体的OM像　　　　　　(b) 位错马氏体板条中温回复的TEM像

图 5.9　Z12CN13 钢的淬火回火组织

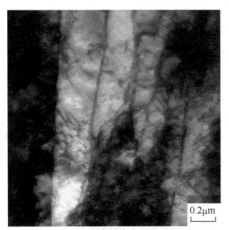

(a) 马氏体板条消应力低温回复，　　　　(b) 马氏体板条亚晶长大高温回复，
位错组态开始重组，碳化物未熟化，欠回火　　位错组态过重组，碳化物熟化，过回火

图 5.10　Z12CN13 钢经淬火回火热处理的组织亚结构回火位错马氏体的 TEM 像

(a) 适回火，启裂区深，韧性高，合格   (b) 欠回火，脆性大，不合格

图 5.11 Z12CN13 钢经淬火回火热处理夏比冲击断口的 SEM 像

3. 马氏体热强不锈钢 2Cr13

1) 服役环境与用材要求

汽轮机叶片处在极为复杂的工况下进行长期工作，因此对材料提出了严格的要求，通常用 2Cr13 钢制造。结合叶片的工作条件，选择叶片材料的一般原则如下。

(1) 强度。

力学性能包括强度、塑性、韧性和疲劳及蠕变等。对力学性能的要求取决于叶片的工作应力及设计所取的安全系数。对于中压汽轮机，叶片的工作温度一般不超过 400℃，故以常温力学性能为主。

(2) 减振性。

汽轮机叶片，特别是复速级叶片，有引起共振的可能。当叶片材料的振动衰减率高时，由振动导致叶片过早疲劳破断的可能性就小。迄今为止，国内外电站中发生叶片破断的原因多为叶片发生共振，因此材料振动衰减率的高低，成为设计和运行人员关心的力学性能之一。对叶片材料振动衰减率的大小，虽然目前尚不能提出定量的要求，但要求材料的振动衰减率高些为好。

(3) 耐蚀性。

处在过热蒸汽中工作的中压与高压汽轮机叶片，在正常运行条件下，一般不会出现氧化与电化学腐蚀，因此对这些叶片来说，耐蚀性不是主要问题。处在湿蒸汽区工作的叶片，蒸汽的湿度大，使叶片经受电化学腐蚀。对于这些叶片材料，尽可能使用耐蚀性能较好的不锈钢制造，或采用非不锈钢而予以适当的表面防护处理。

(4) 耐磨性。

在汽轮机的最后几级叶片，因蒸汽中出现水滴，叶片一方面经受电化学腐蚀，另一方面受到水滴的冲刷而机械磨损，机械磨损取决于蒸汽湿度与叶片的圆周速度。对这几级叶片除要求耐蚀性外，尚需考虑其耐磨性。电站运行的经验证明，当叶片的圆周速度较大时，即使采用热强不锈钢材料仍不能胜任，还必须采取适当的表面强化措施。

(5) 工艺性。

汽轮机叶片的数量很多，成型工艺复杂，因此希望叶片材料具有良好的冷热成型加工性，以利于大批量生产。近年来，为了减少叶片毛坯成型工时及降低材料消耗，采用冷拉、滚锻、模锻、高速锤、爆炸成型、精密铸造、单晶铸造等新工艺，对材料的成型加工工艺性提出了更高的适应性要求。

2) 2Cr13 的特性

欧美国家叶片材料使用 1Cr12Mo 钢(AISI403)，这是典型的 Cr12 级马氏体热强钢系列，铁素体或马氏体中固溶态的铬含量不能保证达到 11.7%的电位临界值，因而并不属于马氏体热强不锈钢系列。在原苏联和现今的俄罗斯以及中国，则习惯使用马氏体热强不锈钢系列中的 1Cr13、1Cr13Mo。Cr12 级马氏体热强钢和 Cr13 级马氏体热强不锈钢两者的区别并不大，只是 Cr13 级的 Cr 含量稍有增多。

传统的叶片材料 2Cr13、2Cr13Mo、1Cr13、1Cr13Mo 等马氏体热强不锈钢具有高强度、高疲劳强度、高热持久与蠕变强度、良好的内耗消振性，以及耐汽水腐蚀性。

2Cr13 是中碳马氏体热强不锈钢，相当于 AISI420，其主要特性类似于 1Cr13。2Cr13C 含量高于 1Cr13，因而其强度、硬度高于 1Cr13，而韧性和耐蚀性略低。热处理后经抛光，在弱腐蚀介质(如盐水溶液、硝酸及某些浓度不高的有机酸介质)中，温度不高(大约 30℃以下)的条件下，具有良好的耐蚀性。在淡水、海水、蒸汽、潮湿大气条件下亦表现出良好可用的耐蚀性。在硫酸、盐酸、热硝酸、熔融碱等介质中耐蚀性较差。此外，2Cr13 在 700℃以下具有足够的强度和热稳定性，以及良好的减振性。

2Cr13 钢经热处理后主要用于制造承受高应力负荷的零件，如汽轮机叶片、后几级及低温段长叶片、热油泵轴和轴套、叶轮、水压机阀片、阀、阀件、热裂设备，紧固件等。

3) 成分特点

Cr 含量 12.00%～14.00%达到电位突升的 1/8 阶梯，具有抗电化学腐蚀的基本电位条件。中等 C 含量 0.16%～0.25%使钢处于相图的 γ 相区，热处理以马氏体强化。马氏体的内耗特性使钢具有良好的消振性。

4) 加工要点

(1) 热压力加工。

钢的热压力加工性良好，适宜的热压力加工温度区间为 850～1200℃，热变形结束应采用砂冷或及时退火。热压力加工的加热采用冷装炉(低于 800℃)，并在低于 850℃时缓慢升温加热。

(2) 冷压力加工。

冷压力加工性良好，可进行冷轧、冷冲压、深拉等加工作业。可采用 730～780℃消除应力退火。

(3) 热处理。

软化退火 750～800℃炉冷，完全退火 860～900℃炉冷，淬火 1000～1050℃油冷或水冷，回火 660～770℃油冷、水冷或空气冷。

(4) 焊接。

2Cr13 钢焊后淬硬倾向大，易出现裂纹，若用 Cr202、Cr207 焊条焊接，焊前需经 250～350℃预热，焊后需经 700～750℃回火；若用奥 107、奥 207 焊条焊接，可不进行焊后热处理。

5) 组织结构

2Cr13 淬火回火后的组织为位错马氏体和少量孪晶马氏体的混合。

6) 力学性能

2Cr13 钢经 800～900℃退火或 750℃快冷，再 920～980℃淬火油冷后 600～750℃回火快冷的热处理，其性能为 $\sigma_b \leqslant 635\text{MPa}$，$\sigma_{0.2} \leqslant 440\text{MPa}$，$\delta \leqslant 20\%$，$\Psi \leqslant 50\%$，$A_{\text{KV}} \leqslant 63\text{J}$。经 1000～1050℃淬火(油或水冷)并 600～700℃回火的热处理后，其性能为 $\sigma_b = 647\text{MPa} \sim 1133\text{MPa}$，$\sigma_{0.2} = 441\text{MPa} \sim 456\text{MPa}$，$\delta \leqslant 16\% \sim 33.6\%$，$\Psi \leqslant 55\% \sim 78\%$，$A_{\text{KV}} \leqslant 63\text{J} \sim 209\text{J}$。钢的衰减性能当应力在 45.86～172.68MPa 范围时其对应的对数衰减率为 $0.435 \times 10^2 \sim 1.508 \times 10^2$。

4. 马氏体沉淀强化热强不锈钢 0Cr17Ni4Cu4Nb(17-4PH)

核岛反应堆冷却剂泵为承压装备，需遵守美国 ASME 规范或法国 RCC 规范。泵轴和叶轮用马氏体沉淀强化热强不锈钢 0Cr17Ni4Cu4Nb (17-4PH)制造。

1) 概要

反应堆冷却剂泵(主泵)称为反应堆安全运行的心脏，属于核 I 级泵。其他如化学和容积控制系统中提供含硼水和为反应堆冷却剂泵提供机械密封注入水的上充泵、安(全)注(水)泵，事故状态下用的安全壳喷淋泵、停堆冷却泵，以及输送调节反应堆反应性的硼酸溶液的硼酸泵，装备冷却水泵、辅助给水泵等属于核 II 级泵。

反应堆冷却剂泵用于驱动高温高压放射性冷却剂，使其循环流动，连续不断地把堆芯中产生的热量传送给蒸汽发生器，它是一回路主系统中唯一高速旋转的装备。反应堆冷却剂泵的能动是从蒸汽发生器出口的冷却剂流经主冷却剂管道(过渡段)，由反应堆冷却剂泵加压经过主冷却剂管道(冷段)，进入反应堆进口接管，在反应堆内冷却剂温度升高把热量带出，由反应堆出口接管经主冷却剂管道(热段)，进入蒸汽发生器底部水室，通过蒸汽发生器传热管进行热交换，然后由蒸汽发生器底部水室排出，形成反应堆冷却剂的循环。

反应堆冷却剂在反应堆 PWR 电站采用两个独立的主系统来产生蒸汽。在一次循环系统中，由反应堆冷却泵使水通过堆芯和大型蒸汽发生器进行循环，蒸汽发生器的二次回路将非放射性蒸汽送往汽轮机。典型的一次回路水压力是 15.51MPa，温度为 228℃。

0Cr17Ni4Cu4Nb 钢(即 17-4PH)与法国牌号 Z6CNU17-04 相近，是经马氏体沉淀强化的热强不锈钢，该钢易于调整强度级别，其强度可通过改变热处理工艺参数予以调整。钢经马氏体相变和时效热处理，低碳位错马氏体和沉淀强化相是其主要强化手段。由于 0Cr17Ni4Cu4Nb 的低碳、高铬且含铜，其耐蚀性较 Cr13 型、1Cr17Ni2 马氏体钢为好。此外，该钢衰减性能好，抗腐蚀疲劳以及抗水滴冲蚀能力优于 12%Cr 马氏体钢，焊接工艺简便，易于加工制造，却较难进行深度的室温冷成型。

0Cr17Ni4Cu4Nb 钢是在腐蚀条件下工作温度低于 300℃ 的结构材料。0Cr17Ni4Cu4Nb 主要应用于既要求具有不锈性又要求耐弱酸、碱、盐腐蚀的高强度制件。该钢是汽轮机末级叶片的首选材料，在反应堆环境中主要用于控制棒驱动机构的耐磨、耐蚀的高强度制件。

2) 成分特点

0Cr17Ni4Cu4Nb 的化学成分在不同标准中有所差别。与美国标准相比，中国标准的 P 含量水平低于美国标准。≤0.07%C 的低碳对耐蚀性有利，3.00%～5.00% Ni 稳定奥氏体，较高的 15.00%～17.50%Cr 有利于耐蚀性的提升，Cr 与 Ni 的配合使钢的马氏体相变迟缓到 140～32℃。Cr 与 Ni 的固溶强化和位错马氏体强化、3.00%～5.00% Cu 与 0.15%～0.45%Nb 的沉淀强化使钢获得高强度。Cu 还改善耐蚀性。

3) 加工要点

(1) 热压力加工。

0Cr17Ni4Cu4Nb 的热压力加工温度为 1000～1170℃，对于大于等于 75mm 的大截面尺寸或形状复杂的制件，热压力加工后应及时回炉加热到原热压力加工温度，随后缓慢冷却。

(2) 热处理。

0Cr17Ni4Cu4Nb 钢的相变临界点为：A_{c1} 670℃，A_{c3} 740℃，M_s 140℃，M_f 32℃。热处理通常为固溶处理 1035℃±15℃加热 30min 并空冷至低于 30℃得到马氏体(A 状态)，然后根据强度要求于 480～630℃不同温度时效 1h 空冷。亦可对 A 状态先进行 630～650℃、1～4h 的过时效处理，再重复固溶冷却的 A 状态，再进行 480～630℃、1h 时效处理。采用不同的时效处理温度以调整其强度水平。

(3) 焊接。

0Cr17Ni4Cu4Nb 钢的可焊性良好，可实施任何不锈钢的焊接方法，在马氏体、马氏体时效、马氏体过时效状态均可焊接。焊前无须预热。当焊缝强度要求不低于钢母材时效强度的 90% 时，焊后还需进行固溶冷却和时效处理。

0Cr17Ni4Cu4Nb 钢还可进行钎焊，钎焊温度为母材的固溶温度。

4) 组织结构

热处理后的组织为位错马氏体及马氏体板条上弥散分布的沉淀强化相和富铜强化相。

5) 力学性能

0Cr17Ni4Cu4Nb 的室温拉伸性能 σ_b 为 890 ~ 1314MPa、$\sigma_{0.2}$ 为 755 ~ 1177MPa、δ 为 10%~16%、Ψ 为 40%~55%。

5.3.3 铁素体不锈钢的合金化

铁素体不锈钢是碳含量低和铬含量为 13%~30% 的具有铁素体组织的钢，有三种类型：①Cr13 型，如 0Cr13、00Cr13 等，典型特性是耐大气腐蚀、耐淡水腐蚀；②Cr17 型，如 1Cr17 等，典型特性是耐大气腐蚀、耐淡水腐蚀、耐稀氧化性介质腐蚀等；③Cr25 型，如 Cr25、Cr28 等，典型特性是耐强酸腐蚀介质。三种类型的铁素体不锈钢，随铬含量的升高，铁素体不锈钢的耐蚀性增强。

铁素体不锈钢有良好的热导率，在导热性上与奥氏体不锈钢相比明显胜出；具有良好的韧性、塑性和冷变形能力，可以不经预热进行弯曲、卷边、折叠等冷变形加工，深冲性能良好；焊接性能较好，可以用各种方法进行焊接。在低于 750~800℃ 的温度时，抗氧化性很稳定；可在 -40~540℃ 范围长期使用。

因此，核电工程上常用它制作(不甚高温度的)传热管，如 TP439，易于冷成型的核岛环吊，如 0Cr13(410S)等。

1. 铁素体不锈钢中的合金元素

Cr 是铁素体不锈钢中的基本合金化元素，形成 Cr 固溶强化的铁素体组织。除 Cr 元素之外，还对铁素体不锈钢进行补充合金化以改善性能，这大致有四种类型，此处仅列出纲目：①加入 Al 或 Si，如 0Cr13Al、Cr13Si3，可以提高钢的抗氧化性，这是 Al_2O_3、SiO_2、Cr_2O_3 膜的保护作用；②加入 Ti，如 0Cr13Ti、0Cr17Ti、1Cr17Ti、1Cr25Ti 等，使 Ti 与 C 形成 TiC，既可以细化晶粒改善钢的强度和塑性，又能固碳不使 $Cr_{23}C_6$ 在晶界析出而提高钢的抗晶间腐蚀能力；③加入 Mo，如 0Cr17Mo2Ti、Cr28Mo4、00Cr30Mo2 等，可以提高钢的抗还原性酸腐蚀的能力；④加入 S，如 1Cr14S 等，硫化物夹杂的存在可改善钢的切削加工性。

2. 铁素体不锈钢的组织与相

1) 基体铁素体相

铁素体不锈钢与马氏体热强不锈钢在成分上有部分重叠，铁素体不锈钢的 Cr13 型和 Cr17 型在高温时为奥氏体+铁素体两相，有部分 γ 与 α 之间的相转变，中温时析出碳化物 $M_{23}C_6$ 而使钢成为奥氏体+铁素体+$M_{23}C_6$ 的三相组织，室温时为铁素体+碳化物 $M_{23}C_6$ 两相组织。因此，从高温冷却时钢可能为铁素体+少量马氏体的双相组织。Cr 含量越高马氏体量便越少，Cr25 型在高温下无 γ 与 α 之间的相转变，是铁素体+碳化物 $M_{23}C_6$ 双相组织。

铁素体不锈钢不能用相变热处理，如相变退火来细化晶粒，但可以用大变形量的冷塑性变形后的再结晶退火获得细晶粒组织。从高温冷却时钢中少量马氏体的形成和存在也有细化晶粒的作用，该少量马氏体也同时提高了钢的强度。这类钢不能用相变淬火强化，但可用冷塑性变形强化，冷塑性变形后必须进行回复退火以消除加工应力。

铁素体不锈钢通常在铸造或热压力加工后的退火状态使用，强度较低。碳化物 $M_{23}C_6$ 的存在可能使钢发生点蚀和晶间腐蚀。

2) 间隙型碳化物及氮化物

碳化物主要是复杂间隙化合物 $(Cr, Fe)_{23}C_6$、$(Cr, Fe)_7C_3$ 和氮化物间隙相 CrN 及 Cr_2N。碳化物和氮化物的存在显著损害钢的耐蚀性、韧性及缺口敏感性，但氮化物损害程度较碳化物弱。

3) 拓扑密堆型金属化合物

拓扑密堆相常见的有 σ 相(AB 或 A_xB_y)、Laves 相(化学式 AB_2)、χ 相、μ 相 (A_7B_6)、P 相、R 相、M 相等数百种金属间化合物。

4) 调幅分解富 Cr 的 α' 相

α' 相为 Cr 含量大于 15%的 Fe-Cr 铁素体相的调幅分解产物，为富 Cr(61%～83%)贫 Fe 的 Cr 元素集聚区(GP 区)，体心立方结构，点阵常数 0.2877nm，顺磁性，透射电子显微镜下可见其尺寸约数纳米至 20nm。α' 相可使钢致脆。

3. 铁素体不锈钢的脆性

铁素体不锈钢的优点是耐酸蚀性、抗氧化性、抗应力腐蚀性、抗晶间腐蚀性均较好，其屈服强度也高于奥氏体不锈钢。

但铁素体不锈钢的缺点是脆性大，且难补偿。其脆化的原因在于晶粒粗大、σ 相、调幅分解等。常见的脆性倾向有：①铸造组织和焊接接头的粗晶粒脆性倾向；②Cr13 型和 Cr17 型钢在高温下的部分 γ 与 α 相转变反应，能使钢脆化，并由于转变优先发生于晶界而使钢出现晶间腐蚀倾向；③Cr17 型和 Cr25 型钢还会有 σ

相析出而使钢变脆，但 σ 相的高硬度却使钢在高温下的耐磨性显著提高；④Cr17型和 Cr25 型钢在 400～525℃长时间受热(热老化)时会出现碳氮铬铁复合化合物有核析出的 475℃脆性；⑤富 Cr 铁素体相的无核调幅分解脆性，这时铁素体无形核分解成富 Cr(约 80%)和贫 Cr 区。

关于铁素体不锈钢的脆性请参阅 2.3.1 节。

4. 铁素体不锈钢 TP439

高压加热器换热管用 TP439 铁素体不锈钢制造。高压加热器是汽轮发电机组中重要的辅机设备，其功能是利用汽轮机高压缸抽汽加热给水，并接收汽-水分离再热器的疏水，把不凝结气体排入除氧器，从而减少汽轮机排汽的热损失，使蒸汽热能得到充分利用，提高发电机组热效率。

核电站高压加热器用不锈钢换热管材料主要有奥氏体不锈钢(顺磁性)、铁素体不锈钢(铁磁性)、Incoloy 800 合金等。铁素体不锈钢 SA803TP439(简写为 TP439)的导热性能较奥氏体不锈钢 TP304 系列好，因而换热效率高；同时，耐应力腐蚀性能和抗晶间腐蚀性能也较奥氏体不锈钢 TP304 系列好；价格较为低廉；强度和硬度高于奥氏体不锈钢；塑性较奥氏体不锈钢差；塑性差使得制造换热器的工艺性变差。

1) 成分特点

SA803TP439 钢的化学成分为：≤0.070%C、≤0.04%N、17.00%～19.00%Cr、$[0.20 + 4(w(C) + w(N))]_{min}$～1.10 %$_{max}$ 的 Cr17 型铁素体不锈钢，与中国牌号0Cr17Ti 成分相近。Cr 用于获得室温下的铁素体，Ti 则形成稳定的 TiC 与 TiN，既可细化晶粒以改善钢的塑性与强度，又可稳定 C 而减弱或消除 $Cr_{23}C_6$ 在晶界的析出所造成的晶间腐蚀。

2) 加工要点

(1) 冷成型性。

TP439 的冷成型性良好，见表 5.11。冷变形不同量后的强度和塑性见表 5.12。

(2) 换热管制造。

不锈钢焊管是用钢带或钢板经卷制、焊接、热处理等加工制成的。

(3) 焊接。

通常不存在焊接裂纹问题，但焊缝脆性和晶间腐蚀是影响焊接加工质量的重要难关。晶间腐蚀多发生在焊接接头的熔合线区。

可以采用等离子弧焊，惰性气体保护。有条件者采用电子束焊和激光焊则更好。

焊接工艺应采用窄焊道、小线能量、快速度的原则。

(4) 热处理。

热处理目的是保证钢的强度和塑性、耐蚀性，并消除应力。

换热管 U 型管段及直管段采用固溶退火(温度 870℃±4℃)，并以适当较快速度冷却至 370℃以下。固溶和较快冷却的原因在于：消除应力以改善强度和塑性并防止应力腐蚀开裂，使铁素体晶因碳化物 $Cr_{23}C_6$ 析出所造成的晶界贫 Cr 带消除，晶界贫 Cr 带的消除是因为在固溶中有 Cr 的扩散，并因此而提高晶间腐蚀抗力。适当较快冷速以防止 σ 相析出造成的脆性，防止碳氮铬铁复合化合物的有核析出造成的 475℃脆性，也防止富 Cr 铁素体相的无核调幅分解造成的脆性。

表 5.11 TP439 钢的冷成型性凸杯拉伸参量 γ_m

板厚/mm	0.56～0.71	0.76	1.42～1.50	0.89
深度/mm	8.38	8.69	10.36	9.42
参数 γ_m	1.96	2.03	1.62	1.78

表 5.12 TP439 钢不同量冷变形后的强度和塑性

条件	强度/MPa	0.2%屈服/MPa	50mm 的伸长率/%	硬度(HRB)
退火	438	263	34.8	72.9
冷变形 5%	484	460	24.3	85.4
冷变形 10%	546	544	12.0	89.1
冷变形 15%	618	613	6.5	92.1
冷变形 30%	713	680	3.8	95.6
冷变形 50%	785	753	2.8	96.9

3) 组织结构

TP439 的 Cr 当量为 18%～19%，在 950℃以上温度该钢为 $\alpha+\gamma$ 两相组织，在 950～850℃为 $\alpha+\gamma+Cr_{23}C_6$ 的三相组织，在 850℃以下及室温是 $\alpha+Cr_{23}C_6$ 两相组织。Ti 的加入减少或消除了 $Cr_{23}C_6$，形成稳定的 TiC 与 TiN，既可细化晶粒以改善钢的塑性与强度，又可改善钢的晶间腐蚀抗力。

图 5.12 和图 5.13 为 TP439 钢换热管的金相组织。母材晶粒细小，这是大塑性变形量的冷轧薄板退火时再结晶所形成的细小晶粒。焊缝熔池区晶粒粗大且为柱状晶，但熔池中心晶粒小于柱状晶，熔合线区晶粒也粗大，热影响区晶粒较粗大。

| 图 5.12　TP439 钢换热管母材的金相组织 | 图 5.13　TP439 钢换热管焊接接头的金相组织 |

4) 力学性能

(1) 拉伸性能。

室温下的屈服强度 $\sigma_{0.2}$ ⩾205MPa、抗拉强度 σ_b ⩾415MPa、伸长率 δ⩾20%。随着温度的升高强度降低，205℃时分别为大于等于 151MPa 和大于等于 388.9MPa，343℃时分别为大于等于 140MPa 和大于等于 365.4MPa。

(2) 应力腐蚀开裂。

不锈钢的应力腐蚀开裂(SCC)包括奥氏体不锈钢的氯脆和碱脆、铁素体不锈钢的氯脆等。铁素体不锈钢在抵抗应力腐蚀开裂方面的能力优于奥氏体不锈钢。TP439 不锈钢在沸腾的 42%氯化镁溶液中的抗应力腐蚀开裂性能达到 2000h 而无裂纹，在沸腾的 33%氯化锂溶液中也达到 2000h 而无裂纹。但 TP304 钢在上述两种溶液中分别仅 2~8h 及 500h 便开裂了。

(3) 氧化。

TP439 的抗氧化性良好，1000 次热冷循环(加热 25min 与冷却 5min)的氧化失重试验表明，抗氧化性在 816℃时优秀(0.017mg/100 mm^2)，871℃时良好(0.036mg/100mm^2)，926℃时变差(0.388mg/100 mm^2)。

5.3.4　奥氏体不锈钢的合金化

核电站装备大量地使用各种类型的奥氏体不锈钢，以抵抗电化学腐蚀和核辐射的恶劣环境，所用钢种主要如下。

耐氧化性介质的普通奥氏体不锈钢 1Cr18Ni9(AISI302)、0Cr18Ni9(AISI304)、Z6CN18-10(0Cr18Ni10)、Z5CN18-10(0Cr18Ni10)。

抗晶间腐蚀的含 Ti、Nb 或超低碳奥氏体不锈钢 1Cr18Ni9Ti(AISI321H)、0Cr18Ni10Ti(AISI321)、Z6CNNb18-11(AISI347、0Cr18Ni11Nb)、00Cr19Ni10(AISI304L)、Z2CN18-10(304L、00Cr19Ni10)。

耐局部腐蚀的高强度含 N 奥氏体不锈钢 0Cr19Ni9N(304N)、Z3CN18-10NS、00Cr18Ni10N(AISI304LN)、Z2CN19-10 NS(AISI304NG、控氮 00Cr19Ni10)。

耐还原性介质的含 Mo 奥氏体不锈钢 Z8CNDNb18-12、Z6CND17-12、Z5CND 17-12、Z2CND17-12、0Cr17Ni12Mo2(AISI316)、00Cr17Ni14Mo2(AISI316L)、Z2CND18-12N(316NG、控氮 00Cr17Ni12Mo2)。

吸收中子的奥氏体不锈钢 304B6。

1. 奥氏体不锈钢的合金化三原则

奥氏体不锈钢的合金化三原则是：①稳定的奥氏体相，室温下稳定的奥氏体相或奥氏体-少量铁素体相的获得是奥氏体不锈钢合金化的首要基本原则。奥氏体组织的优点是优良的耐蚀性、塑性、韧性、可焊性、冷变形加工性、顺磁性。这种合金化，使钢的冷却引发马氏体转变开始温度 M_s 和形变诱发马氏体转变开始温度 M_d 都降到零下很低的温度，以确保室温冷变形成型时奥氏体也不易转变成马氏体。②抗腐蚀，这是奥氏体不锈钢合金化的第二基本原则。耐蚀性较马氏体热强不锈钢与铁素体不锈钢好很多。③固溶强化以获得耐热强度是该钢合金化的第三基本原则。强度虽较马氏体热强钢低，但耐热性却较好，可在更高的温度下使用。

遵此原则，以主加元素 Cr、Ni 形成稳定的奥氏体，同时具有抗腐蚀(Cr 升高电位，Ni 稳定奥氏体)和固溶强化的作用，再辅助以 Mo、W、Ti、Nb、N 等合金化元素以显著提升奥氏体的抗腐蚀性和固溶强化。该类钢的经典成分配合是 ≥18%Cr+ ≥8%Ni，典型牌号是 0Cr18Ni9 钢，常常简称为 18-8 钢。在以 18-8 为主的典型成分基础上发展出一系列的奥氏体钢种：添加 Ti、Nb 稳定 C 来避免形成碳化物 $(Cr, Fe)_{23}C_6$ 以抵抗晶间腐蚀，如 0Cr18Ni9Ti、1Cr18Ni11Nb 等。增加碳含量以提高强度，如 1Cr18Ni9、2Cr18Ni9 等。降低碳含量以改善晶间腐蚀，如超低碳型 00Cr18Ni10 等。添加 Mo、Cu、Ti 以抵抗还原性酸的浸蚀及抵抗晶间腐蚀，如 00Cr17Ni14Mo3、00Cr17Ni14Mo2Cu2Ti、1Cr18Ni12Mo2Ti、0Cr18Ni18Mo2Cu2Ti 等。增加 Cr、Ni 以提高耐蚀性和耐热性，如 1Cr23Ni18 等。添加 Mn、N 以节约用 Ni 用量，如 1Cr18Mn8Ni5N 等。

2. 奥氏体不锈钢的组织和相

奥氏体不锈钢的组织为奥氏体多晶粒基体，此外尚有三类非奥氏体相，其一为奥氏体的同素异构固溶体相，如铁素体相或马氏体相等；其二为微粒状的碳化物和氮化物相，如 $M_{23}C_6$、MC、M_6C、M_7C_3、Cr_2N、Ti(C, N)相等；其三为拓扑相，如 σ 相、χ 相、Laves 相等。

1) 基体奥氏体

在以 18Cr-8Ni 为基本成分的钢中，Ni 及 C、Mn 等合金元素固溶时缩小 α 相区而扩大 γ 相区，使钢基体易于呈现奥氏体；而 Cr 以及 Mo、Si、Nb、Ti 等合金元素固溶时扩大 α 相区而缩小 γ 相区，使钢基体易于呈现铁素体。当两类合金元素都存在时，钢的基体相便取决于以 Ni 和 Cr 为代表的这两类合金元素的平衡。Ni 当量和 Cr 当量的计算通常使用式(5.6)和式(5.7)：

$$Ni_{eq} = w(Ni) + w(Co) + 0.5w(Mn) + 0.3w(Cu) + 30w(C) + 25w(N) \tag{5.6}$$

$$Cr_{eq} = w(Cr) + 0.75w(W) + 1.5w(Mo) + 1.5w(Ti) \\ + 1.75w(Nb) + 2w(Si) + 5w(V) + 5.5w(Al) \tag{5.7}$$

也可使用简化计算式：

$$Ni_{eq} = w(Ni) + 30w(C) + 0.5w(Mn) \tag{5.8}$$

$$Cr_{eq} = w(Cr) + w(Mo) + 1.5w(Si) + 0.5w(Nb) \tag{5.9}$$

18-8 钢成分的平衡组织在凝固后至 1300℃ 温度区间为奥氏体+铁素体，1300～700℃ 温度区间为奥氏体，700～350℃ 为奥氏体+铁素体，350℃ 以下为铁素体。在通常的加工作业时由于冷却不是非常慢的平衡状态，18-8 钢室温获得的组织通常是奥氏体+≤15%铁素体。要获得奥氏体组织，需要将钢加热到 1000～1100℃ 的单相奥氏体状态(高温使少量的碳化物也固溶入奥氏体中)，然后快速冷却，使奥氏体不发生向铁素体的转变，将奥氏体保持到室温，这就是奥氏体不锈钢的固溶热处理。

在稳定奥氏体的元素 Ni 含量足够高的情况下，于固溶处理时 γ 相在室温下虽是亚稳定的，却并不发生 $\gamma \rightarrow \alpha$ 相变，奥氏体不锈钢的组织仍是单相的奥氏体等轴晶粒和晶粒内的退火孪晶结构。

当稳定奥氏体的元素 Ni 含量不够高时，会因固溶淬火冷却时奥氏体的稳定性不足而可能发生 $\gamma \rightarrow \alpha$ 相变，少量铁素体相的出现总是损害钢的耐蚀性，特别使钢耐点腐蚀的性能降低。少量铁素体相的出现也损害钢的热变形加工性，使钢热裂倾向增大。要避免少量铁素体相的出现，只有增大钢成分中 Ni 当量。然而，焊缝中若有少量铁素体相出现会降低焊缝热裂纹倾向，因此焊接材料如00Cr21Ni10、00Cr24Ni13 等常常有少量铁素体相存在。

在稳定奥氏体的元素 Ni 含量不够高时，也可能会因急速冷却至低温时(或再施以冷塑性变形)奥氏体的稳定性不足而发生 $\gamma \rightarrow M$ 的马氏体相变。马氏体有两种，铁磁性的体心立方马氏体和顺磁性的密排六方马氏体。体心立方马氏体惯习面为 $\{111\}_\gamma$，位向为 K-S，形态为板条或板片，亚结构为位错；密排六方马氏体惯习面为 $\{111\}_\gamma$，位向为 $\{111\}_\gamma /\!/ \{0001\}_{\varepsilon'}$、$\langle 1\bar{1}0 \rangle_\gamma /\!/ \langle 11\bar{2}0 \rangle_{\varepsilon'}$，形态为厚 100～

300nm 的薄板片，亚结构为层错。

钢在零下温度可能因低温或形变而诱发马氏体，这个转变温度为 M_d，它低于 M_s，并取决于钢的成分。对体心立方马氏体有如下关系：

$$M_s = 1305 - 61.1w(\text{Ni}) - 41.7w(\text{Cr}) - 33.3w(\text{Mn})$$
$$- 27.8w(\text{Si}) - 1667[w(\text{C}) + w(\text{N})] \tag{5.10}$$

$$M_{d30/50} = 413 - 9.5w(\text{Ni}) - 13.7w(\text{Cr}) - 8.1w(\text{Mn})$$
$$- 9.2w(\text{Si}) - 18.5w(\text{Mo}) - 462[w(\text{C}) + w(\text{N})] \tag{5.11}$$

式中，$M_{d30/50}$ 是真应变 30%生成 50%马氏体的温度。随马氏体的生成钢的强度升高，塑性降低，铁磁性磁导率增大，形变强化指数增大。这适用于需要提高强度的场合，有利于板材的深拉深与深冲压(增大了均匀变形量)，但不利于棒材的冷镦加工(增大了变形力)。

2) 碳化物与氮化物

碳化物微粒的沉淀析出是奥氏体不锈钢组织和相的另一重要问题。奥氏体在高温时的溶碳量远大于铁素体在高温时的溶碳量，随温度降低，溶碳量急剧降低。例如，将奥氏体不锈钢先进行固溶处理，再时效处理，过饱和的 C 便以碳化物的形式脱溶。脱溶的碳化物常见的有 $M_{23}C_6$ 型、MC 型、M_6C 型等。

$M_{23}C_6$ 型碳化物是以 Cr 为主的 $(\text{Cr, Fe})_{23}C_6$ 或 $(\text{Cr, Fe, Mo})_{23}C_6$ 的复杂间隙化合物，在奥氏体不锈钢中的沉淀温度区间为 400～950℃，沉淀动力学曲线的鼻尖温度为 800～900℃，沉淀的先后次序为：铁素体与奥氏体的相界→奥氏体晶界→非共格孪晶界及非金属夹杂物界→共格孪晶界→奥氏体晶粒内。时效处理时晶界沉淀析出的速率相当快，动力学曲线鼻尖 850℃处通常仅需约 0.5min；而奥氏体晶粒内的沉淀，动力学曲线鼻尖 550℃处通常需要约 100h。沉淀动力学主要受钢的成分与加工过程的影响。钢的成分中 C 元素量减少时，动力学曲线向右(时间增长)下(温度降低)移动。Ti、Nb 存在时，形成 TiC、NbC 的作用相当于 C 含量减少。Ni、Mn、Mo 元素因降低 C 元素的固溶度，增大 C 的活度，增大 C 的扩散速率而加速 $M_{23}C_6$ 的沉淀，即动力学曲线左移。N 元素则抑制 $M_{23}C_6$ 的沉淀，即动力学曲线右移。B 元素也减缓 $M_{23}C_6$ 的沉淀，P 元素却加速 $M_{23}C_6$ 的沉淀。加工过程中奥氏体化(固溶)温度的升高，由于空位浓度增大和奥氏体晶粒长大而促进了动力学曲线左移。固溶后至时效前的冷变形加工和应力也促进 $M_{23}C_6$ 的沉淀。$M_{23}C_6$ 沉淀的结果是使钢的塑性和韧性降低，耐蚀性降低，特别是当 $M_{23}C_6$ 沉淀析出于奥氏体晶界时会发生严重的晶间腐蚀。

MC 型间隙相碳化物出现于奥氏体不锈钢中有 Ti、Nb 存在时，化学式为 TiC、NbC、TaC、TiN、NbN、Ti(CN)等。奥氏体中固溶 C 量在 1200℃时约为 0.1%，1000℃时降为约 0.02%，900℃以下则很少。由于 Ti、Nb 与 C 的亲和力远强于 Cr，因而 Ti、Nb 会先于 Cr 与 C 结合成 TiC、NbC，并且在 900℃以下以微粒子弥散地沉淀析出于奥氏体晶粒内(这就是奥氏体不锈钢的 850～900℃稳定化处理)，从而因钢中溶 C 量的大幅减少而抑制和减少了碳化物$(Cr,Fe)_{23}C_6$在奥氏体晶界的析出，使奥氏体不锈钢的耐晶间腐蚀性能得以显著改善。TiC、NbC 的弥散沉淀在改善耐晶间腐蚀性能的同时还提高了钢的蠕变强度。

M_6C 型复杂间隙碳化物形成于含 Mo、Nb 的奥氏体不锈钢中，典型化学式为Fe_3Mo_3C、Fe_4Mo_2C、$(Fe,Nb)_3Mo_3C$ 等，质量比 Fe：Mo(或 Nb)=3：3 或 4：2。在奥氏体中的沉淀温度高于 MC，沉淀动力学曲线的鼻尖温度为 900～950℃，沉淀较快，弥散沉淀于奥氏体晶粒内。M_6C 通常不单独沉淀，往往跟随其他碳化物或金属间化合物的沉淀而沉淀。加热时 M_6C 在奥氏体中的固溶温度在1050℃以上。

碳化物的析出常常引发晶间腐蚀。

3) 金属间化合物

金属间化合物相是碳化物之外的另一类沉淀相。金属间化合物相的晶体结构为拓扑密堆(TCP)，奥氏体不锈钢中的金属间化合物相主要有σ、χ、Laves(η)、γ'相等。

σ 相为过渡族金属元素之间的化合物 FeCr，当钢中有 Mo 元素存在时σ相也可为 FeMo。σ相为顺磁性，沉淀析出与奥氏体基体保持一定的位向关系，析出温度区间为 650～1000℃，析出位置的先后顺序为：奥氏体晶粒的三叉界点→奥氏体晶界→非共格孪晶界→晶粒内的非金属夹杂物界。Woodyatt 给出了奥氏体不锈钢中σ相形成倾向的电子空位数定量判定式：

$$N_v = 0.66w(\text{Ni}) + 1.71w(\text{Co}) + 2.66w(\text{Fe}) + 3.66w(\text{Mn})$$
$$+ 4.66[w(\text{Cr}) + w(\text{Mo}) + w(\text{W})] + 5.66[w(\text{V}) + w(\text{Nb}) \qquad (5.12)$$
$$+ w(\text{Ta})] + 3.66[w(\text{Ti}) + w(\text{Zr})]$$

式中，N_v 为钢中过渡族各元素 3d 电子层电子空位数的总和(各元素的电子空位数与其含量(原子分数)乘积之和)，当 N_v 值大于临界值时便会形成σ相，常用的 18-8 钢临界 N_v 值约为 3.35，高 Ni 奥氏体不锈钢临界 N_v 值约为 2.52。影响σ相沉淀析出的因素主要是钢的成分，N_v 值越大σ相沉淀析出越快越多。稳定铁素体的元素对σ相的形成有明显的促进作用，其中以 Si、Al 和 Mo 的促进作用最大，次之为 Ti 和 Nb，Cr 的促进作用较弱，因此常用的 18-8 钢中很难出现σ相，高 Cr-Ni 钢才易于形成σ相。稳定奥氏体的元素则抑制σ相的沉淀析出，其中以 Ni、C、N 较为明显。影响σ相沉淀析出的组织因素主要是铁素体和晶界，它们均促进σ相的形成。冷塑性变形促进σ相的形成，这是影响σ相沉淀析出的重要加工因素。σ相的析出使钢致脆，当成串珠状析出于奥氏体晶界时脆化最为严重。当高 Ni

高 Cr 含量的奥氏体不锈钢(如 00Cr26Ni35Mo3Cu4Ti)中 σ 相的析出量达到 2%以上时，钢的冲击韧性严重丧失而显著变脆。不仅如此，σ 相的析出还损害钢的耐蚀性，在强氧化性介质(如高温浓硝酸)中更甚，当 σ 相在晶界析出时还会导致钢的晶间腐蚀。已经形成的 σ 相可以用再加热的固溶处理消除，并应避免再在 σ 相的沉淀析出温度加热或服役，否则就应慎选钢种。

χ 相为体心立方结构，当钢中有 Mo 元素存在时 χ 相易于出现，代表性化学式为 $Fe_{36}Cr_{12}Mo_{10}$，但金属原子可相互置换而使成分可变，在奥氏体不锈钢中其化学式为 $(Fe, Ni)_{36}Cr_{18}Mo_4$。χ 相沉淀时与奥氏体保持一定位向关系，沉淀析出的区域先后顺序为：奥氏体晶界→非共格孪晶界或非金属夹杂物界→奥氏体晶粒内的位错处。Mo、Si、Ti 促进 χ 相的形成，Ni、C、N 则抑制其形成，冷塑性变形的促进作用较弱。χ 相也使钢变脆。

η 相形成于含 Mo 或 Nb 或 Ti 的奥氏体不锈钢中，化学式为 Fe_2Mo 或 Fe_2Nb 或 Fe_2Ti 或 Cr_2Ti，复杂六方结构。η 相的形成速率较之 σ 相和 χ 相要慢，其形成量也较少，沉淀域在奥氏体晶粒内。Mo、Si、Ti 促进 η 相的形成，Ni、C、N 则抑制 η 相的形成，冷塑性变形的促进作用较弱。η 相也使钢变脆。

χ 相和 η 相的沉淀析出温度范围，大体上与碳化物和 σ 相的沉淀析出温度范围重叠，且 χ 相和 η 相的沉淀析出量也比碳化物和 σ 相少，因此常常看到的是 χ 相和 η 相总是以伴生和次生的方式随碳化物和 σ 相出现，且 χ 相和 η 相对钢韧性和耐蚀性的损害也总是被碳化物和 σ 相的影响所掩盖。对于已经脆化的钢，可在这些致脆相形成温度以上加热使致脆相消溶，并且较快冷却，即能消除钢的脆性。

γ′ 相为 Ni_3Al 型金属间化合物，有 Ni_3Ti、Ni_3Nb、$Ni_3(Al, Ti)$ 等(取决于采用的沉淀强化合金元素 Al、Ti、Nb 等)，面心立方结构，以微粒弥散沉淀于奥氏体基体时与奥氏体基体保持位向的共格关系相界面，沉淀的温度区间为 500~900℃，对奥氏体基体的弥散强化效果优异。

3. 奥氏体不锈钢 Z2CN18-10(304L)

1) 概要

压水堆的控制棒驱动机构安置在压力容器顶盖上，其驱动轴穿过顶盖伸进压力容器内，与控制棒组件的连接柄相连接，用奥氏体不锈钢 Z2CN18.10(304L)制造。为了防止高温高压的冷却剂泄漏，控制棒驱动机构的钢制密封罩壳焊接在压力容器顶盖的管座上，并须经着色试验及水压试验，保证连接处有可靠的密封。

控制棒驱动机构的传动型式有磁力提升型、磁阻马达型及其他型式。长棒控制驱动机构采用磁力提升型，它能让控制棒靠重力下落入堆芯；短棒控制驱动机构一般用磁阻马达型，控制棒可以步进运行，但是不能靠重力落入堆芯。

驱动机构的设计工作环境是在 343℃ 和 17.2MPa 的水中动作。实际上，由于驱动机构处于只有有限的冷却剂从堆芯流入的区域，驱动机构管座处的温度常常明显低于 343℃。

控制棒驱动机构是核反应堆的重要动作部件，它在反应堆运行过程中要进行百万次的动作而不发生故障。控制棒驱动机构采用的金属材料包括耐磨高强度的马氏体不锈钢、沉淀硬化马氏体不锈钢、奥氏体不锈钢、镍基合金、球墨铸铁和部分合金结构钢。

控制棒驱动机构主要由驱动杆部件、钩爪部件、耐压壳部件、磁轭线圈部件和棒位指示器五大部件组成，共计 250 多种不同零件和 20 多种电工材料。驱动机构以其压力边界和堆内可运动与电器及机械配合的特殊性，使其对所采用的金属材料提出了较高的要求，既要具有耐高温高压性能，又要具有足够的韧性、塑性，还要有耐磨、抗冲击和抗腐蚀性能，也对部分材料的磁性能指标有高的要求。

Z2CN18-10 钢为法国牌号的奥氏体不锈钢，在普通状态下耐蚀性与美国 ASTM304L 及中国的 00Cr19Ni10 相似，较低的碳含量使其具有良好的抗晶间腐蚀性能，同时具有良好的焊接工艺性能和良好的塑性、韧性、冷变形性能，主要用于需要焊接且焊后不能进行固溶处理的耐腐蚀装备和部件，广泛应用于核电站压力容器装备及管道系统中。

00Cr19Ni10(AISI304L)钢在能产生严重应力腐蚀的环境和易产生点蚀和缝隙腐蚀的环境中的应用应慎重，该钢此时的耐蚀性还不是很令人放心。

2) 成分特点

Z2CN18-10 钢的化学成分要求为：18.00%～20.00%Cr、9.00%～12.00%Ni、≤0.10%N。超低碳含量(≤0.030%)是该钢成分的重要特点，因此钢有优良的抗晶间腐蚀性。

3) 加工要点

(1) 热处理。Z2CN18-10 钢材交货前，必须在 1050～1150℃进行固溶热处理。

(2) 焊接。控制棒驱动机构密封焊缝分别位于上部、中部和下部，从设计结构上看，这三条焊缝均属于非结构性承压焊缝，只起密封作用，一回路的载荷由螺纹连接承担。在控制棒驱动机构上的Ω型密封盖面焊缝共有上、中、下三段。

4) 组织结构

图 5.14 为中国产 304L 钢板的金相组织。

5) 力学性能

Z2CN18-10 钢室温力学性能 $\sigma_{0.2}$=175MPa、σ_b=490MPa、δ=45%，高温力学性能 $\sigma_{0.2}$=105MPa、σ_b=350MPa。钢的屈强比很低，塑性优良，易于塑性成型。

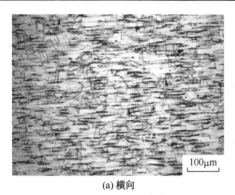

(a) 横向　　　　　　　　　　　　　　　　　　(b) 纵向

图 5.14　304L 钢板的金相组织

4. 奥氏体不锈钢 Z2CN19-10NS(304NG)

1) 概要

反应堆堆内构件材料需要承受高中子注量的辐照和冷却剂的腐蚀，而且要在高温、负载工况下保持足够的强度，保持尺寸的稳定性，使用条件十分苛刻。为此，使用的材料大多为超低碳奥氏体不锈钢，还有少量镍基合金材料。

反应堆堆内构件在反应堆压力容器内起支承和固定堆芯组件的作用，用奥氏体不锈钢 Z2CN19-10NS(304NG) 制造。堆内构件必须能经受各种运行工况：γ 辐射发热、快中子辐照，反应堆的稳态和瞬态运行工况，以及自重、冷却剂水力冲击，棒束控制组件的惯性、地震和疲劳。堆内构件还应保证：在最大的假想事故情况下，堆芯几何形状的变化应限制在不使其临界或次临界的堆芯形状受到严重破坏的范围内。并且还应保证：在正常工况下为堆芯提供最均匀的冷却剂分配；在事故工况下，堆芯几何形状的变化限制在不会使其丧失适当冷却能力的范围内。

法国牌号 Z2CN19-10NS 钢为控 N 的奥氏体不锈钢，相当于中国的控氮304(0Cr19Ni10)钢和控氮304L(00Cr19Ni10)钢，以及美国的 AISI304NG 钢。是为解决 304 钢和 304L 钢在沸水堆运行中出现晶间应力腐蚀开裂事故，为提高反应堆运行的安全性，并为压水堆堆内构件研制可靠材料而开发的。该钢研发的技术思想是在 304 和 304L 的基础上，保持 304 的强度和 304L 的耐晶间腐蚀，延续 304和 304L 的核应用经验规程。Z2CN19-10NS 钢以控(加)N 技术提高钢的强度和改善耐晶间腐蚀和耐局部腐蚀，以及提高超低碳奥氏体钢的抗敏化性。

2) 成分特点

超低碳型奥氏体不锈钢 Z2CN19-10NS 是为了克服因 $Cr_{23}C_6$ 碳化物在奥氏体晶界的析出，致使 304 钢在一些条件下存在严重的晶间腐蚀倾向而开发的。与 304钢相比，该钢强度稍低，但其敏化态耐晶间腐蚀能力显著优于 304 钢。Z2CN19-10NS 的化学成分为：≤0.035%C、18.50%～20.00%Cr、9.00%～10.00%Ni、≤2.00%Mn、

0.06%～0.12%N、≤0.20%Co (普通构件)、≤0.10%Co (堆芯构件)。

碳含量的降低减弱了晶间腐蚀倾向，但同时损害了钢的强度；提高氮含量(控氮)，便是利用 N 的固溶强化和氮化物的弥散强化来升高强度。N 的增加显著地提高了钢的强度和加工硬化倾向，而其塑韧性又保持到足够高的水平。此外，升 N 提高了钢中的镍当量，使合金的奥氏体更加稳定，增大了节约钢中镍含量的空间。为平衡镍当量的增大，铬含量稍有提高。钢中氮含量的提高，不仅保留了不含氮钢种的耐蚀性和良好的塑韧性，使其在某些方面的耐蚀性得到进一步改善，特别是在耐点蚀和缝隙腐蚀方面，其改善较为明显。由于碳含量的降低和氮含量的升高，提高了钢的抗敏化能力，耐晶间腐蚀性能亦有明显提高。在要求耐蚀，对不含 N 钢种的强度不满意的使用条件下，可选用相应的控 N 钢种。当 N 元素以氮化物形态析出时，会降低不锈钢的耐蚀性；当 N 元素以固溶形式存在于奥氏体不锈钢中时，则提高不锈钢的强度(包括许用强度)，提高钢种的耐蚀性，特别是在含盐(氯化物)的环境中，抑制点蚀、缝隙腐蚀的效果明显。

以往由于钢冶炼技术加 N 困难，N 合金化并没有广泛应用。直到 20 世纪末期，随着 N 合金化潜在性能的开发和生产工艺技术的改进及提高，用 N 进行奥氏体不锈钢的合金化已成为现实。N 合金化的应用逐渐增多，大量的研究成果已经标准化了 AISI200 系列和 AISI300 系列新合金。通过加 N 实现不锈钢力学性能及耐蚀性的改善，并且通过控制 N 的加入量影响其他性能，从而扩大了含 N 钢的应用领域。根据不同的需要，奥氏体钢中加入氮含量的范围通常为 0.06%～0.6%，甚至有达到 1%的。

N 元素固溶态是稳定奥氏体的元素，也是固溶强化奥氏体的元素。当奥氏体不锈钢中的 N 元素以氮化物形态存在时，会降低不锈钢的耐腐蚀性能；而以固溶态存在时，则提高不锈钢的强度(固溶强化)和耐腐蚀性能，抑制碳化物、σ、χ 相的形成，并基本不影响钢的塑性和韧性。特别是在含氯化物的环境中，抑制点蚀和缝隙腐蚀的效果明显。通过加氮实现不锈钢力学性能及耐蚀性的改善。

根据不同的需要，奥氏体钢中加入氮含量的范围在 0.05%～0.10%时称为控氮钢，以固溶强化为主要目的的，用在超低碳含量(≤0.02%～0.03%)奥氏体不锈钢中以弥补超低碳的强度损失。控氮奥氏体不锈钢中 N 元素以氮化物形态析出时，会降低不锈钢的耐蚀性；以固溶形式存在于奥氏体不锈钢中时，则提高不锈钢的强度(包括许用强度)，提高钢种的耐蚀性，特别是在含氯化物的环境中，抑制点蚀和缝隙腐蚀的效果明显。含 0.10%～0.40%N 时称为中氮钢，以抗腐蚀为主要目的。含 0.4%～1.0%N 时称为高氮钢，以固溶强化和形变强化(加工硬化)为主要目的。还可以通过控制 N 的加入量影响其他性能，从而更进一步扩大含 N 钢的应用领域。

关于用 N 合金化，过去认为，N 在钢中超过一定含量时就属于有害成分；后来发现 N 除有稳定奥氏体的作用之外，还有固溶强化奥氏体的良好作用，但因钢冶炼工艺中存在向钢中加氮的困难，所以过去通常在钢中不进行 N 合金化。促使人们重新认识 N 在合金中的意义有两个主要原因：一是 Ni 元素供给逐渐减少；二是为满足实现高强度奥氏体钢(顺磁无冷脆)生产的需要。发展控氮合金钢的主要动力在于能提高不锈钢的力学性能和耐蚀性，这种有利作用在 20 世纪初被认可。20 世纪 60 年代末丰富完善了 N 对力学性能和耐蚀性影响的相关研究，但由于钢冶炼技术加 N 的困难，N 合金化并没有广泛应用。直到 20 世纪末期，随着 N 合金化潜在性能的开发和钢冶炼工艺技术的进步，用 N 进行不锈钢的合金化已经可行，控氮钢和中氮钢已经可以在常压条件下冶炼，高氮钢还需在加压条件下冶炼和浇注，冶炼技术还在进一步发展。N 的加入已使奥氏体不锈钢的强度和耐蚀性显著提高，N 合金化的应用逐渐增多，大量的研究成果已经标准化了 AISI200 系列和 AISI300 系列新合金。通过加 N 实现不锈钢力学性能及耐蚀性的改善，例如，形成了超级奥氏体不锈钢 23Cr-25Ni-6Mo-N。

3) 加工要点

(1) 冶炼。

必须采用电炉或其他技术上相当的冶炼工艺进行冶炼。

(2) 热压力加工。

Z2CN19-10NS 的热变形温度为 1050～1250℃。对于厚度小于 40mm 的钢板，在所引起的形变强化最大约为 1%的条件下，允许用冷轧的方法平整钢板。

(3) 热处理。

固溶热处理为 1000～1080℃，水冷或空冷。

(4) 焊接。

焊接性优良，适应各种焊接方法。焊前无须预热，焊后无须热处理。宜用 308L 焊条或 308L 焊丝。

4) 组织结构

固溶热处理后的组织为奥氏体+少量铁素体，或单相奥氏体。

5) 力学性能

Z2CN19-10NS 的室温力学性能技术要求为：$\sigma_{0.2} \geqslant 210$MPa、$\sigma_b \geqslant 520$MPa、$\delta \geqslant 40\%$、夏比 V 缺口冲击能(3 件平均)$\geqslant 60$J。

5. 奥氏体不锈钢 00Cr17Ni12Mo2(316)与 00Cr17Ni14Mo2(316L)

1) 服役环境与用材要求

按照美国和法国的分类，核辅助系统包括一回路辅助系统、辅助冷却水系统、三废处理系统、核岛通风空调系统、核燃料装卸储存和工艺运输系统、化学和容积控制系统、硼和水补给系统、余热排出系统、专设安全设施(安全注入系统、安全壳喷淋系统)、辅助给水系统、装备冷却水系统、反应堆水池和乏燃料水池冷却与处理系统等。其中，一回路辅助系统是核辅助系统的一个重要组成部分，用奥氏体不锈钢00Cr17Ni12Mo2(316)与00Cr17Ni14Mo2(316L)制造。

核辅助系统容器主要包括常规储存容器、储罐、热交换器、过滤器、压缩空气储气罐、闭式冷却水稳压水箱、三废储存罐等。其工作环境比常规电厂辅机更加恶劣，因此对材料的要求也更加严格，相应地，在材质检验和采购验收过程中也均有更严格的要求。对容器与管道材料的要求如下。

(1) 对接受辐照部件用材的钴含量限制。

为了避免材料中 Co 元素经受辐照以后活化对人员造成伤害，一般材料采购规范要求钴含量不应大于 0.10%。

(2) 铜含量的限制。

由于 Cu 元素对裂纹的扩展有促进作用，对核岛重要部件的材料应严格控制铜含量，这在新版的材料采购规范中都已经明确，例如，RCC-M 规定蒸汽发生器用板材的铜含量应小于 0.2%。

(3) 硫、磷含量有严格限制。

对核岛承压装备的材料中的硫、磷含量有严格的要求。

(4) 其他微量元素的严格控制。

对于核岛部件的材料，除了上述的 Co、Cu、S、P 元素以外，还有对其他微量元素的控制要求，例如，RCC-M 规定需要限制的残留元素有：①与反应堆冷却剂相接触的材料需控制 Pb、Hg、Zn、Cr、Sn、Sb、Bi、As、Re(Ce、La)等元素；②与二回路介质相接触的材料需控制低熔点元素及其化合物，特别是 Pb、Hg、As 等元素；③元素硼含量需严格控制(B 元素对可焊性不利)，奥氏体不锈钢中的残余硼含量不应超过 0.0010%。即使在采购技术规范中没有规定测定 B 元素的含量，也必须在化学分析的报告中注明 B 元素的含量。

(5) 抗晶间腐蚀的要求。

安注箱和部分换热器等装备所用的材料应进行晶间腐蚀检验(根据材料的碳含量确定)。

(6) 奥氏体不锈钢传热管的应力腐蚀风险。

传热管要做晶间腐蚀、残余应力、奥氏体晶粒度测定。普通用途换热器传热管的内涡流检测要求信噪比大于 3。

2) 钢的特性

00Cr17Ni12Mo2(316)与00Cr17Ni14Mo2(316L)是在原 0Cr19Ni12Mo2(AISI 316)奥氏体不锈钢基础上进一步降低碳含量至 0.03%以下，用以抗晶间腐蚀而形成的超低碳型钢种，该钢同时具有良好的耐还原性介质和耐点蚀能力，总的耐蚀性能优于原 AISI316 钢。在各种有机酸、无机酸、碱、盐类、海水中均具有适宜的耐蚀性。

00Cr17Ni14Mo2(316L)为超低碳型奥氏体不锈钢(为了组织平衡而镍含量稍高),因而具有良好的耐敏化态晶间腐蚀的性能,可用于需要最大耐蚀性与焊接后不能进行退火的加工中,特别适于制造厚截面尺寸的焊接部件和装备。00Cr17Ni14Mo2 (316L)与00Cr17Ni12Mo2(316)是制造核工业用装备的重要耐蚀材料,用于制造这些工业装备的容器、管道、热交换器及紧固件等。在反应堆工程中可用于主管道、堆内构件螺栓及 1、2、3 级装备用钢板、锻件、钢管、热交换器钢管等,00Cr17Ni12Mo2(316)多用于容器用钢板,00Crl7Ni14Mo2(316L)多用于管道用无缝钢管。

3) 成分特点

00Cr17Ni14Mo2(316L)的超低碳含量(≤0.03%)使 $(Cr, Fe)_{23}C_6$ 形成困难,赋予了钢抗晶间腐蚀特性。合金化元素为 16.00%～18.00%Cr、12.00%～15.00%Ni、≤2.00%Mn、2.00%～3.00%Mo。Mo 元素使钢具有抗还原性酸腐蚀的性能,在奥氏体不锈钢中的主要作用是提高钢在还原性介质(如 H_2SO_4、H_3PO_4、有机酸、尿素等)中的耐蚀性,还提高钢的抗点蚀与缝隙腐蚀性,但当 Mo 含量高于 4%时钢的耐 HNO_3 强氧化性腐蚀的能力降低。Mo 稳定铁素体,促进 σ、χ、Laves 相形成,降低钢的塑性和韧性。然而,Mo 能提高钢的高温强度、持久强度和蠕变抗力。为了补偿降 C 引起的 Ni 当量减少,需稍许提高了钢的 Ni 含量。

4) 加工要点

(1) 热压力加工。

00Cr17Ni14Mo2(316L)钢具有良好的热压力加工性能,热塑性良好,过热敏感性低,适宜的热压力加工温度为 900～1200℃。由于钢中 Mo 含量较高,其变形抗力较 0Cr18Ni9 和 00Cr18Ni10 钢明显提高。

(2) 冷压力加工。

00Cr17Ni14Mo2(316L)钢的冷压力加工性能良好,可进行冷轧、冷拔、深冲、弯曲、卷边、折叠等冷压力加工和冷成型。

(3) 热处理。

00Cr17Ni14Mo2(316L)钢的固溶处理温度为 1050～1100℃,水冷或空冷,由制品的截面尺寸确定。316L 不锈钢不能用热处理进行强化。

(4) 焊接。

00Cr17Ni14Mo2(316L)钢焊接性能良好,可采用通用的焊接方法进行焊接,常用的方法是钨极氩弧焊、金属极氩弧焊和手工电弧焊。手工焊焊条为奥 022,焊后可不进行热处理,仍具有良好的耐晶间腐蚀能力。

5) 组织结构

00Cr17Ni14Mo2(316L)钢在固溶状态的组织为奥氏体。中国产 316L 钢板的金相组织为奥氏体+δ 铁素体,晶粒度 6～7 级,有明显的条带,横向带状级别 2 级,纵向带状级别4级，如图5.15所示。

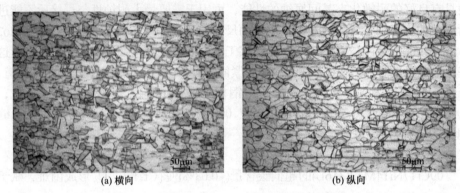

(a) 横向   (b) 纵向

图5.15 00Cr17Ni14Mo2(316L)钢板的金相组织

6) 力学性能

00Cr17Ni14Mo2(316L)钢的室温拉伸性能要求为 $\sigma_b \geqslant 480\text{MPa}$，$\sigma_{0.2} \geqslant 177\text{MPa}$，$\delta \geqslant 40\%$，$\Psi \geqslant 60\%$。

7) 耐蚀性

(1) 在含铁氧菌(iron-oxidizing bacteria，IOB)腐蚀液中的点蚀与缝隙腐蚀。

IOB在00Cr17Ni14Mo2(316L)钢表面的附着并繁殖形成微生物斑，虽然IOB本身对钢没有腐蚀性，但该微生物斑在钢表面的覆盖却引发了覆盖层下钢表面的缺氧(由IOB耗氧与覆盖阻挡了未覆盖处的氧向覆盖层下的扩散输氧而形成)，而在微生物斑未覆盖处却是富氧的，于是覆盖层下缺氧区与其紧邻却连通的未覆盖富氧区便形成了氧浓差电池与缝隙腐蚀，从而加剧了钢的局部腐蚀而形成点蚀。

(2) 00Cr17Ni14Mo2(316L)的抗氯离子和硫酸根的腐蚀性能(NRC-02-93-005)。

核废料的包装处置是关乎环境安全的重要事宜，核废料需要采用耐腐蚀材料予以包装，当前00Cr17Ni14Mo2(316L)钢是核废料多功能储罐的最理想用材之一。根据美国能源局有关核废料的包装材料长期性能的需求，美国核管理委员会10CFR60.113要求核废料包装材料在300～1000年内要有足够的抗污染物泄漏的能力。为了评价包装材料的长期性能，美国核管理委员会制定了完整的核废料包装材料的试验方案，主要任务是研究材料的腐蚀、应力腐蚀、材料稳定性、微生物腐蚀以及其他降低材料性能的因素。

6. 奥氏体不锈钢 Z2CND18-12N(316NG)

1) 概要

Z2CND18-12N钢是为适应压水堆主管道的工况而研发的高强度、耐腐蚀、易加工(焊接和冷变形成型)的主管道材料，相当于 316NG 和控氮 00Cr17

Ni12Mo2(316)钢。

主管道要求高强度、耐腐蚀、易加工。碳含量≤0.12%，并含 Ti、Nb 的稳定化型奥氏体不锈钢，如 AISI321、AISI347 等，可满足主管道强度要求，耐蚀性也可基本满足，但加工性差；碳含量≤0.08%的标准型奥氏体不锈钢，如 AISI304、AISI316 等，虽可满足主管道强度要求，但耐腐蚀性(晶间腐蚀)和加工性(可焊性)差；碳含量≤0.03%的超低碳型奥氏体不锈钢，如 AISI 304L 与 AISI 316L 等，有很优良的耐蚀性和加工性，但强度低。于是，开发新钢种的方针确定为既要保持316L 的耐蚀性和加工性，又要提高其强度，还必须具有经济性和可行性。在此方针限定之下，确定新钢种必须在现有获得批准的核规范之内，即形式上必须是在获得批准的核规范之内的现有钢种。现有钢种的使用经验可作为新钢种的使用经验，使新钢种有实无名。

有鉴于此，就选定在 Z2CND17-12(近似 AISI316L)的基础上，将原来视为杂质元素的 N 实质上看作合金元素，将元素 N 的含量控制在核规范小于等于 0.1%的许可上限，用元素 N 强烈的固溶强化效应(比元素 C 还强烈)提高钢的强度，却无元素 C 的晶间腐蚀之害，而且 N 还改善了钢的耐局部腐蚀(点蚀和缝隙腐蚀)性能，又不影响钢的塑性和韧性。若元素 N 增大了 Ni 当量，便适当提高 Cr 含量，既使当量平衡，又对耐蚀性有利。这就形成了压水堆主管道的主力钢种Z2CND18-12N 钢，即 316NG 钢，此钢在压水堆中的用途广泛，可用于波动管等多条核级辅助管线以及多种容器钢板材料。

2) 成分特点

Z2CND18-12N 钢的超低碳含量(≤0.030%)使钢很少析出 $(Cr, Fe)_{23}C_6$，确保了钢的抗晶间腐蚀性能和焊接与冷变形加工性能；2.30%～3.00%Mo 使钢具有耐还原性介质腐蚀的性能，且改善钢的强度和耐热性；0.06%～0.12%N 的固溶强化保证了钢的强度，并改善了钢的耐点蚀和缝隙腐蚀的耐局部腐蚀性能，且不影响钢的塑性和韧性；17.00%～18.50%Cr 与 11.50%～13.00%Ni 的适当配合使钢获得奥氏体组织并抵抗氧化性介质的腐蚀。

3) 加工要点

(1) 冶炼。

Z2CND18-12N 钢采用电炉加炉外精炼工艺冶炼或其他相当的冶炼工艺冶炼。电弧炉冶炼工艺是采用一般的 18-8 型奥氏体不锈钢的工艺，但其出钢条件为白渣且流动性良好，能保证钢渣混合流进精炼钢包。

(2) 热压力加工。

推荐热压力加工温度 1000～1250℃，可参照 Z2CND17-12、00Cr17Ni12Mo2(316)、00Cr17Ni14Mo2(316L)等钢的工艺。钢锭在开坯、切头尾工序后实施镦粗、冲孔和芯棒拔长工序，需经水压机多次锻打才能获得良好的钢材质量。水压机锻造前钢锭应缓慢加热，水压机锻前的钢坯加热工艺基本同钢锭加热工艺，但其加热速度可适当快些。

(3) 热处理。

Z2CND18-12N 钢的部件必须以固溶热处理状态交货。固溶热处理温度为 1050～1150℃。

(4) 焊接。

可焊性良好，工艺参数可参照 Z2CND17-12、00Cr17Ni12Mo2(316)、00Cr17Ni14Mo2(316L)等钢。手工钨极氩弧焊焊丝推荐 H00Cr19Ni12Mo2，手工电弧焊焊条推荐 CHS022NG。

4) 组织结构

金相组织如图 5.16 所示，为奥氏体组织。

图 5.16　Z2CND18-12N 钢管金相组织

5) 力学性能

Z2CND18-12N 钢的拉伸和冲击性能为：室温 $\sigma_b \geqslant 520\text{MPa}$，$\sigma_{0.2} \geqslant 220\text{MPa}$，横向 $\delta \geqslant 40$，纵向 $\delta \geqslant 45\%$；350℃时 $\sigma_b \geqslant 445\text{MPa}$，$\sigma_{0.2} \geqslant 135\text{MPa}$；室温冲击能量(横向平均值)$\geqslant 60\text{J}$。

Z2CND18-12N 钢的破断韧性 $J_{IC} = 885.4\text{kN/m}$，由方程 $K_{IC}^2 = [E/(1 - v^2)] J_{IC}$ 得 $K_{IC} = 421.3\text{MPa} \cdot \text{m}^{1/2}$。

疲劳裂纹扩展速率 $\mathrm{d}a/\mathrm{d}N$ 为

$$\mathrm{d}a/\mathrm{d}N = C(\Delta K)^n = 8.317 \times 10^{-13} (\Delta K)^{4.16} \tag{5.13}$$

6) 耐蚀性

中国控氮 00Cr17Ni12Mo2 钢在 42%沸腾 $MgCl_2$ 中的应力腐蚀抗力优于 0Cr18Ni10Ti(AISI321)，3mm×10mm×75mm 试样的开裂时间中国控氮

00Cr17Ni12Mo2 钢为 405min，而 0Cr18Ni10Ti 钢为 240min。

7. 吸收中子的奥氏体不锈硼钢 304B6

1) 概要

核燃料储存装备用吸收中子的奥氏体不锈硼钢 304B6 制造。在普通工业中，B 元素在不锈钢中主要用于改性，在奥氏体不锈钢中加入微量的 B 元素 (0.0006%~0.0007%)可改善钢的热态塑性。少量的 B 元素由于形成低熔点共晶体，使奥氏体钢焊接时产生热裂纹的倾向增大，但含有较多的 B 元素(0.5%~0.6%)时，反而可防止热裂纹的产生。因为当含有 0.5%~0.6%B 时，形成奥氏体-硼化物两相组织，使焊缝的熔点降低，熔池的凝固温度低于半熔化区时，母材在冷却时产生的张应力由处于液态-固态的焊缝金属所承受，此时尚不至于引起裂纹，即使在近焊缝区形成了裂纹，也可以被处于液态-固态的熔池金属所填充。而在核工业中，含硼的铬镍奥氏体不锈钢却有特殊的用途，这主要得益于含硼奥氏体不锈钢具有良好的吸收中子性能，因而越来越多地用于废(乏)核燃料的储存容器。

乏燃料储存是将从反应堆卸出的乏燃料存放在有冷却措施的设施中，让其放射性和衰变热降低到一定水平以便于进一步处理。乏燃料储存设施的设计涉及乏燃料冷却、放射性屏蔽、防止临界、抗自然事件(如地震)和防止环境污染等复杂的工程技术问题。其储存方式通常分为湿法储存和干法储存。20 世纪 70 年代后期，为了扩大湿法储存原有水池的储存容量，开始发展高密度储存技术。目前，高密度储存有两种方式：格架密集和燃料棒密集。格架密集是在乏燃料储存格架中设置中子吸收材料(如硼不锈钢钢板)，从而大大提高乏燃料储存水池单位面积的储存能力，该方法在我国核电站(如岭澳核电站二期)已经得到应用。随着我国核电建设的发展，对于乏燃料储存格架的使用将越来越多，含硼钢在核工业中的重要性也逐渐突出，因此实现含硼钢的国产化，对加快国家核电自主化进程、提升核电产业链水平有着重要意义。

2) 成分特点

ASTM A887-89(rapr.2000)中 Type 304B6 Grade B 的化学成分特点是含有 1.50%~1.74%B 以吸收中子，其余的元素为：≤0.08%C、18.00%~20.00%Cr、12.00%~15.00%Ni、≤0.10%N。B 元素由于具有良好的吸收中子性能，在核工业中有其独特的用途。含硼奥氏体不锈钢具有良好的吸收中子性能，因而越来越多地用作乏核燃料的储存容器。

3) 组织结构

中国产 304B6 钢板的金相组织如图 5.17 所示，基体为奥氏体，$(Fe,Cr)_2B$ 相散布其中，被轧制压长。

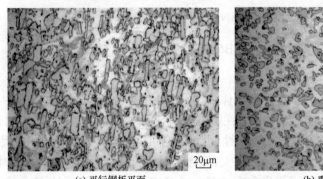

(a) 平行钢板平面　　　　　　　　　　(b) 垂直钢板平面

图 5.17　中国产 304B6 钢金相组织

4) 力学性能

304B6 钢力学性能为：$\sigma_b \geqslant 515\text{MPa}$、$\sigma_p \geqslant 205\text{MPa}$、$\delta \geqslant 9.0\%$、$K_V \geqslant 22\text{J}$。显然，B 的加入使钢塑性降低。

5.3.5　奥氏体-铁素体不锈钢的合金化

当不锈钢的组织为奥氏体+铁素体两相，且两相中任一相的量多于 15%时，即为奥氏体-铁素体不锈钢，简称 A-F 双相不锈钢，通常多见的是两相的量基本相当或铁素体稍多。

该双相钢兼具奥氏体不锈钢和铁素体不锈钢的优点，例如，与铁素体不锈钢相比，双相不锈钢具有韧性高、韧脆转变温度低、耐晶间腐蚀、可焊性好等优点。与奥氏体不锈钢相比，双相不锈钢也具有强度高(特别是屈服强度)、耐晶间腐蚀、耐应力腐蚀、耐腐蚀疲劳、热导率高、热膨胀系数小、超塑性等优点。然而，双相不锈钢也保留了铁素体不锈钢脆性大的缺点：σ 相脆性、475℃脆性、调幅脆性等。

A-F 双相不锈钢的热处理常用的是 1000～1100℃的固溶淬火，有时也根据用途的需要施以碳化物析出的稳定化热处理。

奥氏体不锈钢的优点是塑性和韧性好，冷变形成型性好，可焊性好；缺点是晶间腐蚀倾向大和应力腐蚀倾向大。铁素体不锈钢的优点是屈服强度高，抗晶间腐蚀和抗应力腐蚀，热导率高和热膨胀小；缺点是脆性倾向大。奥氏体-铁素体不锈钢则综合了两者的优点，弥补了两者的缺点，使钢具有较高的屈服强度(较奥氏体不锈钢高 1 倍)，较好的塑性和韧性与冷变形成型性及可焊性，基本无晶间腐蚀倾向和较好的抗氯离子环境中的应力腐蚀能力，较好的耐腐蚀疲劳和耐磨损腐蚀性能(对于泵、阀等动力设备这个性能是很重要的)，较好的导热性和较低的热膨胀系数，以及比奥氏体不锈钢更低的成本。因此，A-F 双相不锈钢颇受人们青睐。

A-F 双相不锈钢中 σ 相等的沉淀析出,以及铁素体的 475℃脆性和调幅分解脆性,主要发生在焊接接头上,从而使钢有脆性倾向。因此,奥氏体-铁素体不锈钢的使用温度以不高于 300℃为宜。

当 A-F 双相不锈钢组织中铁素体体积含量仅有 10%～25%时,其组织正处于奥氏体不锈钢和双相不锈钢的边界,因而既可称为奥氏体不锈钢,也可称为双相不锈钢,其铸件大量使用在轻水堆(LWR,包括压水堆和沸水堆)一回路压力边界中,例如,Z3CN20-09M 钢常用于一回路主管道及其附件、主泵泵壳、连接稳压器和主管道热管段的波动管、稳压器喷淋头、止回阀、控制棒驱动机构承压罩套、堆内构件等。复杂形状的部件(如泵壳、阀体等)可静态铸造,圆筒状的部件(如管道)可离心铸造。

A-F 双相不锈钢的主要代表牌号有四类:①低合金型 23Cr-4Ni-0.1N(UNS S32304),不含 Mo,在耐应力腐蚀方面可代替 AISI304 或 316 使用;②中合金型 22Cr-5Ni-3Mo-0.1N(UNS S31803),耐蚀性能介于 AISI316L 和 6%Mo+N 的奥氏体不锈钢之间;③高合金型则有 22Cr-6Ni-3Mo-2Cu-0.2N(UNS S32550),耐蚀性能高于中合金型双相不锈钢;④超级双相不锈钢 25Cr-7Ni-3.7Mo-0.3N(UNS S32750),含高钼和氮,有的也含钨和铜,适用于苛刻的介质条件,具有良好的耐腐蚀与综合力学性能,可与超级奥氏体不锈钢相媲美。

核电站装备中常用的 A-F 双相不锈钢主要如下;铸造 A-F 双相不锈钢 Z3CN20-09M、Z3CND19-10M、CF-3、CF-8、CF-8M;铸造泵壳用 A-F 双相不锈钢 2507 等。

1. A-F 双相不锈钢的合金化

1) 合金元素

Cr 稳定铁素体,提高电位,使钢钝化,因而铬含量越高耐蚀性就越好。同时组织中铁素体相增多,强度也上升。

Ni 稳定奥氏体。Cr 与 Ni 的适当配合可获得所需的双相组织与耐蚀性和耐热性,例如,25%Cr-(6%～8%)Ni 的配合耐应力腐蚀最佳,25%Cr-(4%～8%)Ni 的配合耐点蚀最佳,22%Cr-(4%～6%)Ni 的配合耐缝隙腐蚀最佳。与 5%Ni 的最佳配合还有 25%Cr-2.5%Mo-3%Cu-0.15%N,而 28%Cr-2.5%Mo-1.5%Cu-0.15%N 则与 8%Ni 的配合最佳。

Mo 和 W 稳定铁素体,进一步提高耐蚀性。但 Mo 提高耐蚀性作用的发挥必须以足够的铬含量为前提与之配合,且随铬含量增加 Mo 的有效作用增强,这是因为 Mo 促进 Cr 的表面集聚效应,使制品表面富集的 Cr 更易钝化,钝化态更为稳定,钝化层受损溶解的速率更慢。然而,Mo 也有一些不良的作用,由于促进和稳定铁素体形成,而使 σ、χ 等金属间化合物相的沉淀析出加速,析出范围增宽，析出温度上移，从而加重了钢的脆性倾向。W 元素与 Mo 元素的作用相似，W 元素的缓蚀作用提高了耐蚀性，但促进 Laves 相形成却使钢脆化。

Cu 元素的主要作用是稳定奥氏体并提高耐蚀性，但必须以足够的 Cr 为前提，并且在 Mo、Cu 两者同时配合作用时抗蚀效果更佳。Cu 的另一作用是弥散沉淀析出以提高强度。

N 稳定奥氏体，固溶的 N 有很强的固溶强化效应，并改善耐蚀性，特别是耐点蚀和耐缝隙腐蚀的作用，在于 N 的表面集聚效应提高了表面钝化膜的稳定性，也在于 N 可消耗 H^+ 而减缓微区 pH 下降的缓蚀作用。N 对应力腐蚀的作用则视钢的成分和介质而异。

2) 合金元素的适当配比

A-F 双相不锈钢的性能取决于组织，而组织则取决于基体相 α 和 γ 与两者量的比例，以及微量的 σ、χ 相和其他金属间化合物相的量、形态、尺寸、分布。这些相的形成又受控于钢的成分与加工。因此，A-F 双相钢中的合金元素及相互配比对 A-F 双相钢中的相形成与加工和组织及性能来说，是纲领性的要素。

(1) 合金元素在 α 和 γ 中的分配。

合金元素在基体相 α 和 γ 两者中固溶态的平衡分布主要取决于元素和温度两个因素。元素因素包含自身元素和同存元素，即某元素在两相中的分配既取决于自身的性质，也受同时存在的其他元素的影响。大致的规律是，扩大 α 相区稳定 α 相的元素如 Cr、Mo、W、Al、Si、V、Nb、Ti 等富集于铁素体相中，而扩大 γ 相区稳定 γ 相的元素如 Ni、N、C、Mn、Co 等富集于奥氏体相中。温度因素既可改变合金元素在基体相 α 和 γ 两者中的固溶量，也可改变基体相 α 和 γ 两者的相对量，这就与相图和加工密切相关。合金元素在 α 和 γ 两相中的大致分配规律是，体心立方结构的元素 Cr、Si 在铁素体相中的固溶量稍多于在奥氏体相中的固溶量 10%～17%，而体心立方结构的元素 Mo 则高出 34%～57%；面心立方结构的元素 Ni 则反之，在奥氏体中的固溶量多于在铁素体中的固溶量 33%～59%。

(2) Cr_{eq} 和 Ni_{eq} 对钢组织的控制作用。

Cr_{eq} 和 Ni_{eq} 的经验计算公式有多个，但 Cr_{eq} 以 Schaeffler 式计算，Ni_{eq} 以 Delong 式计算较符合工程实际：

$$Cr_{eq} = w(Cr) + w(Mo) + 1.5w(Si) + 0.5w(Nb) \tag{5.14}$$

$$Ni_{eq} = w(Ni) + 30[w(C) + w(N)] + 0.5w(Mn) \tag{5.15}$$

保持 Cr_{eq} / Ni_{eq} 的配比关系对于 A-F 双相不锈钢至关重要，这个配比决定了钢中基体相 α 和 γ 大体的含量和比值，也就决定了经过适当加工后 A-F 双相钢的组织和性能。A-F 双相不锈钢中 Cr_{eq} 为 23～30，Ni_{eq} 为 8～12，其比值多为 2.4～2.8，此时奥氏体的量多为 40%～80%。

(3) α 和 γ 相比例对钢力学性能的影响。

由于室温时铁素体的强度高于奥氏体，而奥氏体的塑性和韧性又好于铁素体，显然基体相 α 和 γ 比例的变化必然影响钢的室温力学性能，其简单的近似规律大致为：就应力而言，α 相总是承担较大应力，γ 相中的应力则较小，这就是说，钢组织中的应力是不均匀的。就应变而言，γ 相总是先塑性变形，随着塑性变形量的增大，α 相才开始变形，因而钢组织的塑性变形是不均匀的，γ 相的变形量大而 α 相的变形量小。但在破断前的 α 和 γ 相界面上由于界面位错对滑移的协调作用而使 α 与 γ 界面两侧微区带中的应力和应变保持均匀。若无碳化物、氮化物、金属间化合物微粒的沉淀析出，仅就基体相 α 和 γ 而言，钢的强度(σ)和塑性(ε)大致遵循如下方程：

$$\sigma = f_\alpha \sigma_\alpha + f_\gamma \sigma_\gamma \tag{5.16}$$

$$\varepsilon = f_\alpha \varepsilon_\alpha + f_\gamma \varepsilon_\gamma \tag{5.17}$$

式中，f_α 和 f_γ 分别为 α 相和 γ 相的体积分数，$f_\alpha + f_\gamma = 1$。若碳化物、氮化物、金属间化合物微粒的沉淀析出弥散在 α 相中而无晶界析出，式(5.16)和式(5.17)也是成立的，只是此时 α 相的强度和塑性是弥散沉淀析出 α 相的数值。

(4) α 和 γ 相比例对钢高温热压力加工性的影响。

A-F 双相不锈钢在高温时的热压力加工性，由于 α 相和 γ 相的强度和塑性受温度变化的规律不同，而出现了较为复杂的变化。高温时铁素体 α 相的热塑性优于奥氏体 γ 相，且铁素体不锈钢和奥氏体不锈钢的热塑性均显著优于 A-F 双相不锈钢，并且铁素体不锈钢的高温热塑性又远较奥氏体不锈钢优秀。当两相混合时其特性却明显改变，含 α 相 20%～30%的 A-F 双相不锈钢的高温热塑性最低，显然此时的热压力加工性最差，因此需经高温热压力加工时应避免采用上述组织比的 A-F 双相钢。

(5) α 和 γ 相比例对钢耐蚀性的影响。

A-F 双相不锈钢由于组织中 α 相与 γ 相电位的差异，必在介质中形成微电偶而引起相间的选择性腐蚀。工程实践证明确实如此，在一些还原性酸中通常是 α 相受到选择性腐蚀，而且在 α 相与 γ 相两者的量大致相当时腐蚀最快，导致 A-F 双相不锈钢的耐蚀性低于铁素体不锈钢或奥氏体不锈钢。但是当 α 相与 γ 相两者均处于稳定的钝化态时，A-F 双相不锈钢的耐蚀性仍是令人满意的。

然而，令人意外的奇迹也发生了，这就是 A-F 双相不锈钢的耐晶间腐蚀、点蚀、缝隙腐蚀、应力腐蚀的性能优于奥氏体不锈钢，而且在 α 相与 γ 相的量大致相当时耐蚀性往往最好。

现在对耐晶间腐蚀的认识是，A-F 双相不锈钢在敏化处理后，高铬含量的

$(Cr,Fe)_{23}C_6$ 优先沿 α 与 γ 相界的 α 相侧沉淀析出,在 α 相侧析出域的贫 Cr 区会因 Cr 在 α 相中快的扩散速率而抚平消失,同时 γ 相与晶界上 $(Cr,Fe)_{23}C_6$ 甚少,加之 A-F 双相不锈钢组织的晶粒较奥氏体不锈钢细小得多, α 与 γ 相界面也就大得多, $(Cr,Fe)_{23}C_6$ 的析出便分散,其危害也就小了,因而 A-F 双相不锈钢的耐晶间腐蚀性优于奥氏体不锈钢。

A-F 双相不锈钢应力腐蚀破断时裂纹的发源地总是制件表面的缺陷处,而 A-F 双相不锈钢在钝化良好的状态下是耐点蚀和缝隙腐蚀的,维护了制件表面的完整并减少了应力集中点,这也就改善了耐应力腐蚀性。

2. A-F 双相不锈钢的组织

1) 基体相

A-F 双相不锈钢的基本成分为 18%~26%Cr 和 4%~7%Ni,按 Cr-Ni 量大体有 18-5、22-5、25-5 三类,视用途的不同补充以 Mn、Mo、W、Cu、Ti、N 等元素合金化。A-F 双相不锈钢的成分在相图上处于 $\alpha+\gamma$ 两相区,当钢含有大约 70%Fe 时, $\alpha+\gamma$ 与 γ 相界线在温度降低时发生了向 γ 相区缩小方向的弯曲, $\alpha+\gamma$ 相区在降温时扩大。高温时处在 $\alpha+\gamma$ 与 γ 相界线附近的奥氏体,在降温过程中也会出现铁素体相。高温时处在 $\alpha+\gamma$ 相区的 $\alpha+\gamma$ 相,在温度降低过程中也会发生 $\alpha+\gamma$ 相量的增多。随着温度变化所引起的 $\alpha+\gamma$ 相量的变化也会引发碳化物、氮化物、金属间化合物相的沉淀析出或固溶。在 $\alpha+\gamma$ 相量随温度变化时,可能出现次生 α 相或次生 γ 相,这就产生了双相不锈钢钢组织的变化。温度变化时 A-F 双相不锈钢的组织变化有两个特点应引起注意,一是元素在铁素体中的扩散速率远高于在奥氏体中,例如,700℃时 Cr 元素在铁素体中的扩散速率比在奥氏体中快约 100 倍;二是奥氏体因富 Ni 而比较稳定,铁素体因富 Cr、Mo、Nb、Ti 等而有利于碳化物、氮化物、金属间化合物相的沉淀析出与固溶。基于这两个特点,A-F 双相不锈钢随温度的组织变化将主要发生在铁素体中,而且变化速率较快。

A-F 双相不锈钢在刚凝固完成后大多处于单相铁素体状态,随温度的降低部分铁素体转变成奥氏体,在高温热压力加工状态时为 A+F 两相,在 900~1000℃ 时奥氏体最多,温度再降低时奥氏体又会有所减少,室温下为 A+F 两相。在随后进行热处理(通常温度多低于 900~1000℃)时,会发生部分铁素体转变成奥氏体的相变,这种在热处理时产生的奥氏体即称为次生奥氏体。次生奥氏体的形态与 A+F 两相组织有关,若 A+F 两相晶粒粗大,次生奥氏体大多呈现为短针状或羽毛状,此时钢的力学性能较差;若钢经受了 A+F 两相区的大变形量热压力加工使组织成为细晶粒,则热处理析出的次生奥氏体呈现粒状,此时钢的组织较精细,力学性能优良。

马氏体相在 A-F 双相不锈钢中生成是因为这类钢中奥氏体的 M_s 温度由于 Ni 含量较低而偏高，常常在 0℃以上接近室温，冷处理或冷变形加工即可诱发 $\gamma \rightarrow M$ 相变。随着冷变形量的增加，马氏体量增多。马氏体相的存在使 A-F 双相不锈钢的强度升高，却有损耐蚀性。

2) 金属化合物

碳化物析出于 1050℃以下，以 950℃为界，在其上析出 Cr_7C_3，在其下析出 $(Cr, Fe)_{23}C_6$。钢中奥氏体的 C 溶量较大，而铁素体的 Cr 溶量较大，故碳化物最易于析出的位置是 α 与 γ 相界，其次才是 α 与 α 或 γ 与 γ 晶界。析出碳化物时铁素体中近碳化物的区域会贫 Cr，这部分区域可能出现 $\alpha \rightarrow \gamma$ 的相转变，出现 α 与 γ 相界向 α 相中推移，且使碳化物由 α 与 γ 相界移入奥氏体的现象。钢自高温的急冷可抑制碳化物析出，低碳和超低碳钢中的碳化物析出量也很少。A-F 双相不锈钢中碳化物以及金属间化合物的沉淀析出动力学曲线的鼻尖温度大致为：Cr_7C_3 约 1000℃，$M_{23}C_6$、Cr_2N、χ、σ 等约 800℃。

金属间化合物在 A-F 双相不锈钢中主要有：调幅 α'、σ、χ、R、$Fe_3Cr_3Mo_2Si_2$ 等相，含 Ti 钢中还可能有 Y 相(Ti_2CS)及 G 相($Ni_{3}TiSi$)。

调幅 α' 相是高 Cr 铁素体出现的 475℃脆和调幅脆超高铬含量的 α 相，尺寸只有数纳米，点阵与铁素体相同，为成分集聚相，调幅 α' 与 α 相之间并无相界面。调幅 α' 相严重干扰位错在铁素体中的滑移运动，使铁素体致脆。调幅 α' 相形成于 300~500℃，温度越低其形成时间越长，这是由于它取决于 Cr 原子在铁素体中的扩散。

σ 相在 A-F 双相不锈钢中的析出温度升高至 650~950℃，并且析出速率加快，必须急冷才能抑制，这可能与 A-F 双相不锈钢的铁素体中含有少量 Ni 以及常常还加有 Mo 有关。σ 相的析出使钢变脆。σ 相是自 α 相中析出的，使 σ 相周围的 α 相失 Cr，这会引起耐蚀性的降低。

χ 相在含 Mo 的 A-F 双相不锈钢中的析出温度为 600~950℃，与 σ 相的析出温度重叠，两者常常同时相伴而生，χ 相的析出也使钢变脆，并使耐蚀性降低。

R 相只在部分 A-F 双相不锈钢中出现，R 相的化学式不定，在 0Cr21Ni7Mo2.5 Cu1.5，即 Uranus 50 钢中为 Fe_2Mo，在 00Cr18Ni5Mo3Si2 钢中为 $Fe_{2.4}Cr_{1.3}MoSi$。R 相损害钢的韧性和耐蚀性。

$Fe_3Cr_3Mo_2Si_2$ 相存在于经固溶处理+中温 450~750℃时效的 00Cr18Ni5Mo3Si2 钢中，它会导致该钢在 550~650℃沿晶脆断。$Fe_3Cr_3Mo_2Si_2$ 相与 $Fe_{2.4}Cr_{1.3}MoSi$ 相常常相伴而生。

关于 A-F 双相不锈钢的脆性请参阅 2.3.1 节。

3. A-F 双相不锈钢 Z3CN20-09M

1) 概要

核岛的反应堆里核裂变反应的核能所转换的热能，由一回路冷却系统的冷却剂(有放射性)通过管道携出至蒸发器中，经传热管传递给汽机岛(常规岛)的二回路系统产生蒸汽(无放射性)，一回路的冷却剂失去热能后由管道送回初始进行一回路循环。常规岛的二回路系统从蒸汽发生器中获得热能所产生的蒸汽，由管道输送至汽轮机而转换为机械能，再带动发电机转换为电能。剩余的蒸汽被回收为水后又由管道送至初始进行二回路循环。

显然，在核电站中随处可见的是各种管道系统：冷却剂管道、蒸汽管道和给水管道等。这些管道在工作时承受中温度、中压力、腐蚀以及辐射(一回路)的环境条件，还要满足长寿命与可靠性的设计和运行要求。

核反应堆使用的是带有放射性的核燃料，一旦发生核泄漏，会严重恶化该区域的生态环境和社会环境，因此核电站对核岛的安全要求最高。核电站使用的管材，其安全等级分为核级和非核级；核级材料又分为核一级、核二级和核三级，在生产制造过程中还有严格质保要求。核岛一回路管道为核级材料，其中用于一回路冷却系统的所有承压边界装备和管道均属核一级材料，部分蒸汽输送管道为核二级和核三级材料。

Z3CN20-09M 钢(类似美国的 CF3)用于制造核岛一回路主冷却剂管道，属核一级材料，离心铸造成型，铸造组织中的铁素体含量常介于铸造 A-F 双相不锈钢和铸造奥氏体不锈钢之间。

2) 成分特点

Z3CN20-09M 在 RCC-M M3406 中的主要化学成分为：≤0.040%C、19.00%～21.00%Cr、8.00%～11.00%Ni。若以常见的成分 0.03%C、20.5%Cr、9.5%Ni、1.0%Mn、1.0%Si、0.3%Cu、0.3%Mo、0.03%N 计，则钢的 Ni_{eq}=10.9～11.74，Cr_{eq}=22.3～22.95；正处于 Fe-Cr-Ni 不锈钢相图与组织图的含铁素体 10%～20%的区域。若取技术条件的上限成分，则 Ni_{eq}=12.95～13.25，Cr_{eq}=23.25～24，也同样处于该区域。

3) 加工要点

(1) 热处理。

必须经过固溶水淬处理，固溶处理温度为 1050～1150℃，在 400℃至少保温48h，然后缓慢冷却。如在热处理后不能符合要求，可对其重新进行热处理。

(2) 焊接。

请参阅 4.3.3 节。

4) 力学性能

Z3CN20-09M 钢横向取样的室温拉伸性能为：$\sigma_b \geqslant 480MPa$、$\sigma_{0.2} \geqslant 210MPa$、$\delta_5 \geqslant 35\%$；350℃拉伸性能为：$\sigma_b \geqslant 320MPa$、$\sigma_{0.2} \geqslant 125MPa$。室温冲击最小平均值大于等于 100J。断裂韧度 J_{IC} 和 K_{IC} 值列于表 5.13。

有关 Z3CN20-09M 钢的强度和塑性以及组织结构请参阅 2.2.1 节。

表 5.13　Z3CN20-09M 钢 J 积分值

产地	J-R 阻力曲线方程	J_{IC} /(kJ/ m²)	K_{IC} /(MPa·m$^{1/2}$)
中国	$J=27.252+908.854\Delta a^{0.971}$	378	285
法国	$J=45.234+813.987\Delta a^{0.633}$	484	322

5.3.6　超级不锈钢

1. 开发超级不锈钢

按照组织的不同，传统不锈钢可分为马氏体热强不锈钢、铁素体不锈钢、奥氏体不锈钢、奥氏体-铁素体不锈钢四大类，其共同的特点是：Cr 和 Ni 的含量不很高，通常不含 Mo 或 Mo 含量较少，大多不含 N(个别牌号才保有 N)，元素 C 的含量常高达 0.06%及以上。它们在一般的腐蚀环境中有良好的耐蚀性，其他性能也常令人满意，因而在工业各领域获得广泛应用。但随着技术的进步和工业技术参数的提高，传统四大类不锈钢在一些苛刻条件下已难以满足服役要求。例如，马氏体热强不锈钢具有高强度、高硬度、高耐磨的优点，但耐蚀性不能令人满意，焊接加工性就更差得几乎不能焊接。铁素体不锈钢抗应力腐蚀性好，抗氧化性好，因节 Ni 而价廉，但它的韧性不足，特别是焊缝的脆性、耐点蚀性和耐应力腐蚀性均较差。奥氏体不锈钢塑性和韧性好，易于深拉深加工，易焊接，耐氯离子腐蚀，耐还原性酸腐蚀，耐有机酸腐蚀，无低温脆性，顺磁性，但耐应力腐蚀、点蚀、缝隙腐蚀和晶间腐蚀不佳，抗高温蠕变差。A-F 双相不锈钢虽兼具奥氏体不锈钢和铁素体不锈钢的优点，但塑性和韧性仍显不足，特别是在铸造生产中，大型铸件常会开裂。面临新的高参数工业技术和苛刻服役环境的紧迫需求及传统四大类不锈钢的缺点，人们在传统四大类不锈钢奠定的良好基础上，对传统四大类不锈钢进行了保优增优减缺去缺的改进，发展成超级不锈钢。

超级不锈钢是传统四大类不锈钢的发展，其命名也相应于传统四大类不锈钢。超级不锈钢对应于传统四大类不锈钢而分为四大类：超级马氏体热强不锈钢、超级铁素体不锈钢、超级奥氏体不锈钢、超级奥氏体-铁素体不锈钢。超级不锈钢的含义目前相当模糊，但与传统的四大类不锈钢相比，超级不锈钢具有如下"六更"特征则是公认的：更高的铬含量(12%～30%)、≤30%镍含量与高钼含量及精细的

Cu、N 成分设计，更低的碳含量(≤0.03%)与超净杂质洁净度，更精细和均匀的成分、组织、性能，更高的耐点蚀当量 PREN 大于等于 35(铁素体超级不锈钢)或大于等于 40(奥氏体超级不锈钢和奥氏体-铁素体超级不锈钢)的高耐局部腐蚀与耐缝隙腐蚀的耐蚀性，更好的加工性(如马氏体超级不锈钢的焊接性)，更高的性价比。

这里的耐点蚀当量 PREN 表征钢耐局部腐蚀(点蚀和缝隙腐蚀)的能力，由钢的化学成分决定，化学成分中 Cr、Mo、N 这三个元素对耐蚀性有决定性作用，而 Ni 几乎没有影响：

$$PREN = w(Cr) + 3.3w(Mo) + 16w(N) \tag{5.18}$$

然而，不要认为超级不锈钢性能优异就必须优先选用，毕竟它的成本要远远高于传统不锈钢。超级不锈钢的选用有两大原则：其一是性能适应环境的原则，只要传统不锈钢性能能够满足的地方就优先选用传统不锈钢，只有在传统不锈钢性能不能够满足的地方才选用超级不锈钢。其二是经济成本降低的原则，例如，尽管传统的奥氏体-铁素体不锈钢能够满足服役要求，但用超级马氏体热强不锈钢取代传统的奥氏体-铁素体不锈钢，可以大幅度降低总成本(包含材料成本、装备制造成本、装备运行维修成本、寿命成本、后寿命成本等)，而且在性能满足服役要求上还有所提升，就值得推荐用超级马氏体热强不锈钢替代奥氏体-铁素体不锈钢。

2. 常见的超级不锈钢

1) 超级马氏体热强不锈钢

超级马氏体热强不锈钢通常含有 12%～17%Cr、2%～3.5%Ni、≤2.5%Mo、≤0.3%Cu，超低碳含量和超高洁净度。超级马氏体热强不锈钢保留了马氏体热强不锈钢的高强度、高硬度、高耐磨性的优点，改良了塑性和韧性，使其具有优良的强度和韧性，并因超低碳含量而具有软马氏体组织(近似如同合金热强钢 P91 的马氏体组织和强韧性那样)，这就使其具有良好的焊接性，从而彻底改变了人们普遍存在的马氏体热强不锈钢不能焊接的观念。由于元素 Mo、Cu 的合金化以及超低碳和超高洁净度，超级马氏体热强不锈钢还具有优于马氏体热强不锈钢的耐蚀性。

常见的超级马氏体热强不锈钢如下。

00Cr12Ni4.5Mo1.5Cu(X89,12Cr-4.5Ni-1.5Mo)：　　≤0.02% C，　　PREN=17。

00Cr13Ni4Mo1(HP13Cr)：　　　　　　　　　　　≤0.03% C，　　PREN=17。

00Cr12Ni4.5Mo1.5Cu1.5(CRS,95ksi)：　　　　　　≤0.02% C，　　PREN=18.2。

00Cr16Ni5Mo1(248SV)：　　　　　　　　　　　≤0.03% C，　　PREN=19.3。

00Cr13Ni6Mo2Cu1.5(CRS,110ksi)：　　　　　　　≤0.02% C，　　PREN=19.6。

00Cr13Ni5Mo2N(D13-5-2-N)：   ≤0.02% C，   PREN=20。

00Cr13Ni6Mo2.5Ti：   ≤0.015% C， PREN=21.2。

经淬火回火的超级马氏体热强不锈钢的显微组织为回火马氏体。因镍含量与热处理条件的差异，一些牌号的超级马氏体热强不锈钢显微组织中可能会出现10%～40%的细小弥散粒状残余奥氏体。而 16%Cr 的超级马氏体不锈钢因铬含量较高而在显微组织中可能出现少量的 δ 铁素体。这种超低碳的回火马氏体组织具有很高的强度和韧性与较好的低温韧性。其屈服应力 $\sigma_{0.2}$ 为 550～850MPa，抗拉强度 σ_b 为 780～1000MPa，伸长率 δ 大于 12%，冲击韧度大于 50J 。

超级马氏体热强不锈钢的焊接可以采用人们熟悉的焊接工艺，如金属极气体保护电弧焊、钨极惰性气体保护焊、埋弧焊和励磁线圈电弧焊。对于环缝焊接可以使用钨极惰性气体保护焊、金属极气体保护电弧焊和埋弧焊，直缝焊大多数使用埋弧焊。超级马氏体热强不锈钢更适宜采用激光焊和电子束焊，由于冷却速率快，在焊缝中可以获得全马氏体显微组织，从而得到很好的韧性和满意的耐蚀性。尤其是直缝焊管采用激光焊是相当经济的焊接方法。

超级马氏体热强不锈钢适用于需要焊接的高强度制件，可以应用于泵、压缩机、阀门零件。超级马氏体热强不锈钢的价格低于双相不锈钢，因此在一些场合可以用超级马氏体热强不锈钢替代奥氏体-铁素体不锈钢或超级奥氏体-铁素体不锈钢，特别是在含 CO_2 与 CO_2+HS 的弱酸性介质腐蚀环境中，超级马氏体热强不锈钢可以抵御局部腐蚀和应力腐蚀。超级马氏体热强不锈钢不仅可取代奥氏体-铁素体不锈钢或超级奥氏体-铁素体不锈钢，甚至有取代其他耐蚀合金的趋势。当今超级马氏体热强不锈钢已成功地应用于挪威北海地区的 Gullfaks 油田和 Asgard 油田以制作油气输送管道等，它不仅耐蚀性良好，强度较奥氏体-铁素体不锈钢更高，而且在零下–40℃有良好的冲击韧性。超级马氏体热强不锈钢取代奥氏体-铁素体不锈钢或超级奥氏体-铁素体不锈钢还有一个更为重要的原因就是，超级马氏体热强不锈钢比奥氏体-铁素体不锈钢或超级奥氏体-铁素体不锈钢价廉，在重量相等、耐蚀性相当的前提下超级马氏体热强不锈钢比奥氏体-铁素体不锈钢便宜大约 30%，而在等强度前提下制作如三通、弯头、输送管和支管等可以因壁厚减薄使成本降低 10%～15%，这可使总成本降低 35%～40%。

2) 超级铁素体不锈钢

超级铁素体不锈钢含有 18%～30%Cr、2%～4%Mo、适量 Ti 等，超低 C、N含量(≤0.025%)和超高洁净度，其 PREN≥35。超级铁素体不锈钢保留了铁素体不锈钢高强度、耐应力腐蚀、抗氧化的优点，克服了铁素体不锈钢韧性差、可焊性差及焊缝耐蚀性差的缺点。超级铁素体不锈钢具有低的韧脆转变温度、良好的焊接性、耐氯离子腐蚀、耐应力腐蚀、耐局部腐蚀、耐点蚀、耐缝隙腐蚀、抗氧化剂腐蚀。超级铁素体不锈钢由于极少用 Ni 而使成本较低。

常见的超级铁素体不锈钢如下。

00Cr30Mo2(447J1)：　　　　　PREN=33.6。

00Cr25Ni4Mo4Ti：　　　　　　PREN=38.2。

00Cr29Mo3Ti：　　　　　　　　PREN=38.9。

00Cr27Ni2Mo3.5Ti(Sea-Cure)：　PREN=39。

00Cr29Mo4Ti(AL29-4C)：　　　PREN=42.2。

00Cr29Ni2Mo4：　　　　　　　　PREN=42.2。

3) 超级奥氏体不锈钢

超级奥氏体不锈钢通常含 20%～26%Cr、18%～30%Ni、3%～7%Mo、≤4%Cu、≤0.5%N，超低碳含量和超高洁净度，PREN≥40。合金设计大多采用"20Cr+ 6Mo+ 0.2N"原理，以瑞典 Avesta 公司的 254SMO 最为典型。

常见的超级奥氏体不锈钢如下。

00Cr20Ni18Mo6CuN(254SMO)：PREN=43。

00Cr21Ni25Mo6CuN：　　　　　PREN=48.8。

00Cr25Ni25Mo6CuN：　　　　　PREN=52.8。

00Cr24Ni22Mo7CuN(654SMO)：PREN=53.1。

超级奥氏体不锈钢具有优良的综合性能，强度较高，在氧化和还原介质中耐蚀性优异，耐海水腐蚀，耐各种氯化物介质的均匀腐蚀和局部腐蚀，耐硫酸和磷酸腐蚀。

超级奥氏体不锈钢由于高 Ni 高 Mo 而且含有 Cu、N 而难以熔炼，铸锭易偏析、开裂等；有良好的冷、热压力加工性，热锻最高加热温度 1180℃，最低停锻温度不低于 900℃，热成型温度 1000～1150℃；固溶热处理为 1100～1150℃快冷；可采用通用的焊接工艺进行焊接，但是最恰当的焊接方法是手工电弧焊和钨极氩弧焊。

4) 超级奥氏体-铁素体不锈钢

超级奥氏体-铁素体不锈钢的成分为 25%～27%Cr、3.5%～7.5%Ni、3%～4%Mo、≤0.3%N，以及适量的 Cu、W、Si 元素，超低碳含量和超高洁净度，PREN≥40；具有比 A-F 双相不锈钢更好的耐局部腐蚀性、耐氯离子腐蚀、耐海水腐蚀、焊接性好；可用于热交换器、管道、海水泵等环境要求较为苛刻的地方。

常见的超级奥氏体-铁素体不锈钢如下。

00Cr25Ni7.5Mo3W2N：　　　　　　PREN=40。

00Cr25Ni3.5Mo3.5CuN：　　　　　　PREN=40.55。

00Cr25Ni7Mo3.5CuN(Zeron100)：PREN=40.55。

00Cr25Ni7Mo3.5Cu1.5N：　　　　　PREN=41.35。

00Cr25Ni7Mo4N：　　　　　　　　　PREN=43。

00Cr27Ni7Mo3.5CuWN：　　　　　　　　PREN=43.35。

00Cr27Ni3.5Mo5N(2707HD)：　　　　　PREN=49。

5) 超级不锈钢的力学性能比较

将超级奥氏体、超级奥氏体-铁素体、超级铁素体三类不锈钢中佼佼者的力学性能加以比较，室温强度性能以超级奥氏体-铁素体不锈钢的更高，室温塑性和韧性以超级奥氏体不锈钢更好，韧脆转变温度则以超级奥氏体不锈钢更好。

$\sigma_{0.2}$：超级奥氏体-铁素体不锈钢 650MPa，超级铁素体不锈钢 500MPa，超级奥氏体不锈钢 340MPa。

σ_b：超级奥氏体-铁素体不锈钢 840MPa，超级奥氏体不锈钢 650MPa，超级铁素体不锈钢 630MPa。

δ：超级奥氏体不锈钢 50%，超级奥氏体-铁素体不锈钢 30%，超级铁素体不锈钢 18%。

A_K：超级奥氏体不锈钢 200J，超级奥氏体-铁素体不锈钢 120J，超级铁素体不锈钢 70J。

FATT：超级奥氏体不锈钢无冷脆性，超级奥氏体-铁素体不锈钢为–120～–60℃，超级铁素体不锈钢为 0～30℃。

3. 超级马氏体热强不锈钢 00Cr13Ni5Mo

1) 概要

二回路泵的工作条件与管道相似，主要工作介质为高温高压水、冷凝水、除盐水、海水等。最高工作温度为 316℃，最高工作压力为 8.6MPa。其泵轴和叶轮用超级马氏体热强不锈钢 00Cr13Ni5Mo 制造。

对一个成功的泵装置的基本要求是性能和寿命，性能就是泵的额定参数：压头、流量和效率。寿命就是维持允许的性能情况下，必须更换一个或几个泵零件以前所积累的运转的总小时数。最初性能由泵制造厂负责，这是由水力设计所决定的。寿命主要取决于实际运转条件下，泵的结构材料抵抗腐蚀、侵蚀磨损和其他可能影响材料的因素。要提高泵的可靠性和延长泵的寿命，就使得选择合适的结构材料变得极为重要。应针对具体的应用，选择经济和技术适用的材料，但是，这不仅需要泵设计和制造方面的知识，而且需要泵在实际运行的工况下，有关材料工程性能方面的知识尤其是它的抗腐蚀和抗磨损方面的知识。在有关腐蚀和冶金学方面的文献，以及以泵制造的经验可以得到充分的资料，来做出合乎任何实际应用的材料选择。汽机岛泵的设计需要对各种类型、影响泵的元件和降低泵有效寿命的不利因素非常熟悉，这些不利因素可以归纳为腐蚀、磨损和疲劳损坏，其中腐蚀和磨损是降低泵装置寿命的主要因素。

00Cr13Ni5Mo(Z5CND13-04M)钢为 Fe-Cr-Ni-Mo 系超级马氏体热强不锈钢，超低碳超低杂质的超级马氏体热强不锈钢，俗称软马氏体热强不锈钢或可焊接马氏体热强不锈钢。这类钢以其高强度、高低温韧性、良好焊接性和加工性、良好耐蚀性、低廉成本获得了快速发展和工程应用。过去在承受 CO_2 和 H_2S 介质腐蚀的地方多使用超级双相不锈钢，如今已大量地被超级马氏体热强不锈钢所取代。在等重量、等腐蚀性时，这种取代可降低成本 30%，而超级马氏体热强不锈钢的强度高，使壁厚减薄、重量减轻的成本还可再降低 10%～15%，这就使用超级马氏体热强不锈钢取代超级双相不锈钢的总成本降低达 35%～40%。更何况超级马氏体热强不锈钢还有可焊接和低温韧性好的优势。

00Cr13Ni5Mo(Z5CND13-04M)超级马氏体热强不锈钢具有良好的强度、韧性、可焊性与耐磨蚀性。该钢以低碳位错马氏体强化，加 Ni 以韧化奥氏体。该钢主要用于厚截面尺寸且要求可焊性良好及具有一定抗磨蚀性能的构件，在压水堆核电站通常用于：①压水堆泵 A、B、C 级可焊马氏体热强不锈钢的不承压铸造内件(RCC-M M3201)；②压水堆核电站1、2、3 级承压铸件用可焊马氏体热强不锈钢(RCC-M M3208)；③压水堆 2、3 级辅助泵传动轴；④压水堆控制棒驱动机构。

2) 成分特点

Z5CND13-04M 钢的化学成分中 12.0%～14.0%Cr 达到电位突升的 1/8 阶梯，具有抗电化学腐蚀的基本电位条件。超低碳含量(≤0.030%)使钢的耐蚀性改善，并可以良好地焊接。用较多的 Ni(4.0%～6.0%)稳定奥氏体并提高了钢的韧性。0.5%～1.0%Mo 在进一步改善钢的耐蚀性的同时还提高强度。超低 S、P 杂质既改善韧性又利于焊接。微量的 N 也可以进一步改善钢的耐蚀性和提高强度。用于反应堆中的钢要严加控制 Co 的残留含量。

3) 加工要点

(1) 冶炼。

Z5CND13-04M 钢用电弧炉、中频或高频感应炉冶炼，也可采用其他相当的冶炼工艺。

(2) 铸造。

Z5CND13-04M 钢的铸造工艺由制(铸)造商选择，并在制造程序中注明。

(3) 压力加工。

热压力加工性能良好，适宜的热压力加工温度范围为 1160～1200℃，终压力加工温度应大于 850℃。特厚板的热成型温度为 700～1000℃。

(4) 热处理。

Z5CND13-04M 钢的铸件应以热处理状态交货。产品热处理为淬火＋回火，淬火的奥氏体化温度及回火温度由铸造车间按能达到的力学性能要求选定。通常淬火温度为 1080℃，回火温度应不低于 600℃。

(5) 焊接。

可焊性良好。适宜钨极惰性气体保护焊、金属极气体保护电弧焊、手工电弧焊方法焊接，不需要焊前预热，不含 N 时焊后可不热处理，含 N 钢焊后应热处理以降低硬度，配套焊接材料为 00Cr17Ni6Mo。特厚板适宜多道次焊接，焊后接头的综合力学性能良好，耐蚀性良好。

4) 组织结构

该钢以低碳位错马氏体强化。淬火回火组织为低碳位错马氏体+少量残余奥氏体。过高的回火温度会导致晶界析出相的熟化和奥氏体量的减少，并使钢的塑性和韧性降低。

5) 力学性能

Z5CND13-04M 钢的拉伸和冲击性能 $\sigma_{0.2} \geqslant 685\mathrm{MPa}$、$\sigma_\mathrm{b} = 780\mathrm{MPa} \sim 980\mathrm{MPa}$、$\delta_5 \geqslant 15\%$、$a_\mathrm{KV} \geqslant 70\mathrm{J/cm^2}$（纵向）及 $\geqslant 50\mathrm{J/cm^2}$（横向），在自来水中的疲劳性能优于瑞典的 2RM2 铸钢。00Cr13Ni5Mo 钢在泥沙水中的耐磨蚀性优良，在含黄河花园口原型砂量 $50\mathrm{kg/m^3}$、转速 $13.24 \sim 14.45\mathrm{m/s}$ 的试验条件时的耐磨蚀速率仅约为 17-4PH 的 1/4。

4. 超级奥氏体-铁素体不锈钢 00Cr25Ni7Mo4N(2507)

1) 概要

00Cr25Ni7Mo4N 是瑞典 SANDVIC 公司于 20 世纪 80 年代后期开发的超级双相不锈钢，商业牌号为 SAF2507，美国牌号为 UNS S32750，其他牌号还有 ASTM 2507、DIN X2CrNiMoN2574、SS2328、AFNOR Z3CN25-06Az 等。该钢强度高、耐孔蚀、耐缝隙腐蚀、耐均匀腐蚀、耐氯离子应力腐蚀、焊接性好、热膨胀系数低、热导率高。核岛泵体用此钢制造。

在双相钢的工程应用中，虽然 00Cr22Ni5Mo3N 占 80%的优势份额，但 00Cr25Ni7Mo4N 更高的合金元素含量使其在强度和耐蚀性方面均优于 00Cr22Ni5Mo3N，因而在一些对强度和耐蚀性有更高要求的特定环境中，例如，在自然含盐量高的环境中的高耐蚀、高强度、高传热、低膨胀的结构制件或热交换制件或水处理系统等，仍然需要使用 00Cr25Ni7Mo4N 制造，这就使 00Cr25Ni7Mo4N 在工程应用中的份额高达 13%。

然而应当引起注意的是，00Cr25Ni7Mo4N 不适宜在 299℃以上的热环境中长期服役，这样的热环境会使钢热老化而变脆。

2) 成分特点

ASTM 规范 00Cr25Ni7Mo4N 双相钢化学成分的超低碳含量(≤0.030%)，极显著地降低了钢在各种加工过程中碳化物等析出相在相界和晶界上的沉淀析出量，同时极显著地降低了钢的晶间腐蚀风险。钢的成分设计($24.0\%\sim26.0\%$Cr、$6.0\%\sim$ 8.0%Ni、$3.0\%\sim5.0\%$Mo、$0.24\%\sim0.32\%$N），使钢具有耐孔蚀、耐缝隙腐蚀、耐氯离子应力腐蚀、耐有机酸均匀腐蚀的优良性能。但高的 Cr、Mo 元素含量同时也促进了金属化合物相σ、χ 等的沉淀析出，扩大了它们的析出温度范围，缩短了它们的析出时间。这些金属化合物相的析出不仅损害了钢的耐蚀性，而且使钢变脆，正常的加工应避免这些金属化合物相的析出。

3) 加工要点

(1) 冶炼和铸造。

冶炼难点其一在于高铬含量时元素 C 的去除以获得超低碳，其二在于较高氮含量的控制以防铸造凝固时以氮气析出。前者因 Cr、C、O 三者之间的平衡，吹O_2脱 C 必损失 Cr，掌控其平衡关系的作业技巧是至关重要的。后者因高 N 的钢液凝固时首先凝成溶 N 量极小的体心立方δ铁素体，而后才转变成溶 N 量较大的面心立方奥氏体，这就造成了钢液凝固时溶解的 N 又会以气泡N_2的形式脱出，这就要利用溶解 N 与分压N_2的平衡关系予以恰当控制。

冶炼时可以采用 Zr、Y 和 Zn、Mg 及 Ba-Ca 等对钢进行变质处理。试验表明，变质剂对提高钢液流动性、改善铸造性能、抑制晶粒长大、细化组织、提高力学性能均有良好影响。变质后的材料在具备良好塑性($\delta=19\%$)时，σ_b 和σ_s分别提高了 16.1%和 41.2%。

00Cr25Ni7Mo4N 钢的铸造组织粗大。铸造凝固时，钢液先凝固成铁素体α，然后在降温时部分铁素体α才固态相变转变成奥氏体γ，形成$\alpha+\gamma$两相组织。铸态组织常常是α相显著多于γ相，α相基体上分布着团状或条状γ相。重型铸件冷却过程往往慢于σ相和χ相析出的临界速率，常常析出σ相和χ相。铸态钢组织粗大，α相显著多于γ相且α相连续并析出 N 及 Cr 的氮化物而形成高温脆，析出σ相的中温脆，发生 475℃脆的低温脆等四重因素作用下就会使钢变脆，此时再在凝固应力和冷却应力作用下就可能破裂，如图 2.51 所示。

(2) 热压力加工。

推荐 00Cr25Ni7Mo4N 双相钢的热压力加工温度为 1024～1121℃。有研究(王晓锋，2009a)指出，00Cr25Ni7Mo4N 双相钢在 1050～1250℃时的变形抗力低，面缩率高于 60%。热压力加工后在不低于 1027℃进行固溶强化并快冷(空淬或水淬)处理。

双相钢中α和γ两相的强度和塑性不同，室温时强度α相高于γ相，高温时强度γ相高于α相，两者热变形行为的差异导致钢的热塑性较差，热锻轧时易发生边裂。α和γ两相不同的变形程度在于其强度和塑性的区别，温度较低时γ相变形量较大，而温度较高时α相变形量较大。也就是说，随着热压力加工温度的升高，α相软化，其软化机制与变形温度T、应变速率ε、峰值应力σ_p有关，高T低ε有利于动态回复与动态再结晶，软化是动态回复或动态再结晶的结果。Zener-Hollomon 参数 Z 即是 T、ε、σ_p 等参数的综合表征，可依 Z 值对软化机制做出判断(童骏等，2007)：

$$Z = \varepsilon \cdot \exp(Q/RT) = A[\sinh(a \cdot \sigma_p)]^n \qquad (5.19)$$

式中，热变形激活能 Q =492kJ/mol；应力指数 n =3.51；a =0.012。对于 α 相在高温时的软化机制，当 Z 值较小时(变形温度高、应变速率低、峰值应力低)为动态再结晶，Z 值较大时(变形温度低、应变速率高、峰值应力高)为动态回复，过大的 Z 值会抑制动态回复而不发生软化。

1100℃及以上温度热轧变形量 90%时，α 相的织构为 {001}⟨110⟩，γ 相的织构为 {110}⟨112⟩。α 相的织构强，γ 相的织构弱。α 相的织构以形变织构和相变织构为主，γ 相的织构以动态再结晶织构为主。而在 1000℃轧制变形量为 90%时，α 相的织构却以动态再结晶织构为主，γ 相的织构以形变织构为主。这就是说，塑性变形、相转变、动态再结晶三者均在影响着织构。相变织构遗传符合 K-S 位向关系(宓小川和宋新余，2008)。

该钢在低于 1040℃加热时可能形成 σ 相，特别在低于 1000℃加热时 σ 相析出更甚，要消除热轧态的 σ 相，固溶温度适宜高于 1040℃，因此热压力加工后的固溶化温度宜选用 1050~1100℃；也有认为适宜的温度范围为 1050~1150℃，而以 1100℃最优。

(3) 冷压力加工。

由于该钢的屈服强度高，冷成型时所需的冷成形力较高，模具设计的弯曲半径和成型后的回弹量也较大。当冷变形量大于 10%时应预先进行固溶处理。

(4) 焊接。

00Cr25Ni7Mo4N 双相钢的焊接性良好，可以容易地进行金属极气体保护电弧焊、钨极惰性气体保护焊、等离子弧焊、埋弧焊等。焊前清洁焊接表面是重要的。通常无须焊前预热。焊接时宜用小线能量使层间温度不超过 149℃。为确保焊接接头的耐蚀性，应采用氩气或 90% N_2 + 10% H_2 混合气喷吹保护焊。

(5) 热处理。

00Cr25Ni7Mo4N 双相钢在热压力加工或冷成形加工后推荐的固溶淬火温度不应低于 1027℃。固溶温度宜为 1050~1150℃，低于此温区有 σ 相析出的危险，高于此温区则会晶粒粗大导致钢的塑性和韧性降低。此外，固溶温度也直接影响组织中 α 相与 γ 相的比例，因而应根据需要合理选择。

σ 相是 00Cr25Ni7Mo4N 双相钢中主要的析出相，也是钢脆化的主要原因。σ 相析出于 1020~580℃温度范围和冷却速率小于 4800℃/h 时。冷却速率为 176℃/h 时 σ 相多达 34%，冷却速率为 345℃/h 时 σ 相降为 28.3%，冷却速率为 725℃/h 时

σ 相降为 24.6%，冷却速率为 1400℃/h 时 σ 相降为 21.4%，冷却速率为 2500℃/h 时 σ 相急降为 5.3%，冷却速率为 4800℃/h 时 σ 相仅有 1%。这就是说，当对 00Cr25Ni7Mo4N 双相钢施以固溶处理时，必须有大于 4800℃/h 的冷却速率，这对于重型机件是非常重要的。

4) 组织结构

00Cr25Ni7Mo4N 钢的组织通常由铁素体 α+奥氏体 γ 两团状相构成，经适当的固溶处理后其相比例 $\alpha : \gamma \approx 1 : 1$。

00Cr25Ni7Mo4N 钢的铸造组织粗大。铸造凝固时，钢液先凝固成铁素体 α，然后在降温时部分铁素体 α 才固态相变转变成奥氏体 γ，形成 $\alpha+\gamma$ 两组织。工程中铸件的冷却速率往往较快，这就使 $\alpha \to \alpha+\gamma$ 的固态相变草草进行，导致铸态组织常常是 α 相显著多于 γ 相，因而铸态组织常常是 α 相基体上分布的团状 γ 相。

锻造后的组织则成为铁素体和奥氏体呈现条带状分布的条带组织，此时组织细化，并消除了铸造缺陷，经适当的固溶处理后其相比例也趋正常，锻钢的力学性能也就比铸态有显著提升。

00Cr25Ni7Mo4N 双相钢经固溶淬火后的组织 α 相和 γ 相的相比例与固溶温度有关，在通常情况下 α 相和 γ 相约各半，固溶温度越高 α 相的量便越多，试验值列于表 5.14(赵钧良 等，2006)。在高温 1300℃固溶后由于 γ 相的量减少，组织成为 α 基体中 γ 的团状分布。各数值的差异可能源自钢的成分和试验条件。

表 5.14　00Cr25Ni7Mo4N 双相钢样品不同温度保温 30min 固溶化淬火后的铁素体量

固溶温度/℃	1050	1070	1100	1150	1170	1180	1200	1320
铁素体量/%	49.9	50.0	50.4	50.6	50.5	54.3	52.9	58.7

在小于等于 1020℃固溶处理或时效时，钢中有 σ 相析出。σ 相是钢脆化的主要原因。通常 σ 相主要形核于 $\alpha/\gamma/\alpha$ 三叉角隅界界或 α/α 晶界，并与 α 相的(410)、(122)、(411)、(331)晶面保持位向关系。α 相发生分解 $\alpha \to \sigma+\gamma$，σ 相向 α 相内生长吞食 α 相。要免除 σ 相的析出，固溶温度应高于 1050℃，并以高于 4800℃/h(王晓峰，2009a)的速率快速冷却。

张寿禄 等(2012)研究了 00Cr25Ni7Mo4N 双相钢中 χ 相的沉淀析出，能谱分析表明 χ 相成分中含 Mo 多达 15%，明显高于 σ 相。电子衍射花样标定 χ 相的晶体结构为点阵常数 $a = 0.913nm$ 的立方晶系。χ 相和 σ 相可以共存，χ 相析出数量较 σ 相少。χ 相的析出温度范围为 750~920℃，800~850℃为析出峰区，峰值温度约为 830℃。χ 相以小粒子的形式主要沉淀析出于 α/γ 界界和 α/α 晶界，α 相内偶有 χ 相小粒子沉淀析出。830℃和920℃的等温时效表明，χ 相析出早于 σ 相析出，σ 相起初也析出于 α/γ 界界和 α/α 晶界，随后还会向 α 相内生长成块状。当 χ 相析出达饱和后σ相还在继续向α相内生长，并且发生了χ相向σ相的转变，随着等温时效时间的延长，χ相全部转变为σ相。也就是说，χ相为亚稳相，是σ相形成前期的一种过渡相，σ相为稳定相。σ相向α相内生长的结果将是σ相完全吞食α相，也就是说α相转变成了σ相。

00Cr25Ni7Mo4N 钢除可析出σ相和χ相之外，在 750~550℃停留时，也会在α/γ相界和α/α晶界沉淀析出 R 相(Fe_2Mo)，在 750~450℃停留还会在α/γ相界和α/α晶界沉淀析出 $Fe_3Cr_3Mo_2Si_2$ 相。这些金属化合物相都会使钢致脆，应注意避免。但应明白，R 相和 $Fe_3Cr_3Mo_2Si_2$ 相的致脆并不是σ相析出的晶间腐蚀问题，双相钢不存在σ相析出的晶间腐蚀。

5) 力学性能

00Cr25Ni7Mo4N 钢的力学性能应满足表 5.15~表 5.17 的要求。

表 5.15　00Cr25Ni7Mo4N 钢的室温力学性能要求

指标	$\sigma_{0.2}$		$\sigma_{1.0}$		σ_b		δ	A_{KV}		硬度
单位	MPa	ksi[①]	MPa	ksi	MPa	ksi	%	J	lbf·ft[②]	(HRC)
数值	<551	<80	<627	<91	<689	<100	≥25	<100	<74	<32

① 1ksi=1000psi=6.89476×10³Pa。

② 1lbf·ft=1.35582 J。

表 5.16　00Cr25Ni7Mo4N 钢材的室温力学性能要求

钢材品种	$\sigma_{0.2}$/MPa	σ_b/MPa	δ/%	A_{KV}/J	硬度(HV)
壁厚<20mm 管	≥550	800~1000	≥25		290
热轧板	530	730	20	60	

表 5.17　00Cr25Ni7Mo4N 钢板的高温拉伸性能要求

温度/℃	室温	100	200
$\sigma_{0.2}$/MPa	≥530	≥450	≥400

6) 耐蚀性

耐点蚀性能常常用点蚀指数 PREN 值表征，PREN 值是由钢的化学成分计算而得的。但实际上耐点蚀性能还和钢的组织密切相关，如析出相的特性、析出位置的影响、杂质元素在晶界的聚集等。因此，PREN 值仅适用于无析出化合物相的$\alpha+\gamma$稳定组织。表 5.18 给出了几个钢的 PREN 值(赵钧良等，2006)，显然双相钢的 PREN 值均较高，特别是 00Cr25Ni7Mo4N 钢，更为优越。

表 5.18　00Cr25Ni7Mo4N 钢的 PREN 值及与几种钢的比较

钢号	00Cr25Ni7Mo4N	00Cr25Ni6Mo2N	00Cr22Ni5Mo3N	317L	316L	304
PREN	42	37	38	30	25	19

注：双相不锈钢 PREN$=w$(Cr)$+3.3w$(Mo)$+16w$(N)，奥氏体不锈钢 PREN$=w$(Cr)$+3.3w$(Mo)$+30w$(N)。

点蚀的发生是由于金属表面的局部钝化遭到破坏，局部金属的低电位状态便遭遇向纵深发展的腐蚀。击破电位 E_b 是击破钝化膜而开始产生点蚀的临界电位，保护电位 E_p 是完全不产生点蚀的临界电位，也就是金属电位低于保护电位时也不发生腐蚀，即使在局部钝化遭到破坏时也会立即重新钝化。测量了双相钢的击破电位 E_b 与保护电位 E_p，见表 5.19(赵钧良等，2006)，双相钢的击破电位 E_b 与保护电位 E_p 都很高，而且 $E_b > E_p$，故抗点蚀性能优良。

表 5.19　00Cr25Ni7Mo4N 钢的击破电位 E_b 与保护电位 E_p

钢号	击破电位 E_b /mV	保护电位 E_p /mV
00Cr25Ni7Mo4N	>+1000	+950
00Cr25Ni6Mo2N	+1050	+950
316L	+260	−50

注：测量条件为 3.5%NaCl 水溶液，35℃，标准甘汞电极为参比电极。

00Cr25Ni7Mo4N 钢在 6%的 $FeCl_3$ 水溶液中浸蚀 24h 的耐点蚀性能和耐缝隙腐蚀性能优良，钢耐晶间腐蚀，耐有机酸的均匀腐蚀，耐氯离子腐蚀，耐稀硫酸和稀盐酸的无机酸腐蚀性能优良。

固溶温度明显地影响了 00Cr25Ni7Mo4N 钢的组织，因而耐点蚀性能也与固溶温度有着关联，00Cr25Ni7Mo4N 钢的耐点蚀性能在 1050～1100℃固溶时最为优良；低于 1050℃时，σ 相的析出使耐点蚀性能变坏，而且耐点蚀性能变坏的程度与 σ 相析出量成正变；当高于 1100℃时，组织中 α 相的量随固溶温度的升高而逐渐增多；稳定 α 相的元素 Cr 和 Mo 在 α 和 γ 两相中的分配，本在 α 相中固溶较多，却也随固溶温度的升高而逐渐向 γ 相中有所转移而使其分布渐趋均衡。稳定 γ 相的元素 N 则因是填隙固溶而难以在 α 和 γ 两相中均分，虽固溶温度不断升高却仍大量固溶在 γ 相中，这就造成了 00Cr25Ni7Mo4N 钢中 α 和 γ 两相间点蚀电位的差异随固溶温度的不断升高而逐渐增大，致使 γ 相的点蚀电位明显高于 α 相的点蚀电位，从而造成 α 相易受腐蚀，点蚀发生在 α 相中，且随固溶温度的不断升高而腐蚀逐渐加剧。

赵钧良等(2006)指出，抗应力腐蚀也是 00Cr25Ni7Mo4N 钢重要的优越特性，显著优于 00Cr24Ni6Mo2N 钢，表 5.20 列出了 00Cr24Ni6Mo2N 钢发生应力腐蚀破裂的临界应力值，表 5.21 则给出了 00Cr25Ni7Mo4N 钢在一些条件下的耐蚀性。2507 钢在 Cl⁻ 工程复合溶液、微生物+Cl⁻ 工程复合溶液中的腐蚀参量请参阅第 6 章，对核电工程、石油工程、化学工程等有参考价值。

表 5.20　00Cr24Ni6Mo2N 钢应力腐蚀破裂的临界应力值

钢号	00Cr24Ni6Mo2N	316L	304L
临界应力/MPa	350	150	100

表 5.21　00Cr25Ni7Mo4N 钢按 ASTM A923-01 标准在 6% FeCl₃ 水溶液中的耐蚀性

钢号	试验条件	损重率 /[mg/(dm² · d)]
00Cr25Ni7Mo4N	6% FeCl₃ 水溶液，35℃，24h，pH=1.20	7.680
	6% FeCl₃ 水溶液，25℃，24h，pH=1.20	0.830
	6% FeCl₃ 水溶液，25℃，24h，pH=1.24	2.969
00Cr22Ni5Mo3N	6% FeCl₃ 水溶液，25℃，24h，pH=1.29	1.888
	6% FeCl₃ 水溶液，25℃，24h，pH=1.32	1.798

5.4　耐热耐蚀镍合金的合金化

镍合金在约 800℃的高温下具有较高的强度与一定的抗氧化腐蚀能力等综合性能。按照主要性能又细分为镍基耐热合金(Inconel 合金、Incoloy 合金、Hastelloy 合金、Waspaloy 合金、Nimonic 合金)、镍基耐蚀合金(Monel 合金)、镍基耐磨合金、镍基精密合金与镍基形状记忆合金等。

在核电站装备中，镍基高温耐热合金多用于制造核反应堆蒸汽发生器中热交换器的传热管等。

5.4.1　核岛蒸汽发生器用热交换传热管

核能发电是将核裂变放出的热能导出，经机械能再转换成电能。导出核裂变放出的热能的核动力装置就是蒸汽发生器，蒸汽发生器是产生蒸汽的设备，蒸汽发生器的主要功能是作为热交换设备将一回路冷却剂中的热量传给二回路工质给水，使二回路产生饱和蒸汽以供给动力装置驱动汽轮发电机发电。因此，蒸汽发生器又称主热交换器，是一回路和二回路的分界。热量交换设备是蒸汽发生器中一个非常重要的设备。

蒸汽发生器的辅助功能是作为连接一回路与二回路的设备，在一、二回路之间，由蒸汽发生器的管板和倒置的 U 形传热管作为反应堆冷却剂压力边界，构成防止放射性外泄的第二道放射性防护屏障,确保二回路设备不会受到放射性污染。由于水受到辐照后活化以及少量燃料包壳可能破损泄漏，流经堆芯的一回路冷却剂具有放射性，而压水堆核电站二回路设备不应受到放射性污染，因此蒸汽发生器的管板和倒置的 U 形传热管是反应堆冷却剂压力边界的组成部分,属于第二道放射性防护屏障之一。

蒸汽发生器作为核电站一、二回路间的热交换设备，其结构形式一般为多壳管式，主要由筒体、管板、水室、汽水分离器和传热管等部件组成，管束多达几千根，以备在寿期内所发生的泄漏管子被堵塞以后，仍具有足够的散热面积。蒸汽发生器是整个核动力装置中的薄弱环节，在核动力装置的非计划停堆事故中，有一半以上是由蒸汽发生器传热管的破损引起的，传热管泄漏是影响反应堆正常运行的重要原因，严重影响整个核动力装置的安全性和可靠性。如何使传热管不过早破损，延长蒸汽发生器的使用寿命是目前面临的重要课题之一。为减少泄漏，避免一回路放射性介质污染二回路，传热管应具备能承受高温、高压和管内外介质的压差，以及一回路冷却水的腐蚀和水力振动等工况的功能。

蒸汽发生器传热管必须具有抗腐蚀和抗热性能，并且长期服役(长寿命)于不维修或极难维修之处，属核安全一级设备。传热管用奥氏体不锈钢制造是不能满足要求的，常会发生穿晶型应力腐蚀破坏。

为此，传热管材料应具备下列性能：①基体组织稳定，热强性、热稳定性和焊接性能好；②热导率高、热膨胀系数小；③抗均匀腐蚀和抗局部腐蚀及抗应力腐蚀和晶间腐蚀能力强；④具有足够的塑性和韧性，以便适应弯管、胀管的加工和抗振动性能。

镍合金的突出特点是极好的耐蚀性和耐热性，因此核电工程中热交换器传热管使用镍合金制造，例如，在这里使用 Inconel 600 或耐蚀性更好的 Inconel 690 (Cr30Ni60)等制成，Inconel 690 材料具有良好的力学性能、较高的热导率、良好的抗应力腐蚀性能。

5.4.2　耐热镍合金的合金化

纯镍具有铁磁性，耐蚀性优良。

1. 镍基耐热合金中的合金元素

1) 合金元素与合金相
主要合金元素：Cr、Cu、W、Mo、Co、Al、Ti、B、Zr 等，分别有固溶强化、沉淀强化与晶界强化等作用。

固溶强化元素：Cr、Cu、W、Mo、V。其主要合金元素 Cr 可大量固溶于 Ni 中，而 Cu 则无限量固溶于 Ni 中。

沉淀强化元素：Al、Ti、Nb、Ta。

晶界强化元素：B、Ca、Ba、Be、Ce、Zr、Mg。

抗氧化元素：Cr、Al。

镍基高温耐热合金的基体为固溶较多合金元素而充分固溶强化的面心立方晶体结构的奥氏体，它能保持较好的组织稳定性。弥散的微粒沉淀强化相是共格有序的 A_3B 型金属间化合物 Ni_3Al 和 $Ni_3(Al,Ti)$ 相，使合金得到有效强化，获得比铁基高温耐热合金和钴基高温耐热合金更高的高温强度。此外，强化相还有金属的碳化物 M_6C、$M_{23}C_6$ 和氮化物 $Ti(C，N)$ 等粒子。碳化物粒子常常分布于晶界。

2) 耐热合金化

耐热合金必须在高温下具有高的强度、好的热稳定性、优良的抗氧化性和耐电化学腐蚀性，这就必须采用多元素的复合合金化，这与热强钢和不锈钢的合金化原理是相通的。

(1) 抗氧化与抗蚀性。

纯 Ni 自身即具有众所周知的较好抗氧化和抗化学腐蚀及耐受电化学腐蚀的性能，再给以加入 Cr 元素以形成致密稳定又与基体结合牢固的 Cr_2O_3 膜，可保护基体耐受高温下的氧化腐蚀和化学腐蚀。Al 元素形成的 Al_2O_3 膜也具有同样的特性和作用。足量的 Cr 元素还提高镍合金的电极电位，从而更进一步提高其耐电化学腐蚀性能。

(2) 固溶强化。

加入与 Ni 面心立方结构的晶体形成代位固溶体的合金元素，可提高原子间键合力，使固溶体具有较高的强度。W、Mo、Nb、V、Cr、Ti、Al 等元素均有此良好作用。这些元素增大原子间键合力而降低原子的扩散速率，提高合金的再结晶温度以及再结晶温度与熔化温度的比值，使合金获得较高的高温强度与蠕变抗力。应用最普遍的是能兼具耐蚀性的元素 Cr。

(3) 析出强化与沉淀强化。

加入 C、Mo、W、Nb、V 等碳化物形成元素使在固溶体中产生热稳定性良好的碳化物弥散析出，或者加入 Al、Ti 元素形成热稳定性良好的有序结构的金属间化合物 Ni_3Al 或 Ni_3Ti。Ni_3Al 在固溶体中的弥散沉淀能显著提高合金的热强性，Ni_3Ti 的作用则较弱。Ni 不与 C 结合成碳化物。

(4) 提高组织结构的高温稳定性。

为了阻止或延缓强化相的聚集和熟化，可用 Al、Ti 的复合加入，形成

$Ni_3(Al,Ti)$ 且弥散沉淀于固溶体中，使合金得以更进一步地强化而具有良好的高温强度与蠕变抗力。$Ni_3(Al,Ti)$ 是 Ti 原子部分地置换了面心立方晶格的 Ni_3Al 中角点上的 Al 原子(Ni 原子位于面心位置)，使 $Ni_3(Al,Ti)$ 的高温稳定性显著优于 Ni_3Al，从而强烈地提高合金的耐热性。对于碳化物聚集和熟化的阻止与延缓，同样应选用数个强碳化物形成元素同时加入合金中，以形成高温稳定性好的复合碳化物。

(5) 强化固溶体晶界。

延缓晶界扩散过程以抗蠕变，防止或延缓晶界上出现脆性析出相，这样的合金元素有 B、Ca、Ba、Be、Ce 等。其中，B 的作用较强，当对 B 再辅助以其他元素时效果更佳。

(6) 多元复合合金化。

充分发挥元素间的增效协同效应。

(7) 降低杂质含量，使合金纯净。

杂质损害耐热性，如 S 等，未形成碳化物的固溶碳也是有害的。为了获得更纯净的合金，镍基耐热合金通常采用真空感应炉熔炼，甚至用真空感应冶炼加真空自耗炉或电渣炉重熔方式联合熔炼。通常用真空感应炉熔炼母合金以保证成分、控制气体与杂质含量，并用真空重熔-精密铸造法制成零件。

(8) 适宜的加工制造工艺。

锻轧变形的目的是改变铸造组织，优化微观组织结构。通常采用锻造与轧制变形工艺，对于热塑性差的合金甚至采用挤压开坯后轧制或用软钢(或不锈钢)包套挤压工艺。合金中铝含量和钛含量高时会使合金的热压力加工性能变坏，这时可以在锻轧压延时覆盖玻璃织物作为润滑剂能使热压力加工顺利进行。变形合金和部分铸造合金需进行热处理才能获得良好的耐热性能，包括固溶处理、中间处理和时效处理。以 Udmet 500 合金为例，它的热处理制度分为四段：固溶处理，1175℃，2h，空冷；中间处理，1080℃，4h，空冷；一次时效处理，843℃，24h，空冷；二次时效处理，760℃，16h，空冷。处理后可获得所要求的组织状态和良好的综合性能。采用过时效会得到良好的热强度。

2. 镍基耐热合金

镍基高温耐热合金在 650～1000℃高温下有较高的强度和抗氧化腐蚀和抗燃气腐蚀能力，是高温合金中应用最广、高温强度最高的一类合金，用于制造核反应堆、能源转换设备上的高温零部件、航空发动机叶片和火箭发动机零部件。

合金以 Ni 为基础，用 Cr、Mo(W)、Co、Al、Ti、B、Zr 等元素合金化。其中 Inconel、Incoloy 等合金主要合金化元素为 Cr，兼具固溶强化与抗氧化和抗腐蚀作用，再辅以 Al、Ti 强化。Nimonic 合金以 Cr、Co 共同作为主元素，辅以 Ti、Al。Hastelloy 合金则以 Mo 作为主元素，辅以 Cr。在所有的合金中，Fe 的作用是被忽略的。

镍基高温耐热合金按强化相大体可分为 3 类：①以碳化物弥散析出强化的合金，如 Ni-(Cr)-Mo-Fe 的 Hastelloy 合金；②以 $Ni_3(Al, Ti)$ 弥散沉淀强化的合金，如 Ni-Cr-Ti-Al-Fe-(Nb)的 Inconel 合金与 Incoloy 合金及 Ni-Cr-(Co)-Ti-Al-Fe 的 Nimonic 合金；③以碳化物弥散析出和 $Ni_3(Al, Ti)$ 弥散沉淀共同强化的合金，如 Ni-Cr-Co-Mo-Ti-Al-Fe 的 Waspaloy 合金与 Hastelloy R 合金等。

镍基高温耐热合金的代表有：Inconel 600(75Ni-15Cr-Ti-Al-Fe)和改进的 Inconel 690(60Ni-30Cr-Ti-Al-Fe)；Nimonic 95(58Ni-20Cr-16Co-2.5Ti-1.6Al)；镍含量更少的 Incoloy 800(32Ni-21Cr-Ti-Al-C-46Fe)等。

3. 耐热合金 Inconel 690

法国牌号的 NC30Fe 相当于美国的 Inconel 690 和中国的 0Cr30Ni60Fe10，它是在 Inconel 600(0Cr15Ni75Fe)基础上提高铬含量的改进型合金，具有比 Inconel 600 更好的耐应力腐蚀性能，可用于制造压水堆蒸汽发生器传热管管束与堵头。由于该合金良好的耐应力腐蚀性能，目前已扩大应用于制造压水堆压力容器的贯穿件和控制棒驱动机构的零部件，以替代 Inconel 600(0Cr15Ni75Fe)等。

1) 成分特点

NC30Fe(Inconel 690、0Cr30Ni60Fe10)为 60Ni-30Cr-Ti-Al-Fe 的镍基高温合金，合金以镍含量大于等于 58.00%为基础，主要用 28.00%～31.00%Cr 合金化，再辅以钛含量小于等于 0.50%、铝含量小于等于 0.50%等元素合金化强化，兼具固溶强化与抗氧化和抗腐蚀作用，8.00%～11.00%Fe 的作用是被忽略的。合金以 $Ni_3(Al, Ti)$ 弥散沉淀强化。与典型 Inconel 600 合金相比，Inconel 690 合金将铬含量由 14%～17%提高到 28%～31%，镍含量由大于等于 72%降至大于等于 58%，合金因此具有更为优良的抗应力腐蚀开裂性能。

2) 加工要点

(1) 冶炼。

合金应在电炉中精炼，并应经电渣重熔或真空电弧重熔，以去除杂质和使化学成分均匀，在达到相同冶金质量并经承包商同意的前提下，也可采用其他冶炼工艺。

(2) 冷、热压力加工。

传热管制造按顺序进行下列各种操作：热锻或轧制→去除棒的氧化皮→粗切削加工→钻孔→挤压→冷轧或冷拔→热处理→取样→精切削加工(矫直、弯曲、切割、磨削、抛光、清洁)→无损检验→中间热处理、退火、补充热处理→所有试料和试样的取样→冷弯。

热压力加工温度为 1040～1230℃，最低不低于 870℃。

合金的冷加工硬化(形变强化)特性：合金未变形的硬度约 HV 150，冷变形量 30%时升高至 HV 280，冷变形量 60%时升至 HV 330。

(3) 热处理。

管材交货之前，应按以下规定的条文，对直管进行退火，并在矫直、磨削外表面和尽可能对内表面进行喷丸之后，对直管进行补充热处理。

对小曲率半径的弯管应进行消除应力热处理。

(4) 焊接。

合金的焊接性能良好。通常采用 1Cr15Ni65Mn7Nb2 焊条和 1Cr20Ni67Mn3Nb2 焊丝进行气体保护焊。若合金服役于 HNO_3 +HF 的强酸环境中，则应选用 1Cr21Ni65Mo9Nb4 焊条和焊丝。

3) 组织结构

固溶热处理后为单相奥氏体组织，去应力退火和时效后可见奥氏体内弥散沉淀析出不多的 $Ni_3(Al,Ti)$ 微粒，有时晶界上可见有少量 $M_{23}C_6$ 颗粒存在。在敏化热处理后或在焊接接头处为奥氏体 + $M_{23}C_6$，有时可见碳氮化物，如 TiN 粒子。

4) 力学性能

NC30Fe 室温时的拉伸性能为：屈服强度 275～375MPa、抗拉强度大于等于 630MPa、伸长率大于等于 35%；350℃时拉伸性能为：屈服强度大于等于 215MPa、抗拉强度大于等于 533MPa。

5.4.3　镍基耐蚀合金

镍基耐蚀合金在核电工程中也被用来制作耐蚀性要求更高的管道、泵轴、泵叶、阀等制件。所用主要合金元素是 Cu、Cr、Mo。镍基耐蚀合金具有良好的综合性能，可耐各种酸腐蚀和应力腐蚀。例如，主要成分是 65Ni-34Cu 的 Monel 400 合金，其组织为高强度的单相固溶体，它是一种用量最大、用途最广、综合性能极佳的耐蚀合金。Monel 400 合金在水介质中耐蚀性极佳，而且耐孔蚀和应力腐蚀，腐蚀速率小于 0.025mm/a。在空气中连续工作的最高温度一般在 600℃左右，在高温蒸汽中的腐蚀速率小于 0.026mm/a。Monel 400 合金常用于核工业中制造铀提炼和同位素分离的设备，动力工厂中的无缝输水管、蒸汽管，海水中服役的热交换器、蒸发器、泵轴、螺旋桨等。

5.5　锆合金的合金化

锆合金广泛用于核反应堆材料，用作堆芯中防御核燃料核辐射外泄的包壳，用作核反应堆的堆内构件等。这是因为锆合金具有其独特的优点：①热中子吸收截面小，感生放射性小，半衰期短；②强度高，塑韧性好，抗腐蚀性强，耐晶间腐蚀和应力腐蚀；③热强性与热稳定性好，抗辐照性能好；④热导率高，热膨胀系数小，与核燃料元件和冷却剂相容性好；⑤易加工，易焊接。这些特性使锆合金很适宜用作核反应堆堆芯中核燃料的包壳及堆内构件。

包覆金属用于隔离核燃料和冷却剂，既防止冷却剂扰乱核燃料的链式裂变反应，也防止放射性裂变产物进入流动的冷却剂及反应堆系统。核燃料的容器和包覆(壳)材料必须有尽可能小的中子捕获截面，以确保链式裂变反应的进行；同时，还必须具备优异的耐高温水腐蚀性能，以及良好的综合力学性能和理想的热导率。

金属吸收高能热(慢)中子的概率用吸收截面来表征，这是将 1 个中子与 1 个核相互作用的概率用核的有效截面(核的大小尺寸)、单位靶恩(b)表示，$1b=10^{-28}m^2$，表 5.22 给出了一些金属的吸收横截面。

表 5.22　一些原子对热中子的吸收横截面　　　　　　(单位：b)

原子	吸收横截面	原子	吸收横截面	原子	吸收横截面	原子	吸收横截面	原子	吸收横截面
Be	0.009	Nb	～1.2	Mn	12.6～13.2	Hf	115	Cd	2400
C	0.03	Fe	2.4～2.6	W	～19	B	750～755	Gd	44000
Mg	0.059	Mo	～2.7	Co	～38	Ag		Pr	
Zr	0.18	Cr	～3.1			Li		Dy	
Al	0.22～0.24	Cu	3.6～3.7			Pb		Tm	
		Ni	4.5～4.6					Lu	
		V	～5.0						
		Ti	～5.8						

适宜作为包壳的材料主要有铝合金、镁合金、锆合金、奥氏体不锈钢、高密度热解碳等。目前采用的包覆金属主要有锆合金(用于发电的轻水冷却的中温反应堆)、镁或铝(用于气体冷却的低温反应堆)、不锈钢(用于液体钠冷却的高温反应堆)。

5.5.1　锆合金的合金化简介

对于温度不高于 400℃ 的轻水冷却(中温)的动力压水反应堆，在众多的候选材料中，锆合金以其优异的核性能成为堆芯中核燃料包壳管的首选材料，并获得了令人满意的使用效果。

1. 核燃料包壳的服役环境与用材要求

反应堆结构部件材料在反应堆内受到核裂变放出的高能量 γ 射线和各种能量的中子轰击后，组织性能发生变化，同时产生感生放射性。堆芯是反应堆的核心部件，核燃料在堆芯内实现核裂变反应，释放出核能，同时将核能转变成热能，因而堆芯是一个高温热源和强辐射源。堆芯中的核燃料包壳(管)容纳核燃料元件(芯块)，将燃料芯块与冷却剂隔离开，并包容裂变气体，它是防止放射性外逸的第一道屏障。燃料芯块能否在堆芯安全可靠和长期有效地工作，同包壳材料密切相关。包壳材料的强度、塑韧性、蠕变性能、抗腐蚀、抗辐照能力等决定着包壳尺寸的稳定性，包壳材料的核性能和导热性能影响中子损失率和能否最大限度地导出热能，而包壳的稳定性、完整性、导热性又决定着燃耗和比功率的大小。因此，包壳材料对反应堆的功能保证和特性体现以及安全性与经济性都起着重要的作用，不可因冷却剂和核燃料及裂变产物的热与力及腐蚀的作用而失效。包壳同时承担着将核裂变热能传递给一回路冷却(携热)剂的功能，为了便于热能的传递，将核燃料制成小块，装在细而长的包壳管中组成燃料棒，以相间一定距离的数百根燃料棒组成燃料组件，这样，一回路冷却(携热)剂便可流动于众多的燃料棒之间，大面积地与包壳表面相接触而获得多的热能传递。这就是包壳的屏障与传热两大功能。

在堆芯的结构材料中，核燃料包壳材料的工况最为苛刻，它内受燃料元件肿胀与裂变辐照，外受冷却剂的冲刷、振动、腐蚀以及温度热应力、热循环(开、停堆)应力和压力的作用。为保证燃料元件在堆芯内成功运行，包壳材料应具备下列性能：①热中子吸收截面小，感生放射性小，半衰期短；②强度高，塑韧性好，抗腐蚀性强，耐晶间腐蚀和应力腐蚀，对吸氢不敏感；③热强性与热稳定性好，抗辐照性能好；④热导率高，热膨胀系数小，与燃料元件和冷却剂相容性好；⑤易加工，易焊接，成本低廉。

2. 纯锆的特性

纯 Zr 有 α-Zr 和 β-Zr 的同素异构转变，在 865～862℃以下为密排六方晶体结构的 α-Zr，以上则为体心立方晶体结构的 β-Zr。在发生 α-Zr 与 β-Zr 之间的同素异构转变时有较大的体积变化。β-Zr 从高温快速冷却时发生 β-Zr→α-Zr 马氏体相变而得到棒条状的 α-Zr 孪晶马氏体，β-Zr 和棒条 α-Zr 两相间有确定的取向关系 $(0001)_{\alpha} // \{110\}_{\beta}$ 和 $\langle 11\bar{2}0 \rangle_{\alpha} // \langle 111 \rangle_{\beta}$。棒条状的 α-Zr 加热时可发生再结晶而成为等轴晶粒形貌。

α-Zr 的塑性良好，塑性变形的滑移面为 $\{10\bar{1}0\}$ 柱面(其他密排六方晶体结构的金属如 Mg、Zn 等的滑移面为(0001)基面，塑性较差)，形变强化小。

Zr 的化学活性很强，极易与 O、N、H 亲和，但与 O 亲和能在表面生成致密的氧化膜 ZrO_2 而起到保护基体 Zr 的作用。Zr 在酸、碱介质中很稳定。

纯锆在室温下有良好的导热能力，其热导率与不锈钢相近，这对其在核反应堆内的应用是很重要的。由于锆存在的各向异性，热膨胀系数 $\langle 0001 \rangle$ 方向较 $\langle 11\bar{2}0 \rangle$ 方向大，如锆在 $\langle 11\bar{2}0 \rangle$ 方向的热膨胀系数为 5.2×10^{-6}，而在 $\langle 0001 \rangle$ 方向的热膨胀系数为 10.2×10^{-6}。

Zr 与 U 的相容性好，Zr-U 间的扩散开始温度大于 750℃，比 Al、Mg、Be 及其合金的高。Zr 具有优异的核性能，它的热中子吸收截面很小(表 5.21)，只有 $0.18 \times 10^{-28} m^2$，仅次于 Be($0.009 \times 10^{-28} m^2$)和 Mg($0.059 \times 10^{-28} m^2$)，与纯 Al 的 $0.22 \times 10^{-28} m^2$ 接近，约为铁的 1/30，比镍、铜、钛等金属小得多。散射截面为 $8 \times 10^{-28} m^2$。

然而，纯 Zr 的强度低，不能承受反应堆中的构件对强度和热强性的要求，纯 Zr 也极易吸氢而致氢脆，且 N 污染会严重损害其耐蚀性。通常都是制成锆合金使用，锆合金广泛用作反应堆材料。

锆合金(如 Zr-2、Zr-4、Zr-1Nb 等)的热中子截面也只有$(0.20 \sim 0.24) \times 10^{-28} m^2$，在堆内有相当好的抗中子辐照性能。这是选用锆合金作为反应堆材料的主要原因。用锆合金制作核反应堆的结构材料，与不锈钢相比，可节省铀燃料 1/2 左右。

3. 锆的合金化

1) 合金化原则

锆合金合金化的基本原则是：①保持 Zr 的低热中子吸收截面；②改善 Zr 的耐蚀性；③提高 Zr 的强塑性和热稳定性；④经核辐照后不形成具有强 γ 放射性的长半衰期的同位素，如 ^{60}Co。也就是说，锆合金中合金元素的选择原则是：既不能明显增加锆的热中子吸收截面，又要在提高锆的耐蚀性和强度的同时不能过多地损害工艺性能。

纯 Zr 有高纯度的晶条锆和工业纯度的海绵锆。锆合金使用海绵锆制成，主加的合金元素有 Sn、Nb 等，辅加元素有 Fe、Cr、Ni、O、Si、V、Cu、Mo、Al 等。

锆和锆合金中的金属杂质元素大都要求在 0.0050%以下，热中子吸收截面很大的元素(如硼和镉)不得超过 0.000050%；严重损害耐腐蚀性能的氮不得高于 0.0080%。

2) 合金元素

Sn 元素稳定密排六方结构的 α-Zr 相，使 $\alpha \to \beta$ 转变温度升高。在 α-Zr 和 β-Zr 中均有限代位固溶，在 β-Zr 中的最大固溶度 1590℃时为 21%，980℃时为 6%；在 α-Zr 中的最大固溶度 500℃时为 1.2%，400℃时为 0.5%，300℃时小于 0.1%。随着温度的降低从 Zr_α-Sn 合金中脱溶出 Zr_4Sn，Zr_α-Sn 合金中的固溶 Sn 量迅速减少。在退火状态下，Zr_α-Sn 合金的组织应当是 Zr_α(Sn)基体+Zr_4Sn 弥散微粒。Zr_4Sn 为正方点阵结构，点阵常数 a =0.690nm，c =1.110nm。

Sn 的主要作用是提高耐蚀性，抵消 N 对耐蚀性的危害，耐蚀性最佳时的 Sn 含量为 0.5%。Sn 提高蠕变抗力的效果也很显著，同时也提高了强度，但有损塑性。

Nb 稳定体心立方结构的 β-Zr 相，在 α – Zr 中有限代位固溶，最大溶解度 620℃时为 0.6%(原子分数)；在 β-Zr 中无限代位固溶。约 620℃发生偏析分解：

$$Zr_\beta(\sim18.5\%Nb)= Zr_\alpha(0.6\%Nb)+ Nb_\beta(9.0\%Zr) \tag{5.20}$$

式中，百分数为原子分数。偏析反应后随着温度的降低，从 Zr_α(Nb)中脱溶出 Nb_β(Zr)，同时 Nb_β(Zr)中也脱溶出 Zr_α(Nb)，固溶体中的溶质量迅速减少。在退火状态下，Zr-0.5%Nb 合金无偏析反应，其组织应当是 Zr_α(Nb)基体+ Nb_β(Zr)弥散微粒。在退火状态下，Zr-1.0%Nb 合金和 Zr-2.5%Nb 合金具有偏析反应，其组织应当是 Zr_α(Nb)基体+[Zr_α(Nb)+ Nb_β(Zr)]共析体+ Nb_β(Zr)弥散微粒。

Nb 强化作用显著，特别是提高蠕变抗力的效果很显著，Nb 也提高耐蚀性，Nb 还能减少 Zr 的吸 H 量。

Fe 稳定体心立方结构的 β-Zr 相，使 $\alpha\rightarrow\beta$ 转变温度降低。Fe 与 Zr 会形成金属间化合物 Zr_3Fe、Zr_2Fe、$ZrFe_2$ 等。$ZrFe_2$ 为复杂立方(a=0.70nm)或复杂六方(a=0.54nm，c=0.80nm)的拓扑密堆 Laves 相，且 Fe 原子可以被 Cr 等其他原子部分替代。Fe 在 β-Zr 中有限代位固溶度 928℃时为 3.5%。Zr_β(Fe)在 730℃有共析分解反应：

$$Zr_\beta(4.0\%Fe)= Zr_\alpha(0.02\%Fe)+Zr_3Fe \tag{5.21}$$

式中，百分数为原子分数。Fe 在 α-Zr 中有限代位固溶且固溶度很小，极限量为 730℃时的 0.012%，过量的 Fe 以 Zr_3Fe、Zr_2Fe、$ZrFe_2$ 脱溶。

Fe 显著提高合金的蠕变抗力，也提高强度，但有损塑性。Fe 还改善锆合金的耐蚀性，Fe 含量提高到 0.4%或 Fe + Cr 提高到 0.6%后可以明显改善合金的耐蚀性。

Cr 稳定体心立方结构的 β-Zr 相，使 $\alpha\rightarrow\beta$ 转变温度降低。Cr 在 α-Zr 中有限代位固溶且固溶度很小，最大固溶度也仅有 0.020%。过量的 Cr 以 $ZrCr_2$ 脱溶或替换金属间化合物 $ZrFe_2$ 中的 Fe 原子而形成 $Zr(Fe,Cr)_2$。Cr 在 Zr 中的作用与 Fe 相似。

Ni 稳定体心立方结构的 β-Zr 相，使 $\alpha\rightarrow\beta$ 转变温度降低。Ni 在 α-Zr 中有限代位固溶度为 2%(原子分数)，在 β-Zr 中有限代位固溶度为 2.9%(原子分数)。Ni 在 Zr 中的作用与 Fe 相似。但 Ni 增大锆合金的吸氢是其缺点。

微量 Si 改善 Zr 的耐蚀性，Si 有强化效应，但损害塑性。

Al 改善 Zr 的耐蚀性，Al 有强化效应，但损害塑性。

O 填隙固溶于点阵的八面体间隙之中，在 β-Zr 中有较大固溶度，在 α-Zr 中固溶度更大，并使 $\alpha \to \beta$ 转变温度升高，稳定 α-Zr 相。O 的填隙固溶强化提高屈服强度。

N 稳定密排六方结构的 α-Zr 相，使 $\alpha \to \beta$ 转变温度升高。N 对 Zr 的耐蚀性有灾难性损害。

H 稳定体心立方结构的 β-Zr 相，在 β-Zr 中填隙固溶度较大，使 $\alpha \to \beta$ 转变温度降低。H 与 Zr 形成中间相化合物 δ、γ、ε 等氢化物。550℃时发生共析反应：

$$Zr_\beta (0.659\%H) = Zr_\alpha (0.07\%H) + \delta(1.43\%H) \tag{5.22}$$

δ 为稳定相，面心立方点阵，点阵常数 $a = 0.4773 \sim 0.4778$nm，H 原子随机地位于 8 个四面体的共有位置，最大占有率 83%，氢含量为 52.5%～61.4%(原子分数)，化学式可写成 $ZrH_{1.66}$，密度约 5.65g/cm^3，在退火慢冷时形成。

γ 为亚稳相，面心四方结构，点阵常数 $a = 0.4596$nm，$c = 0.4969$nm，H 原子位于四面体间隙及相当位置，化学式为 ZrH，密度约为 5.62g/cm^3，在 β-Zr 淬火转变成 α-Zr 的棒条马氏体时形成。

ε 为面心四方结构，点阵常数 $a = 0.4980$nm，$c = 0.4445$nm，H 原子位于四面体间隙位置，化学式可写成 ZrH_2，在低于 400℃时由 δ 相转变而成。

α-Zr 中 H 的固溶度限在共析温度以上及附近用 H 的原子分数表示，840℃时为 0.9%，800℃时为 1.95%，750℃时为 2.90%，700℃时为 5.45%，650℃时为 3.45%，600℃时为 7.0%，560℃时为 7.0%，530℃时为 5.45%，500℃时为 4.0%。可用方程描述为

$$C_H = 3.34 \times 10^{-4} \exp[-32200/(RT)] \tag{5.23}$$

α-Zr 中 H 的固溶度限在共析温度以下用 H 的质量分数表示，550℃时为 0.07，随温度的降低 α-Zr 中 H 的固溶度减小，400℃时为 0.020，300℃时为 0.0080，室温时仅万分之几。H 在 α-Zr 中的固溶度限可表示为

$$C_H = 1.61 \times 10^5 \exp[-8950/(RT)] \tag{5.24}$$

氢和氢化物使 Zr 和锆合金发生氢脆、氢蚀及氢泡。

总之，纯锆和锆合金中的金属杂质元素大都要求在 0.0050%(质量分数)以下，热中子吸收截面很大的元素(如硼和镉)不得超过 0.00005%；严重损害耐蚀性的氮含量不得高于 0.0080%。

3) 合金元素对 Zr 强度和塑性的影响概要

就拉伸试验的强度和塑性而言，一些合金元素对其与 Zr 形成的二元合金的影

响，各元素在提高强度的同时均降低塑性。其影响程度自强至弱的顺序大致为 Mo、Nb、Al、Fe、Cr、Sn、Ti。

5.5.2　核燃料包壳用锆合金

锆合金耐热性好，热导率高，力学性能好，又具有良好的加工性能且同 UO_2 相容性好，尤其对高温水、高温水蒸气也具有良好的耐蚀性和足够的热强性，所以锆合金广泛用作不高于 400℃的轻水冷却的(中温)动力反应堆的包壳材料和堆芯结构材料，如 Zr-2 合金、Zr-4 合金、优化 Zr-4 合金、M5 合金、E110 合金、Zr-2.5Nb 合金、ZIRLO 合金、NDA 合金、E635 合金等。

锆合金有适中的力学性能，在 300~400℃高温高压水和蒸汽中有很好的耐蚀性。锆合金塑性好，有良好的加工性能，可用塑性加工法制成管材、板材、棒材和丝材，还有良好的焊接加工性。锆合金也有同素异构转变，高温下的晶体结构为体心立方，较低温和常温下为密排六方。锆合金已普遍用作移动动力水冷反应堆的燃料包壳管和结构材料，如压力管、容器管、孔道管、导向管、定位格架、端塞和其他结构材料，占整个锆加工材的 80%。此外，锆合金对多种酸、碱和盐有优良的耐蚀性，与 O、N 等气体有强烈的亲和力，因此锆合金用于制造耐蚀部件，在电真空和灯泡工业中还广泛用作非蒸散型消气剂。

中国锆合金的研发与秦山核电站的建设同步，首批 Zr-2 合金和 Zr-4 合金管材用于秦山核电站。自秦山核电站并网发电以来，其包壳管材没有发生破损。当今中国锆合金的研究取得突破性进展，通过跟踪国际锆合金发展前沿，结合我国核动力工程和核电用锆材国产化的需求，研制出了改进型的 Zr-4 合金(低 Sn 的 Zr-4)，并已用于装备我国的核动力工程。同时，通过工艺研究、成分筛选、工艺与组织研究等开发了性能优于 Zr-4 合金的 N18 和 N36 新型合金。

核工业用锆合金发展至今，已经历了三代，且均在商用。第一代是标准 Zr4 合金和 Zr2 合金，其详细要求在 ASTM 有关标准中均有规定。这一代锆合金仍在商用动力堆中应用，如沸水堆燃料组件的元件盒用 Zr4 合金和包壳用 Zr-2 合金等。第二代是低锡 Zr4 合金和优化 Zr-4 合金。这一代锆合金应用实例有 AFA 2G 的包壳管和导向管等。第三代有法国 M5 合金(Zr-1.0%Nb-0.125%O)、美国 ZIRLO 合金(Zr-1.0%Sn-1.0%Nb- 0.1%Fe)、俄罗斯 E635 合金(Zr-1.3%Sn-1.0%Nb-0.35%Fe)等为代表的新锆合金，这些合金具有优良的性能，已广泛用作燃料组件的导向管、燃料棒包壳。日本的 NDA 和 MDA、ABB-CE 的 OPTIN 以及西门子公司的复合包壳等也属于该系列。

工业规模生产的包壳用工业锆合金有 3 个系列：Zr-Sn 系、Zr-Nb 系和 Zr-Sn-Nb 系。Zr-Sn 系的代表是 Zr-2 合金和 Zr-4 合金，Zr-Nb 系的代表是 Zr-1Nb 合金、M5 合金及 Zr-2.5Nb 合金。Zr-Sn-Nb 系的代表是 ZIRLO 合金和 E635 合金及 N18

合金。

1. Zr-Sn 系

锆合金中 N 的存在对合金的耐蚀性危害甚大，但海绵锆又难以避免 N 的污染，于是人们寻求像钢中用 Mo 减小回火脆性的方法那样，用有益的合金元素来减弱 N 的危害。发现 Sn、Ta、Nb 有此作用，以 Sn 的效果最好，且 Sn 的热中子吸收截面在三者中也最小。于是，Sn 就成为最早的首选合金元素。Zr-Sn 系合金是由美国开发的。

在 Zr-Sn 系合金中，Sn、Fe、Cr、Ni 的综合加入，可提高材料的强度及耐蚀性、耐蚀膜的导热性，降低表面状态对腐蚀的敏感性。Zr-Sn 系的代表是 Zr-2 合金、Zr-4 合金、优化 Zr-4 合金。Zr-2 合金主要用于沸水堆；Zr-4 合金用于压水堆。

1) Zr-2

最早研究了 Zr-1.5%Sn 合金，随后发现，只有在少量 Fe、Cr、Ni 元素同时存在时 Sn 的效能才能得到充分发挥。于是 Zr-1.5%Sn+0.12%Fe+0.10%Cr+0.05%Ni+0.14%O 便成为 Zr-2 合金，并且广泛应用于低燃耗($30\mathrm{GW\cdot d/tU}$)的沸水堆。

2) Zr-4

Zr-2 合金吸氢的危害是严重的，并且发现少量 Ni 的存在显著助长了吸氢，于是将 Zr-2 合金中的 Ni 去除，但为了保证 Sn 效能的充分发挥，便以等当量的 Fe 取代 Ni，这就成了 Zr-4 合金，其吸氢量比 Zr-2 减少一半以上，广泛用于低燃耗($35\mathrm{GW\cdot d/tU}$)的压水堆。

3) 改进型 Zr-4

在研究耐蚀性特别是耐疖状腐蚀时，在成分的改进工作中发现，将锡含量由 1.2%～1.7%降低为 1.2%～1.5%，提高铁含量上限至 0.24%，铬含量上限至 0.13%，控制 Fe 和 Cr 质量比约为 2(在 1.6～3 范围)，控制氧含量为 0.09%～0.16%，碳含量为 0.008%～0.020%，硅含量为 0.005%～0.012%，能显著提高合金的耐蚀性，这就是改进型 Zr-4 合金。应用于燃耗较高($45\mathrm{GW\cdot d/tU}$)的反应堆中。

4) 优化 Zr-4

优化 Zr-4 合金是在改进型 Zr-4 合金的基础上，更严格地控制合金成分和工艺参数，使标准误差降低，材料的均一性提高。

2. Zr-Nb 系

该类合金是在降低核电成本、提高核电经济性、提高冷却剂运行温度、提高核燃料燃耗深度、延长核燃料换料周期的核电发展形势下，对锆合金提出了更高的耐蚀性和耐热性的要求下开发的，有法国法马通公司研制的 M5 合金、俄罗斯的 E110 合金和 Zr-2.5Nb 合金等。

在 Zr-Nb 系合金中，Nb 的添加量达到使用温度下 α-Zr 的固溶极限时，合金的耐蚀性最好。Zr-1Nb 合金和 Zr-2.5Nb 合金中的铌含量高于使用温度下的固溶极限，超过的 Nb 以过饱和状态存在于 α-Zr 中，对合金的耐蚀性不利，而以第二相 β-Nb 的形式存在却好得多。Nb 还降低锆合金的吸 H 量。O 有一定的强化作用，其含量依强度要求一般为 0.08%～0.16%。Zr-Nb 系的代表是 Zr-1Nb、M5、Zr-2.5Nb 合金。

1) E110

E110 合金成分为 Zr-1.0%Nb，与 M5 相近，但不加入 O 元素。

2) M5

M5 合金是对 E110 的改进，成分为 Zr-1%Nb-0.125%O，严格控制杂质 C、N 并优化加工工艺。M5 是法国 Framatome 公司开发的 Zr-Nb 系合金，用作设计燃耗为 55～60GW·d/tU 的 AFM-3G 燃料组件的包壳管。在压水堆使用了 M5，能满足燃耗达 65GW·d/t 的设计要求。该合金的抗均匀腐蚀的性能比优化 Zr-4 合金的平均值改善了 2 倍。在高燃耗下氧化速度小，数据分散性小，吸氢也比优化 Zr-4 合金少，燃料棒辐照增长比优化 Zr-4 低 50%。大亚湾和岭澳核电站的燃料包壳都是采用 M5 合金，大亚湾是 AFA 3G 组件，岭澳是 AFA 3GAA 组件。目前，我国在法国产 M5 合金(FM5)的基础上，在成分和工艺上严格要求，也生产出了中国产 M5(CM5)合金。

3) Zr-2.5Nb

Zr-2.5Nb 合金具有高的强度，经 880℃水淬、550℃真空时效 24h 后，可使高温强度比 Zr-2 合金高 1.3～1.6 倍，用于反应堆压力管、元件盒壳体及结构件材料。

3. Zr-Sn-Nb 系

随着核反应堆技术朝着提高燃料燃耗、反应堆热效率、安全可靠性，以及降低燃料循环成本方向发展，对锆合金包壳材料的性能提出了越来越高的要求，包括耐蚀性能、吸氢性能、力学性能和辐照尺寸稳定性等。为此，人们在提高锆合金性能方面进行了大量的研究工作，开发了一些新型锆合金。目前，新型锆合金的开发方向主要是 Zr-Sn-Nb 系。

Zr-Sn-Nb 系合金集 Zr-Sn 系合金与 Zr-Nb 系合金之所长，兼具 Zr-Sn 系合金与 Zr-Nb 系合金两者的优点。Zr-Sn-Nb 系合金的典型代表有美国西屋公司开发的 ZIRLO 合金、俄罗斯研制的 E635 合金、中国研制的 N18、N36 等合金。

1) ZIRLO

成分为 Zr-1.0%Sn-1.0%Nb-0.1%Fe，该合金耐蚀性、燃料棒辐照增长以及抗蠕变性能均显著优于改进 Zr-4，运行燃耗已达到 55GW·d/tU，燃料循环费用比标准组件下降 13%。在第三代核电技术 AP1000 中采用了 ZIRLO 合金。

2) E635

E635 合金成分为 Zr-1.2%Sn-1.0%Nb-0.35%Fe，性能与 ZIRLO 相近。

3) N18 和 N36

中国研制的 N18 合金成分为 Zr-1.0%Sn-0.3%Nb-0.35%Fe-0.08%Cr-0.12%O，N36 合金成分为 Zr-1.0%Sn-1.0%Nb-0.25%Fe-0.12%O。

5.5.3　常用锆合金的性能

表 5.23 是核动力反应堆中锆合金作为核燃料包壳和结构材料的应用概况，Zr-2 合金用于沸水堆燃料元件的包壳材料，Zr-4 合金和 Zr-1Nb 合金用于压水堆和石墨水冷堆燃料元件的包壳材料，Zr-2.5Nb 合金用于重水堆和石墨水冷堆的压力管材料，均有长期的安全运行经验。

表 5.23　核反应堆中常用的锆合金概况

锆合金	反应堆堆型	用途
Zr-2	沸水堆(BWR)	燃料包壳管，其他结构材料
Zr-4, M5, ZIRLO	压水堆(PWR)，坎杜堆(PHWR)，低温供热堆	燃料包壳管，控制棒导向管，测量管，定位格架，端塞，元件盒等
Zr-1Nb	俄式压水堆(VVER-400、VVER-1000)，沸水堆(RBMK)	燃料包壳管，其他结构材料
Zr-2.5Nb, Zr-2.5Nb-0.5Cu	坎杜堆，沸水堆	压力管，工艺管，元件盒，隔环

我国常用的包壳管锆合金以 M5 和 Zr-4 最多，同时我国还在研制 Zr-Sn-Nb 系的新型合金(如 N18 合金等)。

化学分析表明，CM5 包壳管和 FM5 包壳管的化学成分没有显著差异，合金元素 Nb 的含量为 0.96%～0.98%，误差为 ±5%。

1. 拉伸力学性能

研究试验了 ϕ9.5mm×0.57mm 包壳管的拉伸力学性能，相互间的比较示于图 5.18。除 FM5 合金为法国进口之外，其余均为中国制造。

室温和高温 400℃的轴向拉伸和周向拉伸结果均显示，CM5 包壳管和 FM5 包壳管的强度适中，塑性良好。N18 和 Zr-2 包壳管的强度稍高，塑性却稍差。Zr-4 包壳管虽塑性适中，强度却稍低。CM5 包壳管和 FM5 包壳管在置信度 95%时的室温轴向拉伸性能的 t 统计检验表明，CM5 包壳管和 FM5 包壳管的拉伸性能没有显著差异。

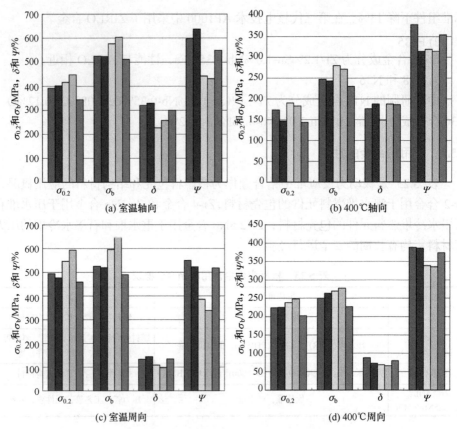

图 5.18　各包壳管拉伸性能的比较

图中室温拉伸 δ 和 Ψ 的数值放大了 10 倍，400℃拉伸 δ 和 Ψ 的数值放大了 5 倍，以方便比较，
每组柱形图中自左至右依序为 CM5、FM5、N18、Zr-2、Zr-4

　　不同温度的拉伸结果表明，高温使包壳管拉伸的强度性能降低，颈缩提前，
均匀塑性变形量减小，局集塑性变形量增大，总塑性变形量增大。温度越高这个
影响越大，400℃时强度性能降低了约 50%。

　　室温和高温的轴向和周向拉伸断口，微观上都是微孔聚合型韧窝断口，宏观
上都是灰色纤维状断口，断口都有大量的塑性变形，破断类型为韧性破断。

　　对 CM5 不同温度周向拉伸常规性能强度值做拟合，可得强度 R 对温度 T 的
回归方程：

$$\sigma_{0.2}=0.0017T^2-1.3936T+518.64,\quad R^2=0.9863 \tag{5.25}$$

$$\sigma_b=0.0015T^2-1.3429T+547.51,\quad R^2=0.9828 \tag{5.26}$$

据此可对其他温度的强度做出预测，例如，T=375℃时，$\sigma_{0.2}$=235.10MPa，σ_b=254.86MPa。

由图 5.18 可见，锆合金的强度性能不足，而塑性性能过剩，这虽然有利于轧制，却对安全使用有较大限制。取得强度和塑性均衡的路径是改变合金的组织结构。现有组织结构中的溶质原子无序结构、位错无序结构、超细晶粒无序结构、沉淀和析出微粒无序结构等，所引发的强化效应尚且不足。改进的路径之一是可在现有组织结构中引入超精细的高强度结构团无序结构。

2. 爆破性能

爆破性能是包壳管的重要安全性能指标，爆破的塑性指标工程上采用鼓泡伸长率 δ_k (%)，即周向爆破(最大)伸长率，δ_k 用下式计算：

$$\delta_k = (L_k - L_0)/L_0 \tag{5.27}$$

式中，L_k 为破口鼓泡最大周长；L_0 为初始周长。精确地计算 L_k 和 L_0 均应取管壁厚的中径处，但通常工程上取外径处要方便得多，其系统误差已不足以干扰最后的试验结果。

表 5.24 列出了包壳管爆破试验的性能参量，CM5 包壳管与 FM5 包壳管的爆破强度 t 检验判别，$t_0 = 0.50$，$t_{\alpha=0.05} = 2.78$，两者之间并无显著差异(置信度 95%)。CM5 包壳管与 FM5 包壳管的鼓泡伸长率 t 检验判别，$t_0 = 0.43$，$t_{\alpha=0.05} = 2.78$，两者之间也无显著差异(置信度 95%)。CM5 和 FM5 包壳管的爆破强度与鼓泡伸长率基本一致，但 CM5 包壳管的数据分散性大于 FM5 包壳管。

表 5.24　CM5、FM5 包壳管的爆破性能

试样	最大压强 p/MPa		工程爆破强度 σ_t/MPa		鼓泡周长 L_k /mm		鼓泡伸长率 δ_k /%	
	平均	误差	平均	误差	平均	误差	平均	误差
CM5	94.63	1.285	738.98	6.777	48.33	1.041	61.89	3.488
FM5	94.55	0.052	740.94	0.162	48.00	0.867	60.77	2.853

爆破试验显示，CM5 包壳管和 FM5 包壳管的爆破口形貌相似(图 5.19)，均呈鼓泡状，破口沿管轴方向。在周向正应力作用下，裂纹在鼓包最大处沿管轴方向萌生，并顺管轴方向向两端扩展，然后在剪应力作用下裂纹稍作转向扩展。CM5 包壳管和 FM5 包壳管的爆破破断形式相同，断口类型相同。断口宏观形态均为灰色纤维状，微观形态均为韧窝状，破断机理均为微孔聚合，破断性质均为韧性破断。

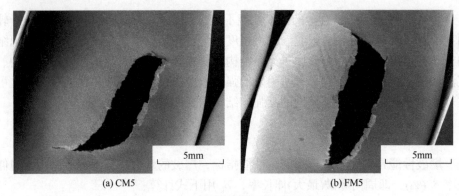

(a) CM5　　　　　　　　　　　　　　　(b) FM5

图 5.19　M5 包壳管爆破破口的 SEM 像

3. 耐蚀性

CM5、FM5、N18 在 400℃、10.5MPa 的高压釜中腐蚀 72h、144h、240h、336h、498h，分别称重，测得单位面积增重量。在高温高压水蒸气条件下，锆和锆合金的氧化腐蚀反应为：$Zr + 2H_2O \longrightarrow ZrO_2 + 2H_2$。

在腐蚀的初始数小时之内，是快速线性腐蚀阶段，腐蚀的增重 w 与时间 t 呈过坐标原点的直线方程关系，即方程中时间 t 的指数为 1，此时的腐蚀速率恒定。在 $w \leqslant 3mg$ 的初始数小时之内，FM5、CM5、N18 三种包壳管的腐蚀速率为 0.5～1mg/($dm^2 \cdot h$)。

在初始的快速线性腐蚀阶段之后，腐蚀转入慢速抛物线腐蚀阶段，腐蚀速率 v 随腐蚀时间 t 的增长而逐渐减慢，将单位增重与腐蚀时间的动力学曲线进行拟合，得其腐蚀动力学方程为 $w = at^b$ 抛物线形式。

$$CM5：w = 2.16288\,t^{0.28979}，r = 0.9921 \tag{5.28}$$

$$FM5：w = 1.67819\,t^{0.32498}，r = 0.9864 \tag{5.29}$$

$$N18：w = 1.59023\,t^{0.34737}，r = 0.9946 \tag{5.30}$$

将此方程对时间求一阶导数，即得该阶段的腐蚀速率 v。

$$CM5：v = 0.62678\,t^{-0.71021} \tag{5.31}$$

$$FM5：v = 0.54538\,t^{-0.67502} \tag{5.32}$$

$$N18：v = 0.55240\,t^{-0.65263} \tag{5.33}$$

腐蚀过程初始数小时是快速线性腐蚀阶段，随后转入慢速抛物线腐蚀阶段，随着腐蚀时间的加长，腐蚀速率减慢。由于慢速抛物线腐蚀阶段的腐蚀速率 v 随时间 t 的增长而逐渐减慢，因而腐蚀层的增厚是缓慢的，即使腐蚀时间已近 500h，包壳管的腐蚀层厚度仍然很薄。腐蚀产物 ZrO_2 的密度约为 $5.8mg/mm^3$，由此可估算出腐蚀 500h 后腐蚀物层的厚度，CM5 约为 $0.23\mu m$，FM5 约为 $0.22\mu m$，N18 约为 $0.24\mu m$，三种包壳管的腐蚀速率和腐蚀层厚度无显著差异。能谱分析表明，腐蚀物可能是 ZrO_2 和 ZrO 的固溶物。

腐蚀后包壳管表面颜色变成暗灰色，但仍具有金属光泽。随着腐蚀时间的延长，包壳管表面颜色稍有加深。FM5、CM5、N18 三种包壳管受腐蚀后的表面颜色无显著差异。

微观结构的扫描电子显微分析表明，CM5、FM5、N18 三种包壳管的腐蚀层与包壳管基体金属的结合牢固，无显著差异。

4. 组织结构

M5 的组织结构见图 5.20 和 2.2.2 节。总体来说，在化学成分、拉伸性能、爆破性能、腐蚀性能、断口结构、金相组织等各方面，CM5 包壳管和 FM5 锆合金包壳管均无显著差异。

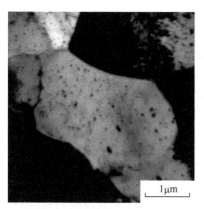

图 5.20   M5 组织结构的 TEM 像

5.6 材料成分寻优

材料成分寻优使用传统的试验法工作量巨大而收效有限，数学和计算技术的融入开拓了新的道路。

数学、计算技术、系统论、控制论等这种揭示各领域共同规律性和结构的学科，在科学技术整体化过程中起着重要作用。它们挺进到其他学科，实现其他学科的数学化、系统论化、控制论化，能够将这些学科的科学方法、研究方式和学科知识的统一加以扩展，更清晰地在特殊中揭示一般，不断发现新的与其他学科的交叉领域。材料学由此发生了天翻地覆的变化，出现了计算材料学。

计算材料学的进步,出现了两个分支:其一以纳米以下材料结构尺度为研究对象的材料组成与成分创新设计,如材料基因技术、拓扑技术等;其二以纳米以上材料组织尺度为研究对象的材料改进设计、加工与使用等的计算机模拟与优化设计。

对于工程界,更感兴趣的是后者,特别是对于核电站装备材料,现有高安全性高可靠性材料在"成分-加工-组织-性能-老化-安全-寿命"方面的计算机模拟与优化使之不断改进更受关注,优化技术也是更切合实际的低成本、高产出、高效益、易普及技术。

材料的成分寻优方法为配方设计,所受到的约束是,各种组分之总和必须为100%。正因为如此,许多试验设计对配方试验的设计无能为力,包括正交设计。有些人常常用正交设计法研究材料的配方,细考虑起来,这并不十分妥当,而只是近似结果,但有时也尚可用。这里给出一个简易的配方均匀设计法。

当今,已有几个配方设计法,如单纯形格子点设计法、单纯形重心设计法、轴设计法等。王元和方开泰基于均匀设计法,也提出了配方均匀设计法,使试验点的分布更为均匀,简略介绍如下。

配方均匀设计的基本思想仍然是使试验点在试验范围均匀分布。配方均匀设计使用配方均匀设计表 $UM_n(q^s)$。配方均匀设计表在配方均匀设计时由计算产生。请先了解均匀设计法,再来研讨如下的配方均匀设计法。

配方均匀设计法要首先生成配方均匀设计表。

(1) 确定试验的 s 和 $n = q$。

今有 s 种原料(合成材料用的组分),试验范围为 T_s,欲比较 n 种不同配方,并使这 n 个试验点在 T_s 中均匀分布。

(2) 生成配方均匀设计表 $UM_n(q^s)$。

① 查与 s, n 相对应的 $U_n^*(q^s)$ 或 $U_n(q^s)$ 使用表,得与 s 相对应的列号,用 $\{q_{ik}\}$ 标记 $U_n^*(q^{s-1})$ 或 $U_n(q^{s-1})$ 中的元素。

② 对每个列号 i 计算:

$$C_{ki} = (2q_{ik} - 1)/2n, \quad k=1, 2, \cdots, n \tag{5.34}$$

③ 计算试验点:

$$x_{ki} = \left(1 - C_{ki}^{\frac{1}{s-i}}\right) \prod_{j=1}^{i-1} C_{kj}^{\frac{1}{s-j}}, \quad i=1, 2, \cdots, s-1 \tag{5.35}$$

$$x_{ks} = \prod_{j=1}^{s-1} C_{kj}^{\frac{1}{s-j}}, \quad k=1, 2, \cdots, n \tag{5.36}$$

④ $\{X_{ki}\}$ 即为对应于 s、$n=q$ 的配方均匀设计表 $UM_n(q^s)$ 中的试验点。若用递推法计算则更为方便：令 $g_{ks}=1$，$g_{ko}=0$，$k=1,2,\cdots,n$ 递推计算

$$g_{kj} = g_{k,j+1}C_{kj}^{1/j}，\quad j=s-1,s-2,\cdots,2,1 \tag{5.37}$$

计算试验点

$$x_{kj} = (g_{kj}-g_{k,j+1})^{1/2}，\quad j=1,2,\cdots,s;\ k=1,2,\cdots,n \tag{5.38}$$

$\{x_{kj}\}$ 即为所求。计算所得试验点即为配方均匀设计。

按配方均匀设计完成试验后即可进行试验数据处理。如同均匀设计的数据处理，采用回归分析或逐步回归分析法。因素间无交互作用时用线性模型，因素间有交互作用时用二次型曲线模型或其他曲线模型。

以上这些均可由计算机完成。

例如，三元合金研制，组元(因素)为 x_1、x_2、x_3，约束为 $x_1+x_2+x_3=1$，试验设计为 $UM_{15}(15^3)$，试验方案(成分 x_1、x_2)及结果(合金性能指标 y)列于表 5.25。

对二次型模型进行逐步回归分析，可得

$$\hat{y} = 10.09 + 0.797x_1 - 3.454x_1^2 - 2.673x_2^2 + 0.888x_1x_2，\quad \hat{\sigma}=0.289 \tag{5.39}$$

方程(5.39)的寻优，可以由计算软件完成，也可以通过对方程求极值完成。对于三组元材料，还可以采用本书的等高线法完成。

等高线法适用于直角坐标系三组元材料的配方，这时的回归方程含有两个因素(组元)，可以作这两个因素(组元)试验点的平面散点图，并在散点上注明试验数据，依据这些指标值作平面散点图的等高线，最优成分就应在等高线划定的最优(最高或最低)区域内。最优区域有两种情况，一是这个最优区域较小，寻优方法以枚举法最为简单，在这个最优区域中最可能最优之处取两个因素(组元)的几个模拟试验点，由方程(5.39)计算指标值，即可获得极为近似的最优成分。二是这个最优区域较大，这时可以采用陡度法序贯地取两个因素(组元)的几个模拟试验点，由方程(5.39)计算指标值，便可获得极为近似的最优成分。或由配方均匀设计法同时取两个因素(组元)的几个模拟试验点，由方程(5.39)计算指标值，也可获得极为近似的最优成分。由约束 $x_1+x_2+x_3=1$ 便可知另一因素(组元)的量。

表 5.25　三元合金研制的试验方案及结果

n	x_1	x_2	y
1	0.817	0.055	8.508
2	0.684	0.179	9.464
3	0.592	0.340	9.935
4	0.517	0.048	9.400

n	x_1	x_2	y
5	0.452	0.210	10.680
6	0.394	0.384	9.748
7	0.342	0.592	9.698
8	0.293	0.118	10.238
9	0.247	0.326	9.809
10	0.204	0.557	9.732
11	0.163	0.809	8.933
12	0.124	0.204	9.971
13	0.087	0.456	9.881
14	0.051	0.727	8.892
15	0.017	0.033	10.139

参 考 文 献

曹楠, 王正品, 王毓, 等. 2018. 长时热老化对 Z3CN20-09M 钢耐腐蚀性的影响[J]. 西安工业大学学报, 38(6): 614-619.

寸飞婷, 要玉宏, 金耀华, 等. 2016. 模拟工况热老化对 Z3CN20-09M 钢组织与性能的影响[J]. 西安工业大学学报, 36(6): 490-497.

电力行业锅监委协作网. 2005. 超(超)临界锅炉用钢及焊接技术论文集[C]. 苏州.

电力行业锅监委协作网. 2007. 超(超)临界锅炉用钢及焊接技术第二次论坛大会论文集[C]. 西安.

董超芳, 肖葵, 刘智勇, 等. 2010. 核电环境下流体加速腐蚀行为及其研究进展[J]. 科技导报, 28(10): 96-100.

冯端, 王业宁, 丘第荣. 1964. 金属物理[M]. 北京: 科学出版社.

冯端, 师昌绪, 刘治国. 2002. 材料科学导论——融贯的论述[M]. 北京: 化学工业出版社.

高巍, 金耀华, 上官晓峰, 等. 2006. 减摩钢的组织结构分析[J]. 热加工工艺, 35(16): 57-58.

高巍, 金耀华, 王正品. 2007. 高温空气介质下 T91 钢氧化动力学研究[J]. 热加工工艺, 36(20): 10-12.

高巍, 刘江南, 王正品, 等. 2008a. P92 钢塑性变形行为[J]. 西安工业大学学报, 28(4): 356-359.

高巍, 王毓, 刘江南, 等. 2008b. 铸造 $\gamma+\alpha$ 双相不锈钢冲击断裂机理[J]. 铸造技术, 29(5): 626-629.

高巍, 王正品, 金耀华, 等. 2008c. 服役前后减摩钢的组织分析[J]. 铸造技术, 29(8): 1031-1034.

高巍, 王正品, 金耀华, 等. 2013a. M5 和 Zr-4 合金高温水蒸气氧化性能[J]. 热加工工艺, 42(6): 13-15.

高巍, 徐悠, 王正品, 等. 2013b. 淬火温度对 Zr-4 合金显微组织和拉伸性能的影响[J]. 西安工业大学学报, 33(12): 993-999.

高巍, 张娴, 王正品, 等. 2016. M5 和 Zirlo 合金高温水蒸气氧化行为研究[J]. 西安工业大学学报, 36(6): 473-480.

高雨雨, 王正品, 金耀华, 等. 2018. 模拟工况热老化对 Z3CN20-09M 钢冲击性能的影响[J]. 西安工业大学学报, 38(1): 52-57.

龚庆祥. 2007. 型号可靠性工程手册[M]. 北京: 国防工业出版社.

谷兴年. 1986. 核压力容器耐蚀层的堆焊[J]. 石油化工设备, 15(1): 10-16.

广东核电培训中心. 2009. 900MW 压水堆核电站系统与设备[M]. 北京: 中国原子能出版社.

郭威威, 要玉宏, 王正品, 等. 2013. T91 钢焊接接头的服役退化行为评估[J]. 西安工业大学学报, 33(8): 669-674.

国家核安全局. 2012. 核动力厂老化管理. HAD 103/12—2012 [S]. 北京: 国家核安全局.

国家自然科学基金委员会, 中国科学院. 2012. 国家科学思想库学术引领系列: 未来 10 年中国学科发展战略材料科学[M]. 北京: 科学出版社.

哈宽富. 1983. 金属力学性质的微观理论[M]. 北京: 科学出版社.

哈森 P. 1998. 材料的相变[M]//卡恩 R W, 哈森 P, 克雷默 E J. 材料科学与技术丛书(第 5 卷). 刘治国, 等译. 北京: 科学出版社.

航空工业部科学技术委员会. 1987. 应变疲劳分析手册[M]. 北京: 科学出版社.

胡本芙, 杨兴博, 林岳萌. 1998. 核电站压力容器用 SA508-3 钢厚截面锻件热处理冷却速度[J]. 钢铁, 33(5): 39-44.

户如意, 陈建, 要玉宏, 等. 2018. 电站锅炉 15CrMo 钢水冷壁管横向裂纹成因分析[J]. 西安工业大学学报, 38(2): 121-126.

黄明志, 石德珂, 金志浩. 1986. 金属力学性能[M]. 西安: 西安交通大学出版社.

加拿大原子能公司. 2007. 核电站蒸汽发生器寿期管理, 苏州热工研究院专题培训[R]. 苏州: 苏州热工研究院.

贾学军, 徐远超, 张长义, 等. 1999. 核压力容器钢辐照后动态断裂韧性测试及研究[J]. 原子能科学技术, 33(2): 19-24.

姜家旺, 刘江南, 薛飞, 等. 2007. 铸造双相不锈钢的形变强化[J]. 铸造技术, 28(3): 350-353.

姜家旺, 刘熙, 施震灏. 2014. 核电厂高压加热器 SA803TP439 换热管的性能研究[J]. 铸造技术, 35(1): 147-150.

金学松, 沈志云. 2001. 轮轨滚动接触疲劳问题研究的最新进展[J]. 铁道, 23(2): 92-108.

金耀华, 王正品, 刘江南, 等. 2005. T91 钢在两种不同环境下的高温氧化层剥落机理研究[J]. 铸造技术, 26(11): 1039-1041.

金耀华, 刘江南, 王正品. 2007. T91 钢高温水蒸气氧化动力学研究[J]. 铸造技术, 28(2): 207-210.

金耀华, 王正品, 要玉宏, 等. 2008. T91 钢高温水蒸汽氧化层显微组织分析[J]. 西安工业大学学报, 28(5): 435-440.

金耀华, 王正品, 高巍, 等. 2015. 热处理后 Zr-4 合金高温氧化行为研究[J]. 西安工业大学学报, 35(4): 329-334.

康沫狂, 杨思品, 管敦惠, 等. 1990. 钢中贝氏体[M]. 上海: 上海科学技术出版社.

雷廷权, 沈显璞, 刘光葵. 1988. 铁素体-马氏体双相组织及其应用[C]//中国机械工程学会热处理专业学会成立二十五周年学术报告会, 北京.

李承亮, 张明乾. 2008. 压水堆核电站反应堆压力容器材料概述[J]. 材料导报, 22(9): 65-68.

李光福. 2013. 压水堆压力容器接管-主管安全端焊接件在高温水中失效案例和相关研究[J]. 核技术, 36(4): 232-237.

李恒德, 肖纪美. 1990. 材料表面与界面[M]. 北京: 清华大学出版社.

李洁瑶, 王正品, 要玉宏, 等. 2015. T91 钢焊接接头蠕变性能研究[J]. 西安工业大学学报, 35(4): 335-339.

李良巧, 顾唯明. 1998. 机械可靠性设计与分析[M]. 北京: 国防工业出版社.

梁建烈, 唐轶媛, 严嘉琳, 等. 2009. Zr-Sn-Nb-Fe 合金金属间化合物及其 α/β 相变温度的研究[J]. 材料热处理学报, 30(1): 32-35.

刘道新, 刘军, 刘元铺. 2007. 微动疲劳裂纹萌生位置及形成方式研究[J]. 工程力学, 24(3): 42-47.

刘建章. 2007. 核结构材料[M]. 北京: 化学工业出版社.

刘江南, 翟芳婷, 王正品, 等. 2007. 蒸汽温度对 T91 钢氧化动力学的影响[J]. 西安工业大学学报, 27(1): 42-45.

刘江南, 束国刚, 石崇哲, 等. 2009a. 冲击载荷下 P91 钢的裂纹萌生与扩展行为研究[J]. 材料热处理学报, 30(4): 48-52.

刘江南, 王正品, 束国刚, 等. 2009b. P91 钢的形变强化行为[J]. 金属热处理, 34(1): 28-32.

刘莹, 孙璐, 杨耀东. 2011. 腐蚀磨损影响因素的研究[C]//第八届全国环境敏感断裂学术研讨会, 大庆.

刘振亭, 刘江南, 高巍, 等. 2010a. 热老化对铸造双相不锈钢管道亚结构的影响[J]. 热加工工艺, 39(18): 58-61.

刘振亭, 郑建龙, 金耀华, 等. 2010b. Q235 钢复合涂层腐蚀行为及微观组织研究[J]. 西安工业大学学报, 30(4): 367-371.

陆世英, 张廷凯, 杨长强, 等. 1995. 不锈钢[M]. 北京: 中国原子能出版社.

栾佰峰, 薛姣姣, 柴林江, 等. 2013. 冷却速率及杂质元素对锆合金 $\beta\rightarrow\alpha$ 转变组织的影响[J]. 稀有金属材料与工程, 42(12): 2636-2640.

马丁 J W, 多尔蒂 R D. 1984. 金属系中显微结构的稳定性[M]. 李新立, 译. 北京: 科学出版社.

麦克林 D. 1965. 金属中的晶粒间界[M]. 杨顺华, 译. 北京: 科学出版社.

美国国防部. 1987. 可靠性设计手册 MIL-HDBK-338[M]. 曾天翔, 丁连芬, 等译. 北京: 航空工业出版社.

美国核管理委员会. 1993. 美国 15 座反应堆的压力容器因辐照而脆化[N]. 国际先驱论坛报.

宓小川, 宋新余. 2008. 00Cr25Ni7Mo4N 超级双相不锈钢的热轧组织与织构[J]. 宝钢技术, (4): 50-54.

裴礼清, 杨建中. 2001. 滚动轴承微动磨损的影响因素[J]. 机械设计与研究, 17(2): 58-59.

皮克林 F B. 1999. 钢的组织与性能[M]//卡恩 R W, 哈森 P, 克雷默 E J. 材料科学与技术丛书(第 7 卷). 刘嘉禾, 等译. 北京: 科学出版社.

乔文浩. 1996. 核级 316 奥氏体不锈钢锻管研制[J]. 核科学与工程, 16(2): 148-193.

秦晓钟. 2008. 我国压力容器用钢的近期进展[J]. 中国特种设备安全, 24(2): 32-34.

渠静雯, 王正品, 高巍, 等. 2013. M5 锆合金马氏体热处理工艺研究[J]. 热加工工艺, 42(10): 172-174, 177.

任平弟. 2005. 钢材料微动腐蚀行为研究[D]. 成都: 西南交通大学.

上官晓峰, 王正品, 要玉宏, 等. 2004. P91 钢微型杯突试验法最佳加载速率的研究[J]. 西安工业大学学报, 34(4): 372-375.

上官晓峰, 王正品, 耿波, 等. 2005a. T91 钢高温空气氧化动力学的研究[J]. 西安工业大学学报, 38(3): 262-265.

上官晓峰, 王正品, 耿波, 等. 2005b. T91 钢高温空气氧化动力学及层脱落机理[J]. 铸造技术, 26(7): 578-580.

上海市金属学会. 1966. 金属材料缺陷金相图谱[M]. 上海: 上海科学技术出版社.

沈明学, 彭金方, 郑健峰, 等. 2010. 微动疲劳研究进展[J]. 材料工程, (12): 86-91.

石崇哲. 1981. 硼钢的淬透性[J]. 金属热处理学报, 2(1): 53-61.

石崇哲. 1982. 土生数据之回归分析[J]. 金属热处理学报, 2(3): 106-110.

石崇哲. 1983. 硼钢的热处理[J]. 华东工程学院学报, (4): 97-120.

石崇哲. 1984. 钢中硼平衡集聚的数量关系[J]. 金属热处理学报, 5(2): 64-72.

石崇哲. 1991. 钢的 Sn 脆及消 Sn 脆的电子显微研究[J]. 新疆大学学报, 增刊: 172-173.

石崇哲. 1993. 杂质磷对钢氧化处理时应力腐蚀开裂的影响[J]. 西安工业学院学报, 13(3): 215-219.

石崇哲. 1995a. 25CrMnMoTi 钢的多次冲击特性及数学解析[J]. 西安工业学院学报, 15(2): 150-155.

石崇哲. 1995b. Zn 对钢的韧化效应[J]. 金属学报, 31(1): A29-A33.

石崇哲. 1996a. 铁基材料用添加剂: 中国. ZL93106431.7[P].

石崇哲. 1996b. 锌对空冷贝氏体钢净化变质处理的韧化和强化效应[J]. 西安工业学院学报, 16(4): 336-341.

束国刚, 刘江南, 石崇哲, 等. 2006a. 超临界锅炉用 T/P91 钢的组织性能与工程应用[M]. 西安: 陕西科学技术出版社.

束国刚, 薛飞, 逄文新, 等. 2006b. 核电厂管道的流体加速腐蚀及其老化管理[J]. 腐蚀与防护, 27(2): 72-76.

束国刚, 薛飞, 刘江南, 等. 2008. 实验数学及工程应用[M]. 西安: 陕西科学技术出版社.

郐江, 崔岚, 张庄, 等. 2003. 核压力容器钢和焊缝的力学性能研究[J]. 钢铁, 38(9): 51-55.

童骏, 傅万堂, 林刚, 等. 2007. 00Cr25Ni7Mo4N 超级双相不锈钢的高温变形行为[J]. 钢铁研究学报, 19(10): 40-43.

瓦卢瑞克·曼内斯曼钢管公司. 2002. WB 36 钢手册[Z].

万里航, 刘鹏, 陶余春. 2004. 大亚湾核电站 2 号机组反应堆压力容器老化现状的初步分析[J]. 核动力工程, 25(1): 252.

王昌彦. 1994. 核电用泵浅谈[J]. 水泵技术, 2: 1-4, 9.

王凤喜. 1993. 核电站压力容器材料的发展[J]. 四川冶金, (2): 40-45.

王晴晴, 上官晓峰. 2013. 海洋大气环境下 17-7PH 不锈钢的接触腐蚀研究[J]. 钢铁研究学报, 25(3): 46-53.

王宪坤. 2011. 我国核电站汽轮发电机励磁系统综述[J]. 中国电力教育, (27): 84-85, 87.

王晓峰, 陈伟庆, 毕洪运. 2009a. 固溶处理对 00Cr25Ni7Mo4N 双相不锈钢组织和力学性能的影响[J]. 特殊钢, 6(3): 8-60.

王晓峰, 陈伟庆, 郑宏光. 2009b. 冷却速率对 00Cr25Ni7Mo4N 超级双相不锈钢析出相的影响[J]. 钢铁, 44(1): 63-66.

王笑天. 1987. 金属材料学[M]. 北京: 机械工业出版社.

王毓, 刘江南, 王正品, 等. 2007. 铸造 $\gamma+\alpha$ 双相不锈钢的裂纹生长与扩展速率[J]. 铸造技术, 28(8): 1059-1062.

王毓, 王正品, 薛飞, 等. 2009. 热老化对铸造双相不锈钢显微组织的影响[J]. 铸造技术, 30(1): 26-30.

王毓, 刘江南, 王正品, 等. 2018a. 核电站一回路管道铸造奥氏体不锈钢热老化评估[J]. 热力发电, 47(7): 64-68.

王毓, 刘江南, 要玉宏, 等. 2018b. 模拟工况热老化对核电主管道用 Z3CN20-09M 奥氏体不锈钢力学性能的影响[J]. 热加工工艺, 47(24): 163-166, 171.

王兆希, 薛飞, 束国刚, 等. 2011. 纳米压入法研究核电站一回路主管道材料的热老化行为[J]. 机械强度, 2011, (1): 45-49.

王正品, 冯红飞, 唐丽英, 等. 2010a. TP304H 和 TP347H 高温水蒸气的氧化动力学行为[J]. 西安工业大学学报, 30(6): 557-559, 564.

王正品, 薛钰婷, 刘江南, 等. 2010b. 锆合金的晶粒观测与亚结构分析[J]. 西安工业大学学报, 30(2): 166-170, 181.

王正品, 周静, 高巍, 等. 2010c. M5 锆合金塑性变形行为[J]. 西安工业大学学报, 30(3): 263-267.

王正品, 邓薇, 刘江南, 等. 2011a. Z3CN20-09M 铸造奥氏体不锈钢的形变与断裂机制[J]. 西安工业大学学报, 36(2): 136-140.

王正品, 加文哲, 石崇哲, 等. 2011b. 热老化对铸造双相不锈钢组织和性能的影响[J]. 西安工业大学学报, 31(7): 625-629.

王正品, 张琳琳, 刘江南, 等. 2011c. Z3CN20-09M 铸造不锈钢的热老化机理研究[J]. 西安工业大学学报, 30(1): 58-61.

王正品, 刘瑶, 薛飞, 等. 2012a. 焊接对 Zr-Nb 包壳管显微硬度和组织的影响[J]. 西安工业大学学报, 32(10): 830-834.

王正品, 王晶, 高巍, 等. 2012b. 热处理对 Zr-4 合金显微组织和拉伸性能的影响[J]. 西安工业大学学报, 32(4): 305-309.

王正品, 吴莉萍, 刘江南, 等. 2012c. 长期热老化对铸造奥氏体不锈钢断裂韧性的影响[J]. 西安工业大学学报, 32(8): 651-655.

王正品, 渠静雯, 高巍, 等. 2013a. 退火态及马氏体态 Zr-Nb 合金拉伸性能分析[J]. 西安工业大学学报, 33(4): 319-323.

王正品, 王富广, 刘振亭, 等. 2013b. Z3CN20.09M 铸造双相钢热老化的调幅分解[J]. 西安工业大学学报, 33(8): 643-647.

王正品, 赵阳, 王弘喆, 等. 2016. M/A 岛对 T24 钢焊接接头不完全淬火区组织性能影响[J]. 热力发电, 45(4): 89-94.

王正品, 张显林, 要玉宏, 等. 2017. 模拟工况热老化对核电不锈钢力学性能的影响[J]. 西安工业大学学报, 37(4): 304-308.

文燕, 段远刚, 姜峨, 等. 2006. 核反应堆堆内构件用 304NG 控氮不锈钢应用性能研究[C]//2006 全国核材料学术交流会论文集, 上海.

吴莉萍, 王正品, 薛飞, 等. 2012. 电站主管道用铸造奥氏体不锈钢断裂韧度尺寸效应试验研究[J]. 铸造, 61(7): 709-713.

吴忠忠, 宋志刚, 郑文杰, 等. 2007. 固溶温度对 00Cr25Ni7Mo4N 超级双相不锈钢显微组织及耐点蚀性能的影响[J]. 金属热处理, 32(8): 50-54.

西安热工研究院. 2004. 国内外超超临界机组材料及焊接研究资料汇编[C]. 西安.

项东, 刘增良, 全锦. 2002. 发电机转子材料分析[J]. 山东建筑工程学院学报, 17(2): 77-80.

肖纪美. 1980. 金属的韧性与韧化[M]. 上海: 上海科学技术出版社.

肖纪美. 2006. 不锈钢的金属学问题[M]. 北京: 冶金工业出版社.

徐丽, 陈耀良, 张勇, 等. 2014. 不同预腐蚀时间下微动对搭接件疲劳寿命影响研究[J]. 南京航空航天大学学报, 46(6): 403-407.

徐明利, 刘江南, 唐丽英, 等. 2010. TP347H 不锈钢 590℃下的水蒸气氧化行为分析[J]. 广东化工, 37(4): 255-258.

徐祖耀. 1980. 马氏体相变与马氏体[M]. 北京: 科学出版社.

薛飞, 束国刚, 逯文新, 等. 2010a. Z3CN20.09M 奥氏体不锈钢热老化冲击性能试验研究[J]. 核动力工程, 31(1): 9-12.

薛飞, 束国刚, 余伟炜, 等. 2010b. 核电厂主管道材料低周疲劳寿命预测方法评价[J]. 核动力工程, 31(1): 23-27.

闫善福, 周国强. 2002. SA508CL.3 钢大锻件调质热处理的研究[J]. 一重技术, (4): 30-33.

严彪, 等. 2009. 不锈钢手册[M]. 北京: 化学工业出版社.

杨广雪. 2010. 高速列车车轴旋转弯曲作用下微动疲劳损伤研究[D]. 北京: 北京交通大学.

杨桂应, 石德珂, 王秀苓, 等. 1988.金相图谱[M]. 西安: 陕西科学技术出版社.

杨文, 徐远超, 张长义, 等. 2007. 国产 M5 合金包壳管力学性能. 中国原子能科学研究院年报[Z].

杨旭, 王正品, 要玉宏, 等. 2012. 00Cr18Ni10N 钢高温持久强度的预测与验证[J]. 西安工业大学学报, 32(6): 498-501.

杨宇. 2004. 反应堆压力容器老化敏感性分析方法[J]. 核动力工程, 28(5): 87-90.

姚美意, 周邦新. 2009. 上海大学研究讲座[R]. 苏州: 苏州热工研究院.

要玉宏, 刘江南, 王正品, 等. 2004. 材料力学性能的微型杯突试验评述[J]. 理化检验-物理分册, 40(1): 29-34.

于在松, 刘江南, 赵彦芬, 等. 2006. T91/10CrMo910 焊接接头韧性分析[J]. 铸造技术, 27(11): 1251-1254.

于在松, 刘江南, 王正品, 等. 2007. T91 钢服役过程中碳化物的熟化分析[J]. 铸造技术, 28(5): 635-638.

于在松, 范长信, 刘江南, 等. 2008. 示波冲击试验中裂纹生长与扩展机理研究[J]. 铸造技术, 29(5): 617-621.

余伟炜, 姜家旺, 林磊. 2014. 核电站铸造奥氏体不锈钢热老化试验设计[J]. 铸造技术, 35(2): 309-313.

张娟娟, 宁天信, 王嘉敏, 等. 2009. 双相不锈钢 00Cr25Ni7Mo4N 敏化过程中的脆化机理研究[J]. 材料开发与应用, 24(5): 21-24.

张磊, 王正品, 要玉宏, 等. 2020. 热老化对核电阀杆用 17-4PH 钢电化学腐蚀性能的影响[J]. 热加工工艺, 49(2): 108-113.

张明. 2002. 微动疲劳损伤机理及其防护对策的研究[D]. 南京: 南京航空航天大学.

张寿禄, 赵泳仙, 宋丽强. 2012. 超级双相不锈钢 00Cr25Ni7Mo4N 中 χ 相时效析出的研究[J]. 钢铁, 47(2): 72-75.

赵钧良, 方静贤, 徐明华, 等. 2006a. 00Cr25Ni7Mo4N 超级双相不锈钢组织及耐蚀性的研究[C]// 2006 年宝钢学术年会论文, 上海: 381-385.

赵钧良, 肖学山, 徐明华, 等. 2006b. 高温下 00Cr25Ni7Mo4N 超级双相不锈钢的相组织及其元素含量变化研究[J]. 上海钢研, (3): 33-37.

赵彦芬, 张路, 王正品, 等. 2004. 高温过热器 T91、T22 管爆管分析[J]. 热力发电, 33(11): 61-64, 80.

赵振业. 2015. 院士讲座　抗疲劳制造是中国制造 2025 的必由之路[R]. 北京: 北京航空材料研究院.

郑琳, 刘江南, 高巍, 等. 2014. 火电站用 T92 耐热钢工程服役退化研究[J]. 西安工业大学学报, 34(4): 311-319.

郑隆滨, 陈家伦, 龚正春, 等. 1999. 核电设备用 SA508-3 钢的研究[J]. 锅炉制造, (3): 43-49.

郑文龙. 2009. 钢的腐蚀磨损失效及其分析方法[C]//2009 年全国石油和化学工业腐蚀与防护技术论坛, 昆明.

中国电机工程学会, 西安热工研究院. 2004. 全国第七届电站金属构件失效分析与寿命管理学术会议论文集[C]. 西安.

中国电机工程学会, 中广核工程公司, 中国电力科技网. 2010. 核电站新技术交流研讨会论文集(第一卷, 第二卷)[C]. 深圳.

中国电机工程学会, 中国电力科技网. 2013. 先进核电站技术研讨会论文集(第一卷, 第二卷)[C].宁波.

中国电机工程学会, 中国电力科技网. 2014. 2014 年核电站新技术交流研讨会论文集[C]. 青岛.

中国航空研究院. 1981. 应力强度因子手册[M]. 北京: 科学出版社.

中国核动力研究设计院, 西北有色金属研究院. 1994. 国产锆-4 合金性能研究论文集[C].

中国核能行业协会, 中科华核电技术研究院, 苏州热工研究院. 2009. 核电站焊接与无损检测国际研讨会[C]. 苏州.

中国机械工程学会焊接学会. 2012. 焊接手册(第 2 卷 材料的焊接)[M]. 3 版. 北京: 机械工业出版社.

中国科学院金属研究所, 苏州热工研究院, 核工业第二研究设计院. 2005. "轻水堆核电站中的材料问题——现状, 缓解, 未来的问题" 国际研讨会[C]. 苏州.

周静, 王正品, 高巍, 等. 2010.M5 合金室温爆破性能研究[J]. 铸造技术, 31(4): 433-436.

周文. 2007. 微动疲劳裂纹萌生特性及寿命预测[D]. 杭州: 浙江工业大学.

朱峰, 曹起骧, 徐秉业. 2000. ASMESA508-3 钢的再结晶晶粒细化规律[J]. 塑性工程学报, 7(1): 1-3.

Andreeva M, Pavlova M P, Groudev P P. 2008. Overview of plant specific severe accident management strategies for Kozloduy nuclear power plant, WWER-1000/320[J]. Annal Nuclear Energy, 35(4): 555-564.

Bamford W H, Foster J, Hsu K R, et al. 2001. Alloy 182 weld crack growth and its impact on service-induced cracking in operating PWR plant piping[C]//Proceedings of Tenth International Conference on Environmental Degradation of Materials in Nuclear Power Systems Water Reactors, Lake Tahoe: 102-108.

Bery W E, King C V. 1971. Corrosion in nuclear applications[J]. Journal of The Electrochemical Society, 118(12): 173-174.

Blom F J. 2007. Reactor pressure vessel embrittlement of NPP borssele: Design lifetime and lifetime extension[J]. Nuclear Engineering Design, 237(20-21): 2098-2104.

Briant C L, Banerji S K. 1978. Intergranular failure in steel: The role of grain-boundary composition[J]. International Metals Reviews, 23(4): 164-199.

Cahn R W. 1984. 物理金属学[M]. 北京钢铁学院金属物理教研室, 译. 北京: 科学出版社.

Dupont J N, Lipplod J C, Kiser S D. 2014. 镍基合金焊接冶金和焊接性[M]. 吴祖乾, 张晨, 虞茂林, 等译. 上海: 上海科学技术文献出版社.

Ford F P, Taylor D F, Andresen P L. 1987. Corrosion assisted cracking of stainless and low alloy steels in LWR environments[R]. EPRI NP-5064M Project 2006-6 Final Report.

Frankel G S. 1998. Pitting corrosion of metals: A review of the critical factors[J]. Journal of the Electrochemical Society, 145(6): 2186-2198.

Frieder J. 1984. 位错[M]. 王煜, 译. 北京: 科学出版社.

Gordon B M. 1980. Effect of chloride and oxygen on the stress corrosion cracking of stainless steels: Review of literature[J]. Materials Performance, 19(4): 29-38.

Guy A G. 1971. Introduction to Materials Science[M]. New York: McGraw-Hill Book: 247-292.

Guy A G, Hren J J. 1981. 物理冶金学原理[M]. 徐纪楠, 译. 北京: 机械工业出版社.

Haasen P. 1984. 物理金属学[M]. 肖纪美, 等译. 北京: 科学出版社.

Haušild P, Kytka M, Karlík M, et al. 2005. Influence of irradiation on the ductile fracture of a reactor pressure vessel steel[J]. Journal Nuclear Material, 341(2-3): 184-188.

Hull D. 1965. Introduction to Dislocation[M]. Oxford: Pergamon Press.

Hull D, Bacon D J. 2010. Introduction to Dislocation[M]. Fifth Edition. Oxford: Butterworth-Heinemann.

IAEA. 1987-2003. IAEA 核电厂老化管理研究译文集(第一册～第五册)[Z]. 苏州热工研究院, 译. 苏州: 苏州热工研究院.

Kear B H. 1987. 先进金属材料[J]. 科学(中译本), (2): 79-87.

Krieg R. 2005. Failure strains and proposed limit strains for an reactor pressure vessel under severe accident conditions[J]. Nuclear Engineering Design, 235(2-4): 199-212.

Kurz W. 1987. 凝固原理[M]. 毛协民, 等译. 西安: 西北工业大学出版社.

Lippold J C, Kotecki D J. 2008. 不锈钢焊接冶金学及焊接性[M]. 陈剑虹, 译. 北京: 机械工业出版社.

Obrtlik K, Robertson C F, Marini B. 2005. Dislocation structures in 16MND5 pressure vessel steel strained in uniaxial tension[J]. Journal of Nuclear Materials, 342(1-3): 35-41.

Odette G R. 1983. On the dominant mechanism of irradiation embrittlement of reactor pressure vessel steels[J]. Scripta Metallurgica, 17 (10): 1183-1188.

Phythian W J, English C A. 1993. Microstructural evolution in reactor pressure vessel steels[J]. Journal Nuclear Material, 205: 162-177.

Porter D A. 1988. 金属和合金中的相变[M]. 李长海, 等译. 北京: 冶金工业出版社.

Ran G V, Rished R D, Kurek D, et al. 1994. Experience with bimetallic weld cracking[C]// Proceedings of International Symposium on Contributions of Materials Investigation to the Resolution of Problems Encountered in Pressurized Water Reactors, 1: 146-153.

Shi C Z. 1997. Effects of trace zinc on toughening and strengthening of steels[J]. Journal of Iron and Steel Research, 4(2): 38-43.

Shibata T, Takeyama T. 1977. Stochastic theory of pitting corrosion[J]. Corrosion, 33(7): 243-251.

Spence J, Nash D H. 2004. Milestones in pressure vessel technology[J]. Pressure Vessels and Piping, 81(2): 89-118.

Tien J K, Elliott J F. 1985. 物理冶金进展评论[M]. 中国金属学会编译组, 译. 北京: 冶金工业出版社.

Ulbricht A, Bohmert J, Uhlemann M, et al. 2005. Small angle neutron scattering study on the effect of hydrogen in irradiated reactor pressure vessel steels[J]. Journal Nuclear Material, 336(1): 90-96.

Van Vlack L H. 1984. 材料科学与材料工程基础[M]. 夏宗宁, 等译. 北京: 机械工业出版社.

Verhoeven J D. 1980. 物理冶金学基础[M]. 卢光熙, 等译. 上海: 上海科学技术出版社.

Wang J A, Rao N S V, Konduri S. 2007. The development of radiation embrittlement models for US power reactor pressure vessel steels[J]. Journal Nuclear Material, 362(1): 116-127.

Wang Y, Yao Y H, Wang Z P, et al. 2016. Thermal ageing on the deformation and fracture mechanisms of a duplex stainless steel by quasi in-situ tensile test under OM and SEM[J]. Materials Science and Engineering A, 666: 184-190.

Wang Y, Yao Y H, Jin Y H, et al. 2018. Influence of thermal ageing and specimen size on fracture toughness of Z3CN20-09M casting duplex stainless steels[J]. Materials Transactions, 59(6): 1-5.

Yao Y H, Wei J F, Liu J N, et al. 2011a. Ageing embrittlement of 15Cr1Mo1V steel welded joints evaluated by small punch test[J]. Advanced Materials Research, 160-162: 1223-1227.

Yao Y H, Wei J F, Liu J N, et al. 2011b. Aging behavior of T91/10CrMo910 dissimilar steel welded joints[J]. Advanced Materials Research, 146-147: 156-159.

Yao Y H, Wei J F, Wang Z P, et al. 2012. Effect of long-term thermal ageing on the mechanical properties of casting duplex stainless steels[J]. Materials Science Engineering A, 551: 116-121.

Лякишев Н П. 2009. 金属二元系相图手册[M]. 郭青蔚, 等译. 北京: 化学工业出版社.